网络技术系列丛书

U0159430

计算机网络基础

主　编　罗　勇　李　芳　孙二华
副主编　谷　雨　李　团　王　毅
参　编　张文科　单光庆　姜继勤　杨　超

西南交通大学出版社
·成　都·

图书在版编目（CIP）数据

计算机网络基础 / 罗勇，李芳，孙二华主编. 一成
都：西南交通大学出版社，2020.1
（网络技术系列丛书）
ISBN 978-7-5643-7367-2

Ⅰ. ①计… Ⅱ. ①罗… ②李… ③孙… Ⅲ. ①计算机
网络 – 高等学校 – 教材 Ⅳ. ①TP393

中国版本图书馆 CIP 数据核字（2020）第 027190 号

网络技术系列丛书

Jisuanji Wangluo Jichu

计算机网络基础

主 编／罗 勇　李 芳　孙二华

责任编辑／穆　丰
封面设计／墨创文化

西南交通大学出版社出版发行
（四川省成都市金牛区二环路北一段 111 号西南交通大学创新大厦 21 楼　610031）
发行部电话：028-87600564　　028-87600533
网址：http://www.xnjdcbs.com
印刷：四川森林印务有限责任公司

成品尺寸　185 mm×260 mm
印张　22.75　　字数　570 千
版次　2020 年 1 月第 1 版　　印次　2020 年 1 月第 1 次

书号　ISBN 978-7-5643-7367-2
定价　58.00 元

课件咨询电话：028-81435775

前　言

计算机网络作为一门交叉学科，涉及计算机技术与通信技术两个学科。目前，计算机网络技术已经应用到各个领域，对人类的工作、生活和学习产生了极大的影响，因此，计算机网络构建与维护、网络工程设计、网络安全管理、网站设计与架构等已经变得越来越重要了。近年来随着互联网技术的迅速普及和应用，我国的通信和电子信息产业正以几何级数的增长方式发展起来，从而带来了技术人才需求的不断增加，计算机网络已成为一个热门专业。

为了适应计算机网络课程的学习要求，编者结合自己多年的教学经验，编写了《计算机网络基础》一书，以期读者对网络的基本工作原理和应用有一个较为直观的认知。

本书在编写过程中以企业应用案例为载体，全面介绍了计算机网络的基础知识和基本技术，其特点是在讲解网络基础知识的同时，将实际网络应用贯穿其中，注重网络基础知识、实际操作和应用，通过在每章设置实训项目，学生能在掌握计算机网络的概念、基本原理及应用技术基础上，在实训操作中进一步巩固所学知识。

本书在编写时采用了通俗易懂的语言，围绕计算机网络所涉及的网络技术讲述了相关的基础知识和基本理论，同时将理论知识的讲解和实践能力的锻炼相结合，实现了高职高专教育中"理论够用，重在实践"的基本理念，本书主要内容如下：

第 1 章是计算机网络概论，介绍了网络的发展、拓扑结构、计算机网络的组成与分类等。

第 2 章是数据通信基础，介绍了数据通信的概念、通信方式、数据编码和调制技术、传输介质和交换技术等。

第 3 章是网络体系结构与协议，介绍了计算机网络体系结构的基本概念、OSI 参考模型、TCP/IP 模型等。

第 4 章是局域网技术，介绍了局域网的参考模型、以太网技术、虚拟局域网 VLAN 技术和局域网的组建等。

第 5 章是网络操作系统与服务器配置，介绍了各种网络操作系统、服务器的安装与配置等。

第 6 章是网络互联技术与设备，介绍了网络互联技术、各种网络互联设备、广域网技术等。

第 7 章是 Internet 与应用，介绍了 Internet 常见的应用、IP 地址、子网划分、无分类编址、网格计算、VPN 和 NAT 技术等。

第 8 章是无线局域网与网络接入技术，介绍了无线网络的基本知识、基本无线设备、Internet 接入基本知识、几种 Internet 接入技术等。

第 9 章是网络管理与网络安全，介绍了网络管理的基本概念、网络安全知识，具体包括网络的概念、网络安全的威胁和策略、数据加密、报文摘要、防火墙技术和访问控制等。

　　本书具体编写分工为：第1章，第3章，第5章，第8章，第9章由重庆城市管理职业学院的李芳编写；第2章和第6章由重庆城市管理职业学院的罗勇编写；第4章由重庆城市管理职业学院的罗勇和重庆市立信职业教育中心的李团编写；第7章由重庆市大渡口区教委数据办的谷雨编写。参与编写的还有重庆城市管理职业学院的张文科、王毅、单光庆、姜继勤、重庆房地产职业学院的孙二华、重庆皓大通信技术有限公司工程师杨超等。全书由罗勇统稿。

　　本书在编写过程中得到了兄弟院校教师和重庆皓大通信技术有限公司的大力支持，同时参考了相关书籍和网站，在此表示衷心感谢。为方便老师教学，本书配有电子资源与电子课件，若需要，请发电子邮箱联系：241209@qq.com。

　　由于计算机网络技术发展迅速及作者水平有限，书中疏漏与不足之处在所难免，肯请广大读者提出宝贵的意见，不吝赐教。

作　者

2019 年 9 月

目　录

第1章 计算机网络概论

【能力目标】

理解计算机网络的基本概念；理解网络的拓扑结构及其特点和应用；掌握计算机网络通信子网与资源子网的构成；了解计算机网络应用和计算机网络的分类；了解常用的网络传输介质类型、特点与应用。

1.1 计算机网络概述

计算机网络是由众多计算机借助通信线路连接形成的。计算机通过连接线路相互通信，从而使得位于不同地方的人借助计算机可以互相沟通。由于计算机是一种独立性很强的智能化机器系统，因此网络中的多台计算机可以协作通信共同完成某项工作。由此可见计算机网络是计算机技术与通信技术紧密结合的产物。

1.1.1 计算机网络的概念

计算机网络是指将位于不同地理位置并具有独立功能的多台计算机系统通过通信设备和线路系统连接起来，并配以完善的网络软件（网络协议，信息交换方式以及网络操作系统等）来实现网络通信和软、硬件资源共享的计算机集合。计算机网络简化的示意图如图 1.1 所示。

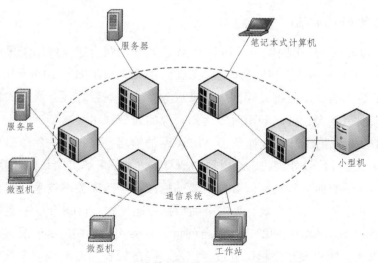

图 1.1 计算机网络简化的示意图

建立计算机网络的作用就是为了让在不同地方的人能够利用计算机网络相互交流和协作，从而共同创造资源和共享资源。

注意：由计算机网络定义可知，计算机网络一定是计算机的集合。计算机网络除了通信设备和线路系统外，其末端设备都是一台独立的计算机。网络末端设备通常称为终端，而终端并不一定都是能够独立处理信息的智能化很强的计算机，比如超市里最后为我们计算总价并开票的机器和购买体育彩票时所用的"电脑"都不能算作一台独立的计算机。它们尽管被通信设备和线路系统连接，但它们本身并不独立，只能算作是一个信息输入输出系统（即"哑终端"）。

这种"哑终端"的数据处理实际上是通过网络中的中央计算机进行的，如图 1.2 所示。哑终端把已经输入的信息传输给中央计算机，中央计算机进行信息处理，然后把处理好的数据交给哑终端显示。由于中央计算机的性能很好，其处理速度很快，因此感觉这些数据就像哑终端自己处理一样。有的哑终端甚至只有显示器和键盘，因此网络的终端是计算机的才被称为计算机网络，而哑终端这样的网络并不属于计算机网络。

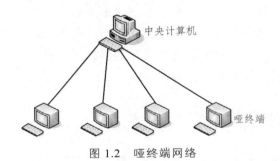

图 1.2　哑终端网络

1.1.2　计算机网络的产生与发展

1. 计算机网络的产生

在 20 世纪 50 年代初，美国航空公司与 IBM 公司开始联合研究应用于民用系统方面的计算机技术，并于 20 世纪 60 年代初投入使用飞机订票系统 SABRE-I。1968 年，美国通用电气公司投入运行了最大的商用数据处理网络信息服务系统，该系统具有交互式处理和批处理能力，由于地理范围跨度大，可以利用时差达到资源的充分利用。

1966 年 12 月，罗伯茨开始全面负责 ARPA 网的筹建。经过近一年的研究，罗伯茨选择了一种名为 IMP（接口信号处理机，路由器的前身）技术，来解决网络间计算机的兼容问题，并首次使用了"分组交换"作为网间数据传输的标准。这两项关键技术的结合为 ARPA 网奠定了技术基础，创造了一种更高效、更安全的数据传递模式。1968 年，一套完整的设计方案正式启用，同年，首套 ARPA 网的硬件设备问世。1969 年 10 月，罗伯茨将首个数据包通过 ARPA 网由 UCLA（加州大学洛杉矶分校）出发，经过漫长的海岸线，完整无误地传输到斯坦福大学的实验室。在这之后，罗伯茨还不断地完善 ARPA 网技术，从网络协议、操作系统再到电子邮件。

1969 年 12 月，Internet（互联网）的前身——美国高级研究计划署 ARPA（Advanced Research Projects Agency）网投入运行，该计算机网络系统是一种分组交换网，它标志着计算机网络的兴起。分组交换技术使计算机网络的概念、结构和网络设计方面都发生了根本性变化，并为后来的计算机网络打下了坚实基础。

2. 计算机网络的发展

由美国高级研究计划署（Advanced Research Projects Agency，ARPA）组织研制成功的 ARPANET 网络是现在 Internet 的前身。计算机网络的发展大致可划分为 4 个阶段：

（1）第一阶段——诞生阶段。20 世纪 60 年代中期之前的第一代计算机网络是以单个计算机为中心的远程联机系统。典型应用是由一台计算机和全美范围内 2 000 多个终端组成的飞机订票系统。终端是一台计算机，其外部设备包括显示器和键盘，无 CPU 和内存。第一代计算机网络如图 1.3 所示。

随着远程终端的增多，在主机前增加了前端机（FEP）。当时，人们把计算机网络定义为"以传输信息为目的而连接起来，实现远程信息处理或进一步达到资源共享的系统"，但这样的通信系统已具备了网络的雏形。

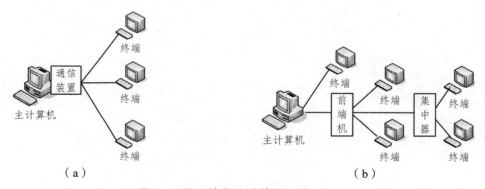

图 1.3　第一阶段的计算机网络

（2）第二阶段——形成阶段。20 世纪 60 年代中期至 70 年代的第二代计算机网络，如图 1.4 所示。它是以多个主机通过通信线路互联起来，为用户提供服务的系统，兴起于 60 年代后期，典型代表是美国国防部高级研究计划署协助开发的 ARPANET。主机之间不是直接用线路相连，而是由接口报文处理机（IMP）转接后互联的。IMP 和它们之间互联的通信线路一起负责主机间的通信任务，构成了通信子网。通信子网互联的主机负责运行程序，提供资源共享，组成了资源子网。在这个时期，网络概念为"以能够相互共享资源为目的互联起来的具有独立功能的计算机之集合体"，这形成了计算机网络的基本概念。

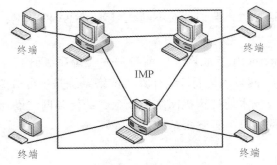

图 1.4　第二阶段计算机网络

（3）第三阶段——计算机网络互联标准化。计算机网络互联标准化（互联互通阶段）是指具有统一的网络体系结构并遵循国际标准的开放式和标准化的网络，如图 1.5 所示。ARPANET 兴起后，计算机网络发展迅猛，各大计算机公司相继推出自己的网络体系结构及实现这些结构的软硬件产品。但由于没有统一的标准，不同厂商的产品之间互联很困难，人们迫切需要一种开放性的标准化实用网络环境，这样便应运而生了两种国际通用的最重要的体系结构，即 TCP/IP 体系结构和国际标准化组织的 OSI 体系结构。从此网络产品有了统一的标准，同时也促进了企业的竞争，尤其为计算机网络向国际标准化方向发展提供了重要依据。

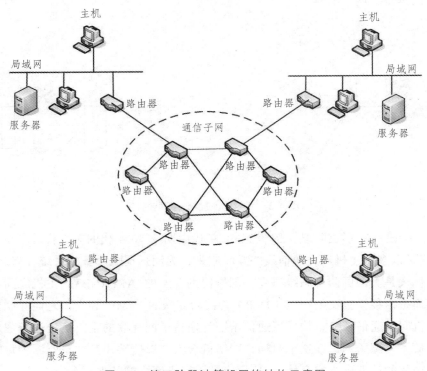

图 1.5　第三阶段计算机网络结构示意图

到了 20 世纪 80 年代，随着个人计算机（PC）的广泛使用，局域网获得了迅速发展。美国电气与电子工程师协会（IEEE）为了适应微机、个人计算机及局域网发展的需要，于 1980 年 2 月在旧金山成立了 IEEE 802 局域网络标准委员会，并制定了一系列局域网络标准。在此期间，各种局域网大量涌现。新一代光纤局域网——光纤分布式数据接口（FDDI）网络标准及产品也相继问世，从而为推动计算机局域网络技术进步及应用奠定了良好基础。

（4）第四阶段—高速网络技术阶段。

近年来，随着通信技术，尤其是光纤通信技术的发展，计算机网络技术得到了迅猛发展。光纤作为一种高速率、高带宽、高可靠性的传输介质在各国的信息基础建设中逐渐被广泛使用，这为建立高速的网络奠定了基础。千兆乃至万兆传输速率的以太网已经被越来越多地用于局域网和城域网中，而基于光纤的广域网链路的主干带宽也已达到 10 GB 数量级。随着网络带宽的不断提高，更加刺激了网络应用的多样化和复杂化，多媒体应用在计算机网络中所占的份额越来越高，同时，用户不仅对网络的传输带宽提出了越来越高的要求，对网络的可靠性、安全性和可用性等也提出了新的要求。为了向用户提供更高的网络服务质量，网络管理也逐渐进入了智能化阶段，包括网络的配置管理、故障管理、计费管理、性能管理和安全管理等在内的网络管理任务都可以通过智能化程度很高的网络管理软件来实现。计算机网络已经进入了高速、智能的发展阶段。第四阶段的计算机网络如图 1.6 所示。

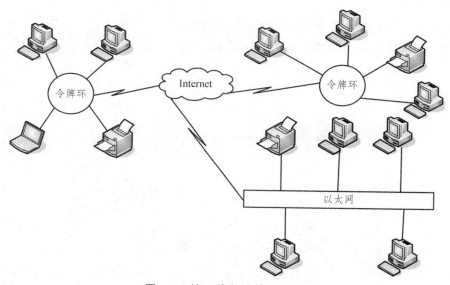

图 1.6　第四阶段计算机网络

目前，计算机网络正朝着高速化、实时化、智能化、集成化和多媒体化的方向不断深入，全球以 Internet 为核心的高速计算机互联网络已经形成，Internet 已经成为人们最重要的、最大的知识宝库。

3. 计算机网络的发展趋势

计算机网络的发展方向是 IP 技术加光网络，光网络将会演进为全光网络。从网络的服务层面上看将是一个 IP 的世界，通信网络、计算机网络和有线电视网络将通过 IP 三网合一；

从传送层面上看将是一个光的世界；从接入层面上看将是一个有线和无线的多元化世界。涉及的内容有三网合一、光通信技术、IPV6协议、宽带接入技术、移动通信系统技术。

1.2 计算机网络的组成与分类

1.2.1 计算机网络的组成

我们可以从逻辑功能和物理组成上分析计算机网络的结构。

1. 计算机网络的逻辑功能组成

由于计算机网络要完成资源共享与数据通信两大基本功能，因此从逻辑功能上，一个计算机网络分为两部分：负责资源共享的计算机与终端；负责数据通信的通信控制处理机与通信链路。

从计算机网络系统组成的角度来看，典型的计算机网络从逻辑功能上可以分为资源子网和通信子网两部分。

从计算机网络功能的角度来看，资源子网是负责资源共享的子网，通信子网是负责数据传输的子网。一个典型的计算机网络组成如图1.7所示。

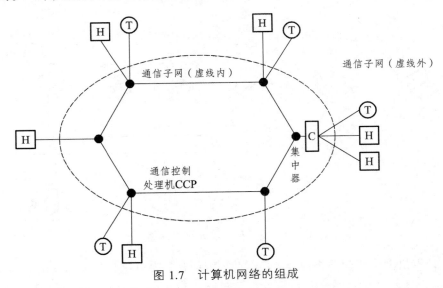

图1.7 计算机网络的组成

（1）资源子网。资源子网由主机、终端、终端控制器、联网外设、各种软件资源与信息资源组成。资源子网的主要任务是：提供资源共享所需的硬件、软件及数据等资源，提供访问计算机网络和处理数据的能力。

网络中的主机可以是大型机、小型机、工作站或微型机。主机是资源子网的主要组成单元，它通过高速通信线路与通信子网的控制处理机相连接。普通的用户终端通过主机接入网络内，主机要为本地用户访问网络其他主机设备与资源提供服务，同时要为网络中远程用户共享本地资源提供服务。随着微型机的广泛应用，接入计算机网络的微型机数量日益增多，它可以作为主机的一种类型直接通过通信控制处理机接入网内，也可以通过联网的大、小型计算机系统间接接入网内。

终端控制器连接一组终端，负责这些终端和主机的信息通信，或直接作为网络节点。终端是直接面向用户的交互设备，可以是由键盘和显示器组成的简单终端，也可以是微型计算机系统。

计算机外设主要是网络中的一些共享设备，如大型的硬盘机、高速打印机、大型绘图仪等。

（2）通信子网。通信子网由通信控制处理机、通信线路、信号变换设备及其他通信设备组成，以完成数据的传输、交换以及通信控制，为计算机网络的通信功能提供服务。

通信控制处理机在通信子网中又被称为网络节点。它一方面作为与资源子网的主机、终端连接的接口，将主机和终端接入网内；另一方面它又作为通信子网中的分组存储转发节点，完成分组的接收、校验、存储和转发等功能，实现将源主机报文准确发送到目的主机。

通信线路为通信控制处理机与通信控制处理机、通信控制处理机与主机之间提供通信信道。计算机网络采用了多种通信线路，如电话线、双绞线、同轴电缆、光纤、无线通信信道、微波与卫星通信信道等。一般在大型网络、相距较远的两节点之间的通信链路中都利用现有的公共数据通信线路。

信号变换设备的功能是对信号进行变换以适应不同传输媒体的要求。这些设备一般有：将计算机输出的数字信号变换为电话线上传送的模拟信号的调制解调器，无线通信接收器和发送器，用于光纤通信的编码解码器等。

另外，计算机网络还应具有功能完善的软件系统，以支持数据处理和资源共享功能。同时为了在网络各个单元之间能够进行正确数据通信，通信双方必须遵守一致的规则或约定。例如，数据传输格式、传输速度、传输标志、正确性验证、错误纠正等的规则或约定称为网络协议。不同的网络具有不同的网络协议，同一网络根据不同的功能又有若干协议，这些协议组成该网络的协议组。

2. 网络中的物理组成

从物理组成的角度来看，计算机网络由若干计算机（服务器、客户机）及各种通信设备通过电缆、电话线等通信线路连接组成。

（1）服务器。服务器是一台高性能计算机，用于网络管理、运行应用程序、处理各网络工作站成员的信息请求等，并连接一些外部设备，如打印机、CD-ROM、调制解调器等。根据作用的不同，服务器分为文件服务器、应用程序服务器、通信服务器和数据库服务器等。

（2）客户机。客户机也称工作站，连入网络中的由服务器进行管理和提供服务的任何计算机都属于客户机，其性能一般低于服务器。个人计算机接入 Internet 后，在获取 Internet 服务的同时，其本身就成为一台 Internet 网上的客户机。

（3）网络适配器。网络适配器也称网卡，在局域网中用于将用户计算机与网络相连，大多数局域网采用以太网（Ethernet）网卡，如 NE2000 网卡、PEMCIA 网卡等。

（4）网络电缆。网络电缆用于网络设备之间的通信连接，常用的网络电缆有双绞线、细同轴电缆、粗同轴电缆、光缆等。

（5）网络操作系统。网络操作系统（NOS）是用于管理的核心软件。在目前网络系统软件市场上，常用的网络系统软件有：UNIX 系列（如 IBM AIX、Sun Solaris、HPUX 等）、PC UNIX 系统（SCO UNIX、Solaris X86 等）、Novell NetWare、Windows NT、Apple、Macintosh、Linux 等。

UNIX 因其悠久的历史、强大的通信和管理功能以及可靠的安全性等特性得到较为普遍的认可。Windows NT 则因其价格优势、友好的用户界面、简易的操作方式和丰富的应用软件等特性，在短短几年的时间内就在小型网络系统市场竞争中脱颖而出。由于 Windows NT 有较好的扩展性、优良的兼容性、易于管理和维护，因此通常被小型网络系统平台用户选用。

（6）协议。协议是网络设备之间进行互相通信的语言和规范。常用的网络协议有：

① TCP/IP。TCP（Transmission Control Protocol，传输控制协议）和 IP（Internet Protocol，网间协议）是当今最通用的协议之一，是网络中使用的基本通信协议。虽然从名字上看 TCP/IP 包括两个协议，但它实际上是一组协议，包括了上百种功能的协议，如远程登录、文件传输和电子邮件等，而 TCP 和 IP 是保证数据完整传输的两种最基本协议。通常说 TCP/IP 是指 Internet 协议族，而不单单是指 TCP 和 IP。

② IPX/SPX 网络协议：是指 IPX（Internetwork Packet Exchange，网间数据包交换）协议和 SPX（Sequenced Packet Exchange，顺序包交换）协议，IPX 协议负责数据包的传送，SPX 负责数据包传输的完整性。

③ NetBEUI 协议：是指 NetBIOS 扩展用户接口（NetBIOS Extended User Interface），NetBEUI 对网络基本输入/输出系统（Network Basic Input/Output System）的一种扩展。NetBEUI 协议主要用于本地局域网中，一般不能用于与其他网络的计算机进行连通。

④ 万维网（WWW）协议：WWW 是 World Wide Web（环球信息网）的缩写，也可以简称为 Web，又称为万维网。把万维网（Web）页面传送给浏览器的协议是超文本传送协议（Hyper Text Transport Protocol，HTTP）。从技术角度上说，环球信息网是 Internet 上那些支持 WWW 协议和 HTTP 的客户机与服务器的集合，用户通过它可以存取世界各地的超媒体文件，内容包括文字、图形、声音、动画、资料库以及各式各样的软件。

（7）客户软件和服务软件。客户机（网络工作站）上使用的应用软件称为客户软件，它用于应用和获取网络上的共享资源。用在服务器上的服务软件使网络用户可以获取服务器上的各种服务，如共享和打印服务等。

1.2.2　计算机网络的分类

计算机网络可以有不同的分类方法，常用的分类依据有网络覆盖的地理范围、网络的拓扑结构、网络协议、管理性质、交换方式、传输介质、网络操作系统、传输技术。下面介绍几种常见的分类方法。

1. 按覆盖范围划分的计算机网络

按网络覆盖范围的大小，计算机网络可以分为局域网（LAN）、城域网（MAN）、广域网（WAN）。三种不同类型网络的比较如表 1.1 所示。

表 1.1　三种不同类型网络的比较

网络种类	缩写	覆盖范围	分布距离	传输速率
局域网	LAN	房间	几米至几十米	4 Mb/s ~ 1 Gb/s
		楼宇、建筑物	上百米	
		校园、企业	几千米	
城域网	MAN	城市	几千米至几十千米	50 kb/s ~ 100 Mb/s
广域网	WAN	国家、洲或全球	几百千米至几千千米	9.6 kb/s ~ 45 Mb/s

（1）局域网。局域网的地理分布范围在几千米以内，一般建立在某个机构所属的一个建筑群内或一个学校的内部，甚至几台计算机也能构成一个小型的局域网。局域网的特点有计算机间分布距离近、组网成本低、组网方便、数据传输可靠性高及使用灵活等。因此，它深受欢迎，是目前计算机网络技术发展最为活跃的分支。

（2）城域网。城域网的覆盖范围一般为几千米至几十千米，介于局域网和广域网之间。城域网的覆盖范围通常在一个城市内。

城域网的特点有传输介质相对复杂、数据传输距离相对局域网要长、信号容易受到外界因素的干扰、组网较复杂并且组网成本高等。

（3）广域网。广域网也称远程网，它是覆盖的范围比较大，一般是几百千米至几千千米的广阔地理范围，可以跨区域、跨城市甚至跨国家。这类网络的作用是实现远距离计算机之间的数据传输和信息共享，其通信线路大多要借用公共通信网络。广域网的特点是传输介质极为复杂，且由于传输距离较长，使得数据的传输速率较低，在传输过程中容易出现错误，所采用的技术也最为复杂。目前，全球最大的广域网是国际互联网，即 Internet。

2. 按通信介质划分的计算机网络

（1）有线网。采用同轴电缆、双绞线、光纤等物理介质来传输数据的网络。

（2）无线网。采用卫星、微波等无线形式来传输数据的网络。

3. 按传输技术划分的计算机网络

（1）广播式网络。所有联网计算机都共享一个公共通信信道。

（2）点到点式网络。与广播式网络相反，在点到点式网络中，每条物理线路连接一对计算机。

4. 按使用对象划分的计算机网络

（1）公用网。公用网对所有人提供服务，只要符合网络拥有者的要求就能使用这个网，也就是说它是为全社会所有人提供服务的网络，如公用数据网 CHINAPAC。

（2）专用网。专用网为一个或几个部门所拥有，它只为拥有者提供服务，不允许非拥有者使用。

5. 按网络中计算机所处的地位进行分类

（1）对等网。在计算机网络中，若每台计算机的地位平等，这种网就称为对等网。对等网中计算机资源的这种共享方式会导致计算机的速度比平时慢，但对等网非常适合于任务轻的小型局域网，如在普通办公室、家庭内可以建立对等网。

（2）基于服务器的网络。如果网络中所连接的计算机较多，且共享资源较多时，就需要考虑专门设立一个计算机来存储和管理需要共享的资源，这台计算机就称为服务器，其他的计算机称为工作站，这种网络称为客户-服务器网络。

1.3 计算机网络的拓扑结构

1.3.1 网络拓扑结构的概念

计算机网络的拓扑结构是指网络中各个站点相互连接的形式，比如在局域网中文件服务器、工作站（连接在网络上的计算机、大容量的外存、高速打印机等设备均可看作是网络上的一个节点，也称工作站）和电缆等的连接形式。

1.3.2 常见的网络拓扑结构

按照网络中各节点位置和不同布局，计算机网络可分为总线型拓扑、星状拓扑、环状拓扑、树状拓扑和网状拓扑等网络类型。

1. 星状网络

星型网络的拓扑结构由中央节点和其他从属节点构成。其中，中央节点可以与其他节点直接进行通信，而其他节点间则要通过中央节点通信。在星状网络中，中央节点通常是指集线器或交换机等设备。例如，使用集线器组建而成的局域网便是一种典型的星状网络，如图 1.8 所示。

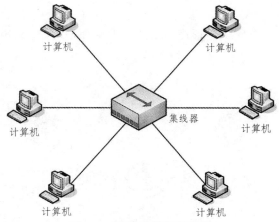

图 1.8　星状网络拓扑结构

在星状网络中，任何两台计算机要进行通信都必须经过中央节点，所以中央节点需要执行集中式的通信控制策略，以保证网络的正常运行。这使得中央节点的负担往往较重，并且一旦中央节点出现故障，将会导致整个网络的瘫痪。

2. 总线型网络

总线型网络是指采用一条中央主电缆连接多个节点，并在电缆两端加装终结器匹配而构成的一种网络类型，其拓扑结构如图 1.9 所示。

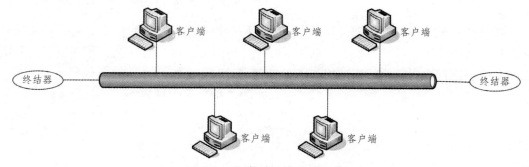

图 1.9　总线型网络拓扑结构

在总线型网络中，所有计算机都必须使用专用的硬件接口直接连接在总线上，任何一个节点的信息都能沿着总线向两个方向进行传输，并且能被总线上的任何一个节点接收。由于总线型网络中的信息向所有节点传播，类似于广播电台，所以总线型网络也被称为广播式网络。

受总线负载能力的影响，其长度有一定限制，所以一条总线只能连接一定数量的计算机。

除此之外，它还具有网络结构简单灵活、便于扩展、网络可靠性高、网络响应速度快、资源共享能力强等优点。

3. 环状网络

在环状网络中，各节点首尾相连形成一个闭合型的环型线路。其拓扑结构如图 1.10 所示。

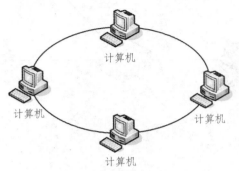

图 1.10　环状网络拓扑结构

其信息的传递是单向的，即沿环网的一个方向从一个节点传到另一个节点。在这个过程中，由环状网络内的各节点（信息发送节点除外）对比信息流内的目的地址来决定是否接收该信息。

由于信息在环状网络内沿固定方向流动，并且两个节点间仅有唯一通路，因此简化了路径选择的控制。另外，环状网络还具有结构简单，建网容易，便于管理等优点。除此之外，环状网络的缺点是当节点过多时，将影响传输效率，不利于网络扩充等。

4. 树状网络

树状网络是星状网络的拓展。它具有一种分层结构，包括最上层的根节点和下面的多个分支，各节点间按层次进行连接，数据主要在上、下节点之间进行交换，相邻节点或同层节点之间一般不进行数据交换，其结构如图 1.11 所示。

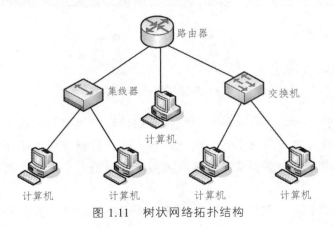

图 1.11　树状网络拓扑结构

在树状结构的网络中，任意两个节点之间的信息传输不产生回路，每条通路都支持双向传输。这种结构具有扩充方便灵活、成本低、易推广、易维护等优点。除此之外，树状网络也有资源共享能力较弱、可靠性较差、任何一个节点或链路的故障都会影响整个网络的运行、对根节点的依赖过大等缺点。

5. 网状网络

网状网络也称为分布式网络，它是由分布在不同地点的计算机系统互相连接而成的，如图 1.12 所示。网络中无中心主机，网络上的每个节点机都有多条（两条以上）线路与其他节点相连，从而增加了迂回通路。网状网络的通信子网是一个封闭式结构，通信功能分布在各个节点机上。网状网络具有可靠性高、节点共享资源容易、可改善线路的信息流量分配及均衡负载、可选择最佳路径、传输时延小等优点，其缺点是控制和管理复杂、软件复杂、布线工程量大、建设成本高等。

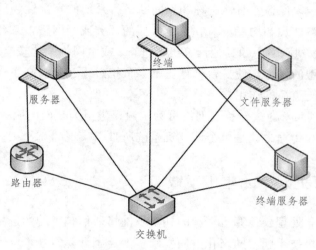

图 1.12　网状拓扑结构

在实际应用中，局域网常用的拓扑结构有总线型、星状、树状，城域网和广域网的拓扑结构复杂，主要采用网状和混合结构。

1.4　计算机网络的功能与应用

1.4.1　计算机网络的功能

计算机网络的实现，为用户构造分布式的网络计算环境提供了基础。它的功能主要表现在以下几个方面：

（1）数据交换和通信。计算机网络中的计算机之间或计算机与终端之间，可以快速、可靠地相互传递数据、程序或文件。例如，电子邮件（E-mail）可以使相隔万里的异地用户快速、准确地相互通信；文件传输服务（FTP）可以实现文件的实时传递，为用户复制和查找文件提供了有力的工具。

（2）资源共享。计算机网络可以实现网络资源的共享，这些资源包括硬件、软件和数据。资源共享是计算机网络组网的目标之一。

① 硬件共享：用户可以使用网络中任意一台计算机所附接的硬件设备。例如，同一网络中的用户共享打印机、共享硬盘空间等。

② 软件共享：用户可以使用远程主机的软件，包括系统软件和用户软件。用户既可以将相应软件调入本地计算机执行，也可以将数据送至对方主机，运行其软件，并返回结果。

③ 数据共享：网络用户可以使用其他主机和用户的数据。

（3）系统的可靠性。通过计算机网络实现的备份技术可以提高计算机系统的可靠性。当某一台计算机出现故障时，可以立即由计算机网络中的另一台计算机来代替其完成所承担的任务。例如，空中交通管理、工业自动化生产线、军事防御系统、电力供应系统等都可以通过计算机网络设置，以保证实时性管理和不间断运行系统的安全性和可靠性。

（4）分布式网络处理和均衡负荷。对于大型的任务或当网络中某台计算机的任务负荷太重时，可将任务分散到网络中的其他计算机上进行，或由网络中比较空闲的计算机分担负荷，这样既可以处理大型的任务，使一台计算机不会负担过重，又提高了计算机的使用率，起到了分布式处理和均衡负荷的作用。

（5）增加服务项目。通过计算机网络可为用户提供更为全面的服务项目，如图像、声音、动画等信息的处理和传输，这是单个计算机系统所难以实现的。

1.4.2 计算机网络的应用领域

网络数据的分布处理、计算机资源的共享及网络通信技术的快速发展与应用推动了社会的信息化，使计算机技术朝着网络化方向发展。融合了计算机技术与通信技术的计算机网络技术，是当前计算机技术发展的一个重要方向。

由于计算机网络的功能和特点使得计算机网络应用已经深入社会生活的各个方面，如办公自动化、网上教学、金融信息管理、电子商务、网络传呼通信等。随着现代信息社会进程的推进，通信和计算机技术的迅猛发展，计算机网络的应用越来越普及，打破了空间和时间的限制，几乎深入社会的各个领域。

1.5 传输介质

传输介质是构成信道的主要部分，它是数据信号在异地之间传输的真实媒介。传输介质是网络中连接收发双方的物理通路，也是通信中实际传送信息的载体。传输介质的特性直接影响通信的质量，我们可以从五个方面了解传输介质的特性：物理特性、传输特性、连通性、抗干扰性、地理范围。下面简要介绍几种最常用的传输介质。

1.5.1　有线传输介质

1. 双绞线

双绞线是在短距离范围内（如局域网中）最常用的传输介质。双绞线是将两根相互绝缘的导线按一定的规格相互缠绕起来，然后在外层再套上一层保护套或屏蔽套构成的。如果两根导线相互平行的靠在一起，就相当于一个天线的作用，信号会从一根导线进入另一根导线中，这种现象被称为串扰现象。为了避免串扰，就需要将导线按一定的规则缠绕起来。双绞线分为非屏蔽双绞线（UTP）和屏蔽双绞线（STP），通常情况下，使用非屏蔽双绞线，如图 1.13 所示。屏蔽双绞线在每对线的外面加了一层屏蔽层，如图 1.14 所示。在通过强电磁场区域时，通常要使用屏蔽双绞线来减少或避免强电磁场的干扰。

图 1.13　非屏蔽双绞线

图 1.14　屏蔽双绞线

双绞线具有以下特性：

（1）物理特性：双绞线由按规则螺旋状排列的 2 根、4 根或 8 根绝缘导线组成。一对线可以作为一条通信线路，各个线对螺旋排列的目的是为了使各线对之间的电磁干扰最小。

（2）传输特性：在局域网中常用的双绞线根据传输特性可以分为 5 类。在典型的 Ethernet 中，常用第三类、第四类与第五类非屏蔽双绞线，通常简称为三类线、四类线与五类线。其中，三类线的带宽为 16 MHz，适用于语音及 10 Mb/s 以下的数据传输；四类线的带宽为 20 MHz，适用于基于令牌的局域网；五类线的带宽为 100 MHz，适用于语音及 100 Mb/s 的高速数据传输，甚至可以支持 155 Mb/s 的 ATM 数据传输。

（3）连通性：双绞线既可用于点连接，也可用于多点连接。

（4）地理范围：双绞线用作远程中继线时，最大距离可达 15 km；用于 10 Mb/s 局域网时，与集线器的距离最大为 100 m。

（5）抗干扰性：双绞线的抗干扰性取决于在一束线中，相邻线对的扭曲长度及适当的屏蔽装置。

2. 同轴电缆

同轴电缆由导体铜质芯线（单股实心线或多股胶合线）、绝缘层、外导体屏蔽层及塑料保护外套等构成，如图 1.15 所示。同轴电缆的一个重要性能指标是阻抗，其单位为欧姆（Ω）。

若两端电缆阻抗不匹配，电流传输时会在接头处产生反射，形成很强的噪声，所以必须使用阻抗相同的电缆互相连接。另外，在网络两端也必须加上匹配的终端电阻吸收电信号，否则由于电缆与空气阻抗不同也会产生反射，干扰网络的正常使用。

图 1.15　同轴电缆的结构

目前，经常用于局域网的同轴电缆有两种：一种是专门用在符合 IEEE 802.3 标准以太网环境中阻抗为 50 Ω 的电缆，只用于数字信号发送，称为基带同轴电缆；另一种是用于频分多路复用 FDM 的模拟信号发送，阻抗为 75 Ω 的电缆，称为宽带同轴电缆。

同轴电缆具有以下特性：

（1）物理特性：单根同轴电缆直径为 1.02 ~ 2.54 cm，可在较宽频范围工作。

（2）传输特性：基带同轴电缆仅用于数字传输，阻抗为 50 Ω，并使用曼彻斯特编码，数据传输速率最高可达 10 Mb/s。宽带同轴电缆可用于模拟信号和数字信号传输，阻抗为 75 Ω，对于模拟信号，带宽可达 300 ~ 450 MHz。在 CATV 电缆上，每个电视通道分配 6 MHz 带宽，而广播通道的带宽要窄得多，因此，在同轴电缆上使用频分多路复用技术可以支持大量的视频、音频通道。

（3）连通性：可用于点到点连接或多点连接。

（4）地理范围：基带同轴电缆的最大距离限制在几千米；宽带电缆的最大距离可以达几十千米。

（5）抗干扰性：能力比双绞线强。

3. 光　缆

随着光电子技术的发展和成熟，利用光导纤维（简称光纤）来传输信号的光纤通信已经成为一个重要的通信技术领域。光纤是由纤芯和包层构成双层同心圆柱体，纤芯通常由非常透明的石英玻璃拉成细丝而成。光纤的核心就在于其中间的玻璃纤维，它是光波的通道。光纤使用光的全反射原理将携带数据的光信号从光纤一端不断全反射到另外一端。

光纤和同轴电缆相似，只是没有网状屏蔽层，中心是光传播的玻璃芯。光纤分为单模光纤和多模光纤两类（所谓模，是指以一定的角度进入光纤的一束光）。单模光纤的发光源为半导体激光器，适用于远距离传输。多模光纤的发光源为光电二极管，适用于楼宇之间或室内等短距离传输。

正是由于光纤的数据传输率高，传输距离远（无中继传输距离达几十至几百千米）的特点，因此在计算机网络布线中得到了广泛应用。目前，光缆主要用于交换机之间、集线器之间的连接，但随着千兆位局域网络应用的不断普及和光纤产品及其设备价格的不断下降，光纤连接到桌面也将成为网络发展的一个趋势。但光纤也存在一些缺点，这就是光纤的切断和将两根光纤精确地连接所需要的技术要求较高。

光纤具有以下的特性：

（1）物理特性：在计算机网络中均采用两根光纤（一来一去）组成传输系统。按波长范围可分为 3 种：0.85 μm 波长区（0.8 ~ 0.9 μm）、1.3 μm 波长区（1.25 ~ 1.35 μm）和 1.55 μm 波长区（1.53 ~ 1.58 μm）。不同的波长范围光纤损耗特性也不同，其中，0.85 μm 波长区为多模光纤通信方式，1.55 μm 波长区为单模光纤通信方式，1.3 μm 波长区有多模和单模两种方式。

（2）传输特性：光纤通过内部的全反射来传输一束经过编码的光信号，内部的全反射可以在任何折射指数高于包层媒体折射指数的透明媒体中进行。光纤的数据传输率可达每秒吉比特级，传输距离达数十到几百千米。目前，一条光纤线路上一般传输一个载波，随着技术的进一步发展，会出现实用的多路复用光纤。

（3）连通性：采用点到点连接。

（4）地理范围：可以在 6 ~ 8 km 的距离内不用中继器传输，因此，光纤适合于在几个建筑物之间通过点到点的链路连接局域网。

（5）抗干扰性：不受噪声或电磁影响，适宜在长距离内保持高数据传输率，而且能够提供良好的安全性。

1.5.2　无线传输介质

双绞线、同轴电缆和光纤都属于有线传输介质。有线传输介质不仅需要铺设传输线路，而且连接到网络上的设备也不能随意移动。但采用无线传输介质，则不需要铺设传输线路，数字终端也可以在一定范围内移动，非常适合那些难于铺设传输线路的边远山区和沿海岛屿，也为大量的便携式计算机入网提供了条件。目前，最常用的无线传输介质有无线电广播、微波、红外线和激光等，每种方式使用某一特定的频带。例如，一个新的广播电台开始广播前，必须得到通信委员会的批准才能使用某一频率广播，因此不同的通信方式不会相互干扰。

1. 无线电广播

提到无线电广播，最先想到的就是调频（FM）广播和调幅（AM）广播。无线电传送包括短波、民用波段（CB）以及甚高频（VHF）和超高频（UHF）的电视传送。

无线电广播是全方向的，也就是说不必将接收信号的天线放在一个特定的地方或某个特定的方向。例如，无论汽车在哪里行驶，只要它的收音机能够接收到当地广播电台的信号就能够收到电台的广播；屋顶上的电视天线无论指向哪里都能够接收到电视信号，但电视接收天线对着无线广播信号的方向接收的信号更强，因此调整电视接收天线使其指向发射台的方向可以接收到更清晰的图像。

2. 微波通信

微波是指频率为 300 MHz ~ 3000 GHz 的电波，但主要是使用 2 ~ 40 GHz 的频率范围。微波通信是把微波作为载波信号，用被传输的模拟信号或数字信号来调制它进行无线通信。它既可传输模拟信号，又可传输数字信号。由于微波段的频率很高，频段范围也很宽，故微波信道的容量很大，可同时传输大量信息。

微波能穿透电离层而不反射到地面，故只能使微波沿地球表面由源地址向目标地址直线传输。然而地球表面是曲面，因此微波受传播距离限制，一般只有 50 km 左右。若采用 100 m 高的天线塔，传播距离才能达到 100 km。这样微波通信就有两种主要方式，即地面微波接力通信和卫星通信。

地面微波接力通信是在一条无线通信信道的两个终端之间建立若干个微波中继站，中继站把前一站送来的信号放大后，再发送到下一站，这就是所谓的接力。相邻站之间必须直视，不能有障碍物，而且微波的传播会受恶劣天气的影响，保密性比电缆差。

卫星通信是将微波中继站放在人造卫星上，形成卫星通信系统。所以通信卫星本质上是一种特殊的微波中继站，它用卫星上的中继站接收从地面发来的信号，加以放大后再发回地面。这样，只要用 3 个相差为 120°的卫星便可覆盖整个地球。在卫星上可装多个转发器，它们以同一种频率段（5.925 6 ~ 6.425 GHz）接收从地面发来的信号，再以另一频率段（3.7 ~ 4.2 GHz）向地面发回信号，频带的宽度是 500 MHz，每一路卫星信道的容量相当于 100 000 条音频线路。卫星通信的最大特点是通信距离远，而且通信费用与通信距离无关，当通信距离很远时，租用一条卫星音频信道远比租用一条地面音频信道便宜。

卫星通信和微波接力通信相似，其频带宽、容量大、信号所受的干扰小、通信稳定。但卫星通信的传播时延大，无论两个地面站相距多远，从一个地面站经卫星到另一个地面站的传播时延总在 250 ~ 300 μs，比地面微波接力通信链路和同轴电缆链路的传播时延都大。

3. 红外线通信

红外线通信是利用红外线来传输信号，在发送端设有红外线发送器，接收端设有红外线接收器。发送器和接收器可以任意安装在室内或室外，但它们之间必须在可视范围内，中间不能有障碍物。红外线具有很强的方向性，很难窃听、插入和干扰，但传输距离有限，易受环境（如雨、雾和障碍物）的干扰。

4. 激光通信

激光通信是利用激光束来传输信号，即将激光束调制成光脉冲，以便传输数据，因此激光通信与红外线通信一样是全数字的，不能传输模拟信号。激光通信必须配置一对激光收发器，而且要安装在视线范围内。激光的频率比微波高，因此可获得更高的带宽。激光具有高度的方向性，因而很难被窃听、插入和干扰，但同样易受环境的影响，传播距离不会很远。激光通信与红外线通信的不同之处在于激光硬件会发出少量的射线而污染环境。

1.5.3 几种介质的安全性比较

如何保证数据通信的安全性是一个重要的问题。不同的传输介质具有不同的安全性。双绞线和同轴电缆用的都是铜导线，传输的是电信号，因而容易被窃听。数据沿导线传送时，简单地用另外的铜导线搭接在双绞线或同轴电缆上即可窃取数据，因此铜导线必须安装在不能被窃取的地方。

从光缆上窃取数据很困难，光线在光缆中必须没有中断才能正常传送数据。如果光缆断开或被窃听，就会立刻知道并且能够查出。光缆的这个特性使窃取数据很困难。

广播传送（无线电或微波）是不安全的，任何人使用接收天线都能接收数据。地面微波传送、卫星微波传送和无线电广播都存在这个问题。提高广播传送数据安全性的唯一方法是给数据加密。给数据加密类似于给电视信号编码，例如，有线电视机不用解码器就不能收看被编码的电视频道。

1.6 标准化组织

1.6.1 国际性标准化组织

1. 国际性标准化组织的概述

国际标准化组织（International Organization for Standards，ISO）是由各国标准化团体（ISO 成员团体）组成的世界性联合组织。制定国际标准的工作通常由 ISO 的技术委员会完成。各成员团体若对某技术委员会确定的项目感兴趣，均有权参加该委员会的工作，而与 ISO 保持联系的各国际组织（官方的或非官方的）也可参加有关工作。ISO 与国际电工委员会（IEC）在电工技术标准化方面保持密切合作的关系。

2. 国际性标准化组织的出现

国际标准化活动最早开始于电子领域，于 1906 年成立了世界上最早的国际标准化机构——国际电工委员会（IEC）。其他技术领域的工作之前由成立于 1926 年的国家标准化协会的国际联盟（International Federation of the National Standardizing Associations，ISA）承担，重点在于机械工程方面。ISA 的工作由于第二次世界大战在 1942 年终止。1946 年，来自 25 个国家的代表在伦敦召开会议，决定成立一个新的国际组织，其目的是促进国际间的合作和工业标准的统一。于是，ISO 这一新组织于 1947 年 2 月 23 日正式成立，总部设在瑞士的日内瓦。ISO 于 1951 年发布了第一个标准——工业长度测量用标准参考温度。

许多人注意到国际标准化组织的全名与缩写之间存在差异，为什么不是 IOS 呢？其实，ISO 并不是首字母缩写，而是一个词，它来源于希腊语，意为"相等"，现在有一系列用它作前缀的词，诸如 isometric（意为"尺寸相等"），isonomy（意为"法律平等"）。从"相等"到"标准"，内涵上的联系使 ISO 成为组织的名称。

3. 国际性标准化组织的结构

如今 ISO 是一个国际标准化组织，由 91 个成员和 173 个学术委员会组成。其成员由来自世界上 117 个国家和地区的国家标准化团体组成，代表中国参加 ISO 的国家机构是中国国家技术监督局（CSBTS）。ISO 与国际电工委员会（International Electrotechnical Commission IEC）有密切的联系。中国参加 IEC 的国家机构也是国家技术监督局。ISO 和 IEC 作为一个整体担负着制订全球协商一致的国际标准的任务，ISO 和 IEC 都是非政府机构，它们制订的标准实质上是自愿性的，这就意味着这些标准必须是优秀的标准，它们会给工业和服务业带来收益，所以业界会自觉使用这些标准。

ISO 和 IEC 都不是联合国机构，但他们与联合国的许多专门机构保持技术联络关系。ISO 和 IEC 有约 1 000 个专业技术委员会和分委员会，各会员国以国家为单位参加这些技术委员会和分委员会的活动。ISO 和 IEC 还有约 3 000 个工作组，ISO、IEC 每年制订和修订约 1 000 个国际标准。

4. 国际性标准化组织的功能

标准的内容涉及广泛，从基础的固件、轴承、各种原材料到半成品和成品，其技术领域涉及信息技术、交通运输、农业、保健和环境等。每个工作机构都有自己的工作计划，该计划列出需要制订的标准项目（试验方法、术语、规格、性能要求等）。

ISO 的主要功能是为人们制定国际标准达成一致意见提供一种机制，其主要机构及运作规则都在一本名为《ISO/IEC 技术工作导则》的文件中予以规定，其技术机构在 ISO 有 800 个技术委员会和分委员会，它们各有一个主席和一个秘书处，秘书处成员由各成员国分别担任，目前承担秘书工作的成员团体有 30 个，各秘书处与位于日内瓦的 ISO 中央秘书处保持直接联系。通过这些工作机构，ISO 已经发布了 9 200 个国际标准，如 ISO 公制螺纹、ISO 的 A4 纸张尺寸、ISO 的集装箱系列（目前世界上 95%的海运集装箱都符合 ISO 标准），ISO 的胶片速度代码、ISO 的开放系统互联（OS2）系列以及有名的 ISO9000 质量管理系列标准广泛用于信息技术领域。

此外，ISO 还与 450 个国际和区域的组织在标准方面有联络关系，特别与国际电信联盟（International Telecommunication Union，ITU）联系密切。在 ISO/IEC 系统之外的国际标准机构共有 28 个。每个机构都在某一领域制定一些国际标准，通常它们在联合国控制之下。一个典型的例子就是世界卫生组织（WHO）。ISO/IEC 制定 85%的国际标准，剩下的 15%由这 28 个其他国际标准机构制定。

1.6.2　我国国家和行业标准化组织

1. 国家标准化管理委员会

中国国家标准化管理委员会（SAC）为国家质检总局管理的事业单位。国家标准化管理委员会是国务院授权的履行行政管理职能、统一管理全国标准化工作的主管机构。中国国家标准化管理委员会的主要职责是参与起草、修订国家标准化法律、法规的工作，具体为：拟定和贯彻执行国家标准化工作的方针、政策；拟定全国标准化管理规章，制定相关制度；组织实施标准化法律、法规和规章、制度；负责制定国家标准化事业发展规划；负责组织、协调和编制国家标准（含国家标准样品）的制定、修订计划；代表国家参加国际标准化组织（ISO）、国际电工委员会（IEC）和其他国际或区域性标准化组织，负责组织 ISO、IEC 中国国家委员会的工作；负责管理国内各部门、各地区参与国际或区域性标准化组织活动的工作等。

中国国家标准化管理委员会内设 6 个职能部门：办公室、计划和信息部、国际标准部、农轻和地方部、工交部、高新技术部。

2. 中国电子工业标准化技术协会

中国电子工业标准化技术协会（以下简称"中电标协"，CESA）是全国电子信息产业标准化组织和标准化工作者自愿组成的社会团体。中电标协的性质是：由全国电子信息产业各有关部门，各地区企、事业单位，各级标准化管理机构、技术组织，广大标准化工作者和科技人员自愿组成的行业性团体，属非营利性社会组织。

3. 全国信息技术标准化技术委员会

全国信息技术标准化技术委员会（以下简称"信标委"，LITS）在国家标准化管理委员会和原信息产业部的共同领导下，负责全国信息技术领域以及与 ISO/ECJTC1 相对应的标准化工作。信标委成立于 1983 年，目前下设 24 个分技术委员会和特别工作组，是国内最大的标准化技术委员会。

信标委的技术工作范围是信息技术领域标准化。信息技术包括涉及信息采集、表示、处理、安全、传输、交换、表述、管理、组织、存储和检索的系统和工具的规定、设计和研制。

4. 计算机行业标准化网

计算机行业标准化网是全国计算机行业标准化工作的专业性组织，是中国电子工业标准化技术协会的团体会员。计算机行业标准化网的宗旨是适应信息技术发展的需要，加强计算机行业单位间的标准化工作的联系和交流，促进计算机行业标准化工作的开展，以利于提高计算机产品的技术水平、质量和竞争能力。

1.7 计算机网络的主要性能指标

影响网络性能的因素有很多，如传输的距离、使用的线路、传输技术、带宽等。对用户而言，主要体现在所获得的网络速度、时延等的差异。计算机网络的主要性能指标有带宽、吞吐量和时延。

1. 带　宽

在局域网和广域网中，都使用带宽（Bandwidth）来描述网络的传输容量。

带宽本来是指某个信号具有的频带宽度，带宽的单位符号为 Hz（或 kHz，MHz 等）。在通信线路上传输模拟信号时，将通信线路允许通过的信号频带范围称为线路的带宽（或通频带）。

在通信线路上传输数字信号时，带宽就等同于数字信道所能传送的"最高数据速率"。数字信道传送数字信号的速率称为数据率或比特率。网络或链路的带宽的单位就是比特每秒（写为 b/s），即通信线路每秒钟所能传送的比特数。

例如，以太网的带宽为 10 Mb/s，意味着每秒钟能传送 $10 \times 1\,024 \times 1\,024$ bit。传送每个比特用 0.1 μs。目前，以太网的带宽有 10 Mb/s、100 Mb/s、1 000 Mb/s 和 10 Gb/s 等几种。

现在人们常用更简单的但不很严格的记法来描述网络或链路的带宽，如"线路的带宽是 100 M 或 10G"，而省略后面的 b/s，它的意思就表示数据发送速率（即带宽）为 10 Mb/s 或 10 Gb/s。正是因为带宽代表数字信号的发送速率，因此带宽有时也称为吞吐量（throughput）。在实际应用中，吞吐量常用每秒发送的比特数（或字节数、帧数）来表示。

吞吐量是指一组特定的数据在特定的时间段经过特定的路径所传输的信息量的实际测量值。由于诸多原因使得吞吐量常常远小于所用介质本身可以提供的带宽。决定吞吐量的因素主要有：

（1）网络互联设备；（2）所传输的数据类型；（3）网络的拓扑结构；（4）网络上并发用户的数量；（5）用户的计算机；（6）服务器；（7）拥塞。

2. 时　延

时延（delay）是指一个报文或分组从一个网络（或一条链路）的一端传送到另一端所需的时间。通常来讲，时延由以下几个部分组成：

（1）发送时延。发送时延又称为传输时延，是节点在发送数据时使数据块从节点进入传输介质所需要的时间，也就是从数据块的第一个比特开始发送算起，到最后一个比特发送完毕所需的时间。它的计算公式如下：

$$发送时延 = 数据块长度/信道带宽$$

信道带宽就是指数据在信道上的发送速率，它也常称为数据在信道上的传输速率。

（2）传播时延。传播时延是指电磁波在信道上需要传播一定的距离而花费的时间。传播时延的公式如下：

$$传播时延＝信道长度/电磁波在信道上的传播速率$$

电磁波在自由空间的传播速率是光速，即 3×10^5 km/s。电磁波在网络传输媒体中的传播速率比在自由空间要略低一些，在铜缆中的传播速率约为 2×10^5 km/s，在光纤中的传播速率约为 km/s。例如，在 1 000 km 长的光纤线路的传播时延大约为 5 ms。

（3）处理时延。处理时延是指数据在交换节点为存储转发而进行一些必要的处理所花费的时间。在节点缓存队列中分组排队所经历的时延是处理时延中的重要组成部分。因此，处理时延的长短往往取决于网络中当时的通信量。当网络的通信量很大时，还会发生队列溢出，使分组丢失，这相当于处理时延为无穷大。有时可用排队时延作为处理时延。

这样，数据经历的总时延就是以上 3 种时延之和，即

$$总时延＝传播时延+发送时延+处理时延$$

3 种时延所产生的位置如图 1.16 所示。

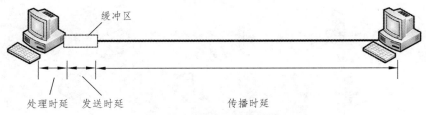

图 1.16　3 种时延产生的位置

3. 时延带宽积和往返时延

将传播时延和带宽相乘就是传播时延带宽积，表示链路能够容纳的比特数，即

$$传播时延带宽积＝传播时延×带宽$$

在计算机网络中，往返时延表示从发送端发送数据开始，到发送端收到来自接收端的确认（接收端收到数据后便立即发送确认），总共经历的时延。在互联网中，往返时延要包括各中间节点的处理时延和转发数据时的发送时延。

1.8　实训项目　绘制网络拓扑图

1.8.1　项目目的

熟悉 Visio 2010 绘图软件的使用环境；能熟练选放元件并移动形状和调整形状大小；能熟练设置形状格式；学会使用 Visio 2010 绘制网络设计图；掌握网络拓扑图形的基本绘制技巧。

1.8.2　项目情景

假设你是某公司新入职的网络管理员，公司要求你熟悉使用 Visio 2010 绘图软件并绘制本公司的网络拓扑图。

1.8.3　项目任务

根据图 1.17 所示，运用 Visio 2010 绘图软件绘制网络拓扑结构图。

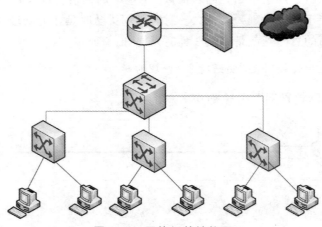

图 1.17　网络拓扑结构图

1.8.4　项目实施

（1）单击"开始"→"所有程序"→"Microsoft Office"→"Microsoft Office Visio 2010"，打开 Microsoft Office Visio 2010 主程序，如图 1.18 所示。

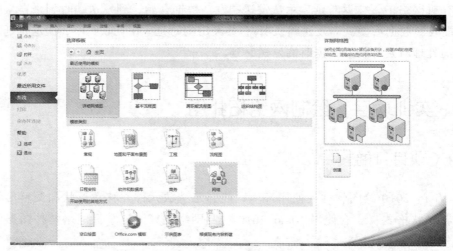

图 1.18　Microsoft Office Visio 2010 主窗口

（2）从右侧的模板类别中找到"网络"，单击打开网络类型对话框，单击"详细网络图"，打开网络拓扑图的绘制界面，如图 1.19 和图 1.20 所示。

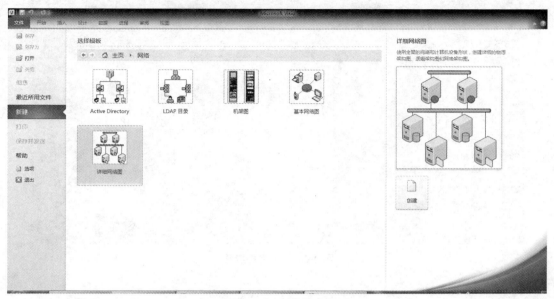

图 1.19　网络类别

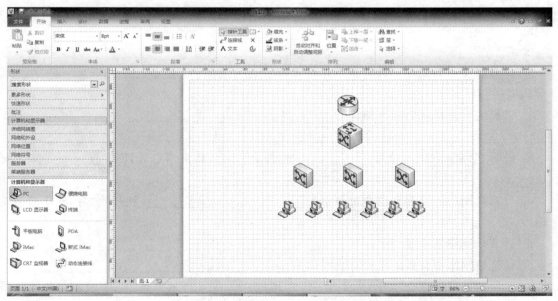

图 1.20　网络拓扑图绘制界面

（3）在左侧的"形状"窗口中选择需要的图形并使用鼠标左键拖动到右侧绘制区域，在绘图区域选中图形，拖动可以调整图形的位置与大小。

（4）使用常用工具栏的"连接线"工具按钮　　　　连接线　可以连接各个图形，使用格式工具栏相应按钮修改连接线的样式。

（5）按照以上步骤可以画出需要的拓扑图，如图 1.21 所示。

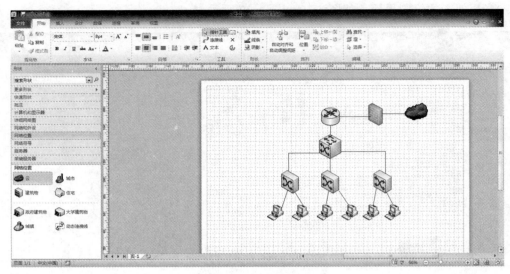

图 1.21　网络拓扑图

习题与思考题

一、填空题

1. 不管网络多么复杂，计算机网络都是由_____、_____和_____三部分组成。

2. 常见的计算机网络拓扑结构有_____、_____、_____和_____。

3. 计算机网络系统由负责_____的通信子网和负责信息处理的_____子网组成。

4. 计算机网络的发展和演变可概括为_____、_____和开放式标准化网络三个阶段。

5. 计算机网络的主要功能包括_____、_____、_____、_____。

6. 计算机网络中常用的三种有线媒体是_____、_____、_____。

7. 常用的网络传输介质分为_____和_____两种。其中，有线网络传输介质有_____、_____和_____等；无线网络传输介质有_____、_____和_____等。

8. 通信子网主要包括_____、_____、_____等。

9. 资源子网主要包括_____、_____、_____等。

10. 国内最早的四大网络包括原邮电部的 ChinaNet、原电子部的 ChinaGBN、教育部的

_____和中科院的 CSTnet。

二、选择题

1. 在常用的传输介质中，带宽最宽、信号传输衰减最小、抗干扰能力最强的是（　　　）。

A. 双绞线　　　　　　　B. 同轴电缆　　　　　　C. 光纤　　　　　　　　D. 微波

2. 屏蔽双绞线的最大传输距离是（　　　）。

A. 100 m　　　　　　　B. 500 m　　　　　　　C. 1 000 m　　　　　　D. 2 000 m

3. 在计算机网络中，所有的计算机均连接到一条通信传输线路上，在线路两端连有防止信号反射的装置。这种连接结构被称为（　　　）。

A. 总线结构　　　　　　B. 环状结构　　　　　　C. 星状结构　　　　　　D. 网状结构

4. 世界上第一个计算机网络是（　　　）。

A. ARPANET　　　　　　B. ChinaNet　　　　　　C. Internet　　　　　　D. CERNET

5. 一座大楼内的一个计算机网络系统，属于（　　　）。

A. PAN　　　　　　　　B. LAN　　　　　　　　C. MAN　　　　　　　　D. WAN

6. Internet 网络是一种（　　　）结构的网络。

A. 星状　　　　　　　　B. 环状　　　　　　　　C. 树状　　　　　　　　D. 网状

7. 第二代计算机网络的主要特点是（　　　）。

A. 计算机-计算机网络　　　　　　　　　　　B. 以单机为中心的联机系统

C. 国际网络体系结构标准化　　　　　　　　D. 各计算机制造厂商网络结构标准化

8. 一座大楼内的一个计算机网络系统，属于（　　　）。

A. PAN　　　　　　　　B. LAN　　　　　　　　C. MAN　　　　　　　　D. WAN

9. 目前网络应用系统采用的主要模型是（　　　）。

A. 离散个人计算模型　　　　　　　　　　　B. 主机计算模型

C. 客户/服务器计算模型　　　　　　　　　D. 网络/文件服务器计算模型

三、思考题

1. 请举出两个你身边应用局域网的例子。

2. 实地考察一下学校的校园网，回答以下问题：

（1）校园网是不是一种局域网？

（2）校园网用到了哪些网络设备和网络传输介质？

3. 简述什么是计算机网络的拓扑结构，有哪些常见的拓扑结构？

4. 计算机网络的硬件组成有哪几部分？各部分的主要作用是什么？

5. 什么是互联网、无线网？

第 2 章　数据通信基础

【能力目标】

掌握数据通信的基本概念、数据通信方式；了解信道复用技术、数据编码和调制；了解数据交换技术、差错控制；理解并掌握数据通信的实质。

2.1　数据通信的基本概念

数据通信（Data Communication）是指在计算机与计算机、计算机与终端以及终端与终端之间传送表示字符、数字、语音、图像的二进制代码 0、1 比特序列的过程。数据通信系统是由计算机、远程终端和数字电路以及有关通信设备组成的一个完整系统。任何一个远程信息处理系统或计算机网络都必须实现数据通信与信息处理两方面的功能，前者为后者提供信息传输服务，而后者则是在利用前者提供的服务基础上实现系统的应用。

2.1.1　数据、信息和信号

数据通信的目的是交换信息，信息的载体可以是数字、文字、语音、图形或图像等。计算机产生的信息一般是数字、文字、语音、图形或图像的组合。为了传送这些信息，首先要将数字、文字、语音、图形或图像用二进制代码的数据（数字数据）来表示。因此，在数据通信技术中，信号（signal）、信息（information）与数据（data）是十分重要的概念。

1. 数　据

对于数据通信来说，被传输的二进制代码称为"数据"。数据是信息的载体。数据涉及对事物的表示形式，是通信双方交换的具体内容。数据通信的任务就是要传输二进制代码比特序列，而不需要解释代码所表示的内容。在数据通信中，人们习惯将被传输的二进制代码的0、1 称为码元。

数据又分为模拟数据和数字数据。模拟数据的取值是连续的（现实生活中的数据大多是连续的，如人的语音强度、电压高低），数字数据的取值只在有限个离散的点上取值（如计算机输出的二进制数据只有 0，1 两种）。数字数据比较容易存储、处理和传输，模拟数据经过处理也很容易变成数字数据，这就是为什么要从模拟系统发展到数字系统的原因。当然，数字数据传输也有它的缺点，如系统庞大、设备复杂，所以在某些需要简化设备的情况下，模拟数据传输还会被采用。

2. 信   息

信息是数据的内涵，数据是信息的载体。信息需要通过数据表示出来，涉及对数据所表示内容的解释。信息的载体可以是数字、文字、语音、图形或图像。计算机产生的信息一般是字母、数字、符号的组合。为了传送这些信息，首先要将每一个字母、数字或符号用二进制代码表示。

信息作为一种社会资源，古来有之，现代社会中信息更是复杂多样，但借助计算机可以更有效地接收、传递、加工与利用信息资源。由于计算机具有快速、高效、智能化、存储记忆和自动处理等一系列特点，因此对信息的采集、加工、处理、存储、检索、识别、控制和分析都离不开计算机。

3. 信   号

信号是数据在传输过程中的电磁波信号的表示形式。在数据通信中，信息被转换为适合在通信信道上传输的电编码、电磁编码或光编码，这种在信道上传输的电/光编码叫作信号。按照在传输介质上传输的信号类型，可将信号分为模拟信号和数字信号两类。

模拟信号（Analog Signal）是指信号的幅度随时间变化呈连续变化的信号，如普通电视里的图像和语音信号是模拟信号。普通电话线上传送的电信号是随着通话者的声音大小变化而变化的，这个变化的电信号无论在时间上还是在幅度上都是连续的，这种信号也是模拟信号。模拟信号在时间上和幅值上均是连续变化的，它在一定的范围内可能取任意值。图 2.1 所示是模拟信号的一个例子。

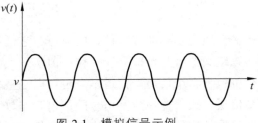

图 2.1 模拟信号示例

数字信号（Digital Signal）是在时间上不连续的、离散性的信号，一般由脉冲电压 0 和 1 两种状态组成。数字脉冲在一个短时间内维持一个固定的值，然后快速变换为另一个值。数字信号的每个脉冲被称作一个二进制数或位，一个位有 0 或 1 两种可能的值，连续 8 位组成一字节。图 2.2 所示是数字信号的一个例子。

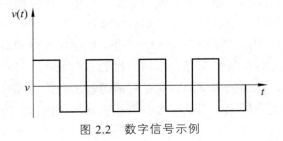

图 2.2 数字信号示例

2.1.2　数据通信系统的组成

信息的传递是通过通信系统来实现的。图 2.3 所示是通信系统的模型，共有 5 个基本组件：发送机、发送设备、信道、接收设备和接收机。其中，把除去两端设备的部分叫作信息传输系统，如图 2.4 所示。信息传输信系统由 5 个主要部分组成：信源（发送机）、信宿（接收机）、信道、信号变换器、噪声源。

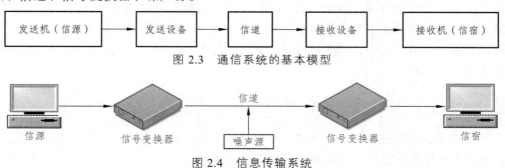

图 2.3　通信系统的基本模型

图 2.4　信息传输系统

1. 信源和信宿

信源就是信息的发送端，是发出待传送信息的用户或设备；信宿就是信息的接收端，是接收所传送信息的用户或设备。大部分信源和信宿都是计算机或其他数据终端设备（Data Terminal Equipment，DTE）。

2. 信　道

信道是通信双方以传输介质为基础的传输信息的通道，它是建立在通信线路及其附属设备（如收发设备）上的。该定义似乎与传输介质一样，但实际上两者并不完全相同。一条通信介质构成的线路上往往可包含多个信道。信道本身也可以是模拟或数字方式的，用于传输模拟信号的信道叫作模拟信道，用于传输数字信号的信道叫作数字信道。模拟信道只能传输模拟信号，数字信道只能传输数字信道。因此数字信号要想通过模拟信道，必须先将数字信号转换成模拟信号。

3. 信号变换器

信号变换器的作用是将信源发出的信息变换成适合在信道上传输的信号。对应不同的信源和信道，信号变换器有不同的组成和变换功能。发送端的信号变换器可以是编码器或调制器，接收端的信号变换器相对应的就是译码器或解调器。

编码器的功能是把信源或其他设备输入的二进制数字序列做相应的变换，使之成为其他形式的数字信号或不同形式的模拟信号。编码的目的有两个：一是将信源输出的信息变换后便于在信道上有效传输，此为信源编码；二是将信源输出的信息或经过信源编码后的信息再根据一定规则加入一些冗余码元，以便在接收端能正确识别信号，降低信号在传输过程中可能出现差错的概率，提高信息传输的可靠性，此为信道编码。译码器是在接收端完成编码的反过程。

调制器把信源或编码器输出的二进制脉冲信号变换（调制）成模拟信号，以便在模拟信道上进行远距离传输；解调器的作用是把接收端接收的模拟信号还原为二进制脉冲数字信号。

由于网络中绝大多数信息都是双向传输的，因此在大多数情况下，信源也作为信宿，信宿也作为信源；编码器也具有译码功能，译码器也应能编码，因此它们合并通称为编译码器。同样，调制器也能解调，解调器也可调制，因此合并通称为调制解调器。

4. 噪声源

一个通信系统客观上是不可避免地存在噪声干扰的，而这些干扰分布在数据传输过程的各个部分。为分析或研究问题方便，通常把它们等效为一个作用于信道上的噪声源。

2.1.3　通信信道的分类

信道是数据信号传输的必经之路，它一般由传输线路和传输设备组成。

1. 物理信道和逻辑信道

物理信道是指用来传送信号或数据的物理通路，它由传输介质及有关通信设备组成。逻辑信道也是网络上的一种通路，在信号的接收和发送之间不仅存在一条物理上的传输介质，而且在此物理信道的基础上，还在节点内部实现了其他"连接"，通常把这些"连接"称为逻辑信道。因此，同一物理信道上可以提供多条逻辑信道，而每一逻辑信道上只允许一路物理信号通过。

2. 有线信道和无线信道

根据传输介质是否有形，物理信道可以分为有线信道和无线信道。有线信道包括电话线、双绞线、同轴电缆、光缆等有形传输介质。无线信道包括无线电、微波、卫星通信信道、激光和红外线等无形传输介质。

3. 模拟信道和数字信道

如果按照信道中传输数据信号类型的不同，物理信道又可以分为模拟信道和数字信道。模拟信道中传输的是模拟信号，而在数字信道中直接传输的是二进制数字脉冲信号。如果要在模拟信道上传输计算机直接输出的二进制数字脉冲信号，就需要在信道两边分别安装调制解调器，对数字脉冲信号和模拟信号进行调制或解调。

4. 专用信道和公共交换信道

如果按照信道使用方式的不同，信道又可以分为专用信道和公共交换信道。专用信道又称专线，这是一种连接用户之间设备的固定线路，它可以是自行架设的专门线路，也可以是向电信部门租用的专线。专用线路一般用在距离较短或数据传输量较大的场合。公共交换信道是一种通过公共交换机转接，为大量用户提供服务的信道。顾名思义，采用公共交换信道时，用户与用户之间的通信，通过公共交换机到用户交换机之间的线路转接。公共电话交换网就属于公共交换信道。

2.2 数据通信方式

在数据通信系统中，数据的传输方式不是唯一的，不同的传输方式使用的范围是不同的。

2.2.1 串行传输和并行传输

数据传输方式一般分为并行传输和串行传输两种。并行传输一般是一次同时传送 1 字节，即 8 位同时进行传输。实际上只要同时传输 2 位或 2 位以上数据时，就称为并行传输。串行传输是一次只传输 1 位，如有 8 位数据要发送，则至少需传输 8 次。

并行传输的传输速率高，适用于近距离、要求快速传输数据的场合。在传输距离较远时，一般不采用并行传送方式，因为并行传输各数据线间容易受电磁干扰而导致数据传输错误，而且随着线路的增长，错误率也会增加。串行传送的传输速率虽然低，但可以节省通信线路的投资，是网络中普遍采用的方式。

由于计算机内部操作多为并行，当采用串行传输时，发送端要通过并/串转换装置将并行数据变为串行数据流，再送到信道上传送；在接收端再通过串/并转换，还原为并行数据。在网络中，这种数据的并、串转换是由网卡来完成的。

1. 串行传输的特点

（1）所需要的线路数少，一般只需要一条线路，线路利用率高，投资小。

（2）由于计算机内部操作多采用并行传输方式，因此，在发送端和接收端需要进行并/串和串/并转换。

（3）串行传输的传输速率与并行传输相比较低。

目前大多数的数据传输系统，特别是长距离的传输系统，都采用串行传输方式。串行传输的示意图如图 2.5（a）所示。

2. 并行传输的特点

（1）终端装置与线路之间不需要对传输代码做时序变换，因而能简化终端装置的结构。

（2）需要多条信道的传输设备，故其成本较高。

（3）传输速率高。

因此，并行传输常用于要求传输速率高的近距离数据传输，并行传输的示意图如图 2.5（b）所示。

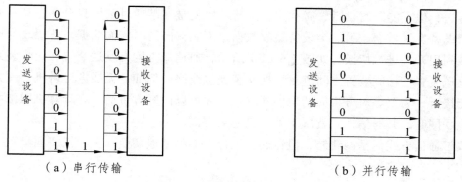

（a）串行传输　　　　　　　　　　　　　（b）并行传输

图 2.5　串行传输和并行传输

2.2.2　单工通信、半双工通信和全双工通信

串行传输有 3 种传输方式，即单工通信、半双工通信和全双工通信。

1. 单工通信

单工通信（Simplex Transmission）方式是指信息仅能以一个固定的方向进行传送，传送的方向不能改变。发送端只能发送信息，不能接收信息。同样，接收端只能接收信息，不能发送信息。例如，打印机仅需从计算机接收数据来进行打印，故可采用单工通信方式。

有时为保证数据传送的正确性，在接收端对接收到的数据进行校验，若校验出错，请求重发，这样还有另外一条监测控制信号线。单工通信的线路一般采用两线制：一个传送数据，一个传送检测控制信号，如图 2.6（a）所示。

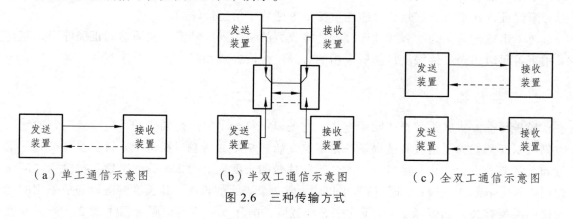

（a）单工通信示意图　　　　（b）半双工通信示意图　　　　（c）全双工通信示意图

图 2.6　三种传输方式

单工通信在日常生活中很常见，例如电视机、收音机等，它们只能接收电台发出的电磁波信息，但不能给电台返回信息。

2. 半双工通信

半双工通信（Half-duplex Transmission）方式是指在数据传输过程中，允许信号向任何一个方向传送，但不能同时进行，必须交替进行。也就是在某一时刻，只允许在某一方向上传输，一个设备发送数据，另一个设备接收数据，不能双向同时传输数据。若想改为反方向传输，还需利用开关进行切换。如图 2.6（b）所示，通信双方均有发送装置和接收装置，通过开关在发送装置与接收装置之间进行切换交替连接线路。例如，无线电对讲机，一方讲话另一方只能接听，需要等对方讲完切换传输方式后才可以向对方讲话。在计算机网络中，利用同轴电缆联网时，其通信方式就属于半双工通信方式。

半双工通信方式仍是两线制，但在通信过程中要频繁地切换开关，以实现半双工通信。

3. 全双工通信

全双工通信（Duplex Transmission）又简称为双工通信。这种传输方式能实现在两个方向上同时进行数据发送和接收，但必须使用两条通信信道。这相当于两个相反方向的单工通信组合，因此可以提高总的数据流量。如图 2.6（c）所示，全双工通信方式要求发送设备和接收设备都具有独立的接收和发送能力。这里所说的两条不同方向的传输通道是个逻辑概念，它们可以由实际的两条物理线路实现，也可以在一条线路上通过多路复用技术实现。在计算机网络中，利用双绞线联网时，通信方式既可以采用半双工方式，也可以采用全双工通信方式。如果采用全双工通信方式，必须把网卡的工作方式也设置为全双工方式（Full Duplex）。

2.2.3 数据的同步技术

以上所讨论的通信及传输方式，是从信息流对接角度考虑的，其着眼点仅在于发方发送的数字信号能够被传送到接收方，至于接收方是否能够正确地接收，还必须要有一定的传输方法来保证，同步方法就是从可靠性角度来考虑数字信息传输的。

对于串行传输，为了有效地区分到达接收方的一系列比特流，从而达到正确译码，需要采用字符码组的同步传输。目前所采用的有异步传输方式和同步传输方式两种。

1. 异步传输

异步传输方式又称起止式同步方式，它是以字符为单位进行同步的，且每一字符的起始时刻可以任意。为了给接收端提供一个字符开始和结尾的信息，在每个字符前设置"起"信号和在结尾处设置"止"信号。一般"起"信号的长度规定为 1 个码元宽度，极性为"0"，即用空号（space）代表，"止"信号可以为 1 或 2 个码元的长度，其长度的选取与所采用的传输代码类型有关，如国际 2 号代码用 1.5 个宽度，国际 5 号或其他码常用 1 或 2 个码元宽度作为止位，极性是"1"，即传号（mark）状态。异步通信传输方式如图 2.7 所示。

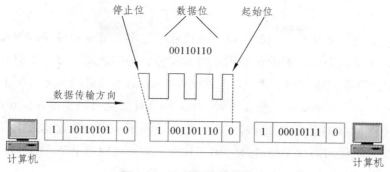

图 2.7　异步通信传输方式

在异步传输方式中，字符可以被单独发送或连续发送，字符与字符的间隔期间可以连续发送 "1" 状态，而且当不传送字符时，不要求收发时钟同步，而仅在传输字符时，收发时钟才需在字符的每一位上均同步。同步的具体过程是：若发送端有信息要发送时，即将自己从不传信息的平时态转到起始态，接收端检测出这种极性改变时，就利用该极性的反转启动接收时钟以实现收发时钟的同步。同理，接收端一旦收到终止位，就将定时器复位以准备接收下一个字符。

异步通信传输方式的优点是每一个字符本身就包括了本字符的同步信息，不需要在线路两端设置专门的同步设备，使收发同步简单，其缺点是每发一个字符就要添加一对起止信号，造成线路的附加开销，降低了有效性。异步传输方式常用于小于或等于 1 200 b/s 的低速数据传输中，且目前仍在被广泛使用。

2. 同步传输

同步传输方式是以固定的时钟节拍来串行发送数字信号的一种方法。在数字信息流中，各码元的宽度相同且字符间无间隙。为使接收方能够从连续不断的数据流中正确区分出每个比特，则需首先建立收发方的同步时钟。实质上，在同步传输方式中，不管是否传送信息，要求收发两端的时钟都必须在每个比特（位）上保持一致。因此，同步传输方式又常被称为比特同步或位同步，其传输示意图如图 2.8 所示。

图 2.8　同步通信传输

在同步通信传输中，数据的发送一般是以组（或帧）为单位。每个数据块头部和尾部都要附加一个特殊的字符或比特序列，以标记开始和结束。形式分为面向字符和面向位流两种，前者在数据头用一个或多个 "SYN" 标记，数据尾用 "ETX" 标记；后者头尾用一个特殊比特序列标记，如 01111110，当数据流中出现连续的 "1" 时，每连续 5 个便插入一

个 "0"。

同步通信就是使接收端接收的每一位数据块或一组字符都要和发送端准确地保持同步，在时间轴上，每个数据码字占据等长的固定时间间隔，码字之间一般不得留有空隙，前后码字接连传送，中间没有间断时间。收发双方不仅保持码元（位）同步关系，而且保持码字（群）同步关系。如果在某一期间确实无数据可发，则需用某种无意义码字或位同步序列进行填充，以便始终保持不变的数据串格式和同步关系。否则，在下一串数据发送之前，必须发送同步序列（一般是在开始使用同步字符 SYN "01101000" 或一个同步字节 "01111110"，并且在结束时使用同步字符或同步字节），以完成数据的同步传输过程。

实现同步传输方式的收发时钟同步方法有外同步法和自同步法两种。外同步法的基本点是在传输线中增加一根时钟信号线以连接到接收设备的时钟上，在发送数据信号前，先向接收端发送一串同步时钟脉冲，接收端则按照这个频率来调整其内部时钟，并把接收时钟重复频率锁定在同步频率上。该方法适用于近距离传输。另一种方法称为自同步法，其基本原理是让接收方的调制解调器从接收数据信息波形中直接提取同步信号，并用锁相技术获得与发送时钟完全相同的接收时钟。当然，这要对线路上的传输码型提出一定的要求，也就是说，线路的编码必须能把同步信号和代码信息一起传输到接收端，如曼彻斯特码就具有这个功能。自同步方法常用于远距离传输。

同步传输方式克服了异步传输方式中每一个字符均要附加起、止信号的缺点，因此具有较高的效率，但实现起来较为复杂，该方式常用于大于 2 400 b/s 的传输速率。

3. 同步技术

在计算机通信网络中，广泛采用的同步方法有位同步法和群同步法两种。

（1）位同步。位同步就是要使接收端对每一位数据都要和发送端保持同步，通常就叫同步传输。实现位同步的方法有外同步法和自同步法两种。

在外同步法中，接收端的同步信号事先由发送端送来，而不是自己产生，也不是从信号中提取出来。即在发送数据之前，发送端先向接收端发出一串同步时钟脉冲，接收端按照这一对时钟脉冲频率和时序锁定接收端的接收频率，以便在接收数据的过程中始终与发送端保持同步。

自同步法是指能从数据信号波形中提取同步信号的方法，典型例子就是著名的曼彻斯特编码，它常用于局域网传输。在曼彻斯特编码中，每一位的中间有一跳变，位中间的跳变既作时钟信号，又作数据信号；从高到低跳变表示 "1"，从低到高跳变表示 "0"。还有一种是差分曼彻斯特编码，每位中间的跳变仅提供时钟定时，而每位开始时用有无跳变表示 "0" 或 "1"，有跳变为 "0"，无跳变为 "1"，如图 2.9 所示。

这两种曼彻斯特编码都是将时钟和数据包含在数据流中，在传输代码信息的同时，也将时钟同步信号一起传输到对方，每位编码中有一跳变，不存在直流分量，因此具有自同步能力和良好的抗干扰性能。但每一个码元都被调成两个电平，所以数据传输速率只有调制速率（即码元速率）的 1/2。

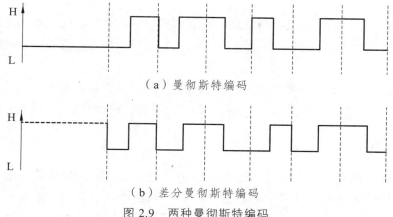

（a）曼彻斯特编码

（b）差分曼彻斯特编码

图 2.9　两种曼彻斯特编码

（2）群同步。在数据通信中，群同步是指传输的信息被分成若干"群"。所谓的"群"，实际上就是指由若干比特组成的一个字符，在每个字符前后设置起始位、终止位，从而组成一个字符序列。在数据传输过程中，字符可顺序地出现在比特流中，字符间的间隔时间是任意的，但字符内各个比特用固定的时钟频率传输。字符间的异步定时与字符内各个比特间的同步定时是群同步的特征。所以，群同步实际上就是异步传输。

群同步是靠起始和停止位来实现字符定界及字符内比特同步。起始位指示字符的开始，并启动接收端对字符中的比特进行同步；而停止位则是作为字符间的间隔位设置的，没有停止位，下一字符的起始位可能丢失。

群同步传输每个字符由 4 部分组成，如图 2.10 所示。

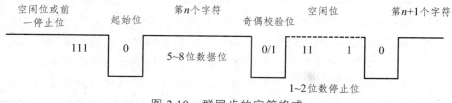

图 2.10　群同步的字符格式

（1）1 位起始位，用逻辑"0"表示。

（2）5~8 位数据位，即要传输的字符内容。

（3）0~1 位奇偶校验位，用于检错。

（4）1~2 位停止位，用逻辑"1"表示，用作字符间的间隔。

2.2.4　数据传输类型

各种传输介质所能传输的信号不同，有些传输介质可以传输数字信号，有些则可以传输模拟信号。因此数据的传输也相应地分为基带传输方式和频带传输方式两类。

1. 基带传输

在通信系统中，由信息源发出的未经转换器转换的、表示二进制数 0 和 1 的原始脉冲信号称为基带信号。基带信号是数字信号，如果将这种信号直接通过有线线路进行传输，则称为基带传输。

基带传输通常需要对原始数据进行变换和处理，使之真正适合在相应的系统中传输。即在发送端将数据进行编码，然后进行传输，到了接收端再进行解码，还原为原始数据。

2. 频带传输

频带传输是在计算机网络系统的远程通信中，通常采用的一种传输技术，是一种利用调制器对传输信号进行频率交换的传输方式。信号调制的目的是为了更好地适应信号传输通道的频率特性，传输信号经过调制处理也能克服基带传输同频带过宽的缺点，提高线路的利用率。

但调制后的信号在接收端要解调还原，所以传输的收发端需要专门的信号频率变换设备。远距离通信信道多为模拟信道，因此计算机网络的远距离通信通常采用的是频带传输。

2.3 数据的编码和调制

模拟信号和数字信号在通过某一介质传输时，往往须进行调制和编码，以提高信号的传输性能。编码是将模拟数据或数字数据变换成数字信号，以便通过数字通信介质传输出去，在接收端，数字信号通过译码变换成原来的形式。根据任务的不同，编码可以分为 3 种形式：一是为数字传输将模拟信号通过模拟/数字（A/D）转换为数字信号，叫信源编码；二是为提高可靠性而采取的差错控制编码或抗干扰编码，叫信道编码；三是为了通信保密，在信源编码后对信号加密，而在相应的接收端解密的保密编码，这里的编码是指信源编码。

调制就是用基带信号对载波波形的某些参量进行控制，使这些参量随基带信号变化。载波信号通常为高频模拟信号，任何载波信号都有 3 个特征：振幅（A）、频率（F）和相位（P）。相应地，调制技术涉及载波信号的幅度、频率和相位的一个或几个参数的变化，即振幅调制（Amplitude Modulation，AM）、频率调制（Frequency Modulation，FM）、相位调制（Phase Modulation，PM）或多重调制。无论基带信号是模拟数据还是数字数据，经过调制后就作为模拟信号通过模拟通信系统来传输，并在接收端进行解调，再变换成原来的形式。调制的目的是使无线传输时高频调制信号易于发射，也便于频分多路传输，以提高线路利用率。调制根据载波形式的不同，可分为正弦波调制和脉冲调制两大类。

在计算机网络中，由于传输的需要，数据信号必须进行调制或编码，使得与传输介质及协议相适应。

通常，有 4 种数据的调制和编码方法：模拟数据的模拟调制、数字数据的模拟调制、数字数据的数字编码、模拟数据的数字编码。

2.3.1　数据编码技术

1. 数字数据的数字编码

数字数据的数字编码问题是研究如何把数字数据用物理信号（如电信号）的波形表示。通常可以由许多不同形式的电信号的波形来表示数字数据。数字信号是离散的、不连续的电压或电流的脉冲序列，每个脉冲代表一个信号单元（或称码元）。

这里主要讨论二进制的数据信号，即用两种码元形式分别表示二进制数字符号 1 和 0，每一位二进制符号和一个码元相对应。采用不同的编码方案，产生出的表示二进制数字码元的形式也不同。下面主要介绍最常用的不归零码、归零码和曼彻斯特码等。

1）不归零码

（1）单极性不归零码。单极性不归零码（NRZ）的波形如图 2.11（a）所示。该码在每一码元时间间隔内，用高电平和低电平（常为零电平）分别表示二进制数据的 1 和 0。容易看出，这种信号在一个码元周期 T 内电平保持不变，电脉冲之间无间隔，极性单一，有直流分量。解调时，通常将每一个码元的中心时间作为抽样时间，判决门限设为半幅度电平，即 $0.5E$，若接收信号的值在 $0.5E$ 与 E 之间，则判为 1；若在 0 与 $0.5E$ 之间，则判为 0。单极性不归零码适用于近距离信号传输。

（2）双极性不归零码。双极性不归零码（BNRZ）的波形如图 2.11（b）所示。该码在每一码元时间间隔内，用正电平和负电平分别表示二进制数据的 1 和 0，正电平的幅值和负电平的幅值相等。与单极性不归零码一样，在一个码元周期 T 内电平保持不变，电脉冲之间无间隔。这种码中不存在零电平，当 1，0 符号等概率出现时，无直流成分。解调时，这种情况的判决门限定为零电平。接收信号的值如在零电平以上，判为 1；接收信号的值在零电平以下判为 0。双极性不归零码的抗干扰能力较强，适用于有线信号传输。

以上两种不归零码信号属于全宽码，即每一位码占用全部的码元宽度，如重复发送 1，就要连续发送正电平；如重复发送 0，就要连续发送零电平或负电平。这样，上一位码元和下一位码元之间没有间隙，不易互相识别，并且无法提取位同步，需要使用某种方法来使发送器和接收器进行定时或同步。此外，如果传输中 1 或 0 占优势的话，则将有累积的直流分量。这样，使用变压器以及在数据通信设备和所处环境之间提供良好的绝缘的交流耦合将是不可能的。

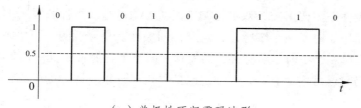

（a）单极性不归零码波形

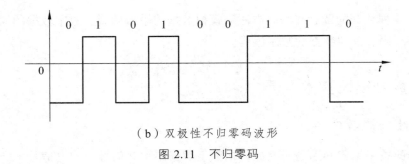

（b）双极性不归零码波形

图 2.11　不归零码

2）归零码

（1）单极性归零码。单极性归零码（RZ）是指它的电脉冲宽度比码元周期 T 窄，当发送 1 时，只在码元周期 T 内持续一段时间的高电平后降为零电平，其余时间内则为零电平，所以称这种码为单极性归零码，如图 2.12（a）所示。单极性归零码的脉冲窄，有利于减小码元间波形的干扰；码元间隔明显，有利于同步时钟提取。但因脉冲窄，码元能量小，接收输出信噪比较低。

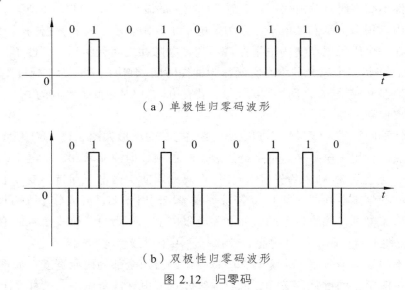

（a）单极性归零码波形

（b）双极性归零码波形

图 2.12　归零码

（2）双极性归零码。双极性归零码（BRZ）是指在每一码元周期 T 内，当发送 1 时，发出正的窄脉冲；当发送 0 时，发负的窄脉冲，如图 2.12（b）所示。相邻脉冲之间必定留有零电平的间隔，间隔时间可以大于每一个窄脉冲的宽度。解调时，通常将抽样时间对准窄脉冲的中心位置。双极性归零码的特点与单极性归零码基本相同。

（3）交替双极性归零码。交替双极性归零码（AMI）是双极性归零码的另一种形式，其编码规则是：在发送 1 时发一个窄脉冲，且脉冲的极性总是交替的，即如果发送前一个 1 时是正脉冲，则发送后一个 1 时是负脉冲，而发送 0 时不发送脉冲，其波形如图 2.13 所示。这种交替的双极性码元也可用全宽码，采样定时信号仍对准每一脉冲的中心位置。

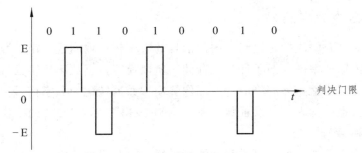

图 2.13 交替双极性归零码

3）曼彻斯特码

（1）曼彻斯特码。曼彻斯特码（manchester）又称双相码，波形如图 2.14（a）所示。曼彻斯特码的编码方式中，当发送 0 时，在码元的中间时刻电平从低向高跃变；当发送 1 时，在码元的中间时刻电平从高向低跃变。曼彻斯特码的特点是不管信码的统计特性如何，在每一位的中间都有一个跃变，位中间的跃变既作为时钟，又作为数据，因此也称为自同步编码。此外，在任一码元周期内，信号正负电平各占一半，因而无直流分量。曼彻斯特码的编码过程简单，但占用的带宽较宽。

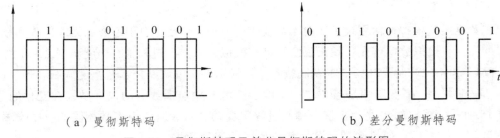

（a）曼彻斯特码　　　　　　　　　（b）差分曼彻斯特码

图 2.14 曼彻斯特码及差分曼彻斯特码的波形图

（2）差分曼彻斯特码。差分曼彻斯特码是曼彻斯特码的改进形式，波形如图 2.14（b）所示。在每一码元周期内，无论发送 1 或 0，在每一位的中间都有一个电平的跃变，但发送 1 时，码元周期开始时刻不跃变（即与前一码元周期相位相反）；发送 0 时，码元周期开始时刻就跃变（即与前一码元周期相位相同）。

以上的各种编码各有优缺点，选择应用时应注意：第一，脉冲宽度越大，发送信号的能量就越大，这对于提高接收端的信噪比有利；第二，脉冲时间宽度与传输频带宽度成反比关系，归零码的脉冲比全宽码的窄，因此，它们在信道上占用的频带就较宽，归零码在频谱中包含了码元的速率，即在发送信号的频谱中包含有码元的定时信息；第三，双极性码与单极性码相比，直流分量和低频成分减少了，如果数据序列中 1 的位数和 0 的位数相等，则双极性码就没有直流分量输出，交替双极性码也没有直流分量输出，这一点对于实践中的传输是有利的；第四，曼彻斯特码和差分曼彻斯特码在每个码元中间均有跃变，也没有直流分量，利用这些跃变可以自动计时，因而便于同步（即自同步）。在这些编码中，曼彻斯特码和差分曼彻斯特码的应用较为普遍，已成为局域网的标准编码。

2. 模拟数据的数字编码

这种编码方式主要解决的是语音、图像信息的数字化传输问题，由于数字信号传输失真小、误码率低、传输速率高、便于计算机存储，所以模拟数据数字传输已成为现在的必然趋势。这其中的关键问题就是如何将语音、图像等模拟数据转化为数字信号。为了解决这个关键问题，贝尔实验室工程人员开发了脉冲编码调制 PCM 技术。PCM 的工作过程包括 3 个步骤：采样、量化和编码。

采样：对连续变化的模拟信号进行周期性采样，只要采样频率大于等于有效信号最高频率或其带宽的两倍，采样值便可包含原始信号的全部信息。

量化：将采样幅度值赋予一个整数值，如使用数字 2 的倍数对其进行量化。

编码：将量化后的结果转化成二进制代码。

信号经过数字传输系统到达接收端后，由接收端还原出原来的一系列脉冲信号，再经过滤波处理后就可以得到原来的模拟信号。

2.3.2 数据调制技术

1. 模拟数据的模拟调制

模拟数据经过模拟通信系统传输时不需要进行变换，但是，由于考虑到无线传输和频分多路传输的需要，模拟数据可在高频正弦波下进行模拟调制。模拟调制有幅度调制（AM）、频率调制（FM）和相位调制（PM）3 种调制技术，最常用的 2 种调制技术是幅度调制和频率调制。

（1）幅度调制。幅度调制是指载波的幅度会随着原始模拟数据的幅度做线性变化的过程，如图 2.15 所示。载波的幅度会在整个调制过程中变动，而载波的频率是相同的。接收端接收到幅度调制的信号后，通过解调，可恢复成原始的模拟数据。

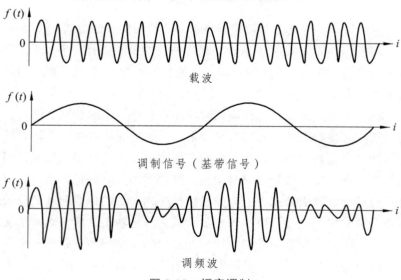

载波

调制信号（基带信号）

调频波

图 2.15 幅度调制

（2）频率调制。频率调制是指高频载波的频率会随着原始模拟信号的幅度变化而变化的过程，因此，载波频率会在整个调制过程中波动，而载波的幅度不变，如图 2.16 所示。接收端接收到频率调制的信号后，进行解调，以恢复成原始的模拟数据。

2. 数字数据的模拟调制

使用模拟通信系统传输数字数据时，需要借助于调制解调装置，把数字信号（基带脉冲）调制成模拟信号，使其变为适合于模拟通信线路传输的信号，经过调制的信号被称为已调信号。已调信号通过线路传输到接收端，在接收端经解调恢复为原始基带脉冲。

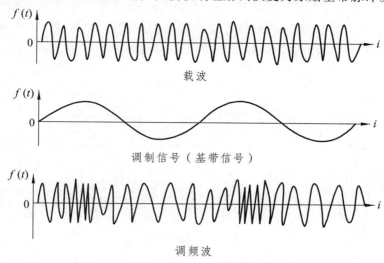

图 2.16　频率调制

相对于载波信号的振幅、频率和相位这 3 个特征，数字信号的模拟调制有 3 种基本调制技术：幅度键控法（Amplitude-Shift Keying，ASK）、频移键控法（Frequency-Shift Keying，FSK）和相移键控法（Phase-Shift Keying，PSK）。下面分别介绍这 3 种调制技术。

（1）幅度键控法。幅度键控（ASK）又叫振幅键控，即用数字的基带信号控制正弦载波信号的振幅。在幅度键控法方式下，通常用载波频率的两个不同的幅度来表示两个二进制值。当传输的基带信号为 1 时，幅度键控信号的振幅保持某个电平不变，即有载波信号发射；当传输的基带信号为 0 时，幅度键控信号的振幅为零，即没有载波信号发射。如果基带信号是不归零单极性脉冲序列，则幅度键控信号如图 2.17 所示。

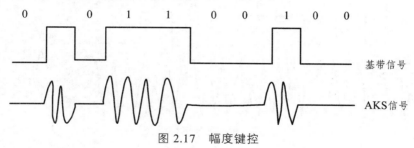

图 2.17　幅度键控

据图写出表达式：

$$S(t) \begin{cases} A\cos(wt+\theta), & \text{当基带信号为1时;} \\ 0 & \text{，当基带信号为0时} \end{cases}$$

幅度键控实际上相当于用一个受数字基带信号控制的开关来开启和关闭正弦载波信号。

ASK 方式容易受增益变化的影响，是一种效率相当低的调制技术。利用音频通信线路传送幅度键控信号时，通常允许的极限传输速率为 1 200 b/s。

（2）频移键控法。频移键控（FSK）也叫频率键控，是用数字基带信号控制正弦载波信号的频率。频移键控信号如图 2.18 所示，在频移键控法方式下，通常用载波频率附近的两个不同频率来表示两个二进制数。频移键控方式相对幅度键控方式来说，不容易受干扰信号的影响。利用音频通信线路传送频移键控信号时，通常传输速率可达 1 200 b/s。这种方式一般也用于高频（3～30 MHz）的无线电传输。

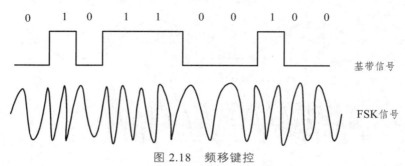

图 2.18　频移键控

（3）相移键控法。相移键控（PSK）也叫相位键控，是用数字基带信号控制正弦载波信号的相位。相移键控又可以分为绝对相移键控（NPSK）和相对相移键控（DPSK）。相移键控法也可以使用多于两相的位移，例如，四相系统能把每个信号串编码为两位。

① 绝对相移键控。绝对相移就是利用正弦载波的不同相位直接表示数字。例如，用载波信号的相位差为 2 的两个不同相位来表示两个二进制值。当传输的基带信号为 1 时，绝对相移键控信号和载波信号的相位差为零；当传输的基带信号为 0 时，绝对相移键控信号和载波信号的相位差为 2。如果基带信号是不归零单极性脉冲序列，则绝对相移键控信号如图 2.19 所示。绝对相移键控实际上相当于用一个受数字基带信号控制的双掷开关来选择相位差为 2 的正弦载波信号。

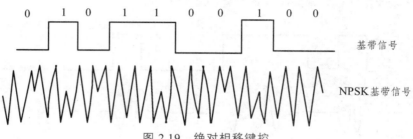

图 2.19　绝对相移键控

② 相对相移键控。相对相移键控是利用前后码元信号相位的相对变化来传送数字信息的。例如，用载波信号的相位差为 2 的两个不同相位来表示前后码元信号是否变化，当传输的基带信号为 1 时，后一个码元信号和前一个码元信号的相位差为 2；当传输的基带信号为 0 时，后一个码元信号和前一个码元信号的相位差为 0。相对相移键控如图 2.20 所示。

相移键控技术有较强的抗干扰能力，而且比 FSK 方式更有效；在音频通信线路上，相移键控信号的传输速率可达 9 600 b/s。

各种编码技术也可以组合起来使用。常见的组合是相移键控法和幅度键控法，组合后在两个振幅上均可以分别出现部分相移或整体相移。

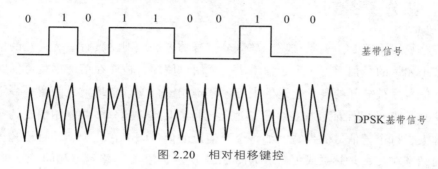

图 2.20 相对相移键控

2.4 信道复用技术

为了提高传输媒介的利用率，降低成本，提高有效性，人们提出了复用问题。所谓多路复用，是指在数据传输系统中，允许两个或两个以上的数据源共享一条公共传输媒介，就像每个数据源都有它自己的信道一样。所以，多路复用是一种将若干个彼此无关的信号合并为一个能在一条公共信道上传输的复合信号的方法。

信道复用（又称多路复用）技术是指在同一传输介质上"同时"传送多路信号的技术。因此多路复用技术也就是在一条物理信道上建立多条逻辑通信信道的技术。

多路复用技术的实质就是共享物理信道，能更加有效地利用通信线路。其工作原理为：首先，将一个区域的多个用户信息通过多路复用器（MUX）汇集到一起；然后，将汇集起来的信息群通过一条物理线路传送到接收设备的复用器；最后，接收设备端的多路复用器再将信息群分离成单个的信息，并将其一一发送给多个用户。这样就可以利用一对多路复用器和一条物理通信线路来代替多套发送设备、接收设备和多条通信线路。多路复用技术的工作原理如图 2.21 所示。

常用的多路复用技术有：频分多路复用（Frequency Division Multiplexing，FDM）、时分多路复用（Time Division Multiplexing，TDM）、波分多路复用（Wavelength Division Multiplexing，WDM）和码分多路复用（Code Division Multiplexing，CDM）等。

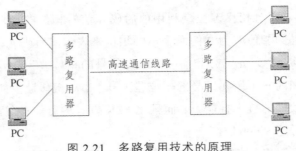

图 2.21 多路复用技术的原理

2.4.1 频分多路复用

频分多路复用（FDM）就是按照频率区分信号的方法，即将具有一定带宽的信道分割为若干个有较小频带的子信道，每个子信道供一个用户使用，这样在信道中就可同时传送多个不同频率的信号。被分开的各子信道的中心频率不相重合，且各信道之间留有一定的空闲频带（也叫保护频带），以保证数据在各子信道上的可靠传输。频分多路复用实现的条件是信道的带宽远远大于每个子信道的带宽，如每个子信道的信号频率在几十、几百或几千赫兹，而共享信道的频率在几百兆赫兹或更高。如图 2.22 所示，输入 V 路具有相同带宽 W 的数据，线路上的频带是每个数据源的带宽的 V 倍以上，将线路的频带划分成 V 个带宽大于 W 且互不重叠的窄频带，分别作为 V 路输入数据源的子信道。在接收端的分离设备则利用已调信号的不同频段将各路信号分离出来，恢复为 V 路输出数据。

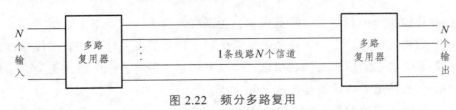

图 2.22 频分多路复用

频分多路复用技术适用于模拟信号。例如，将 FDM 用在电话系统中，传输的每一路语音信号的频谱一般在 300～3 000 Hz，通常双绞线电缆的可用带宽是 100 kHz，因此，在同一对双绞电线上可采用频分复用技术传输多达 24 路电话信号。

2.4.2 时分多路复用

时分多路复用（TDM）是将传输时间划分为许多个短的互不重叠的时隙，并将若干个时隙组成时分复用帧，用每个时分复用帧中某一固定序号的时隙组成一个子信道，每个子信道所占用的带宽相同，如图 2.23 所示。

时分多路复用利用每个信号在时间上的交叉，可以在一个传输通路上传输多个数字信号，这种交叉可以是位一级的，也可以是由字节组成的块或更大量的信息。与频分多路复用类似，专门用于一个信号源的时间片序列被称为是一条通道时间片的一个周期（每个信号源一个），也称为一帧。时分多路复用不局限于传输数字信号，模拟信号也可以同时交叉传输。另外，对于模拟信号，时分多路复用和频分多路复用结合起来使用也是可能的。一个传输系统可以频分许多条通道，每条通道再用时分多路复用来细分。

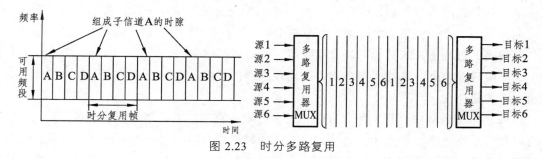

图 2.23　时分多路复用

TDM 又分为同步时分复用（Synchronous Time Division Multiplexing，STDM）和异步时分复用（Asynchronous Time Division Multiplexing，ATDM）两类。

1. 同步时分复用

同步时分复用（STPM）采用固定时间片分配方式，即将传输信号的时间按特定长度连续地划分成特定时间段（一个周期），再将每一时间段划分成等长度的多个时隙，每个时隙以固定的方式分配给各路数字信号，各路数字信号在每一时间段都顺序分配到一个时隙，如图2.24 所示。其中，一个周期的数据帧是指所有输入设备在某个时隙发送数据的总和，比如第一周期，4 个终端分别占用一个时隙发送 A、B、C 和 D，则 ABCD 就是一帧。

由于在同步时分复用方式中，时隙预先分配且固定不变，无论时隙拥有者是否传输数据都占有一定时隙，这就形成了时隙浪费，其时隙的利用率很低。为了克服 STDM 的缺点，引入了异步时分复用技术。

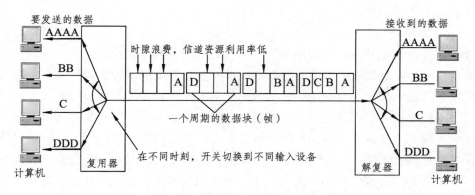

图 2.24　同步时分多路复用的工作原理

2. 异步时分复用

异步时分复用（ATDM）技术又被称为统计时分复用技术，它能动态地按需分配时隙，以避免每个时间段中出现空闲时隙。ATDM 就是只有当某一路用户有数据要发送时才把时隙分配给它；当用户暂停发送数据时，则不给它分配时隙；电路的空闲时隙可用于其他用户的数据传输，如图 2.25 所示。假设一个传输周期为 3 个时隙，一帧有 3 个数据。复用器轮流扫描每一个输入端，先扫描第 1 个终端，将其数据 A1 添加到帧里，然后扫描第 2 个终端、第 3 个终端，并分别添加数据 B2 和 C3，此时，第一个完整的数据帧形成。此后，接着扫描第 4 个终端、第 1 个终端和第 2 个终端，将数据 D4，A1 和 B2 形成帧，如此反复地连续工作。

在扫描的过程中，若某个终端没有数据，则接着扫描下一个终端。因此，在所有的数据帧中，除最后一帧外，其他所有帧均不会出现空闲的时隙，这就提高了信道资源的利用率，也提高了传输速率。

另外，在 ATAM 中，每个用户可以通过多占用时隙来获得更高的传输速率，而且传输速率可以高于平均速率，最高速率可达到电路总的传输能力，即用户占有所有的时隙。例如，电路总的传输能力为 28.8 kb/s，3 个用户公用此电路，在同步时分复用方式中，每个用户的最高速率为 9 600 b/s，而在 ATDM 方式中，每个用户的最高速率可达 28.8 kb/s。

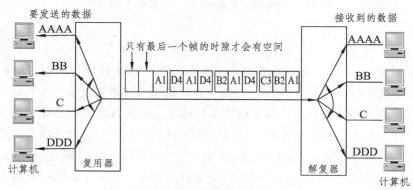

图 2.25 异步时分多路复用的工作原理

2.4.3 波分多路复用

波分多路复用（WDM）技术是频率分割技术在光纤媒体中的应用，它主要用于全光纤网组成的通信系统中。所谓波分多路复用，是指在一根光纤上同时传送多个波长不同的光载波的复用技术。通过 WDM，可使原来在一根光纤上只能传输一个光载波的单一光信道，变为可传输多个不同波长光载波的光信道，使得光纤的传输能力成倍提高。也可以利用不同波长沿不同方向传输来实现单根光纤的双向传输。波分多路复用技术将是今后计算机网络系统主干的信道多路复用技术之一。WDM 技术的原理十分类似于 FDM，不同的是它利用波分复用设备将不同信道的信号调制成不同波长的光，并复用到光纤信道上。在接收方，采用波分设备分离不同波长的光。相对于电多路复用器，WDM 发送端和接收端的器件分别称为分波器和合波器。

光波分多路复用技术具有以下优点：

（1）在不增建光缆线路或不改建原有光缆的基础上，使光缆传输容量扩大几十倍甚至上百倍，这在目前线路投资占很大比重的情况下，具有重要意义。

（2）目前使用的光波分多路复用器主要是无源光器件，它结构简单、体积小、可靠性高、易于光纤祸合、成本低且无中继传输距离长。

（3）在光波分复用技术中，各波长的工作系统是彼此独立的，各系统中所用的调制方式、信号传输速率等都可以不一样，甚至模拟信号和数字信号都可以在同一根光纤中用不同的波长来传输。这样，由于光波分复用系统传输的透明性，给使用带来了很大的方便性和灵活性。

（4）同一个光波分复用器采用掺铒光纤放大器，既可进行合波，又可进行分波，具有方向的可逆性，因此，可以在同一光纤上实现双向传输。

2.4.4　码分多路复用

码分多路复用（CDM）是一种用于移动通信系统的新技术，笔记本式计算机和平板式计算机等移动性计算机的联网通信会大量使用到码分多路复用技术。

码分多路复用技术的基础是微波扩频通信。扩频通信的特征是使用比发送的数据速率高许多倍的伪随机码对载荷数据的基带信号的频谱进行扩展，形成宽带低功率频谱密度的信号来发射。

码分多路复用就是利用扩频通信中的不同码型的扩频码之间的相关性，为每个用户分配一个扩频编码，以区别不同的用户信号。发送端可用不同的扩频编码，分别向不同的接收端发送数据；同样，接收端对不同的扩频编码进行解码，就可得到不同发送端送来的数据，实现了多址通信。CDM 的特点是频率和时间资源均为共享。因此，在频率和时间资源紧缺的情况下，CDM 技术是独占优势的，所以这也是 CDM 技术受到关注的原因。

2.4.5　空分多路复用

空分多路复用（SDM）也叫空分多址（SDMA），这种技术是利用空间分割构成不同的信道。举例来说，在一颗卫星上使用多个天线，各个天线的波束射向地球表面的不同区域。地面上不同地区的地球站，它们在同一时间，即使使用相同的频率进行工作，相互之间也不会形成干扰。

空分多址（SDMA）是一种信道增容的方式，可以实现频率的重复使用，充分利用频率资源。空分多址还可以和其他多址方式相互兼容，从而实现组合的多址技术。

2.5　数据交换技术

两台计算机之间数据通信的最简单形式是用某种传输介质直接将两台计算机连接起来。但当通信节点较多且传输距离较远时，在所有节点之间都建立固定的点到点连接是不可能的。通常是建立一个交错的通信网络，将希望通信的设备（如计算机、网络设备等）都连接到通信网络上，然后利用网络上的交换设备进行连接，负责数据的转接。

当网络中的计算机之间要进行数据传输时，在网络中选择一个节点通路，建立起一条数据链路，将数据从源地发往目的地，从而实现通信，通信结束后数据链路就不存在了。这些中间节点并不关心数据内容，其作用只是提供一个传输设备，用它把数据从一个节点传到下一个节点，直至到达目的地。

常用的交换技术有电路交换（Circuit Switching）和存储转发交换（Store and Forward Switching）两大类。存储转发交换方式按照转发信息单位的不同，又可分为报文交换和分组交换（也称包交换），其中分组交换又可采用两种方式：虚电路传输分组交换和数据报传输分组交换。

2.5.1 电路交换

电路交换（Circuit Switching）也称为线路交换，它是一种直接的交换方式，可以为一对需要进行通信的节点提供一条临时的专用通道，即在接通后提供一条专用的传输通道，该通道既可以是物理通道又可以是逻辑通道（使用时分或频分复用技术）。这条通道是由节点内部电路对节点间传输路径经过适当选择和连接而完成的，是一条由多个节点和多条节点间传输路径组成的链路。

从通信资源的分配角度来看，"交换"就是按照某种方式动态地分配传输线路的资源。在使用电路交换打电话之前，必须先拨号建立连接。当拨号的信号通过多个交换机到达被叫用户所连接的交换机时，呼叫即完成。这时，从主叫端到被叫端就建立了一条连接（物理通路），此后主叫和被叫双方才能进行通话。在通话的全部时间内，通话的两个用户始终占用端到端的固定传输带宽。通话完毕挂机后，挂机信号传送到交换机，交换机才释放所使用的物理通路。这种必须经过"建立连接—通信—释放连接"三个步骤的联网方式称为面向连接（Connection-Orient）的交换方式。电路交换必定是面向连接的。

目前，公用电话交换网（Public Switched Telephone Network，PSTN）广泛使用的交换方式就是电路交换方式，如图 2.26 所示。电路交换链路的建立需要经过以下 3 个阶段：

（1）电路建立阶段。该阶段是通过源节点请求建立链路完成交换网中相应节点的连接过程。这个过程建立了一条由源节点到目的节点的传输通道。首先，源节点 A 发出呼叫请求信号，与源节点连接的交换节点 1 收到这个呼叫，就根据呼叫信号中的相关信息寻找通向目的节点 B 的下一个交换节点 2；然后，按照同样的方式，交换节点 2 再寻找下一个节点，最终到达节点 6；最后，节点 6 将呼叫请求信息发给目的节点 B，若目的节点 B 接受呼叫，则通过已建立的物理线路，并向源节点发回呼叫应答信号。这样，从源节点到目的节点之间就建立了一条传输通道。

（2）数据传输阶段。当电路建立完成后，就可以在这条临时的专用电路上传输数据，通常采用全双工方式传输。

（3）电路拆除阶段。在完成数据传输后，源节点发出释放请求信息，请求终止通信。若目的节点接受释放请求，则发回释放应答信息。在电路拆除阶段，各节点相应地拆除该电路的对应连接，释放由该电路占用的节点和信道资源。

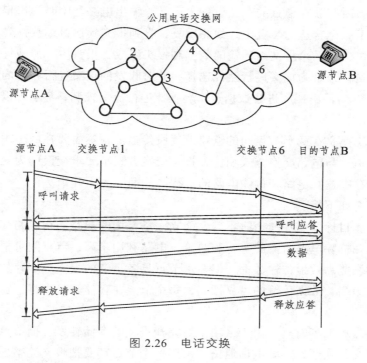

图 2.26　电话交换

电路交换具有如下特点：

（1）呼叫建立时间长且存在呼损。在电路建立阶段，在两节点之间建立一条专用通路需要花费一段时间，这段时间称为呼叫建立时间。在电路建立过程中由于交换网通信繁忙等原因而使建立失败，对于交换网则要拆除已建立的部分电路，用户需要挂断重拨，这个过程称为呼损。

（2）电路连通后提供给用户的是"透明通路"，即交换网对用户信息的编码方法、信息格式以及传输控制程序等都不加以限制，但对通信双方而言，必须做到双方的收发速度、编码方法、信息格式和传输控制等一致时才能完成通信。

（3）一旦电路建立后，数据以固定的速率传输，除通过传输链路时的传输延迟以外，没有别的延迟，且在每个节点上的延迟是可以忽略的，因此传输速度快且效率高，适用于实时大批量连续的数据传输需求。

（4）电路信道利用率低。从建立链路，然后进行数据传输，直至通信链路拆除为止，信道是专用的，再加上通信建立时间、拆除时间和呼损，使其链的利用率降低。

2.5.2　报文交换

对较为连续的数据流（如语音）来说，电路交换是一种易于使用的技术，但对于数字数据通信，广泛使用的则是报文交换（Message Switching）技术。在报文交换网中，网络节点通常为一台专用计算机，备有足够的缓存，以便在报文进入时进行缓冲存储。节点接收一个报文之后，报文暂时存放在节点的存储设备之中，等输出电路空闲时，再根据报文中所指的目的地址转发到下一个合适的节点中，如此反复，直到报文到达目标数据终端为止。

在报文交换中，每一个报文由传输的数据和报头组成，报头中有源地址和目标地址，结点根据报头中的目标地址为报文进行路径选择，并对收发的报文进行相应的处理，如差错检查和纠错、调节输入/输出速度进行数据速率转换、进行流量控制，其至可以进行编码方式的转换等。

因此，报文交换是在两个节点间的链路上逐段传输的，不需要在两个主机间建立多个结点组成的电路通道。与电路交换方式相比，报文交换方式不要求交换网为通信双方预先建立通路，因此就不存在建立电路和拆除电路的过程，从而减少了开销。

报文交换具有如下特点：

（1）源节点和目标节点在通信时不需要建立一条专用的通路。与电路交换相比，报文交换没有建立电路和拆除电路所需的等待和时延，电路利用率高；节点间可根据电路情况选择不同的传输速率，能高效地传输数据，但要求节点具备足够的报文数据存放能力，一般节点由微机或小型机担当；数据传输的可靠性高，每个节点在存储转发中都进行差错控制，即检错和纠错。

（2）转发节点增加了时延。由于采用了对完整报文的存储转发，而节点存储转发的时延较大，不适用于交互式通信，如电话通信。由于每个节点都要把报文完整地接收、存储、检错、纠错、转发，产生了节点延迟，并且报文交换对报文长度没有限制，报文可以很长，这样就有可能使报文长时间占用某两节点之间的链路，不利于实时交互通信。分组交换即所谓的包交换，正是针对报文交换的缺点而提出的一种改进方式。

2.5.3 分组交换

分组交换（Packet Switching）属于"存储转发"交换方式，但它不像报文交换那样以整个报文为单位进行交换和传输，而是以更短的、标准的"报文分组"（packet）为单位进行交换传输。分组是一组包含数据和呼叫控制信号的二进制数，把它作为一个整体加以转接，这些数据、呼叫控制信号以及可能附加的差错控制信息都是按规定的格式排列的。假如，A 站有一份比较长的报文要发送给 C 站，则它首先将报文按规定长度划分成若干分组（小报文），每个分组附加上地址及纠错等其他信息，然后将这些分组顺序发送到交换网的节点 C，由节点对分组进行组装。

交换网可采用两种方式：数据报分组交换和虚电路分组交换。

1. 数据报分组交换

在数据报分组交换方式中，交换网把进网的任一分组都当作单独的"小报文"来处理，而不管它是属于哪个报文的分组，就像报文交换中把一份报文进行单独处理一样。这种分组交换的方式简称为数据报分组交换，作为基本传输单位的"小报文"被称为数据报（datagram）。数据报分组交换传输的工作方式如图 2.27 所示。数据报分组交换方式具有如下特点：

（1）同一报文的不同分组可以由不同的传输路径通过通信子网。

（2）同一报文的不同分组到达目的节点时可能出现乱序、重复或丢失现象。

（3）每一报文在传输过程中都必须带有源节点地址和目的节点地址。

（4）有别于报文交换，数据报不是将整个报文一次性转发的。

综上所述，使用数据报分组交换方式时，数据报文传输延迟较大，每个报文中都要带有源节点地址和目的节点地址，增大了传输和存储开销。但基于数据报精炼短小的特点，特别适用于突发性通信，但不适用于长报文和会话式通信。

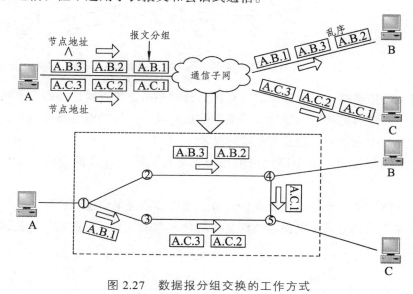

图 2.27 数据报分组交换的工作方式

2. 虚电路分组交换

虚电路就是两个用户的终端设备在开始相互发送和接收数据之前需要通过通信网络建立起逻辑上的连接，而不是建立一条专用的电路。用户不需要在发送和接收数据时清除连接。

在虚电路分组交换中，所有分组都必须沿着事先建立的虚电路传输，且存在一个虚呼叫建立阶段和拆除阶段（清除阶段），这与电路交换有着实质上的区别。虚电路的工作方式如图 2.28 所示。

虚电路具有如下特点：

（1）类似于电路交换但有别于电路交换。虚电路在每次报文分组发送之前必须在源节点与目的节点之间建立一条逻辑连接，也包括虚电路建立、数据传输和虚电路拆除 3 个阶段。但与电路交换相比，虚电路并不意味着通信节点间存在像电路交换方式那样的专用电路，而是选定了特定路径进行传输，报文分组途经的所有节点都对这些分组进行存储转发，而电路交换无此功能。

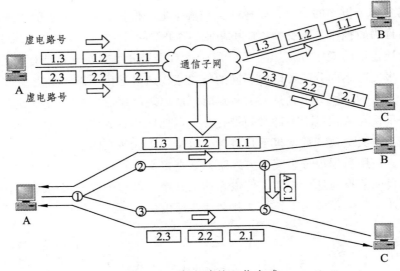

图 2.28　虚电路的工作方式

（2）临时性专用链路。一次通信的所有报文分组都从这条逻辑连接的虚电路上通过，因此，报文分组不必带目的地址、源地址等辅助信息，只需要携带虚电路标识号。报文分组到达目的节点时不会出现丢失、重复与乱序的现象。

（3）报文分组通过每个虚电路上的节点时，节点只需进行差错检测，而不需进行路径选择。

（4）通信子网中的每个节点可以和任何节点建立多条虚电路连接。

由于虚电路方式具有分组交换与线路交换两种方式的优点，因此在计算机网络中得到了广泛的应用。

2.6　差错控制

数据通信系统的基本任务是高效而无差错地传输数据。所谓差错，就是在通信过程中，接收端收到的数据与发送端实际发出的数据出现不一致的现象。由于物理线路上存在着各种干扰和噪声，数据信息在传输过程中会产生差错，出现数据丢失、改变等问题。差错检测与控制就是指在数据通信过程中能及时检测到差错发生，发现或纠正差错，将差错限制在尽可能小的范围内。

1. 差错类型

通信信道的噪声分为热噪声和冲击噪声两种。由这两种噪声分别产生两种类型的差错，随机差错和突发差错。

热噪声是由传输介质导体的电子热运动产生的，它的特点是时刻存在，幅度较小且强度与频率无关，但频谱很宽，是一类随机噪声。由热噪声引起的差错称随机差错，此类差错的特点是差错是孤立的，在计算机网络应用中是极个别的。

与热噪声相比，冲击噪声幅度较大，是引起传输差错的主要原因。冲击噪声的持续时间要比数据传输中的每比特发送时间长，因而冲击噪声会引起相邻多个数据位出错。冲击噪声引起的传输差错称为突发差错。常见的突发差错是由冲击噪声（如电源开关的跳火、外界强电磁场的变换等）引起的，它的特点是：差错呈突发状，影响一批连续的比特数据（突发长度）。计算机网络中的差错主要是突发差错。

通信过程中产生的传输差错，是由随机差错和突发差错共同构成的。

2. 误码率

数据传输过程中可用误码率来衡量信道数据传输的质量，误码率是指二进制码元在数据传输系统中出现差错的概率，可用下式表达：

$$P_e = \frac{发生差错的码元数}{传输的总码元数}$$

由于差错的出现具有随机性，所以实际测量一个数据传输系统时，只有被测量的传输二进制码元足够大，才会得到较为真实的误码率值。

电话线路在 300 ~ 2 400 b/s 传输率时，平均误码率在 $10^{-4} \sim 10^{-6}$；在 4 800 ~ 9 600 b/s 传输率时，平均误码率在 $10^{-2} \sim 10^{-4}$。而现在计算机通信系统的平均误码率要求低于 10^{-9}，所以通过普通电话线路进行计算机通信时，必须采取差错控制技术。

3. 差错的控制方法

最常用的差错控制方法是差错控制编码。数据信息位在向信道发送之前，先按照某种关系附加上一定的冗余位，构成一个码字后再发送，这个过程称为差错控制编码过程。接收端收到该码字后，检查信息位和附加的冗余位之间的关系，以检查传输过程中是否有差错发生，这个过程称为检验过程。

差错控制编码可分为纠错码和检错码。

（1）纠错码。纠错码指在发送每一组信息时发送足够的附加位，接收端通过这些附加位在接收译码器的控制下不仅可以发现错误，而且还能自动地纠正错误。如果采用这种编码，传输系统中不需反馈信道就可以实现一个对多个用户的通信，但译码器设备比较复杂，且所选用的纠错码与信道干扰情况有关。某些情况为了纠正差错，要求附加的冗余码较多，这将会降低传输的效率。现在比较常见的纠错编码有海明纠错码、正反纠错码等。

（2）检错码。检错码是指在发送每一组信息时发送一些附加位，接收端通过这些附加位可以对所接收的数据进行判断，看其是否正确，如果存在错误，它不能纠正错误而是通过反馈信道传送一个应答帧把这个错误的结果告诉给发送端，让发送端重新发送该信息，直至接收端收到正确的数据为止。

差错控制方法分两类，一类是自动请求重发（ARQ），另一类是前向纠错（FEC）。

在 ARQ 方式中，当接收端发现差错时，就设法通知发送端重发，直到收到正确的码字为止。ARQ 方式只使用检错码。

在 FEC 方式中，接收端不但能发现差错，而且能确定二进制码元发生错误的位置，从而加以纠正。FEC 方式必须使用纠错码。

4. 编码效率

衡量编码性能好坏的一个重要参数是编码效率 R，它是码字中信息位所占的比例。编码效率越高，即 R 越大，信道中用来传送信息码元的有效利用率就越高。编码效率计算公式为

$$R = k/n = k/(k+r)$$

式中，k 为码字中的信息位位数；r 为编码时外加冗余位位数；n 为编码后的码字长度。

5. 奇偶检验码

奇偶校验码是一种最简单也是最基本的检错码。它是在原始数据后附加一个校验位，构成一个带有校验位的码组。偶校验时，使码组中"1"的个数为偶数；奇校验时，使码组中"1"的个数为奇数，并把整个码组一起发送出去。接收端收到信号后，根据使用的是奇检验还是偶检验对每个码组进行奇或偶校验，以确定是否有差错发生。使用奇偶检验码发送和接收数据的过程如图 2.29 所示。

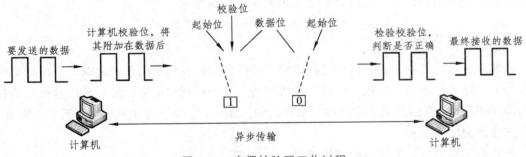

图 2.29　奇偶校验码工作过程

奇偶校验只能检测出奇数个错而不能检测出偶数个错，即奇偶校验不能检测任何偶数位的传输差错。奇偶校验简单，易于实现，在位数不长、传输速率较低的情况下常常采用。在以字符为单位的异步传输方式中常采用奇偶校验。

奇偶校验码是一种最简单也是最基本的检错码，一维奇偶校验码的编码规则是把信息码元先分组，在每组最后加一位校验码元，使该码中 1 的数目为奇数或偶数，奇数时称为奇校验码，偶数时称为偶校验码。

1）垂直奇偶校验的特点及编码规则

（1）编码规则。

偶校验：$r_i = I_{1i} + I_{2i} + \cdots + I_{pi} (i = 1, 2 \cdots, q)$

奇校验：$r_i = I_{1i} + I_{2i} + \cdots + I_{pi} + 1(i = 1,2\cdots,\ q)$

垂直奇偶校验的编码效率：$R=P/（P+1）$。

式中，p 为码字的定长位数；q 为码字的个数。

（2）特点。

垂直奇偶校验又称纵向奇偶校验，它能检测出每列中所有奇数个错，但检测不出偶数个的错，因而对差错的漏检率接近 1/2。

2）水平奇偶校验的特点及编码规则

（1）编码规则。

偶校验：$r_i = I_{i1} + I_{i2} + \cdots + I_{iq}(i = 1,2\cdots,\ p)$

奇校验：$r_i = I_{i1} + I_{i2} + \cdots + I_{iq} + 1(i = 1,2\cdots,\ p)$

水平奇偶校验的编码效率：$R=q/(q+1)$。

式中，p 为码字的定长位数；q 为码字的个数。

（2）特点。

水平奇偶校验又称横向奇偶校验，它不但能检测出各段同一位上的奇数个错，而且还能检测出突发长度小于或等于 P 的所有突发错误。其漏检率要比垂直奇偶校验方法低，但实现水平奇偶校验时，一定要使用数据缓冲器。

3）水平垂直奇偶校验的特点及编码规则

（1）编码规则。

若水平垂直都用偶校验，则

$$r_{i,q+1} = I_{i1} + I_{i2} + \ldots + I_{iq}(i = 1,2\ldots,\ p)$$
$$r_{p+i,j} = I_{1j} + I_{2j} + \ldots + I_{pj}(j = 1,2\ldots,\ q)$$
$$r_{p+1,q+1} = r_{p+1,1} + r_{p+1,2} + \ldots r_{p+1,q}$$
$$= r_{1,q+1} + r_{2,q+1} + \ldots r_{p,q+1}$$

水平垂直奇偶校验的编码效率：$R = pq/[(p+1)(q+1)]$。

（2）特点。

水平垂直奇偶校验又称纵横奇偶校验。它能检测出所有 3 位或 3 位以下的错误、奇数个错、大部分偶数个错以及突发长度小于或等于 $p+1$ 的突发错。可使误码率降至原误码率的百分之一到万分之一。具备较强的检错能力，但是有部分偶数个错误不能测出。水平垂直奇偶校验还可以自动纠正差错，使误码率降低 2～4 个数量级，适用于中、低速传输系统和反馈重传系统。

6. 循环冗余校验 CRC

循环冗余校验码（CRC）是一类重要的线性分组码，又称为多项式码。利用 CRC 进行检错的过程可简单描述为：在发送端将要发送的信息数据与一个通信双方共同约定的数据进行除法运算，并根据余数得出一个校验码，然后将这个校验码附加在信息数据帧之后一起发送出去。

接收端在接收到数据后，将包括校验码在内的数据帧再与约定的数据进行除法运算，若余数为"0"，则表示接收的数据正确；若余数不为"0"，则表明数据在传输的过程中出现错误。使用 CRC 的过程如图 2.30 所示。CRC 的编码和解码简单，检错和纠错能力强，在通信领域广泛地用于实现差错控制。

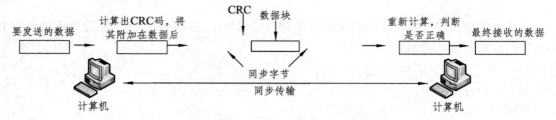

图 2.30　循环冗余校验（CRC）码工作过程

1）循环冗余码的工作原理

循环冗余码 CRC 在发送端编码和接收端校验时，都可以利用事先约定的生成多项式 $G(X)$ 来得到，k 位要发送的信息位可对应于一个（$k-1$）次多项式 $K(X)$，r 位冗余位则对应于一个（$r-1$）次多项式 $R(X)$，由 r 位冗余位组成的 $n=k+r$ 位码字则对应于一个（$n-1$）次多项式 $T(X)=X^r \times K(X)+R(X)$。

例如：

信息码 110011：信息多项式 $K(X)=X^5+X^4+X+1$（$k=6$）

冗余码 1010：冗余多项式 $R(X)=X^3+X$（$r=4$）

$n=k+r$ 位码字对应的一个（$n-1$）次多项式为

$T(X)=X^r \times K(X)+R(X)=X^9+X^8+X^5+X^4+X^3+X$，对应的码字为 110011 1010

由信息位产生冗余位的编码过程，就是已知 $K(X)$ 求 $R(X)$ 的过程。在 GRC 码中可以通过找到一个特定的 r 次生成多项式 $G(X)$，然后用 $X^r \times K(X)$ 取模 2 除以 $G(X)$，得到的余式就是 $R(X)$。

2）循环冗余校验码的特点

（1）可检测出所有奇数位错。

（2）可检测出所有双比特的错。

（3）可检测出所有小于或等于校验位长度的突发错。

2.7　实训项目　双绞线的制作

2.7.1　项目目的

熟悉双绞线的分类；掌握双绞线的线序；掌握双绞线的直连连接方法；掌握双绞线的交叉连接方法。

2.7.2　项目情景

某单位组建小型局域网，需要使用双绞线将交换机与 PC 机连接起来。

2.7.3　项目方案

1. 总体设计

认识非屏蔽双绞线，掌握双绞线的连接线序。网线制作时，截取适当长度的两段非屏蔽双绞线，分别与两个 RJ-45 头连接成直通线或交叉线，然后用网络测试仪测试其连通性。

2. 任务分解

（1）任务 1：双绞线的连接标准。

（2）任务 2：双绞线的制作过程。

3. 知识准备

1）双绞线概述

双绞线是综合布线工程中最常用的一种传输介质，一般由两根 22-26 号绝缘铜导线相互缠绕而成。实际使用时，双绞线是由多对双绞线一起包在一个绝缘电缆套管里的。典型的双绞线有四对的，也有更多对双绞线放在一个电缆套管里的，称之为双绞线电缆。一般扭线越密其抗干扰能力就越强。与其他传输介质相比，双绞线在传输距离、信道宽度和数据传输速度等方面均受到一定限制，但价格较为低廉。

目前，双绞线可分为非屏蔽双绞线(Unshielded Twisted Pair，UTP)和屏蔽双绞线(Shielded Twisted Pair，STP)。屏蔽双绞线电缆的外层由铝铂包裹以减小辐射，但并不能完全消除辐射，屏蔽双绞线价格相对较高，安装时要比非屏蔽双绞线电缆困难。与之相比，非屏蔽双绞线电缆具有以下优点：

① 无屏蔽外套，直径小，节省所占用的空间；

② 重量轻，易弯曲，易安装；

③ 将串扰减至最小或加以消除；

④ 具有阻燃性；

⑤ 具有独立性和灵活性，适用于结构化综合布线。

在 EIA/TIA-568 标准中，将双绞线按电气特征分为：3 类线、4 类线、5 类线和超 5 类线，以及最新的 6 类线，前者线径细而后者线径粗，网络中最常用的是 3 类线和 5 类线。

2）双绞线应用与连接

双绞线一般用于星状网络的布线，每条双绞线通过两端安装的 RJ-45 连接器（俗称水晶头）将各种网络设备连接起来。双绞线的标准接法不是随便规定的，目的是保证线缆接头布局的对称性，这样就可以使接头内线缆之间的干扰相互抵消。

超 5 类线是网络布线最常用的网线，分屏蔽和非屏蔽两种。如果是室外使用，屏蔽线要好些，在室内一般用非屏蔽 5 类线就够了，而由于不带屏蔽层，线缆会相对柔软些，但其连接方法都是一样的。一般的超 5 类线里都有 4 对绞在一起的细线，并用不同的颜色标明。

双绞线接法有两种标准：EIA/TIA-568A 标准和 EIA/TIA-568B 标准。将水晶头的尾巴向下（即平的一面向上），从左至右，分别定为 12345678，以下是各接口线的分布。

T568A 线序如表 2.1 所示。

表 2.1　T568A 线序

1	2	3	4	5	6	7	8
绿白	绿	橙白	蓝	蓝白	橙	棕白	棕

T568B 线序如表 2.2 所示。

表 2.2　T568B 线序

1	2	3	4	5	6	7	8
橙白	橙	绿白	蓝	蓝白	绿	棕白	棕

100BASE-T4RJ-45 对双绞线的规定如下：

1、2 用于发送，3、6 用于接收，4、5、7、8 是双向线；

1、2 线必须是双绞，3、6 双绞，4、5 双绞，7、8 双绞。

2.7.4　项目实施

任务 1　双绞线的连接标准

（1）任务描述。掌握双绞线的三种连接方法：直连线、交叉线、反接线。

（2）实现方式。

① 直连线。一般地，直通线两头都按 T568B 线序标准连接，如表 2.2 所示。直通线用于连接：主机和交换机/集线器；交换机/集线器；路由器和交换机/集线器。

② 交叉线。交叉线的连接，一头按 T568A 线序连接，一头按 T568B 线序连接。交叉线用于连接：交换机和交换机；主机和主机；集线器和集线器；集线器和交换机；主机和路由器直连。

③ 反接线。用于将计算机连到交换机或路由器的控制端口，此计算机起超级终端作用。反接线线序如表 2.3 所示。

表 2.3　反接线线序

端 1	橙白	橙	绿白	蓝	蓝白	绿	棕白	棕
端 2	棕	棕白	绿	蓝白	蓝	绿白	橙	橙白

任务 2　双绞线的制作过程

在双绞网线制作过程中主要用到的网络材料、附件和工具包括 5 类以上的双绞线、8 芯水晶头和双绞网线钳等。另外，还有一些专用的剥线工具。

下面以直连线 EIAT/TIA-568B 标准为例来说明制作步骤：

（1）用双绞网线钳（也可以用其他剪线工具）垂直裁剪一段符合要求长度的双绞线（建议先适当剪长些），然后把一端插入到双绞网线钳用于剥线的刀口中（注意网线不能弯），直插进去，直到顶住网线钳后面的挡位，如图 2.31 所示。

（2）压下网线钳，用另一只手拉住网线慢慢旋转一圈（无须担心会损坏网线里面芯线的包皮，因为剥线的两刀片之间留有一定距离，这距离通常就是里面 4 对芯线的直径大小），然后松开网线钳，把切断开的网线保护塑料包皮拔下来，露出 4 对 8 条网线芯线，如图 2.32 所示。

图 2.31　顶住网线钳

图 2.32　露出芯线

（3）把 4 对芯线一字并排排列，然后再把每对芯线中的两条芯线相邻排列分开。注意不要跨线排列，并建议按统一的排列顺序，如左边统一为全色芯线，右边统一为相应颜色的花白芯线。因为 4 条花白相间的网线染有颜色较少，弄乱后很难分清是与哪条全色芯线配对的。最后用网线钳或其他剪线工具剪齐（不要剪太长，只需剪齐即可）。

（4）左手水平握住水晶头（塑料扣的一面斜向下，开口向右），右手将剪齐的 8 条芯线紧密排列，捏住这 8 条芯线并对准水晶头开口插入水晶头中。插入后再使劲往里推，使各条芯线都插到水晶头的底部，不能弯曲。因为水晶头是透明的，可以从水晶头外面清楚地观看到每条芯线所插入的位置。

（5）确认所有芯线都插到水晶头底部后，即可将插入网线的水晶头直接放入网线钳压线槽中。此时要注意，压线槽结构与水晶头结构一样，一定要正确放入才能正确压制水晶头。确认水晶头放好后即可使劲压下网线钳手柄，使水晶头的插针都能插入到网线芯线之中，与之接触良好。然后再用手轻轻拉一下网线与水晶头，看是否压紧，最好稍稍调一下水晶头在网线钳压线槽中的位置，再压一次，如图 2.33 所示。

（6）最后用专用的网线测试仪测试一下所制作的网线是否通畅。

具体方法是把网线两端的水晶头分别插入到测试仪的两个 RJ-45 以太网接口上，开启测试仪电源开关，在正常的情况下，测试仪的 4 个指示灯会为绿色并从上至下依次闪过两次。如果有指示灯为黄色或红色，则证明相应引脚的网线制作不良，有接触不良或者断路现象。此时建议用网线钳再使劲压一次两端的水晶头。如果还不能解决问题，则需要剪断原来的水晶头重新制作。新制作时也要注意保持与另一端水晶头的芯线排列顺序一致。

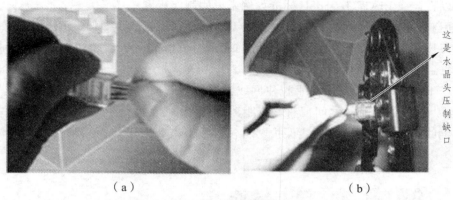

（a）　　　　　　　　　　　　　　（b）

图 2.33　插入网线并压紧水晶头

注意：

① 双绞线中的 8 根线实际上只有 4 根线用于接收和发送，分别是橙白、橙、绿白、绿，对应于直连线中就是 1、2、3、6 根线，只要这 4 根线在测试的时候没问题，就可以用来连接局域网。

② 网线钳线挡位离剥线刀口的距离略小于水晶头长度，采用这种剥线方法可有效避免剥线过长或过短。若剥线过长，一是不够美观，二是因网线不能被水晶头卡住，容易松动；若剥线过短，因有保护外皮存在，太厚，不能使网线的 4 对芯线完全插到水晶头底部，造成水晶头插针不能与网线芯线完好接触，网线制作不会成功。

习题与思考题

一、填空题

1. 串行数据通信的方向性结构有三种，即单工、_____和_____。

2. 通信系统中，称调制前的电信号为_____信号，调制后的信号为调制信号。

3. 双绞线是可分为_____和_____；相同的设备连接时用_____，不同的设备连接时用_____。

4. 调制解调器是同时具有调制和解调两种功能的设备，它是一种_____设备。

5. 计算机内传输的信号是_____，而公用电话系统的传输系统只能传输_____。

6. 通信系统中，称调制前的电信号为_____，调制后的电信号叫_____。

7. 分组交换的主要任务就是负责系统中分组数据的_____、_____、和_____。

8. 报文分组交换方式是把长的报文分成若干个_____的报文组，_____是交换单位。它与报文交换方式不同的是，交换要包括＿＿＿＿＿＿＿＿，各组报文可按不同的路径进行传输，各组报文都有到达目的节点后，目的节点按报文分组编号重组报文。

9. 交换是网络实现＿＿＿＿＿＿的一种手段。实现数据交换的三种技术是＿＿＿＿＿＿，＿＿＿＿＿＿和＿＿＿＿＿＿。

10. 数据传输方式有＿＿＿＿＿＿和＿＿＿＿＿＿。两者都是为解决数据传输过程中同步问题的相关技术，其中＿＿＿＿＿＿方式的效率高，速度快。

二、选择题

1. 用双绞线制作交叉线的时候，如果一端的标准是 EIA/TIA 568B，那么另一端的线序是（　　　）。

A. 白绿　绿　白橙　蓝　白蓝　橙　白棕　棕

B. 白绿　绿　白橙　蓝　白蓝　白棕　棕　橙

C. 棕　白棕　橙　白绿　绿　白橙　蓝　白蓝

D. 白绿　绿　白橙　橙　白棕　棕　蓝　白蓝

2. 如果要将两计算机通过双绞线直接连接，正确的线序是（　　　）。

A. 1-1、2-2、3-3、4-4、5-5、6-6、7-7、8-8

B. 1-2、2-1、3-6、4-4、5-5、6-3、7-7、8-8

C. 1-3、2-6、3-1、4-4、5-5、6-2、7-7、8-8

D. 两计算机不能通过双绞线直接连接

3. 在数据通信中，当发送数据出现差错时，发送端无须进行数据重发的差错控制方法为（　　　）。

A. ARQ　　　　　B. FEC　　　　　C. BEC　　　　　D. CRC

4. 在同一个信道上的同一时刻，能够进行双向数据传送的通信方式是（　　　）。

A. 单工　　　　　B. 半双工　　　　　C. 全双工　　　　　D. 上述三种均不是

5. 通信系统必须具备的三个基本要素是（　　　）。

A. 终端、电缆、计算机　　　　　B. 信号发生器、通信线路、信号接收设备

C. 信源、通信媒体、信宿　　　　　D. 终端、通信设施、接收设备

6. IP 电话使用的数据交换技术是（　　　）。

A. 电路交换　　　　　B. 报文交换　　　　　C. 分组交换　　　　　D. 包交换

7. 计算机网络通信系统是（　　　）。

A. 电信号传输系统　　　　　B. 文字通信系统

C. 信号通信系统　　　　　D. 数据通信系统

8. 调制解调器的种类很多，最常用的调制解调器是（　　　）。

A. 基带　　　　　B. 宽带　　　　　C. 高频　　　　　D. 音频

9. 能从数据信号波形中提取同步信号的典型编码是（　　　）。

A. 归零码　　　　　B. 不归零码　　　　　C. 定比码　　　　　D. 曼彻斯特编码

三、思考题

1. 直通线和交叉线的区别是什么？

2. 请说说如何判断两台计算机是否真正连通？

（1）请你在一台 PC 上共享一个文件夹，使得第二台 PC 亦能共享。

（2）想一想，如何才能使已经建立了双机互联的 PC 共享一台打印机？

3. 简要说明电路交换和存储器转发交换这两种交换方式，并加以比较。

4. 双绞线中的两条线为什么要绞合在一起？同轴电缆有哪些类型？光纤有什么优点？它们各用于什么场合？

5. 有线电视系统的 CATV 电缆属于哪一类传输介质？它能传输什么类型的数据？

第3章　网络体系结构与协议

【能力目标】

了解网络协议的概念；熟练掌握网络体系结构的基本概念；掌握 OSI 参考模型和 TCP/IP 参考模型；掌握 OSI 参考模型中底三层的功能及其实现；掌握 TCP/IP 参考模型中各层的功能；熟练掌握计算机网络体系结构和常用协议；理解计算机网络的分层。

3.1　网络体系结构和网络协议

计算机网络体系结构是将网络中所有部件可完成的功能精确定义后，进行独立划分，按照信息交换层次的高低分层，每层都能完整地完成多个功能，层与层之间互相支持又相互独立。因为网络中的计算机严格按照分层的规定进行数据处理，而在同一层次上不同的计算机执行相同的协议与标准，独立完成一样的网络任务，因此用户和计算机在同一层次进行信息交换与处理时可忽略其他层次的影响，这样使得复杂的网络信息交换和处理大大简化，便于人们掌握和使用。

之所以需要分层，是因为计算机网络是个非常复杂的系统，其复杂程度远远超过人们的想象。一般地，连接在网络上的两台计算机要互相传送文件则需要在它们之间建立一条传送数据的通路。其实这还远远不够，至少还有以下的几件事情要完成：

（1）为用户提供良好的易于操作的界面，使其可方便地操作数据传输，并得知传输过程中的差错与细节。

（2）建立一条传送数据的通路，并对通路进行监控，使其断开后能够重新建立。要建立通路就必须要求网络中的多台计算机进行协商并且相互协作，而监控通路则需要全时段的跟踪守候。

（3）数据发送方必须弄清楚数据接收方是否已经做好数据接收和存储的准备。

（4）因为计算机处理的是并行的数字信号，而网络中传输的是串行的光信号或电信号，这些信号需要在网络中相互转换。需要传输的文件很多格式不同，不能兼容，要想让文件接收方兼容识别文件，也需要格式转换。

（5）数据传输中会出现各种各样的差错，怎样应对差错，以保证接收方计算机能够收到完整正确的数据，也是通信双方需要做的。

计算机网络需要解决的通信问题还远远不止以上所述内容。由此可见，相互通信的两个计算机系统必须高度协调工作才行，而这种"协调"相当复杂。

网络系统是一个功能庞大而复杂的系统，为了减少网络系统设计的复杂性，提高网络系统的稳定性和可管理性，计算机网络按照层次结构进行组织。

为了更好地说明分层的概念，我们将上述所提到的计算机网络通信需要解决的问题进行归类分层，如图 3.1 所示。第一层我们把它称为网络接入模块，这个模块的作用就是负责与网络接口有关的细节。在驾驭网络通信硬件资源的基础上，我们提出的第二层是通信服务模块。该层的功能是负责建立通信通路，保证以文件为单位传输的数据或文件传送命令可靠地在两个系统之间交换，也就是说这个模块必须有网络链路建立、差错检测、差错应对、差错更正等功能。同理，在这两层之上，第三层为文件传送模块。这个模块是在下边两层提供的服务的基础之上，为用户提供良好的操作界面，使其以文件为单位操作数据传输，并得知传输过程中的差错与细节，同时也对文件的不同格式进行转换。

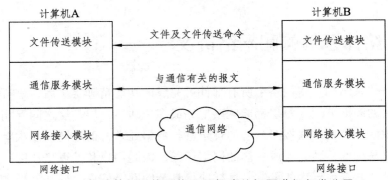

图 3.1　将计算机网络通信需要解决的问题进行归类分层

在我们现有的分层网络体系结构中，每一层都被制定了很多的协议和标准，有的网络体系结构甚至是以网络协议的名字来命名，如 TCP/IP 体系结构，其核心就是 TCP/IP 协议。因此网络协议是计算机网络体系中一个非常重要的内容。

3.1.1　网络体系结构

所谓网络体系结构（Network Architecture）是指通信系统的整体设计，如整个网络系统的逻辑组成和功能分配，它定义和描述了一组用于计算机及其通信设施之间互联的标准和规范的集合。研究计算机网络体系结构的目的在于定义计算机网络各个组成部分的功能，以便在统一原则指导下进行计算机网络的设计、建造、使用和发展。计算机网络体系结构是一种分层结构，分层结构具有很多好处：

（1）各层是相互独立的：某一层并不需要知道它的下层是如何实现的，只需通过接口使用下层的服务；由于每一层只实现一种相对独立的功能，可将复杂的问题分解为若干容易处理的小问题，整个问题变得容易解决。

（2）更好的灵活性：当某一层发生变化时，只要层间接口关系保持不变，则在该层以上或以下的层均不受影响。

（3）结构上可分割：各层都可以采用最合适的技术来实现。

（4）易于实现和维护：每层功能相对单一，易于实现。

（5）易于标准化：因为每个实体都具有相同的层，每一层功能都比较单一，所以提供的服务也比较明确。

随着信息技术的发展，各种计算机系统联网和各种计算机网络的互联成为人们迫切需要解决的课题。OSI 参考模型就是在这个背景下提出并开展研究的。

3.1.2　网络协议

所谓计算机网络协议（Protocol），是计算机网络中的计算机为了进行数据交换而建立的规则、标准或约定。这就好像我们竞技比赛中一定要制订比赛规则，这些规则对比赛过程进行约束，并形成某种标准对比赛结果等进行评判。计算机网络的协议则主要规定了所交换数据的格式以及有关同步与时序的问题。协议对计算机网络通信的数据流和通信全程进行约束，网络同样也制订了计算机网络接口等一系列硬件设备的标准。网络协议主要由以下三个要素组成：

（1）语法。规定通信双方"如何讲"，即规定数据与控制信息的结构或格式。

（2）语义。规定通信双方"讲什么"，即规定传输数据的类型以及通信双方要发出什么样的控制信息，执行的动作以及做出何种响应。

（3）时序。规定了信息交流的顺序，即事件实现顺序的详细说明。

我们在计算机网络上做任何的事情都需要协议，例如从某个主机上下载文件、上传文件等。但在自己的计算机上存储打印文件是不需要任何协议的。

协议是一种通信规约。从广义的角度来说，人们之间的交往就是一种信息交互的过程，每做一件事都必须遵循一种事先规定好的规则与约定。那么，为了保证计算机网络中大量计算机之间有条不紊地交换数据，就必须制定一系列的通信协议。因此，协议是计算机网络中一个重要与基本的概念。对于协议，有以下两点值得注意：

（1）每一种协议在设计时都针对某一个特定的目标和需要解决的问题。目前已经存在了很多的网络协议，它们已经组成了一个完整的体系。

（2）网络协议同时又是需要不断发展和完善的。当一种新的网络服务出现时，人们必然要制定新的协议。

为了便于理解接口和协议的概念，以人们常用的邮政通信系统为例进行说明，如图 3.2 所示。人们在使用邮政系统通信时，必须按照一定的步骤，每一个步骤都必须遵循一系列的约定。通信的第一步是写信，写信人必须遵循一些约定，如信件的格式、写信采用的文字等，这样收信人在收到信之后，才能看懂信中的内容。信写好之后，第二步是到邮局邮寄，这时，邮局为寄信人服务，寄信人必须遵循邮局的约定，如按规定填写信封并支付邮资。邮局收到信之后，第三步是将信件进行分类，然后交付运输部门进行运输，这时，运输部门为邮局服务，邮局也必须遵循运输部门的一些约定，如提供运输的目的地等。信件到达目的地之后，进行相反的过程，最终将信件送到收信人手中。

在上述的邮政系统通信过程中，主要涉及三个层次、用户（写信人、收信人）、邮局、运输部门。在这三个层次中，存在一系列的约定，这些约定可分为同层次的约定和不同层次之间的约定。

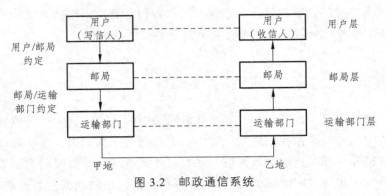

图 3.2　邮政通信系统

同层次之间的约定如用户之间的约定以及两地邮局的约定和两地运输部门之间的约定；不同层次之间的约定如用户与邮局之间的约定以及邮局与运输部门之间的约定。

在计算机网络中，两台计算机之间的通信过程与邮政系统的通信十分类似。

在进行计算机网络系统设计时，将复杂的功能划分为功能相对独立的若干层。每一层可与相邻的层进行通信，下层（较低级别的层）向上层（较高级别的层）提供服务，并把如何实现这一服务的细节向上层屏蔽。每一对相邻层之间都有一个接口，接口定义下层向上层提供的原语操作和服务。每一层都有一系列解决特定问题具有既定用途的协议，第 n 层上的协议称为第 n 层协议。

不同机器里包含的对应层的实体称为对等实体(Peer)，正是对等实体利用协议进行通信。图 3.3 说明了一个 5 层的协议。

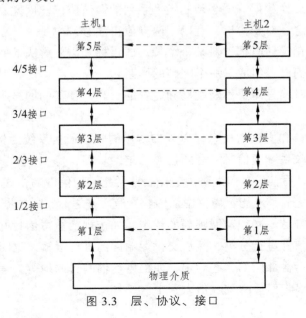

图 3.3　层、协议、接口

3.1.3　网络协议的分层

在计算机网络分层体系结构思想的指导下，网络协议也采用了分层结构，比如当今使用最广泛的 TCP/IP 协议，就是从原理上分为 4 层（该内容将在后面的章节展开）。

1. 网络协议采用分层结构的原因

在分层思想下，每一层都有明确的任务和相对独立的功能，不需要关心下层如何实现，只要知道它通过层间接口提供的服务即可。该结构灵活性好，易于实现和维护，有利于标准化。

2. 网络协议各层次间的关系

（1）下层为上层服务，而上层并不关心下层服务是如何实现的。
（2）每一对相邻层之间都有一个接口，相邻层通过接口交换数据，提供服务。
（3）发送方和接收方的同一层叫作对等实体。
（4）对等实体是虚通信，只有传输介质是实通信。
（5）从层次角度看数据的传输，发送方数据往下层传递，接收方往上层传递。

3.2　OSI 参考模型

3.2.1　OSI 参考模型概述

在计算机网络产生之初，每个计算机厂商都有自己的一套网络体系结构的概念，它们之间互不兼容。为了解决这种问题，国际标准化组织（ISO）在 1979 年建立了一个分委员会来专门研究一种用于开放系统互联的体系结构，提出了开放系统互联参考模型（Open System Interconnection Reference Model，OSI/RM），简称 OSI 模型。由于 ISO 组织的权威性，OSI 参考模型成为广大厂商努力遵循的标准。OSI 参考模型为连接分布式应用处理的"开放"系统提供了基础。"开放"这个词表示：只要遵守 OSI 参考模型和有关标准，一个系统可以与位于世界上任何地方的、也遵守 OSI 参考模型及有关标准的其他任何系统进行连接。国际标准组织所定义的 OSI 参考模型提供了连接各种计算机的标准框架。

OSI 参考模型定义了开放系统的层次结构和各层所提供的服务。OSI 参考模型的一个成功之处在于，它清晰地分开了服务、接口和协议这三个容易混淆的概念：服务描述了每一层的功能，接口定义了某层提供的服务如何被高层访问，而协议是每一层功能的实现方法。通过区分这些抽象概念，OSI 参考模型将功能定义与实现细节分开说明，概括性高，使它具有了普遍的适应能力。

OSI 参考模型本身并不是网络体系结构。按照定义，网络体系结构是网络层次结构和相关协议的集合。通过下面对 OSI 参考模型各层的介绍，不难发现，它并没有精确定义各层的协议，没有讨论编程语言、操作系统、应用程序和用户界面，只是描述了每一层的功能。但这并不妨碍 ISO 组织制定各层的标准，只不过这些标准不属于 OSI 参考模型本身。OSI 参考模型是一个具有七个层次的框架，如图 3.4 所示，自底向上的七个层次分别是物理层、数据链路层、网络层、传输层、会话层、表示层和应用层。该模型有下面几个特点：

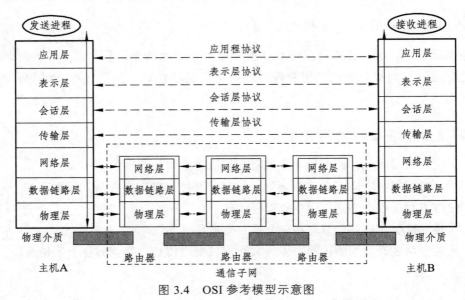

图 3.4   OSI 参考模型示意图

（1）每个层次的对应实体之间都通过各自的协议通信。

（2）各个计算机系统都有相同的层次结构。

（3）不同系统的相应层次有相同的功能。

（4）同一系统的各层次之间通过接口联系。

（5）相邻的两层之间，下层为上层提供服务，同时上层使用下层提供的服务。

图 3.4 中的虚线框部分是通信子网，它和网络硬件的关系密切，而且通信手段是一个传一个的连接方式；而从传输层开始向上，不再涉及通信子网的细节，只考虑最终通信者之间的端到端的通信问题。

3.2.2   OSI 参考模型各层的功能

1. 物理层（Physical Layer）

在 OSI 参考模型中，物理层（Physical Layer）是参考模型的最底层，也是 OSI 模型的第一层。物理层的主要功能是利用传输介质为数据链路层提供物理连接，实现比特流的透明传输。

物理层的作用是实现相邻计算机结点之间比特流的透明传送，尽可能屏蔽掉具体传输介质和物理设备的差异。需要注意的是，物理层并不是指连接计算机的具体物理设备或传输介质，如双绞线、同轴电缆、光纤等，而是要使其上面的数据链路层感觉不到这些差异，这样可使数据链路层只需要考虑如何完成本层的协议和服务，而不必考虑网络具体的传输介质是什么。"透明传送比特流"表示经实际电路传送后的比特流没有发生变化，对传送的比特流来说，这个电路好像是看不见的，当然，物理层并不需要知道哪几个比特代表什么意思。

物理层协议是网络物理设备之间的接口，目的是在通信设备 DTE/DCE 之间提供透明的二进制位流传输。这里的物理设备是指两个彼此相邻通信的设备，按 ISO 及 CCITT 的术语分别称为数据终端设备（DTE）和数据电路终端设备（DCE）。所谓 DTE 是指用户端任何产生传输用的数据设备如 CRT、PC 机、工作站、计算机等。所谓 DCE 是指在数据传输的两端负责通信的设备，它负责建立、维护和拆除物理连接，并在传输介质和 DTE 间进行信号转换和编码，故也常称作数据通信设备。该层设计涉及信号电平、信号宽度、传送方式（半双工或全双工）、线路连接的建立和拆除，接插件引脚的规格和作用等问题。总的说来，物理层提供建立、维护和拆除物理链路所需的机械、电气、功能和规程特性。

2. 数据链路层（Data Link Layer）

数据链路层（Data Link Layer）是 OSI 模型中极其重要的一层，为网络层提供服务，它的主要功能是如何在不可靠的物理线路上进行数据的可靠传输。数据链路层向网络层提供的功能有：为网络层提供设计良好的服务接口，如何将物理层的位组成帧，如何进行差错处理以及如何进行流量控制等。

1）成帧

为了向网络层提供服务，数据链路层必须使用物理层提供给它的服务。物理层的工作是进行原始位流传输，不能保证位流无差错。数据链路层为保证数据的可靠传输，将数据组装成帧，按顺序传送各帧。

帧是用来移动数据的结构包，它不仅包括原始（未加工）数据，还包括发送方和接收方的网络地址以及纠错和控制信息，地址信息确定帧将发送到何处，纠错和控制信息确保帧无差错到达。数据链路层把来自物理层的位流形式的数据组装成帧，发送到上层（网络层）；同时，把来自上层（网络层）的帧，拆分为位组，转发到物理层。把位流分成帧，常用的方法有以下几种：

（1）字符计数法。

（2）带字符填充的首尾界符法。

（3）带位填充的首尾标志法。

（4）物理层编码违例法。

关于位流分成帧，很多数据链路层协议通过把字符计数法与其他方法相结合来提高可靠性。

2）差错处理

数据链路层为了保证数据的可靠传输，必须提供差错控制功能。常采用的方法包括以下几种：

（1）数据接收方向数据发送方提供反馈信息，协议要求接收方发回特殊的控制帧，作为数据接收肯定或否定的确认。如果发送方收到肯定确认，则知道发送正确，不需要重传，如果接收到否定确认，表示发送出了差错，发送方将相应的帧进行重传。

（2）计时器。当发送方发出一帧时，启动计时器，在一定时间间隔内，如果帧被正确接收并返回确认帧，计时器清零，如果所传出的帧或者确认信息被丢失，计时器发出超时信号，提醒发送方可能出现了问题，将此帧进行重传。为了避免将同一帧多次传送给网络层，通常对发出的帧进行编号，接收方通过序号辨别是重复帧还是新帧。

3）流量控制

数据链路层要解决的另一个问题是如何防止高速发送方的数据把低速接收方"淹没"。当发送方在负载较轻的机器上运行，而接收方在负载较重的机器上运行，容易出现"淹没"现象。解决办法是提供流量控制来限制发送方所发出的数据流量，使其发送速率不要超过接收方能处理的速率，其中一种流量控制机制称为"滑动窗口协议"。

3. 网络层（Network Layer）

数据链路层协议只能解决相邻节点间的数据传输问题，而不能解决两个主机之间的数据传输问题，因为两个主机之间的通信通常要包括许多段链路，涉及链路选择、流量控制等问题。当通信的双方经过两个或更多的网络时，还存在网络互联问题。网络互联也是网络层要研究的问题。

网络层（Network Laver）是通信子网与用户资源子网之间的接口，也是高、低层协议之间的界面层。它涉及的是将本地端发出的分组经各种途径送到目的端，而从本地端至目的端可以经过许多中间节点，所以网络层是控制通信子网、处理端对端数据传输的最底层。网络层的主要功能是路由选择、流量控制、传输确认、中断、差错及故障的恢复等。当本地端与目的端不处于同一网络中时，网络层将处理这些差异。

1）网络层的主要功能

网络层的主要功能是支持网络连接的实现，包括对点到点结构的网络连接，由具有不同特性的子网所支持的网络连接等。网络层的具体功能如下：

（1）建立和拆除网络连接。指利用数据链路层提供的数据链路连接，构成两个传输实体间的网络连接，网络连接可有若干个通信子网所支持的网络连接等。

（2）分段和组块。为了提高传输效率，当数据单元太长时，可对它们进行分段，也可将几个较短的数据单元组成块后一起传输。无论哪种情况，都必须保留网络服务数据单元的分界符。

（3）有序传输和流量控制。当传输实体需要有序传输网络服务数据单元时，网络层将在指定的网络连接上用有序传送的方法来实现。利用网络层提供的流量控制服务可对网络连接上传输的网络服务数据单元进行有效控制，以免发生信息"堵塞"或"拥挤"现象。

（4）路由选择和中继。本功能是在两个网络地址之间选择一条适当的路由。

（5）差错的检测和恢复。差错检测利用数据链路层的差错报告，以及其他的差错检测能力来检测经网络连接所传输的数据单元是否出现异常情况。恢复功能指从被检测到的出错状态中解脱出来。

2）网络层提供的服务

OSI 参考模型中规定，网络层中提供无连接和面向连接两种类型的服务，也称为数据报服务和虚电路服务。

（1）数据报服务。多用于传输短报文的情况，一个或几个报文分组足以容纳所传送的数据信息。每个分组称为一个数据报，数据报服务类似于寄信或发电报，每封信或每个电报都可以单独发送给对方。每个数据报携带有足够的信息，可以从源端送到目的端。经过中间节点时，要进行存储转发，在整个传输过程中，不必建立连接，但在中间节点要为每个数据报做路由选择。如果数据报在传输过程中出错或丢失，网络将向源端发出一个"未发送成功指示"，通知源端重发。

（2）虚电路服务。虚电路是在数据依次传送开始前，由发送方和接收方通过呼叫与确认的过程建立起来的。与实际的电路交换不同，虚电路是一种非专用的逻辑连接，是动态的，而电路交换则采用专用路由。

虚电路服务在传送数据时，发送方首先提供自己和接收方完整的网络地址，建立虚电路，然后按顺序传送报文分组，通信完成后拆除虚电路。虚电路一经建立就要赋予虚电路号，它反映分组的传送通道。这样报文分组中就不必再注明全程地址，相应地缩短了信息量。

4. 传输层（Transport Layer）

传输层是资源子网与通信子网的接口和桥梁，它完成了资源子网中两节点间的直接逻辑通信，实现了通信子网端到端的可靠传输。传输层下面的物理层、数据链路层和网络层均属于通信子网，可完成有关的通信处理，向传输层提供网络服务；传输层上面的会话层、表示层和应用层完成面向数据处理的功能，并为用户提供与网络之间的接口。因此，传输层在 7 层网络模型中起到承上启下的作用，是整个网络体系结构中的关键部分，是唯一负责总体数据传输和控制的一层。传输层的两个主要功能是：

（1）提供可靠的端到端的通信。

（2）向会话层提供独立于网络的运输服务。

由于通信子网向传输层提供通信服务的可靠性有差异，所以无论通信子网提供的服务可靠性如何，经传输层处理后都应向上层提交可靠的、透明的数据传输。为此，传输层协议要复杂得多，以适应通信子网中存在的各种问题。也就是说，如果通信子网的功能完善、可靠性高，则传输层的任务就比较简单；若通信子网提供的质量很差，则传输层的任务就会复杂，以弥补会话层所要求的服务质量和网络层所能提供的服务质量之间的差别。传输层涉及以下几个概念。

（1）传输服务。传输服务包括的内容有：服务的类型、服务的等级、数据的传输、用户的接口、连接管理、快速数据传输、状态报告、安全保密等。

（2）服务质量。服务质量（Quality of Service，QoS）是指在传输两节点之间看到的某些传输连接的特征，是传输层性能的度量，反映了传输质量及服务的可用性。

服务质量可用一些参数来描述，如连接建立延迟、连接建立失败、吞吐量、输送延迟、残留差错率、连接拆除延迟、连接拆除失败概率、传输失败率等。

（3）传输层协议等级。传输层的功能是要弥补从网络层获得的服务和向传输服务用户提供的服务之间的差距，它所关心的是提高服务质量，包括优化成本。

传输层的功能按级别划分，可以分为 5 个协议级别：级别 0（简单级）、级别 1（基本差错恢复级）、级别 2（多路复用级）、级别 3（差错恢复和多路复用级）和级别 4（差错检测和恢复级）。服务质量划分得较高的网络，仅需要较简单的协议级别；反之，服务质量划分得较低的网络，需要较复杂的协议级别。

（4）传输服务原语。服务在形式上是一组原语（Primitive）的描述。原语被用来统治服务提供者采取某些行动，或报告某同层实体已经采取的行动。在 OSI 参考模型中，服务原语划分为四种类型：

① 请求（Request）：用户利用它要求服务提供者提供某些服务，如建立连接或发送数据等。

② 指示（Indication）：服务提供者执行一个请求以后，用指示原语通知收方的用户实体，告知有人想要与之建立连接或发送数据等。

③ 响应（Response）：收到指示原语后，利用响应原语向对方做出反应；例如，同意或不同意建立连接等。

④ 确认（Confirm）：请求对方可以通过接收确认原语来获悉对方是否同意接收请求。

5. 会话层（Session Layer）

会话层（Session Layer）的主要功能是在两个节点间建立、维护和释放面向用户的连接，并对会话进行管理和控制，保证会话数据可靠传送。

在会话层和传输层都提到了连接，那么会话连接和传输连接到底有什么区别呢？会话连接和传输连接之间有三种关系：一对一关系，即一个会话连接对应一个传输连接；一对多关系，一个会话连接对应多个传输连接；多对一关系，多个会话连接对应一个传输连接。

会话过程中，会话层需要决定使用全双工通信还是半双工通信。如果采用全双工通信，则会话层在对话管理中要做的工作就很少；如果采用半双工通信，会话层则通过一个数据令牌来协调会话，保证每次只有一个用户能够传输数据。当会话层建立一个会话时，先让一个用户得到令牌，只有获得令牌的用户才有权进行发送。如果接收方想要发送数据，可以请求获得令牌，由发送方决定何时放弃。一旦得到令牌，接收方就转变为发送方。

在进行大量的数据传输时，例如正在下载一个 100 MB 的文件，当下载到 95 MB 时，网络断线了，为了解决这个问题，会话层提供了同步服务，通过在数据流中定义检查点（Checkpoint）来把会话分割成明显的会话单元。当网络故障出现时，从最后一个检查点开始重传数据。

常见的会话层协议有：结构化查询语言（SQL）、远程进程呼叫（RPC），X-Windows 系统、Apple Talk 会话协议、数字网络结构会话控制协议（DNA SCP）等。

6. 表示层（Presentation Layer）

OSI 模型中，表示层（Presentation Layer）以下的各层主要负责数据在网络中传输时不出错。但数据的传输没有出错，并不代表数据所表示的信息不会出错。表示层专门负责有关网络中计算机信息表示方式的问题。表示层负责在不同的数据格式之间进行转换操作，以实现不同计算机系统间的信息交换。

如图 3.5 所示，基于 ASCII 码的计算机将信息 HELLO 的 ASCII 编码发送出去。但因为接收方使用 EBCDIC 编码，所以数据必须加以转换。因此，传送的是十六进制字符 48454C4C4F，接收到的却是 C8C5D3D3D6。

图 3.5　两台计算机之间的信息交换

除了编码外，还包括数组、浮点数、记录、图像、声音等多种数据结构，表示层用抽象的方式来定义交换中使用的数据结构，并且在计算机内部表示法和网络的标准表示法之间进行转换。

表示层还负责数据的加密，以在数据的传输过程中对其进行保护。数据在发送端被加密，在接收端解密，使用加密密钥来对数据进行加密和解密。

表示层负责文件的压缩，通过算法来压缩文件的大小，降低传输费用。例如，假设要传输一个包含 n 个字符的文件，采用 EBCDIC 编码，那就有 $8n$ 个比特位。如果会话层重新定义代码，用 0 代表 A，1 代表 B，以此类推，一直到 25 代表 Z，那么用 5 位（存储 0~25 所需要的最少位数）就可以表示一个大写字母。这样一来，实际上可以少传送 38% 的比特位。

7. 应用层

应用层是 OSI/RM 的最高层，它是计算机网络与最终用户间的接口，它包含了系统管理员管理网络服务所涉及的所有问题和基本功能。它在 OSI/RM 第 6 层提供的数据传输和数据表示等各种服务的基础上，为网络用户或应用程序提供完成特定网络服务功能所需要的各种应用协议。

常用的网络服务包括文件服务（FTP）、电子邮件（E-mail）、打印服务、集成通信服务、目录服务、网络管理服务、安全服务、多协议路由与路由互联服务、分布式数据库服务及虚拟终端服务等。网络服务由相应的应用协议实现，不同的网络操作系统提供的网络服务在功能、用户界面、实现技术、硬件平台支持及开发应用软件所需的应用程序接口 API 等方面均存在较大差异，而采纳的应用协议也各具特色，因此，应用协议的标准化非常重要。

3.2.3 传输层协议

1. 传输层的基本功能

TCP 协议主要为了在主机间实现高可靠性的包交换传输协议。TCP 协议主要在网络不可靠的时候完成通信，这对军方可能特别有用，对于政府和商用部门也适用。TCP 是面向连接的端到端的可靠协议。它支持多种网络应用程序。TCP 对下层服务没有多少要求，它假定下层只能提供不可靠的数据报服务，它可以在多种硬件构成的网络上运行。TCP 的下层是 IP 协议，TCP 可以根据 IP 协议提供的服务传送大小不定的数据，IP 协议负责对数据进行分段、重组，在多种网络中传送。

2. 传输控制协议（TCP）

（1）TCP 的服务。尽管 TCP 和 UDP 都在相同的网络层（IP），TCP 却向应用层提供与 UDP 完全不同的服务。

TCP 提供一种面向连接的、可靠的字节流服务。面向连接意味着两个使用 TCP 的应用（通常是一个客户和一个服务器）在彼此交换数据之前必须先建立一个 TCP 连接。这一过程与打电话很相似，先拨号振铃，等待对方摘机说"喂"，然后才说明是谁。在一个 TCP 连接中，仅有两方进行彼此通信。广播和多播不能用于 TCP。

两个应用程序通过 TCP 连接交换 8 bit 字节构成的字节流。TCP 不在字节流中插入记录标识符。我们将这称为字节流服务（Byte Stream Service）。如果一方的应用程序先传 10 字节，又传 20 字节，再传 50 字节，连接的另一方将无法了解发方每次发送了多少字节。收方可以分 4 次接收这 80 个字节，每次接收 20 字节。一端将字节流放到 TCP 连接上，同样的字节流将出现在 TCP 连接的另一端。

另外，TCP 对字节流的内容不做任何解释。TCP 不知道传输的数据字节流是二进制数据，还是 ASCII 字符、EBCDIC 字符或者其他类型数据。对字节流的解释由 TCP 连接双方的应用层负责。

这种对字节流的处理方式与 Unix 操作系统对文件的处理方式很相似。Unix 的内核对一个应用读或写的内容不做任何解释，而是交给应用程序处理。对 Unix 的内核来说，它无法区分一个二进制文件与一个文本文件。

（2）TCP 握手协议。在 TCP/IP 协议中，TCP 协议提供可靠的连接服务，采用三次握手建立一个连接。

第一次握手：建立连接时，客户端发送 syn 包（syn = j）到服务器，并进入 SYN_SEND 状态，等待服务器确认；第二次握手：服务器收到 syn 包，必须确认客户的 SYN（ack = j+1），同时自己也发送一个 SYN 包（syn = k），即 SYN+ACK 包，此时服务器进入 SYN_RECV 状态；第三次握手：客户端收到服务器的 SYN + ACK 包，向服务器发送确认包 ACK（ack = k+1），此包发送完毕，客户端和服务器进入 ESTABLISHED 状态，完成三次握手。完成三次握手，客户端与服务器开始传送数据。

3. 流量控制

流量控制：可以保证数据的完整性。可以防止发送方的数据在接收方的缓冲区溢出。当接收方在接到一个很大或速度很快的数据时，它把来不及处理的数据先放到缓冲区里，然后再处理。缓冲区只能解决少量的数据，如果数据很多，那么后来的数据将会丢失。使用流量控制，接收方不是让缓冲区溢出，而是发送一个信息"我没有准备好，停止发送"给发送方，这时，发送方就会停止发送。当接受方能再接收数据时，就会再发送一个信息，"我准备好了，请继续发送"，那么发送方就会继续发送数据。

比如发送端能发送 5 个数据，接收端也能收到 5 个数据，给个确认（ACK）给发送端，确认收到 5 个数据。

如果网络通信出现繁忙或者拥塞的时候，接收端只能收到 3 个数据，接收端给个确认"我只能收 3 个数据"，那么发送端就自动调整发送的窗口为 3，当线路又恢复通畅的时候，接收端又可以受到 5 个数据，那它会给确认给发送端，告诉它"我的窗口为 5"，那发送端就把窗口又调整会 5，就这样进行流量控制。

比如说发送端窗口为 3，发送到接收端，接收端的接收窗口为 5，接收端接收数据，并且会给发送端一个 ACK（确认）告诉发送端"我的窗口为 5"，发送端收到确认后会把自己的发送端窗口调整为 5，这样就可以加速数据传输了。

发送端窗口大小取决于接收端窗口大小和网络传输能力两者中的最小者。

4. 拥塞控制

拥塞控制与流量控制有密切关系，但也有区别，可以这样理解，拥塞控制是使网络能够承受现有的网络负荷，是一个全局变量；而流量控制往往只是指点对点之间对通信量的控制。

5. 用户数据报协议（UDP）

UDP 协议是英文 User Datagram Protocol 的缩写，即用户数据报协议，主要用来支持那些需要在计算机之间传输数据的网络应用。包括网络视频会议系统在内的众多客户/服务器模式的网络应用都需要使用 UDP 协议。UDP 协议从问世至今已经被使用了很多年，虽然其最初的光彩已经被一些类似协议所掩盖，但是即使是在今天，UDP 仍然不失为一项非常实用和可行的网络传输层协议。

与我们所熟知的 TCP（传输控制协议）协议一样，UDP 协议直接位于 IP（网际协议）协议的顶层。根据 OSI（开放系统互联）参考模型，UDP 和 TCP 都属于传输层协议。

UDP 协议的主要作用是将网络数据流量压缩成数据报的形式。一个典型的数据报就是一个二进制数据的传输单位。每一个数据报的前 8 个字节用来包含报头信息，剩余字节则用来包含具体的传输数据。

UDP 报头由 4 个域组成，其中每个域各占用 2 个字节，具体如下：
源端口号、目标端口号、数据报长度、校验值。

数据报的长度是指包括报头和数据部分在内的总的字节数。

因为报头的长度是固定的，所以该域主要被用来计算可变长度的数据部分（又称为数据负载）。数据报的最大长度根据操作环境的不同而各异。从理论上说，包含报头在内的数据报的最大长度为 65 535 字节。不过，一些实际应用往往会限制数据报的大小，有时会降低到 8 192 字节。

UDP 协议使用报头中的校验值来保证数据的安全。校验值首先在数据发送方通过特殊的算法计算得出，在传递到接收方之后，还需要再重新计算。如果某个数据报在传输过程中被第三方篡改或者由于线路噪音等原因受到损坏，发送和接收方的校验计算值将不会相符，由此 UDP 协议可以检测是否出错，这与 TCP 协议是不同的，后者要求必须具有校验值。

UDP 和 TCP 协议的主要区别：

两者在如何实现信息的可靠传递方面不同。TCP 协议中包含了专门的传递保证机制，当数据接收方收到发送方传来的信息时，会自动向发送方发出确认消息；发送方只有在接收到该确认消息之后才继续传送其他信息，否则将一直等待直到收到确认信息为止。

与 TCP 不同，UDP 协议并不提供数据传送的保证机制。如果在从发送方到接收方的传递过程中出现数据报的丢失，协议本身并不能做出任何检测或提示。因此，通常人们把 UDP 协议称为不可靠的传输协议。所以此协议常用于小信息量的通信和小文件传输，如 QQ 软件就是一个例子。

相对于 TCP 协议，UDP 协议的另外一个不同之处在于如何接收突发的多个数据报。不同于 TCP，UDP 并不能确保数据的发送和接收顺序。例如，一个位于客户端的应用程序向服务器发出了以下 4 个数据报：D1、D22、D333、D4444；但是 UDP 有可能按照以下顺序将所接收的数据提交到服务端的应用：D333、D1、D4444、D22。事实上，UDP 协议的这种乱序性基本上很少出现，通常只会在网络非常拥挤的情况下才有可能发生。

也许有的读者会问，既然 UDP 是一种不可靠的网络协议，那么还有什么使用价值或必要呢？其实不然，在有些情况下 UDP 协议可能会变得非常有用，因为 UDP 具有 TCP 所望尘莫及的速度优势。虽然 TCP 协议中植入了各种安全保障功能，但是在实际执行的过程中会占用大量的系统开销，无疑使速度受到严重的影响。反观 UDP 由于排除了信息可靠传递机制，将安全和排序等功能移交给上层应用来完成，极大降低了执行时间，使速度得到了保证。

包括视频电话会议系统在内的许多应用都证明了 UDP 协议的存在价值。因为相对于可靠性来说，这些应用更加注重实际性能，所以为了获得更好的使用效果（例如，更高的画面帧刷新速率）往往可以牺牲一定的可靠性（例如，画面质量）。这就是 UDP 和 TCP 两种协议的权衡之处。根据不同的环境和特点，两种传输协议都将在今后的网络世界中发挥更加重要的作用。

6. 常用协议及端口

UDP 和 TCP 协议使用端口号为不同的应用保留其各自的数据传输通道，由于使用这一机制实现了对同一时刻内多项应用同时发送和接收数据的支持。

数据发送方（可以是客户端或服务器端）将 UDP 数据报通过源端口发送出去，而数据接收方则通过目标端口接收数据。有的网络应用只能使用预先为其预留或注册的静态端口，而另外一些网络应用则可以使用未被注册的动态端口。因为 UDP 报头使用两个字节存放端口号，所以端口号的有效范围是从 0 ~ 65 535。一般来说，大于 49 151 的端口号都代表动态端口。

3.2.4 数据包在计算机网络中的封装与传递

在计算机网络体系结构中，我们可以把几乎所有的网络设备都抽象为层次模型。比如路由器，我们把它抽象为一个只有物理层、数据链路层、网际层的三层模型；交换机则是一个有物理层、数据链路层的两层模型；集线器的层次模型只有一层，即物理层。网络中的计算机拥有完整的层次结构，其层次模型如图 3.6 所示，包括物理层，数据链路层，网络层，传输层、会话层、表示层和应用层。

网络体系结构除了分层外，还对传输数据单位与整个数据传输进行规范。

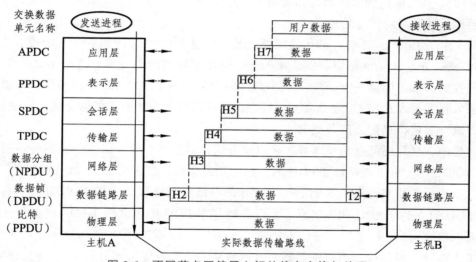

图 3.6 不同节点同等层之间的信息交换与处理

网络设备在传输和处理数据时，由于每一层所用的协议不一样，使得所能够处理和传输的数据包或者数据单元都是不一样的，因此两个设备在相互通信时只有对等层才能读取和处理对方的数据包，才能够相互沟通。由此整个信息交换过程比较复杂，我们把对等层之间需要交换和处理的信息单位叫作协议数据单元（Protocol Data Unit，PDU）。假如现在网络节点 A 与网络节点 B 要进行通信，用户利用网络节点 A 中应用层软件向节点 B 发送信息。应用层首先对发送的大块信息进行处理分割成一个个独立的数据传输单位，并对其进行封装。所谓封装就是按照本层协议的规定将每个数据传输单元的头部（和尾部）加入特定的协议头（和协议尾）。

节点对等层之间的通信除物理层之间直接进行信息交换外，其余对等层之间的通信并不直接进行，它们需要通过借助于下层提供的服务来完成，对等层之间的通信为虚拟通信，如图 3.6 所示横向带箭头虚线。实际通信是在相邻层之间通过层间接口进行，纵向传输的数据用接口数据单元（IDU）表示。接口数据单元指相邻层次之间通过接口传递的数据，它分为两部分，即接口控制信息和服务数据单元。

其中，接口控制信息只在接口局部有效，不会随数据一起传递下去；而服务数据单元是真正提供服务的有效数据，它的内容基本上与协议数据单元一致。用简单的公式表示就是：

$$接口数据单元＝控制信息＋服务数据单元$$

将控制信息、服务数据单元与高级语言里面的局部变量和全程变量做一个类比，接口数据单元的控制信息就好比局部变量，只在特定的某两层接口有效，如二、三层接口的控制信息与三、四层接口的控制信息完全不同；服务数据单元就好比全程变量，从应用层到物理层一直传递下去，而且每层都要加一些自己的内容进去。

服务数据单元是用于层与层接口的概念，而协议数据单元用于描述同一层次对等实体之间交换的数据，是一个逻辑上的概念。实际上，当某一层需要使用下一层提供的服务传送自己的 PDU 时，其当前层的下一层总是先将上一层的 PDU 变为自己 PDU 的一部分，然后利用更下一层提供的服务将信息传递出去。

例如，在图 3.6 中，节点 A 的传输层要把某一信息 T-PDU 传送到节点 B 的传输层，首先将 T-PDU 交给节点 A 的网络层，节点 A 的网络层在收到 T-PDU 之后，将在 T-PDU 上加上若干比特的控制信息（即报头 Header）变为自己的 PDU（N-PDU），然后再利用其下层链路层提供的服务将数据发送出去，依次类推，最终将这些信息变为能够在传输介质上传输的数据，并通过传输介质将信息传送到节点 B。

在网络中，对等层可以相互理解和认识对方信息的具体意义（如节点 B 的传输层收到节点 A 的 T-PDU 时，可以理解该 T-PDU 的信息并知道如何处理该信息）。如果不是对等层，双方的信息就不可能相互理解。例如，在节点 B 的网络层收到节点 A 的 N-PDU 时，它不可能理解 N-PDU 包含的 T-PDU 代表何意。它仅需要将 N-PDU 中包含的 T-PDU 通过层间接口提交给上面的传输层。

为了实现对等层通信，当数据需要通过网络从一个节点传送到另一个节点前，必须在数据的头部（和尾部）加上特定的协议头（和协议尾）。这种增加数据头部（和尾部）的过程叫作数据打包或数据封装。同样，在数据到达接收节点的对等层后，接收方将识别、提取和处理发送方对等层增加的数据头部（和尾部）。接收方这种将增加的数据头部（和尾部）去除的过程叫作数据拆包或数据解封。图 3.6 给出了一个完整的 OSI 数据传递与流动过程，从图中可以看出 OSI 环境中数据流动的过程。

尽管发送进程的数据在 OSI 环境中经过复杂的处理过程才能送到另一节点的接收进程，但对于每台计算机的接收进程来说，OSI 环境中数据流的复杂处理过程是透明的。发送进程的数据好像是"直接"传送给接收进程的，这是开放系统在网络过程中最主要的特点。

为了说明白这个复杂的问题，我们用一个现实中的事例进行类比说明。某个养老院有两座 4 层小楼，如图 3.7 所示，每层通信地址为图中数字与字母所标。现 1 层想与 A 层通信，便将写好的信塞于信封中（封装），约定信封地址左上角为寄信人，右下角为收信人（通信协议）。1 层把信传于 2 层，2 层将信再塞入一个信封中并依然按照上边的约定写明收发地址，传给下层。以此类推，最后 4 层用同样的方法处理从上层收到的信，并按照地址寄于 D 层。D 层剥开一层信封传给上层，C 层核实地址，发现收信人是自己，于是拆开信封并交给 B 层，以此类推，最终信安全寄到 A 层。

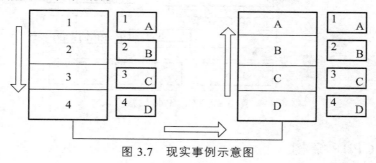

图 3.7　现实事例示意图

3.3　TCP/IP 体系结构

虽然 OSI 参考模型是国际标准，但由于它出现的时间晚于已经具体实现的 SNA、DNA 及 TCP/IP 等，再加上 OSI 参考模型自身存在的缺点，在它推出后，并没有被广泛使用。特别是随着 Internet 在全球范围的不断普及，遵循 TCP/IP 规则的网络越来越多，下面简单介绍 TCP/IP 体系结构。

与 OSI 不同，TCP/IP 从推出之时，就把考虑问题的重点放在了异种网互联上。所谓异种网，即遵从不同网络体系结构的网。TCP/IP 的目的不是要求大家都遵循一种标准，而是在承认有不同标准的情况下，解决这些不同。因此，网络互联是 TCP/IP 的核心。

3.3.1　TCP/IP 简介

经过市场化的洗礼，简单易用的 TCP/IP 体系结构已经成为事实上的国际标准，现在所有的设备都遵循这个标准。其实这个体系结构早期只是 TCP/IP 协议而已，它并没有一个明确的体系结构，后来因为 TCP/IP 协议的广泛使用并成为主流，使得人们开始对其进行归纳整理并形成了一个简单的四层体系结构，包括：网络接口层，网络层，传输层，应用层。

TCP/IP 实际上是一簇协议，它包括上百个具有不同功能且互为关联的协议，如图 3.8 所示，而 TCP 和 IP 是保证数据完整传输的两个最基本的协议。

TCP/IP 之所以能够迅速发展起来，不仅因为它是美国军方指定使用的协议，更重要的是它恰恰适应了世界范围内的数据通信的需要。TCP/IP 具有以下 4 个特点：

（1）开放的协议标准，可以免费使用，并且独立于特定的计算机硬件与操作系统。

（2）独立于特定的网络硬件，可以运行在局域网、广域网中，更适用于互联网。

（3）统一的网络地址分配方案，使得整个 TCP/IP 设备在网络中都具有唯一的地址。

（4）标准化的高层协议，可以提供多种可靠的用户服务。

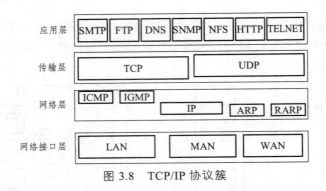

图 3.8 TCP/IP 协议簇

3.3.2 TCP/IP 结构

TCP/IP 从更实用的角度出发，形成了高效率的四层体系结构，即主机-网络层（也称网络接口层）、网络层（IP 层）、传输层（TCP 层）和应用层。它把 OSI 冗繁的会话层，表示层，应用层合并为应用层；把数据链路层，物理层合并为网络接口层。图 3.9 表示了 TCP/IP 体系结构和 OSI 参考模型的层次对应关系。

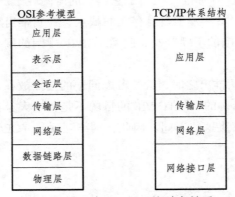

图 3.9 OSI 与 TCP/IP 的对应关系

1. 网络接口层

网络接口层（Internet Interface Layer）是模型中的最底层，负责将数据包送到电缆上，是实际的网络硬件接口，对应于 OSI 参考模型的物理层和数据链路层。实际上，TCP/IP 并没有定义具体的网络接口协议，而是旨在提供灵活性，以适应各种网络类型，如 LAN、MAN和 WAN，这也说明了 TCP/IP 可以运行在任何网络之上，这也为 TCP/IP 的成功打下了基础。

2. 网络层

网络层（Internet layer）与 OSI 参考模型的网络层类似，是整个 TCP/IP 体系结构的关键部分。网络层的主要功能如下：

（1）处理来自传输层的分组发送请求。在收到分组发送请求之后，将分组装入 IP 数据报，填充报头，选择好发送路径，然后将数据报发送到相应的网络输出端。

（2）处理接收的数据报。在接收到其他主机发送的数据报之后，检查目的地址，如需要转发，则选择发送路径，转发出去；如目的地址为本结点 IP 地址，则除去报头，将分组交送传输层处理。

（3）处理互联的路径选择、流量控制与拥塞问题。

3. 传输层

在 TCP/IP 体系结构中，传输层（Transport Layer）是第三层，也称为应用程序到应用程序层，与 OSI 的传输层类似，主要负责应用程序到应用程序之间的端对端通信。传输层的主要功能是在互联网中源主机与目的主机的对等实体间建立用于会话的端对端连接。传输层主要有两个协议，即传输控制协议（TCP）和用户数据报协议（UDP）。

4. 应用层

应用层（Application Layer）是 TCP/IP 体系结构中的最高层，应用层包括了所有高层协议，并且总是不断有新的协议加入。

3.3.3　OSI 与 TCP/IP 的比较

OSI 参考模型和 TCP/IP 参考模型的层次对比如图 3.9 所示。OSI 参考模型和 TCP/IP 参考模型除了各自的优点外，还具有以下的缺点：

1. OSI 参考模型的缺点

OSI 参考模型概念清楚，但模型和协议都存在缺陷，例如其会话层和表示层对于大多数应用程序都没有用，而寻址及流量控制等功能在各层重复出现，结构和协议复杂等，所以 OSI 参考模型并没有形成产品。

2. TCP/IP 参考模型的缺点

TCP/IP 模型虽然在现实生活中广泛得到应用，但是没有明显区分服务、接口和协议的概念；没有明确区分物理层和数据链路层，因为这两层的功能是不同的；网络接口层根本不是一个通常意义的层，只是一个接口。所以，TCP/IP 也并不是十分完美的。

3. 一种折中的参考模型

虽然 TCP/IP 体系结构有很多优点，但它的理论结构并不明晰；而 OSI 的七层协议体系结构既复杂又不实用，但其概念清楚。因此在学习计算机网络层次结构的时候，一般采用折中的办法，将各个体系结构的优点集中，形成一种具有五层协议的体系结构（见图 3.10），其层次结构为：物理层，数据链路层，网络层，运输层，应用层。

图 3.10　一种折中的参考模型

这种五层的体系结构只是在 OSI 七层模型的基础上，把表示层，会话层和应用层的功能合并成应用层。

3.4 TCP/IP 协议簇

TCP/IP 协议簇中包含一系列协议，每种协议实现一种特定的功能，下面介绍主要协议的功能和协议格式。

3.4.1 PPP

HDLC（高级数据链路控制）在历史上起到过很大的作用，但现在使用的数据链路层协议是点到点协议 PPP（Point-to-Point Protocol）。

PPP 为在点对点连接上传输多协议数据包提供了一个标准方法。PPP 最初设计是为两个对等结点之间的 IP 流量传输提供一种封装协议。在 TCP/IP 协议簇中它是一种用来同步调制连接的数据链路层协议，替代了原来非标准的第二层协议，即 SLIP。除了 IP 以外，PPP 还可以携带其他协议，包括 DECnet 和 Novell 的 Internet 包交换（IPX）。

用户接入 Internet 一般有两种方法：一种是使用电话线拨号接入 Internet，另外一种是使用专线接入。两种方法都要使用到数据链路层的协议。拨号接入 Internet 中通常使用 PPP。

PPP 协议帧结构如图 3.11 所示。PPP 是面向字节的协议，PPP 帧格式和 HDLC 相似。标志字段 F 为 0x7E（即 l01111110），地址字段 A 固定设置为 0xFF（即 11111111），表示所有站都接收这个帧。因为 PPP 只用于点对点链路，地址字段不起作用。控制字段 C 固定设置为 0x03。

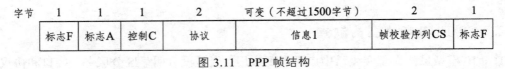

字节	1	1	1	2	可变（不超过1500字节）	2	1
	标志F	标志A	控制C	协议	信息1	帧校验序列CS	标志F

图 3.11 PPP 帧结构

PPP 帧结构中比 HDLC 多了一个协议字段，当协议字段为 0x0021 时，PPP 帧的信息字段就是 IP 数据报；若为 0xC021 时，则信息字段是 PPP 链路控制数据；而 0x8021 表示这是网络控制数据。PPP 和 HDLC 一样，不使用序号和确认机制，这样使得协议首部开销变小。

3.4.2 ARP

1. 基本功能

在以太网协议中规定，同一局域网中的一台主机要和另一台主机进行直接通信，必须要知道目标主机的 MAC 地址。而在 TCP/IP 协议簇中，网络层和传输层只关心目标主机的 IP

地址。这就导致在以太网中使用 IP 时，数据链路层的以太网协议接到上层 IP 提供的数据中，只包含目的主机的 IP 地址。于是需要一种方法，根据目的主机的 IP 地址，获得其 MAC 地址，这就是 ARP（地址解析协议）要做的事情。所谓地址解析（address resolution），就是主机在发送帧前将目标 IP 地址转换成目标 MAC 地址的过程。

另外，当发送主机和目的主机不在同一个局域网中时，即便知道目的主机的 MAC 地址，两者也不能直接通信，必须经过路由转发才可以。所以此时，发送主机通过 ARP 获得的将不是目的主机的真实 MAC 地址，而是一台可以通往局域网外的路由器的某个端口的 MAC 地址。于是此后发送主机发往目的主机的所有帧，都将发往该路由器，通过它向外发送。这种情况称为 ARP 代理。

2．工作原理

在每台安装有 TCP/IP 的计算机中都有一个 ARP 缓存表，表中的 IP 地址与 MAC 地址是一一对应的。

以主机 A（192.168.1.5）向主机 B（192.168.1.1）发送数据为例。当发送数据时，主机 A 会在自己的 ARP 缓存表中寻找是否有目标 IP 地址。如果找到了，也就知道了目标 MAC 地址，直接把目标 MAC 地址写入帧中发送即可；如果在 ARP 缓存表中没有找到目标 IP 地址，主机 A 就会在网络上发送一个广播，这表示向同一网段内的所有主机发出这样的询问："我是 192.168.1.5，我的硬件地址是主机 A 的 MAC 地址，请问 IP 地址为 192.168.1.1 的 MAC 地址是什么？"，网络上其他主机并不响应 ARP 请求，只有主机 B 接收到这个帧时，才向主机 A 做出响应："192.168.1.1 的 MAC 地址是 00-aa-00-62-c6-09 "。

这样，主机 A 就知道了主机 B 的 MAC 地址，它就可以向主机 B 发送信息了。A 和 B 还同时都更新了自己的 ARP 缓存表（因为 A 在询问时把自己的 IP 地址和 MAC 地址一起告诉了 B），下次 A 再向主机 B 或者 B 向 A 发送信息时，直接从各自的 ARP 缓存表中查找就可以了。ARP 缓存表采用了老化机制（即设置了生存时间 TTL），在一段时间内（一般 15～20 min）如果表中的某一行没有被使用，就会被删除，这样可以大大减少 ARP 缓存表的长度，加快查询速度。

3．ARP 格式

ARP 通常应用于局域网，以太网中的 ARP 报文格式，如图 3.12 所示。

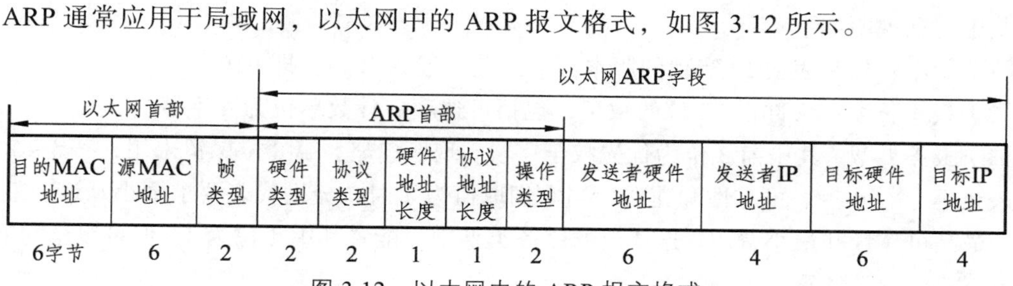

图 3.12　以太网中的 ARP 报文格式

ARP 报文中各个字段的含义如下：

（1）硬件类型：标明 ARP 实现在何种类型的网络上。

（2）协议类型：表示解析协议（上层协议），一般是 0800，即 IP。

（3）硬件地址长度：MAC 地址长度，此处为 6 字节，即 48 位。

（4）协议地址长度：IP 地址长度，此处为 8 位。

（5）操作类型：表示 ARP 数据包类型。0 表示 ARP 请求数据包，1 表示 ARP 应答数据包。

（6）发送者硬件地址：发送端 MAC 地址。

（7）发送者 IP 地址：发送端 IP 地址。

（8）目标硬件地址：目的端 MAC 地址（等待接收端填充）。

（9）目标 IP 地址：目的端 IP 地址。

3.4.3 IP

网际协议（IP）是 TCP/IP 协议簇中最为核心的协议，所有的 TCP、UDP、ICMP、IGMP 数据都被封装在 IP 数据报中传送。IP 的功能是负责路由（路径选择），提供不可靠、无连接的服务，不负责保证传输可靠性、流量控制、包顺序等其他对于主机到主机协议的服务。这些工作交给上层解决。

IP 数据报首部（报头）的格式如图 3.13 所示。

图 3.13 IP 数据报首部结构

其中各项说明如下：

（1）版本：用来表明 IP 实现的版本号，当前一般为 IPv4，即 0100。

（2）报头长度：头部占 32 位的数字，包括可选项。计数单位为 4 字节。

（3）服务类型：其中前 3 位为优先权子字段，现已忽略，第 8 位保留未用，第 4 ~ 7 位分别代表延迟、吞吐量、可靠性和花费。当它们取值为 1 时，分别代表要求最小延迟、最大吞吐量、最高可靠性和最小费用。这 4 位的服务类型中只能置其中 1 位为 1，但可以全为 0。若全为 0，表示一般服务。

（4）总长度：指明整个数据报的长度，以字节为单位，最大长度为 65 535 字节。

（5）标志：用来唯一标识主机发送的每一份数据报。通常每发一份数据报，其值就会加 1。

（6）标志位：标志一份数据报是否分段。

（7）段偏移：如果一份数据报要求分段，则此字段指明该段偏移距原始数据报开始的位置。

（8）生存期：用来设置数据报最多可以经过的路由器数。由发送数据的源主机设置，通常为 32、64、128 等。每经过一个路由器，其值减 1，直到 0 时该数据报被丢弃。

（9）协议：指明 IP 层所封装的上层协议类型，如 ICMP（1）、IGMP（2）、TCP（6）、UDP（17）等。

（10）头部校验和：内容是根据 IP 头部计算得到的校验和码。计算方法是：对头部中每 16 位进行二进制反码求和。IP 不对头部后的数据进行校验。

（11）源 IP 地址、目标 IP 地址：各占 32 位，用来标明发送 IP 数据报文的源主机地址和接收 IP 报文的目标主机地址。

（12）选项：用来定义一些任选项，如记录路径、时间戳等。这些选项很少被使用。

3.4.4　TCP

TCP 是 TCP/IP 协议簇中主要的传输协议，工作在传输层，完成传输层所指定的功能。TCP 是一种面向连接的、可靠的、基于字节流的传输层通信协议。

1. TCP 的作用

TCP 层是位于 IP 层之上，应用层之下的中间层。不同主机的应用层之间经常需要可靠的、像管道一样的连接，但是 IP 层不提供这样的机制，而是提供不可靠的包交换。

应用层向 TCP 层发送用于网间传输的、用 8 位字节表示的数据流，然后 TCP 把数据流分割成适当长度的报文段（通常受该计算机连接的网络的数据链路层的最大传送单元 MTU 的限制），之后 TCP 把结果包传给 IP 层，由它来通过网络将包传送给接收端实体的 TCP 层。为了保证不发生丢包，TCP 就给每字节一个序号，同时这些序号也保证了传送到接收端实体的包能按序接收。

之后接收端实体对已成功收到的字节发回一个相应的确认（ACK），如果发送端实体在合理的往返时延（RTT）内未收到确认，那么对应的数据（假设丢失了）将会被重传。TCP 用一个校验和函数来检验数据是否有错误，在发送和接收时都要计算校验和。

2. TCP 的特点

（1）端到端服务。TCP 被称为端到端（end-to-end）协议，作用范围为一台计算机（终端）上的应用进程到另一台远程计算机（终端）上的应用进程。应用进程请求 TCP 创建一个连接、发送并接收数据以及撤销连接。TCP 提供的连接是由软件实现的，因此又称为虚连接。

在 TCP 连接中，底层的互联网系统并不对连接提供硬件或软件支持，只是两台计算机上的 TCP 软件通过交换消息来实现连接。

（2）可靠传输与自动重发。为了实现可靠传输，TCP 采用了多种技术，其中一个最重要的技术叫作重发。源主机在传输数据前需要先和目标主机建立连接，然后在此连接上，被编号的数据段按顺序收发。当接收方 TCP 收到数据时，要回发给发送方一个确认。当发送方发送数据时，TCP 启动一个定时器，在定时器到点之前，如果未收到一个确认，则发送方重发数据，从而保证数据传输的可靠性。

传统的传输协议使用一个固定的重发延时时间，而 TCP 的重发时间设计成自适应。TCP 监视每一个连接中的当前延迟，并改变重发定时器来适应条件的变化。目前，采用较多的算法是 Jacobson 于 1988 年提出的一种不断调整超时时间间隔的动态算法，其工作原理是：对每条连接 TCP 都保持一个变量 RTT，用于存放当前到目的端往返所需时间的最接近的估计值。当发送一个数据段时，同时启动连接的定时器，如果在定时器超时前确认到达，则记录所需要的时间（M），并修正 RTT 的值，如果定时器超时前没有收到确认，则将 RTT 的值增加一倍。

（3）流量控制。TCP 使用一种窗口机制来控制数据流。当建立一个连接时，连接的每一端分配一个缓冲区来保存输入的数据，并将缓冲区的大小发送给另一端。当数据到达时，接收方发送确认，其中包含了自己剩余的缓冲区大小。剩余的缓冲区空间大小被称为窗口，指出窗口大小的通知为窗口通知。接收方在发送的每一个确认中包含有一个窗口通知。如果发送方发送速率比接收方快，则接收到的数据最终将充满接收方缓冲区，导致接收方通知一个零窗口。发送方收到一个零窗口通知时，必须停止发送，直到接收方重新通知一个正窗口为止。

3. 端口号

TCP 通过使用"端口号"来标识源端和目标端的应用进程。端口地址为 16 位二进制标识，可以使用 0 ~ 65 535 的任何数字。发送数据时，操作系统动态地为客户端的应用程序分配端口号。在服务器端，每种服务具有确定的服务端口，例如，WWW 服务的默认端口为 80，FTP 服务的默认端口为 21 等。

端口号可分为以下 3 类：

（1）公认端口：0 ~ 1 023，它们紧密绑定于一些服务。通常这些端口的通信明确表明了某种服务的协议。例如，80 端口实际上总是进行 HTTP 通信。

（2）注册端口：1 024 ~ 49 151，它们松散地绑定于一些服务。也就是说有许多服务绑定于这些端口，这些端口同样用于许多其他目的。例如，许多系统处理动态端口从 1 024 左右开始。

（3）动态/私有端口：152 ~ 65 535。理论上，不应为服务分配这些端口。实际上，机器通常从 1 024 起分配动态端口。但也有例外，SUFI 的 RPC 端口从 32 768 开始。

4. TCP 数据段格式

TCP 对所有的消息采用一种简单的格式，包括携带数据的消息、确认以及 3 次握手中用于创建和终止一个连接的消息。TCP 使用段来表示一个消息，TCP 数据段包括 12 个字段，段结构如图 3.14 所示。

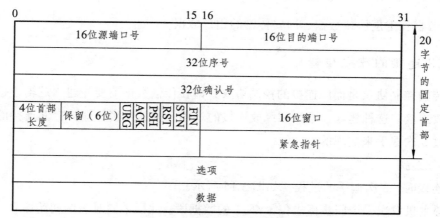

图 3.14　TCP 数据段结构

TCP 数据段中各字段的含义如下：

（1）源端口号：指出发送数据的应用程序的端口号。

（2）目的端口号：指出接收方计算机上哪一个端口对应的应用程序负责接收数据。

（3）序号：发送方将应用层数据进行分段，序号字段给出了段中携带数据的序号。接收方利用这一序号来重新按顺序排列各个段并利用这一序号计算确认号。

（4）确认号：对接收数据的一种确认，发送方根据收到的段序号进行确认，一般在收到的段序号基础上加 1。表示上一个段已经收到，期待接收序号加 1 的段。

（5）首部长度：首部长度给出 TCP 首部的长度，以 4 字节为单位进行计数。没有任何选项字段时，首部长度为 5，即 TCP 首部长度为 5 个 4 字节，即 20 字节。TCP 首部长度最多可以有 60 字节。

（6）保留域：可设置为 0。

（7）标识位：置 1 表示有效。

URG：和紧急指针配合使用，发送紧急数据。

ACK：确认号是否有效。

PSH：指示发送方和接收方不缓存数据，立刻发送或接收。

RST：由于不可恢复的错误重置连接。

SYN：用于连接建立指示。

FIJI：用于连接释放指示。

（8）窗口：用于基于可变滑动窗口的流控，指示发送方从确认号开始可以再发送窗口大小的字节流。

（9）校验和：为增加可靠性，对 TCP 整个报文进行校验和计算，并由接收端进行验证。

紧急指针：紧急指针是一个偏移量，与序号字段中的值相加表示紧急数据最后一字节的序号。

（10）选项：可能包括窗口扩大因子、时间戳等选项。

（11）数据：上层协议数据，即要传输的用户数据。

5. TCP 连接的建立与释放

TCP 传输控制协议是面向连接的控制协议，即在传输数据前要先建立逻辑连接，传输结束还要释放连接。这种建立、维护和释放连接的过程，就是连接管理。TCP 连接的建立和释放都是通过 3 次握手来实现的。

1）建立连接

建立连接时，3 次握手的过程，如图 3.15 所示。

（1）源主机发送一个同步标志位 SYN-1 的数据段。此段中同时表明初始序号，它是一个随时间变化的随机值。

（2）目标主机发回确认数据段，其中 SYN=1，ACK=1，同时在确认序号字段标明目标主机期待接收源主机下一个数据段的序号，此段中还包括目标主机的段初始序号。

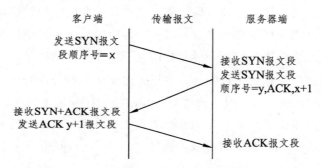

图 3.15　TCP 建立连接时 3 次握手报文序列

（3）源主机回送一个数据段，同样携带递增的发送序号和确认序号。

至此，TCP 建立连接的 3 次握手完成。此后，源主机和目的主机就可以互相收发数据了。

2）释放连接

释放连接时，3 次握手的过程如图 3.16 所示。

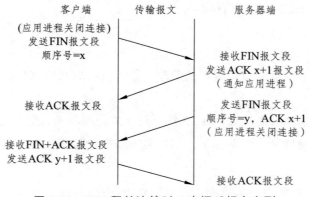

图 3.16　TCP 释放连接时 3 次握手报文序列

（1）源主机的应用程序通知 TCP 已无数据需要发送时，TCP 关闭此方向的连接。即源主机发送一个结束标志位 FIJI=1 的数据段。源主机只能接收数据，不再发送数据了。

（2）目标主机返回应答，但目标主机可以继续发送数据。目标主机数据发送完成后，返回 FIJI=1，表示目标主机也没有数据发送。

（3）源主机返回应答数据段，最终释放整个连接。

3.4.5 HTTP

HTTP 是超文本传输协议，是客户端浏览器或其他程序与 Web 服务器之间的应用层通信协议。在 Internet 上的 Web 服务器上存放的都是超文本信息，客户机需要通过 HTTP 传输所要访问的超文本信息。HTTP 包含命令和传输信息，不仅可用于 Web 访问，也可以用于其他因特网/内联网应用系统之间的通信，从而实现各类应用资源超媒体访问的集成。

1. 统一资源定位符

在浏览器的地址栏里输入的网站地址叫作统一资源定位符（Uniform Resource Locator，URL，）。就像每家每户都有一个门牌地址一样，每个网页也都有一个 Internet 地址。当用户在浏览器的地址栏中输入一个 URL 或是单击一个超级链接时，URL 就确定了要浏览的地址。浏览器通过超文本传输协议（HTTP），将 Web 服务器上站点的网页代码提取出来，并翻译成直观的网页。因此，在认识 HTTP 之前，有必要先弄清楚 URL 的组成。

例如，http: //www.abc.com/china/index.htm，它的含义如下：

（1）"http: //"：代表超文本传输协议，通知 abc.com；服务器显示 Web 页，通常不用输入。

（2）"www"：代表一个 Web（万维网）服务器。

（3）"abc. com/"：这是装有网页的服务器的域名，或站点服务器的名称。

（4）"china/"：为该服务器上的子目录，类似于计算机中的文件夹。

（5）"index.htm"：是文件夹中的一个 HTML 文件（网页）名称。

2. HTTP 的主要特点

HTTP 的主要特点如下：

（1）支持客户/服务器模式。

（2）简单快速：客户向服务器请求服务时，只需传送请求方法和路径。请求方法常用的有 GET、HEAD、POST。每种方法规定的客户与服务器联系的类型不同。由于 HTTP 简单，使得 HTTP 服务器的程序规模小，因而通信速度很快。

（3）灵活：HTTP 允许传输任意类型的数据对象。

（4）无连接：无连接的含义是限制每次连接只处理一个请求。服务器处理完客户的请求，并收到客户的应答后，即断开连接。采用这种方式可以节省传输时间。

（5）无状态：HTTP 是无状态协议。无状态是指协议对于事务处理没有记忆能力。缺少状态意味着如果后续处理需要前面的信息，则它必须重传，这样可能导致每次连接传送的数据量增大。

3. HTTP 的工作过程

在 WWW 中，"客户"与"服务器"是一个相对的概念，只存在于一个特定的连接期间，即在某个连接中的客户在另一个连接中可能作为服务器。

基于 HTTP 的客户/服务器模式的信息交换过程分 4 个过程：建立连接、发送请求信息、发送响应信息、关闭连接。

其实简单说就是任何服务器除了包括 HTML 文件以外，还有一个 HTTP 驻留程序，用于响应用户请求。用户的浏览器是 HTTP 客户，向服务器发送请求，当用户在浏览器中输入一个开始文件或单击了一个超级链接时，浏览器就向服务器发送 HTTP 请求，此请求被送往由 IP 地址指定的 URI。驻留程序接收到请求，在进行必要的操作后回送所要求的文件。在这一过程中，在网络上发送和接收的数据已经被分成一个或多个数据包（packet），每个数据包包括：要传送的数据和控制信息，即告诉网络怎样处理数据包。

TCP/IP 决定了每个数据包的格式。如果事先不告诉用户，用户可能不会知道信息被分成用于传输和再重新组合起来的许多小块。

4. HTTP 格式

HTTP 有两类报文：

（1）请求报文：从客户向服务器发送请求报文，其格式如图 3.17（a）所示。

（2）响应报文：从服务器到客户的回答，其格式如图 3.17（b）所示。由于 HTTP 是面向正文的，报文中的每一个字段都是一些 ASCII 码串，因而每个字段的长度都是不确定的。

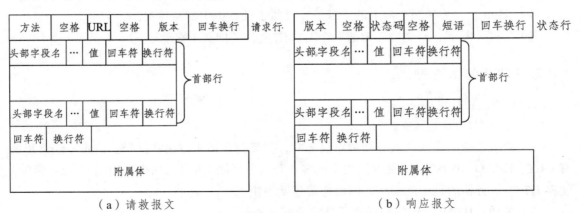

图 3.17　HTTP 请求报文和响应报文

HTTP 请求报文和响应报文都是由以下 3 部分组成的。这两个报文格式的区别就是开始行不同。

（1）开始行：用于区别是请求报文还是响应报文。在请求报文中的开始行叫作请求行，响应报文中的开始行叫作状态行。

（2）首部行：用来说明服务器或报文主体的一些信息。

（3）附属体行：在请求报文中一般都不用这个字段，而在响应报文中也可能没这个字段，该字段的内容为 HTML 数据实体。

3.5　实训项目　对等网络的配置及应用

3.5.1　项目目的

学会配置对等网；掌握网络连通性及故障检测；掌握共享网络资源的方法；掌握访问网络资源的方法；掌握打印机共享的方法。

3.5.2　项目情景

假如你是某公司新入职的网络管理员，公司要求你配置对等网，并实现资源共享。

3.5.3　项目任务

（1）任务 1：对等网络的配置及故障检测。

（2）任务 2：对等网络的基本应用。

3.5.4　项目实施

任务 1　对等网络的配置及故障检测

1. Windows XP 的配置

（1）添加协议（一般无须添加，在安装系统时已安装，可跳过第 1~4 步）。右键单击"网上邻居"，从弹出的快捷菜单中选择"属性"命令，打开"网络连接"窗口。

（2）右键单击"本地连接"图标，从弹出的快捷菜单中选择"属性"命令，打开"本地连接属性"对话框。

（3）在"此连接使用下列项目"列表框中列出了目前系统中已安装过的网络组件，单击"安装"按钮，打开"选择网络组件类型"对话框。

（4）在"单击要安装的网络组件类型"列表中选中"协议"选项，单击"添加"按钮，打开"选择网络协议"对话框。

（5）设置 IP 地址。在"此连接使用下列项目"列表框中选定"Internet 协议（TCP/IP）"组件。

（6）单击"属性"按钮，打开"Internet 协议（TCP/IP）属性"设置对话框，如图 3.18 所示。

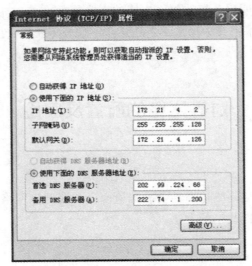

图 3.18　"Internet 协议（TCP/IP）属性"对话框

（7）在"网络连接"窗口中，选择"高级"菜单栏中的"网络标识"，在弹出的"系统属性"对话框的"计算机名"选项卡中，单击"更改"按钮，选定"工作组"，输入组名，单击"确定"按钮。

（8）若成功加入工作组，则会出现提示信息，单击"确定"按钮，完成设置。

2. 网络连通性及故障检测

TCP/IP 安装完成后，可以利用 TCP/IP 工具程序"Ipconfig"与"Ping"来检查 TCP/IP 安装与设置是否正确。选择"开始"菜单→"所有程序"→"附件"→"命令提示符"项（或选择"开始"菜单中的"运行"，在对话框中输入"cmd"，单击"确定"按钮），进入命令提示符的环境，然后按照以下步骤进行测试（以 Windows XP 为例）：

（1）执行"ipconfig"命令以便检查 TCP/IP 通信协议是否已经正常启动，IP 地址是否与其他的主机相冲突。如果正常的话，画面上会出现用户的 IP 地址、子网掩码、默认网关等数据。

如果提示 IP 地址和子网掩码都是 0.0.0.0，则表示 IP 地址与网络上其他的主机相冲突。

如果自动向 DHCP 服务器索取 IP 地址，但是却找不到 DHCP 服务器的话，则会自动得到一个"专用的 IP 地址"。

（2）测试 loop back 地址（127.0.0.1），验证网卡是否可以正常传送 TCP/IP 的数据。此时，键入"ping 127.0.0.1"命令进行循环测试，检查网卡与驱动程序是否正常运行，如图 3.19 所示。

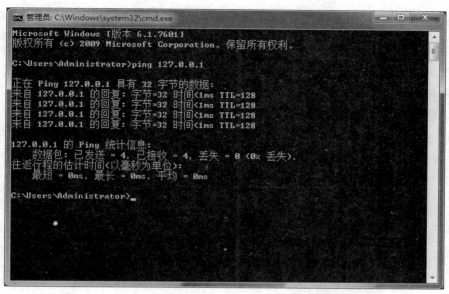

图 3.19 ping 命令

（3）检查 IP 地址是否正常，键入命令"ping 本主机自己的 IP 地址"。测试该地址是否与其他的主机冲突。

（4）假设网络内有 IP 路由，键入命令"ping 默认网关的 IP 地址"。测试网络的 IP 路由器是否工作正常。

（5）输入命令"ping 其他主机的 IP 地址"，测试与其他主机是否连通；事实上，只要步骤（5）成功，就表明网络工作正常，步骤（1）～（4）都可以省略。但如果步骤（5）失败，则可以按步骤倒退，依序往前面的步骤测试，找出故障问题。

任务 2   对等网的基本应用

1. 共享网络资源

重新启动各计算机，在出现的登录对话框中输入一个用户名及其密码后，单击"确定"按钮即登录到本机，同时可以使用网络上的共享资源。

（1）Windows XP 计算机资源的共享。打开"我的电脑"窗口，双击要添加共享文件夹的驱动器，打开该驱动器，并用鼠标右键单击要共享的文件夹，从弹出的快捷菜单中选择"共享"命令。在"属性"对话框的"共享"选项卡中，勾选复选框"在网络上共享这个文件夹（S）"，输入共享名，单击"确定"按钮即可把资源共享。

（2）Windows XP 分区资源的共享。打开"我的电脑"窗口，右键单击磁盘（如 C:）的图标，在出现的快捷菜单中，选择"共享和安全"，选择"如果您知道在安全方面的风险……请单击此处"。在"启用文件共享"中，选择"只启用文件共享"选项，单击"确定"按钮，并输入共享名，单击"确定"按钮即可实现资源共享。

2. 访问共享资源

在另一台计算机登录后，打开"网上邻居"，显示"整个网络"以及同组的各计算机名。双击某个计算机名字（如 A1），则显示该计算机的共享资源，双击共享，即可浏览该计算机上共享的文件夹和文件。

如果希望每次登录后，通过"我的电脑"访问共享资源，可以通过以下途径来映射网络驱动器（以 Windows XP 为例）：右键单击"开始"按钮，在弹出的快捷菜单中，选择"资源管理器"，在打开的窗口中，单击"工具"菜单栏的"映射网络驱动器"项，打开"映射网络驱动器"窗口，如图 3.20 所示。

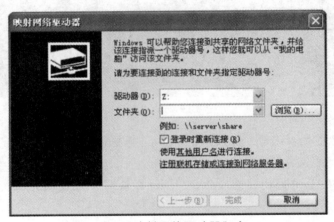

图 3.20 "映射网络驱动器"窗口

3. 共享打印机

以 Windows XP 环境为例。

（1）安装本地打印机。单击"开始"菜单中的"打印机和传真"项，在弹出的"打印机和传真"窗口中，单击"添加打印机"，按向导提示进行安装，如图 3.21 所示。

图 3.21 "打印机和传真"窗口

在"打印机和传真"窗口中，右键单击打印机图标，在出现的快捷菜单中，选择"共享"项，在"属性"对话框的"共享"选项卡中，选择"共享这台打印机"，单击"确定"按钮，即可完成打印机共享设置，如图 3.22 所示。

图 3.22　完成打印机共享设置的"打印机和传真"窗口

启动另一台计算机"PC2"，打开"网上邻居"及其下面的计算机"PC1"，此时可以看到安装在计算机"PC1"上的打印机和共享文件夹，如图 3.23 所示。

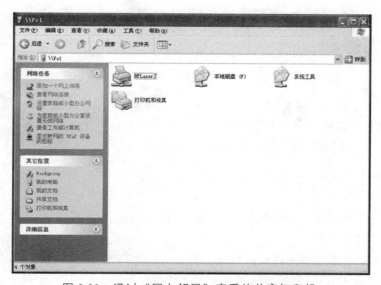

图 3.23　通过"网上邻居"查看的共享打印机

（2）客户端连接共享打印机。在计算机"PC2"中，单击"开始"菜单中的"打印机和传真"项，在弹出的"打印机和传真"窗口中，单击"添加打印机"，在"添加打印机向导"对话框的"本地或网络打印机"中，选择"网络打印机或连接到其他计算机的打印机"项，单击"下一步"按钮。选择"指定打印机"对话框的"连接到这台打印机……",并在下方的名称框中输入"\\172.21.4.2\",输入完最后一个"\"的时候自动查找到上述计算机所共享的打印机,鼠标点一下,单击"下一步"按钮,如图 3.24 所示。

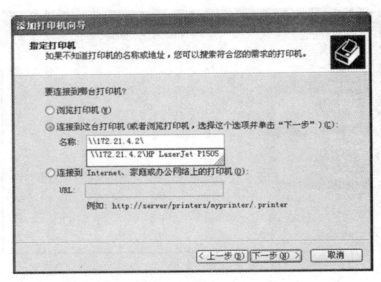

图 3.24 "添加打印机向导"对话框

单击"完成"按钮即可。

习题与思考题

一、填空题

1. 在 TCP/IP 层次模型中与 OSI 参考模型第四层相对应的主要协议有_____和_____,其中后者提供无连接的不可靠传输服务。

2. OSI 模型有_____、_____、_____运输层、会话层、表示层和应用层七个层次。

3. 在 OSI 参考模型中,上层使用下层所提供的_____。

4. 面向连接服务具有_____、_____和_____这三个阶段。

5. 为网络中的数据交换而建立的规则、标准或约定即为_____。

6. 计算机网络系统是非常复杂的系统,计算机之间相互通信涉及许多复杂的技术问题,为实现计算机网络通信与网络资源共享,计算机网络采用的是对解决复杂问题十分有效的_____的方法。

7. TCP/IP 体系共有四个层次,它们是_____、_____、_____和_____。

8. 一般来说，协议由＿＿＿＿＿＿＿、语法和＿＿＿＿＿＿＿三部分组成。

9. 物理层并不是指连接计算机的具体的物理＿＿＿＿＿＿＿，或具体的＿＿＿＿＿＿＿，而是指在物理媒体之上的为上一层＿＿＿＿＿＿＿提供一个传输原始比特流的物理＿＿＿＿＿＿＿。

10. 物理层协议是为了把信号一方经过＿＿＿＿＿＿＿＿传到另一方，物理层所关心的是把通信双方连接起来，为数据链路层实现＿＿＿＿＿＿＿＿的数据传输创造环境。物理层不负责＿＿＿＿＿＿＿和＿＿＿＿＿＿＿＿服务。

二、选择题

1. 路由选择协议位于（　　　）。

A. 物理层　　　　　　B. 数据链路层　　　　C. 网络层　　　　　D. 应用层

2. 传输层可以通过（　　　）标识不同的应用。

A. 物理地址　　　　　B. 端口号　　　　　　C. IP 地址　　　　　D. 逻辑地址

3. 在 TCP/IP 中，解决计算机到计算机之间通信问题的层次是（　　　）。

A. 网络接口层　　　　B. 网际层　　　　　　C. 传输层　　　　　D. 应用层

4. 三次握手方法用于（　　　）。

A. 传输层连接的建立　　　　　　　　　B. 数据链路层的流量控制

C. 传输层的重复检测　　　　　　　　　D. 传输层的流量控制

5. TCP 的协议数据单元被称为（　　　）。

A. 比特　　　　　　　B. 帧　　　　　　　　C. 分段　　　　　　D. 字符

6. 在 TCP/IP 层次中，定义数据传输设备和传输媒体或网络间接口的是（　　　）。

A. 物理层　　　　　　B. 网络接入层　　　　C. 运输层　　　　　D. 应用层

7. 在 TCP/IP 协议簇的层次中，解决计算机之间通信问题是在（　　　）。

A. 网络接口层　　　　B. 网际层　　　　　　C. 传输层　　　　　D. 应用层

8. TCP/IP 协议规定为（　　　）。

A. 4 层　　　　　　　B. 5 层　　　　　　　C. 6 层　　　　　　D. 7 层

9. ARP 协议是 TCP/IP 参考模型中（　　　）层的协议。

A. 网络接口层　　　　B. 网络互联层　　　　C. 传输层　　　　　D. 应用层

10. TCP/IP 参考模型分成（　　　）层。

A. 物理层、网络接口层、会话层

B. 链路层、传输层、网络互联层、应用层

C. 网络接口层、传输层、网络互联层、应用层

D. 网络接口层、链路层、物理层、应用层

三、思考题

1. 面向连接服务与无连接服务各自的特点是什么？

2. 开放系统互联的基本参考模型 OSI/RM 中"开放"的含义是什么？

3. 简要说明 TCP／IP 参考模型五个层次的名称（从下往上），各层的信息传输格式，各层使用的设备是什么？（最低三层）

4. TCP/IP 的核心思想（理念）是什么？

5. 物理层的接口有哪几方面特性？各包含什么内容？

第 4 章   局域网技术

【能力目标】

熟练掌握局域网的拓扑结构；熟悉局域网的传输方式；掌握局域网的体系结构；掌握局域网的介质访问控制策略；掌握虚拟局域网（VLAN）技术；熟悉共享式以太网和交换式以太网技术；会组建和维护简单的计算机局域网。

4.1   局域网概述

4.1.1   局域网的产生与发展

局域网产生于 20 世纪 70 年代，微型计算机的发明和迅速发展，计算机应用的迅速普及，计算机网络应用的不断深入和扩大，以及人们对信息交流、资源共享和高带宽的迫切需求，都直接推动着局域网的发展。将一个城市范围内的局域网互联起来的需求又推动了更大地理范围的局域网——城域网的发展。局域网技术与应用是当前研究与产业发展的热点问题之一。

在早期，人们将局域网归为一种数据通信网络。随着局域网体系结构和协议标准的制定、操作系统的发展、光纤通信技术的引入以及高速局域网技术的快速发展，局域网的技术特征性能参数，局域网的定义、分类与应用领域都发生了很大的变化。

目前，在传输速率为 10 Mb/s 的以太网（Ethernet）广泛应用的基础上，速率为 100 Mb/s，1 Gb/s 的高速 Ethernet 已进入实际应用阶段。由于 10 Gb/s 以太网的出现，以太网工作的范围已经从校园网、企业网主流的局域网，扩大到了城域网与广域网。由于速率为 10 Gb/s 以太网的物理层使用的是光纤通道技术，因此它有两种不同的物理层，一个是应用于局域网的物理层，另一个是应用于广域网和城域网的物理层。

光纤分布式数据接口（Fiber Distributed Data Interface，FDDI）是早期的城域网主干网的主要选择方案。由于它采用了光纤作为传输介质和双环拓扑结构，可以用于 100 km 范围内的局域网互联，因此能够适应城域网主干网建设的需要。尽管目前 FDDI 已经不是主流技术，但还有许多地方仍然在使用。设计 FDDI 的目的是为了实现高速、高可靠性和大范围局域网的连接。网络技术的发展已经使得局域网、城域网与广域网之间的差别越来越小了。FDDI 与局域网在基本技术上有很多相同之处，但在实现技术与设计方法上，局域网与城域网有更多的相同之处。

4.1.2　局域网的拓扑结构

网络拓扑结构对整个网络的设计、功能、可靠性和成本等方面有重要影响，网络拓扑结构、传输介质及介质访问控制方法一起构成了影响局域网性能的三要素。局域网的常见拓扑结构有总线型、环状、星状和树状，关于各结构的特点见前面内容。

4.2　局域网参考模型与协议

局域网出现不久，其产品的数量和品种迅速增多。为了使不同厂商生产的网络设备之间具有兼容性、互换性和互操作性，以便用户更灵活地进行设备选型，国际标准化组织开展了局域网的标准化工作。美国电气与电子工程师协会（Institute of Electrical and Electronic Engineers，IEEE）于 1980 年 2 月成立了局域网络标准化委员会（简称 IEEE 802 委员会），专门进行局域网标准的制定。经过多年的努力，IEEE 802 委员会公布了一系列标准，称为 IEEE 802 标准。

4.2.1　局域网的参考模型

早期的局域网参考模型和 OSI 参考模型相比，只包含了这个模型中的下两层，也就是只包含了物理层和数据链路层的功能。由于局域网介质接入、控制方法不同，为了使局域网中的数据链路层不至于太复杂，就将局域网数据链路层划分为两个子层，即介质访问控制（Medium Access Control，MAC）子层和逻辑链路控制（Logical Link Control，LLC）子层，而网络的服务访问点 SAP 则在 LLC 子层与高层的交界面上。IEEE 802 参考模型与 OSI 参考模型的关系如图 4.1 所示。

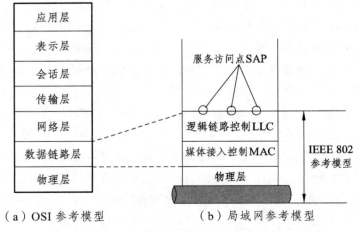

（a）OSI 参考模型　　　　　（b）局域网参考模型

图 4.1　IEEE802 参考模型与 OSI 参考模型的关系

物理层的功能是实现位（亦称比特流）的传输与接收、同步前序的产生与删除等。该层规定了所使用的信号、编码和介质，规定了有关的拓扑结构和传输速率：有关信号与编码常采用曼彻斯特编码；介质为双绞线、同轴电缆和光缆等；拓扑结构多为总线型、树状和环状；传输速率为 1 Mb/s、4 Mb/s、10 Mb/s、100 Mb/s 等。

与接入各种传输介质有关的问题都放在 MAC 子层。MAC 子层还负责在物理层的基础上进行无差错的通信。具体来说，MAC 子层的主要功能如下：

（1）将上层传下来的数据封装成帧进行发送（接收时进行相反的过程，即拆卸帧）。

（2）实现和维护 MAC 协议。

（3）比特流差错检测。

（4）寻址。

数据链路层中与介质接入无关的部分都集中在 LLC 子层。具体来说，LLC 子层的主要功能如下：

（1）建立和释放数据链路层的逻辑连接。

（2）提供与高层的接口。

（3）差错控制。

（4）给帧加上序号。

4.2.2　IEEE 802 标准

IEEE802 委员会为局域网制定了一系列标准：

IEEE802.1 局域网概述、体系结构、网络管理和网络互联；

IEEE502.2 逻辑链路控制 LLC；

IEEE802.3 CSMA/CD 媒体访问控制标准和物理层技术规范；

IEEE802.4 令牌总线媒体访问控制标准和物理层技术规范；

IEEE802.5 令牌环网媒体访问控制方法和物理层技术规范；

IEEE802.6 城域网访问控制方法和物理层技术规范；

IEEE802.7 宽带技术；

IEEE802.8 光纤技术；

IEEE802.9 综合业务数字网（ISDN）技术；

IEEE802.10 局域网安全技术；

IEEE802.11 无线局域网媒体访问控制方法和物理层技术规范；

IEEE802.12 优先级高速局域网（100VG-AnyLAN）；

IEEE802.14 电缆电视（Cable-TV）；

IEEE802.15 无线个人局域网；

IEEE802.16 无线城域网。

IEEE 标准之间的关系如图 4.2 所示。

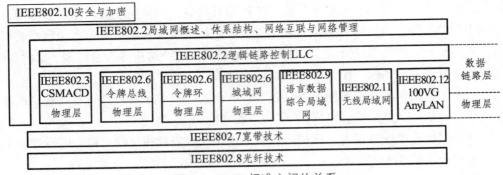

图 4.2　IEEE 标准之间的关系

4.3　局域网的介质访问控制方法

所谓介质访问控制策略就是解决当"局域网中共用信道的使用产生竞争时，如何分配信道的使用权"的问题。常用的介质访问控制方法有 3 种：总线结构的带冲突检测的载波监听多路访问（CSMA/CD）方法、环形结构的令牌环（Token Ring）访问控制方法和令牌总线（Token Bus）访问控制方法。

4.3.1　CSMA/CD

CSMA/CD 适用于总线型和树状拓扑结构的网络，有效地解决了介质共享、信道分配和信道冲突等问题，是目前局域网中最常采用的一种介质访问控制方法。在 CSMA/CD 中，每个节点没有可预约的发送时间，即发送是随机的，网络中无集中控制结点，各节点平等争用发送时间。CSMA/CD 有两方面的含义：一是载波侦听多路访问，即 CSMA；二是冲突检测，即 CD。

载波侦听多路访问可以用下面的算法来描述：

（1）一个节点要发送数据，先侦听总线上是否有其他节点发送的信号。

（2）如果总线空闲，则发送数据。

（3）如果总线繁忙，则再等待一定时间间隔再去侦听。

采用 CSMA 算法控制信息的发送时，由于通道有传播延迟，可能出现总线有 2 个以上节点侦听到总线上没有信号存在，而先后发送数据帧，产生冲突。由于 CSMA 算法没有检测冲突的功能，即使冲突已经发生，仍然要将已破坏的数据发送完毕，浪费时间，使总线的利用率降低。为解决这个问题，提出这样一种方法：即在发送数据的同时进行冲突检测，以便及时发现冲突，停止发送，这就是 CSMA/CD 介质访问控制方法。

CSMA/CD 整个过程可以简单地总结为"先听后发，边听边发，冲突停止，随机延迟后重发"。以太网就采用了 CSMA/CD 的介质访问控制方法，其发送数据和接收数据的过程如图 4.3、图 4.4 所示。

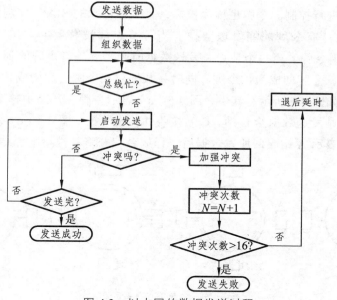

图 4.3 以太网的数据发送过程

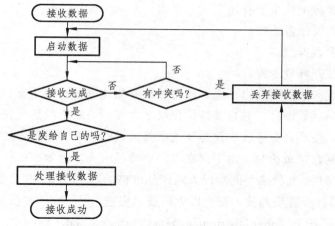

图 4.4 以太网的数据接收过程

从图中可以看出，以太网中的结点不论是发送数据还是接收数据，都要不断侦听总线状态，一旦在发送或接收的过程中检测到冲突，都要重新发送或接收。

值得注意的是，由于以太网是一种广播式网络，所以节点会收到发给其他节点的数据帧，只是该节点会通过读取数据帧中所包含的目标地址判断数据是否是发给自己的，只有对发给自己的数据帧才会进行处理，如果数据帧的目标地址和自己的 MAC 地址不一致，则会抛弃收到的数据帧。

4.3.2 令牌环

在令牌环网中，所有节点通过接口连接成环形拓扑结构。所有节点的数据发送都由在环中传递的"令牌"进行控制。令牌也称为权标，是一种特殊的 MAC 控制帧，总是沿着环单向传递，节点必须持有令牌才能发送数据。当各节点都没有数据发送时，令牌的形式为 01111111，称为空闲令牌。当一个节点要发送数据时，需要等待令牌的到来并持有它，将其形式改成 01111110，令牌即成为忙令牌，同时将数据附在令牌后面构成数据帧发送到环上。令牌环的工作原理如图 4.5 所示。其中，图 4.5（a）表示令牌在环路中移动，A 站获得令牌，图 4.5（b）表示 A 站发送数据给 C 站，C 站接收并转发数据，图 4.5（c）表示 A 站收回所发数据，图 4.5（d）表示 A 站收回所发数据后，释放令牌并将其送给下一结点 B。

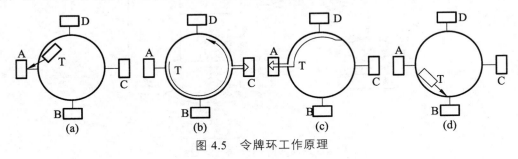

图 4.5 令牌环工作原理

概括起来，令牌环工作主要有如下 3 个步骤：

（1）获取令牌并发送数据帧。

（2）接收和转发数据帧。

（3）撤销数据帧并释放令牌。

优点：网络节点访问延迟确定，能够较有效地避免冲突，适用于重负载环境，在重负荷时，对各站公平访问且效率高，并且支持优先级。令牌帧格式中的访问控制字段中的优先权和预约位配合工作，使环路服务优先权与环上准备发送的 PDU 最高优先级匹配。

缺点：令牌环网在轻负荷时，由于存在等待令牌的时间，故效率较低。另外，环形结构中的通信部件比较昂贵，其价格是同类以太网产品价格的 5～10 倍，并且管理维护比较复杂，实现困难。因此，尽管令牌环网技术要比以太网技术先进，但是它还是没有以太网产品盛行。

光纤分布式数据接口（Fiber Distributed Data Interface，FDDI）采用了令牌环介质访问控制方法。

令牌环的主要工作过程如下：

（1）网络空闲时，只有一个令牌在环路上绕行。令牌是一个特殊的比特模式，其中包含一位"令牌/数据帧"标志位，标志位为"0"表示该令牌为可用的空令牌，标志位为"1"表示有站点正占用令牌在发送数据帧。

（2）当一个站点要发送数据时，必须等待并获得一个令牌，将令牌的标志位置为"1"，随后便可发送数据。

（3）环路中的每个站点边转发数据，边检查数据帧中的目的地址，若为本站点的地址，便读取其中所携带的数据。

（4）数据帧绕环一周返回时，发送站将其从环路上撤销。同时根据返回的有关信息确定所传数据有无出错，若有错则重发存于缓冲区中的待确认帧，否则释放缓冲区中的待确认帧。

（5）发送站点完成数据发送后，重新产生一个令牌传至下一个站点，以使其他站点获得发送数据帧的许可权。

4.3.3　令牌总线

总线型以太网的介质争用策略，使得它不适用于实时控制应用。令牌环中的令牌绕网一周的最大时间延迟虽然有确定值，但在轻载时性能不太好。而令牌总线介质访问控制方法就是在综合了前两种介质访问控制方法优点的基础上形成的一种介质访问控制方法。

令牌总线局域网类似于令牌环局域网，介质访问采用令牌方式，节点在发送数据之前必须先捕获到令牌，但它的拓扑结构与令牌环不同，它采用总线拓扑结构，使用同轴电缆作为总线。

令牌总线局域网如图 4.6 所示，其技术要点如下：

（1）连接在总线上的各节点按地址组成一个逻辑环。

（2）网络中有唯一令牌，并按照确定顺序在逻辑环上移动。

（3）只有持有令牌的节点才有权向总线上发送数据。

（4）不持有令牌的节点只能侦听总线或接收信息和令牌。

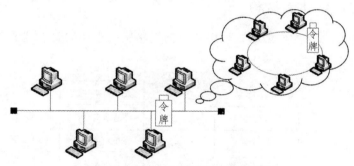

图 4.6　令牌总线介质访问控制方法

4.4　以太网

最初的以太网（Ethernet）是 1972 年初由美国施乐公司 Xerox 在加州的研究中心建立的实验系统，目的是想把办公室工作站与昂贵的计算机资源连接起来以便能从工作站上共享计算机资源和其他昂贵的办公设备，后来得到 Xerox、Digital Equipment 和 Intel 3 家公司的支持，最终开发成为局域网组网规范。1980 年 9 月，这 3 家公司公布了 10 Mb/s 的以太网标准，称为 DIX 1.0。1982 年 11 月发布了修改后的版本 DIX 2.0。1985 年 IEEE 802 工程委员会采纳了 IEEE 802.3 标准，形成了 IEEE 802.3 CSMA/CD 标准，此后，IEEE 802.3 CSMD/CD 以太网标准被 ISO 接受为国际标准。1982 年 9 月，3COM 公司推出的第一个网络接口卡（NIC）投放市场，EtherLink 成为第一个以太网网卡。20 世纪 90 年代，以太网技术在快速发展中进一步得到改进，达到 100 Mb/s 甚至 1 000 Mb/s，性能大幅度提高，被广泛用于科研、教育、企业园区。一般来说，凡是遵循 CSMD/CD 介质访问控制方法的局域网都可以称为以太网。

4.4.1　以太网的标准和分类

1990 年，IEEE 发布了双绞线介质以太网标准 IEEE 802.3i，即 10Base-T。

1993 年，IEEE 发布了光纤介质以太网标准 IEEE 802.3j，即 10Base-F。

1995 年，IEEE 发布了基于 5 类双绞线的快速以太网标准 IEEE 802.3u，即 100Base-T。

1998 年 6 月，IEEE 发布了基于光纤的吉比特以太网标准 IEEE 802.3z，即 1000Base-X。接着又发布了基于双绞线的吉比特以太网标准 IEEE 802.3ab（1000Base-T）。

以太网按传输速度可分为 10 Mb/s 以太网、100 Mb/s 快速以太网、10/100 Mb/s 自适应以太网和 1 000 Mb/s 吉比特以太网。在实际组建网络时，主要是通过交换机和网卡反映的，速度越快对机器性能的要求越高，但工作原理基本相同。

4.4.2　以太网工作原理

1. 以太网的网络体系结构

以太网只涉及 OSI 参考模型的物理层和数据链路层，它和 OSI 参考模型的关系如图 4.7 所示。

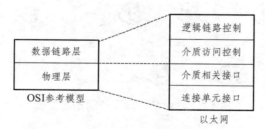

图 4.7　以太网和 OSI 参考模型的对照

以太网结构中，数据链路层被分割为两个子层，即介质访问控制子层（MAC）和逻辑链路控制子层（LLC）。这是因为在传统的数据链路控制中缺少对包含多个源地址和多个目的地址的链路进行访问管理所需的逻辑控制，因此在 LLC 不变的情况下，只需改变 MAC 便能够适应不同的介质和访问方法，LLC 与介质相对无关。

除数据链路层分割为两个子层外，物理层也确定了两个接口，即介质相关接口（MDI）和连接单元接口（AUI）。MDI 随介质而改变，但不影响 LLC 和 MAC 的工作。AUI 用作粗缆 Ethernet 的收发器电缆，在细缆和 10 Base-T 情况下，AUI 已不复存在。

2. 介质访问控制协议

IEEE 802.3 或 Ethernet MAC 层采用 CAMA/CD 介质访问控制协议，并用 p 坚持算法和二进制指数退避算法，在系统的负载轻且传输介质空闲时立即发送站点信号，系统负载重时，仍能保证系统稳定可靠地运行。

CSMD/CD 介质访问控制协议可归纳为：工作站在发送信号前，首先监听传输介质是否空闲，如果空闲，站点可发送信息；如果忙，则继续监听，一旦发现空闲，便立即发送；如果在发送过程中发生冲突，则立即停止发送信号，转而发送阻塞信号，通知 LAN 上所有站点出现了冲突，然后，退避用随机时间，重新尝试发送。

4.4.3　传统以太网

以太网通常是指信息的传输速率为 10 Mb/s 的以太网，在 10 Mb/s 以太网中又有 5 种形式：采用粗同轴电缆的 10Base5、采用细同轴电缆的 10Base2、采用 3 类双绞线的 10Base-T、采用多模光纤的 10Base-F 以及 10Broad36。

1. 10Base5

10Base5 是以太网的最初形式，数字信号采用曼彻斯特编码，传输介质为直径 10 mm 的粗同轴电缆，阻抗为 50 Ω，电缆最大长度为 500 m，超过 500 m 的可用中继器扩展。任意两个站点之间最多允许有 4 个中继器，因此该网络的网络直径可扩大到 2 500 m，即最多可由 5 个 500 m 长的线段和 4 个中继器组成。

2. 10Base2

10Base2 采用阻抗为 50 Ω的基带细同轴电缆作为传输介质，是一种廉价网，数字信号采用曼彻斯特编码。10Base2 在不使用中继器时电缆的最大长度为 185 m，使用 4 个中继器时的电缆最大长度为 925 m，允许每一段电缆上有 30 个站点。两个相邻的 BNC-T 型连接器的距离应大于 0.5 m。

10Base2 与 10Base5 相比，其成本和安装的复杂性均大大降低，但存在多个 BNC-T 型连接头和 BNC-T 型连接器的连接点，同轴电缆的连接故障率较高，影响了系统的可靠性。

3. 10Base-T

10Base-T 标准于 1990 年 9 月由 IEEE 802.3 发布以来，网络就较少采用 10Base5 和 10Base2 以太网所采用的总线型拓扑结构，而采用了星型拓扑结构，所有的工作站都接到集线器上，其结构如图 4.8 所示。

10Base-T 的主要功能是：通过网络接口卡的端口，使工作站与网络之间构成点对点的连接；某一端口传输的信号可通过集线器进行接收、再生和广播到达其他端口；自动检测冲突，并在冲突产生时发出阻塞信号以便

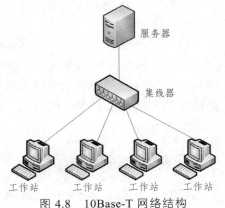

图 4.8　10Base-T 网络结构

通知其他工作站。

采用 10Base-T 标准的以太网的优点是：能够自动隔离发生故障的工作站；10Base-T 标准以太网在安装、管理、性能和成本等方面具有很大的优越性，得到了广泛的应用；故障检测容易，且发生故障的工作站或集线器可以被自动排除在网络之外，不影响其他站点的正常工作；线路的安装可与电话系统的线路同时进行，减少了网络安装的费用；集线器能够提供较高的可靠性，并且价格低廉，网络中每台设备都与集线器连接，添加或去除某一个设备不会影响其他的设备，更不需要关闭整个网络；网络所使用的 3 类双绞线即非屏蔽双绞线是一种易弯曲的、价格便宜的电缆，因此能够轻易地隐藏在墙面里或天花板下，不破坏房间的整体布局。

10Base-T 与 10Base5、10Base2 兼容，网络操作系统无须进行任何改变。由于较高的数据传输速率和非屏蔽双绞线的传输特性，10Base-T 的传输距离限制在 100m 以内，若要增加传输距离，可改用光纤连接，此时传输距离可达数千米。

4. 10Base-F

10Base-F 以太网使用一对光缆，一条光缆用于发送数据，另一条用于接收数据。在所有情况下，信号都采用曼彻斯特编码，每一个曼彻斯特信号元素转换成光信号元素，用有光表示高电平，无光表示低电平，因此 10 Mb/s 的曼彻斯特流在光纤上可达 20 Mb/s。10Base-F 定义了 4 种光缆规范：FOIRL、10Base-FP、10Base-FB 和 10BaseFL 规范。FOIRL 和 10Base-FP 规范允许每一段的最大距离为 1 000 m，10Base-FB 和 10Base-FL 规范则允许最大距离达到 2 000 m。

5. 10Broad36

10Broad36 是 IEEE 802.3 定义的唯一用于宽带传输的标准，传输介质是 75 Ω的有线电视 CATV 同轴电缆，允许最大的单段长度为 1 800 m。电缆上传输的数字信号采用差分编码，通过规定的调制过程后，10 Mb/s 信号需要 14 MHz 的带宽。

4.4.4 高速以太网

传统以太网（Ethernet）的数据传输速率是 10 Mb/s，若局域网中有 N 个节点，那么每个节点平均能分配到的带宽为（10/ N）Mb/s。随着网络规模的不断扩大，节点数目的不断增加，平均分配到各节点的带宽将越来越少，这使得网络效率急剧下降。解决的办法是提高网络的数据传输速率，把速率达到或超过 100 Mb/s 的局域网称为高速局域网。高速局域网有以下几种。

1. 快速以太网

1993 年，IEEE 802 委员会将 100Base-T 的快速以太网定为正式的国际标准 IEEE 802.3u，作为对 IEEE 802.3 的补充。它是一个很像标准以太网，但比标准以太网快 10 倍的以太网，故称为快速以太网（Fast Ethernet）。100Base-T 的网络拓扑结构和工作模式类似于 10 Mb/s 的星状拓扑结构，介质访问控制仍采用 CSMD/CD 方法。100Base-T 的一个显著特点是它尽可能地采用了 IEEE 802.3 以太网的成熟技术，因而很容易被移植到传统以太网的环境中。

100Base-T 和传统以太网的不同之处在于物理层。原 10 Mb/s 以太网的附属单元接口由新的媒体无关接口所代替，接口下采用的物理媒体也相应地发生了变化。

为了方便用户网络从 10 Mb/s 升级到 100 Mb/s，100Base-T 标准还包括自动速度侦听功能。这个功能使一个适配器或交换机能以 10 Mb/s 和 100 Mb/s 两种速度发送，并以另一端的设备所能达到的最快速度进行工作。同时也只有交换机端口才可以支持双工高速传输。

IEEE 802.3u 新标准的协议结构如图 4.9 所示，该标准还规定了以下 3 种物理层标准。

图 4.9　快速以太网的协议结构

（1）100Base-TX：支持两对 5 类非屏蔽双绞线（UTP）或两对一类屏蔽双绞线（STP）。一对 5 类 UTP 或一对一类 STP 用于发送，而另一对双绞线用于接收。因此，100Base-TX 是一个全双工系统，每个节点可以同时以 100 Mb/s 的速率发送与接收数据。

（2）100Base-T4：支持 4 对 3 类非屏蔽双绞线，其中 3 对用于数据传输，一对用于冲突检测。

（3）100Base-FX：支持二芯的多模或单模光纤。100Base-FX 主要用于高速主干网，从结点到集线器的距离可以达到 2 000 m，它是一种全双工系统。

2. 光纤分布式数据接口网

FDDI（光纤分布式数据接口）是 100 Mb/s 的作为连接多个局域网的光纤主干环网，如图 4.10 所示。另外，FDDI 则使用了不同的 MAC 层协议，期望提供定时服务以支持对时间敏感的视频和多媒体信息的传输。FFOL（FDDI Folow-On-LAN）则处在发展初期，期望在 150 Mb/s ~ 2.4 Gb/s 数据传输率下运行，并提供高速主干网连接。

FDDI 使用定时的、早释放的令牌传送方案。令牌沿着环状网络连续运动，所有的工作站（或称端站，End Station）都有公平获取它的机会。当一个工作站控制着令牌时，可以保证它访问网络。目标令牌运动时间的长短在系统初始化时协商决定，这种协商是十分重要的，因为它允许需要较高带宽的用户比需要较低带宽的用户能更多地控制令牌，从而使高性能的工作站能更多地访问网络（或分享更大的带宽）以传送数据。因为 FDDI 网络上的工作站竞争并共享可用带宽，所以 FDDI 也是一种共享带宽网络。双环结构也提供了高可靠性和容错能力。

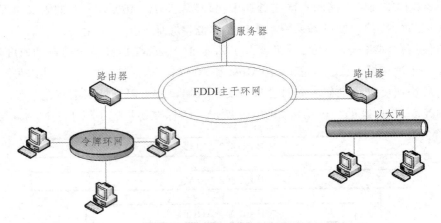

图 4.10　FDDI 作为连接多个局域网的主干环网结构

FDDI 主要用于提供不同建筑物之间网络互联的能力，如校园网主干网，可采用多模光纤或单模光纤。采用多模光纤时，两个结点之间最大距离为 2 000 m，支持 500 个站点，整个环长达 200 km，若使用双环，每个环最大 100 km，但可用于故障自修复；采用单模光纤时两站之间距离可超过 20 km。

FDDI 的优点如下：

（1）双环结构提供了容错功能。

（2）使用了站管理的内建网络管理。

（3）令牌协议提供了有保证的访问和确定的性能。

（4）在现有的 100 Mb/s 的网络技术中，其网络直径或覆盖距离为最大。

（5）有很多产品可供选择，如工作站适配器、集线器、桥接器、路由器等。

（6）很多厂商产品的互操作性已经过验证。

（7）可用性广。

但 FDDI 有如下制约因素：

（1）它是一种共享带宽网络。

（2）网络协议比较复杂。

（3）安装和管理相对困难。

（4）存在 FDDI 会被价格较低廉的快速以太网代替的可能。

3．千兆以太网

在 20 世纪 90 年代前期，尽管快速以太网已经具有很多优良特性，如传输速率快、扩展性好、成本低等，能够满足用户的日常应用，但到了 20 世纪 90 年代后期，人们面对数据仓库、桌面电视会议、3D 图形与高清晰度图像这些方面的应用，则要求局域网的带宽更高，千兆以太网（Gigabit Ethernet）正是在这种背景下产生的。

从 1995 年开始，IEEE 802.3 委员会着手制定千兆以太网的标准，在 1998 年 2 月正式批准了千兆以太网的 IEEE 802.3 标准。该标准在 LLC 子层使用 IEEE802.2 标准，在 MAC 子层使用 CSMD/CD 方法，它只是在物理层做了一些必要的调整，定义了新的物理层标准（1000Base-T）。

1000Base-T 标准定义了千兆介质专用接口 GMII（Gigabit Media Independent Interface），它将 MAC 子层与物理层分隔开，这样，物理层在实现 1 000 Mb/s 速率时所使用的传输介质和信号编码方式的变化不会影响 MAC 子层。它的主要目标是制定一个千兆位以太网标准。其协议结构如图 4.11 所示。IEEE 802.3 标准的主要任务如下：

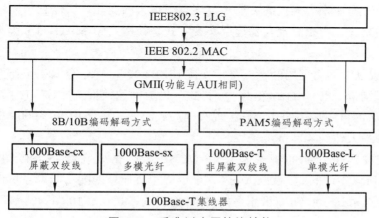

图 4.11　千兆以太网协议结构

（1）允许以 1 000 Mb/s 的速率进行半双工和全双工操作。

（2）使用 IEEE 802.3 以太网帧格式。

（3）使用 CSMD/CD 访问方式，提供为每个冲突域分配一个转发器的支持。

（4）使用 10Base-T 和 100Base-T 技术，提供向后兼容性。

千兆以太网的传输速率比快速以太网快 10 倍，数据传输速率达到 1 000 Mb/s。千兆以太网保留了传统以太网的所有特征——相同的数据帧格式、相同的介质访问控制方法、相同的组网方法等，只是将传统以太网中每个比特的发送时间由 100 ns 降低到 1ns。

1000Base-T 标准可以支持多种传输介质，其中有以下 4 种有关传输介质的标准：

（1）1000Base-T，使用 5 类非屏蔽双绞线，双绞线长度可以达到 100 m。

（2）1000Base-CX，使用屏蔽双绞线，双绞线长度可以达到 25 m。

（3）1000Base-LX，使用波长为 1 300 nm 的单模光纤，光纤长度可达 3 000 m。

（4）1000Base-SX，使用波长为 850 nm 的多模光纤，长度可达 300～550 m。

4. 万兆以太网

随着网络应用的快速发展，高分辨率图像、视频和其他大数据量的数据都需要在网上传输，促使对带宽的需求日益增长，并给计算机、服务器、集线器和交换机造成的压力越来越大。

1999 年 3 月开始，经过 3 年多的工作，IEEE 协会在 2002 年 6 月 12 日，批准了 10 Gb/s 以太网的正式标准—IEEE 802.3ae，全称是 "10 Gb/s 工作的介质接入控制参数、物理层和管理参数"。

万兆以太网是在以太网技术的基础上发展起来的，它适用于新型的网络结构，能够实现全网技术统一。这种以太网采用 IEEE 802.3ae 以太网介质访问控制（MAC）协议、帧格式和帧长度。

万兆以太网与快速以太网和千兆以太网一样，是全双工的，因此它本身没有距离限制。它的优点是减少了网络的复杂性，兼容现有的局域网技术并将其扩展到广域网，同时有望降低系统费用，并提供更快、更新的数据业务。

不过，因为工作速率大大提高，适用范围有了很大的变化，所以它与原来的以太网技术相比也有很大的差异，主要表现在物理层实现方式、帧格式和 MAC 的工作速率及适配策略方面。

10 Gb/s 局域以太网物理层的特点是：支持 IEEE 802.3 MAC 全双工工作方式，允许以太网复用设备同时携带 10 路 1 Gb/s 信号，帧格式与以太网的帧格式一致，工作速率为 10 Gb/s。

10 Gb/s 局域网可用最小的代价升级现有的局域网，并与 10/100/1 000 Mb/s 兼容，使局域网的网络范围最大达到 40 km。

10 Gb/s 广域网物理层的特点是采用 OC-192c 帧格式在线路上传输，传输速率为 9.584 64 Gb/s，所以 10 Gb/s 广域以太网 MAC 层必须有速率匹配功能。当物理介质采用单模光纤时，传输距离可达 300 km；采用多模光纤时，可达 40 km。10 Gb/s 广域网物理层还可选择多种编码方式。

在帧格式方面，由于万兆以太网实质是高速以太网，因此为了与以前的所有以太网兼容，必须采用以太网的帧格式承载业务。为了达到 10 Gb/s 的高速率，并实现与骨干网无缝连接，在线路上采用 OC-192c 帧格式传输。

万兆以太网标准包括 10GBase-X，10GBase-R 和 10GBase-W 3 种类型。10GBase-X 使用一种特紧凑包装，含有 1 个较简单的 WDM 器件、4 个接收器和 4 个在 1 300 nm 波长附近以大约 25 nm 为间隔工作的激光器，每一对发送器/接收器在 3.125 Gb/s 速率（数据流速度为 2.5 Gb/s）下工作。10GBase-R 是一种使用 64B/66B 编码（不是在千兆以太网中所用的 8B/10B）的串行接口，数据流为 10 Gb/s，因而产生的时钟速率为 10.3 Gb/s。10GBase-W 是广域网接口，与 SONETOC-192 兼容，其时钟为 9.953 Gb/s，数据流为 9.585 Gb/s。

万兆以太网的主要特点如下：

（1）保留 IEEE802.3 以太网的帧格式。

（2）保留 IEEE802.3 以太网的最大帧长和最小帧长。

（3）只使用全双工工作方式，彻底改变了传统以太网的半双工的广播工作方式。

（4）使用光纤作为传输介质（而不使用铜线）。

（5）使用点到点链路，支持星状结构。

（6）数据传输率非常高，不直接和端用户相连。

（7）创造了新的光物理介质相关（PMD）子层。

总之，万兆以太网技术基本上承袭了过去的以太网、快速以太网及千兆以太网技术，因此在用户普及率、使用的方便性、网络的互操作性及简易性上都占有很大的优势。在升级到万兆以太网解决方案时，用户无须担心既有的程序或服务会受到影响，因此升级的风险是非常低的。这不仅在以往的以太网升级到千兆以太网中得到了体现，同时在升级到万兆以太网，甚至 4 万兆（40 Gb/s）~ 10 万兆（100 Gb/s）以太网时，都将是一个明显的优势，这也意味着其未来一定会有广阔的市场前景。

4.5　交换式局域网

在传统的共享介质局域网中，节点大多共享一条公共通信传输介质，不可避免会有冲突发生。随着局域网规模的扩大，网络中节点数的不断增加，每个节点平均能分配到的带宽越来越少。因此，当网络通信负荷加重时，冲突与重发现象将大量发生，网络效率将会急剧下降。为了克服网络规模与网络性能之间的矛盾，人们提出将共享介质方式改为交换方式，从而促进了交换式局域网的发展。

4.5.1　交换式局域网的基本结构

交换式局域网是指以数据链路层的帧或更小的数据单元（信元）为数据交换单位，以交换设备为基础构成的局域网。

网络中提高网络效率、减少拥塞有多种方案，如利用网桥/交换机将现有网络分段，采用快速以太网等，而利用交换机的交换式网络技术则被广为使用。交换式集线器（Switch Hub）也被称为以太网交换机，具体到设备，就是交换式集线器或称交换机。它的功能与网桥相似，但速度更快。交换机提供多个端口，通常拥有一个共享内存交换矩阵，用来将 LAN 分成多个独立冲突段并以全线速度提供这些段间互联。数据帧直接从一个物理端口送到另一个物理端口，在用户间提供并行通信，允许多对用户同时进行传送，例如，一个 24 端口交换机可支持 24 个网络节点的两对链路间的通信，这样实际上达到了增加网络带宽的目的。这种工作方式类似于电话交换机，其拓扑结构为星状，如图 4.12 所示。

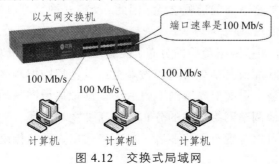

图 4.12　交换式局域网

交换式局域网的核心设备是局域网交换机，局域网交换机可以在它的多个端口之间建立多个并发连接。典型的交换式局域网是交换式以太网，它的核心部件是以太网交换机。以太网交换机可以有多个端口，每个端口可以单独与一个节点连接，也可以与一个共享介质式的以太网集线器连接。如果一个端口只连接一个节点，那么这个节点就可以独占 100 Mb/s 的带宽，这类端口通常被称为"专用 100 Mb/s 端口"；如果一个端口连接一个以太网集线器，那么这个端口将被以太网中的多个节点所共享，这类端口被称为"共享 100 Mb/s 端口"。如果集线器上连接 10 台计算机，那么每台计算机占 10 Mb/s 的带宽。典型的交换式以太网的结构如图 4.13 所示。

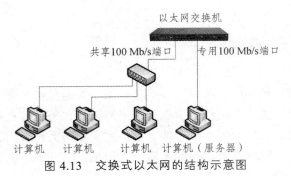

图 4.13　交换式以太网的结构示意图

4.5.2　交换式局域网的特点

交换式局域网主要有如下几个特点：

（1）独占传输通道，独占带宽，允许多对站点同时通信。共享式局域网采用串行传输方式，任何时候只允许一个帧在介质上传送。交换机是一个并行系统，它可以使接入的多个站点之间同时建立多条通信链路（虚连接），让多对站点同时通信，所以交换式网络大大提高了网络的利用率。

（2）灵活的接口速度。在共享式网络中，不能在同一个局域网中连接不同速率的站点（如 10Base-5 仅能连接 10 Mb/s 的站点）。而在交换网络中，由于站点独享介质，独占带宽，用户可以按需配置端口速率。在交换机上可以配置 10 Mb/s、100 Mb/s 或者 10/100 Mb/s 自适应的端口，用于连接不同速率的站点，接口速度有很大的灵活性。

（3）高度的可扩充性和网络延展性。大容量交换机有很高的网络扩展能力，而独享带宽的特性使扩展网络没有带宽下降的后顾之忧。因此，交换式网络可以构建一个大规模的网络，如大的企业网、校园网或城域网。

（4）易于管理，便于调整网络负载的分布，能有效地利用网络带宽。交换网可以构造"虚拟网络"，通过网络管理功能或其他软件可以按业务或其他规则把网络站点分为若干个逻辑工作组，每一个工作组就是一个虚拟局域网（VLAN）。虚拟局域网的构成与站点所在的物理位置无关。这样可以方便地调整网络负载的分布，提高带宽利用率。

（5）交换式局域网可以与现有网络兼容。如交换式以太网与传统以太网和快速以太网完全兼容，它们能够实现无缝连接。

（6）互联不同标准的局域网。局域网交换机具有自动转换帧格式的功能，因此它能够互联不同标准的局域网，如在一台交换机上能集成以太网、FDDI 和 ATM。

4.5.3　局域网交换机的工作原理

典型的局域网交换机是以太网交换机。以太网交换机可以通过交换机端口之间的多个并发连接，实现多节点之间数据的并发传输。这种并发数据传输方式与共享式以太网在某一时刻只允许一个节点占用共享信道的方式完全不同。

1. 以太网交换机的工作过程

典型的交换机的结构与工作过程如图 4.14 所示。图 4.14 中的交换机有 6 个端口，其中端口 1、4、5、6 分别连接了结点 A、结点 B、结点 C 和结点 D。于是，交换机"端口号/MAC 地址映射表"就可以根据以上端口与节点 MAC 地址建立对应关系。如果结点 A 与结点 D 同时要发送数据，那么它们可以分别在以太网帧的目的地址字段（Destination Address，DA）中填上该帧的目的地址。

例如：结点 A 要向节点 C 发送帧，那么该帧的目的地址 DA=节点 C。节点 D 要向节点 B 发送，那么该帧的目的地址 DA=节点 B。当节点 A、节点 D 同时通过交换机传送以太网帧时，交换机的交换控制中心根据"端口号/MAC 地址映射表"的对应关系找出对应帧目的地址的输出端口号，那么它就可以为节点 A 到节点 C 建立端口 1 到端口 5 的连接，同时为节点 D 到节点 B 建立端口 6 到端口 4 的连接。这种端口之间的连接可以根据需要同时建立多条，也就是说，可以在多个端口之间建立多个并发连接。

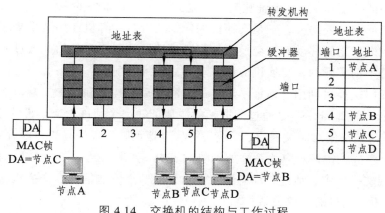

图 4.14　交换机的结构与工作过程

2. 数据转发方式

LAN 交换模式决定了当交换机端口接收到一个帧时将如何处理这个帧。因此包（或分组）通过交换机所需要的时间取决于所选的交换模式。交换模式有存储转发模式，直通模式，不分段方式 3 种。

（1）存储转发模式。存储转发交换是两种基本的交换类型之一。在这种方式下，交换机将接收整个帧并拷贝到它的缓冲器中，同时进行循环冗余校验（CRC）。如果这个帧有 CRC 差错，或者太短（包括 CRC 在内，帧长小于 64 字节），或者太长（包括 CRC 在内，帧长大于 1 518 字节），那么这个帧将被丢弃，否则确定输出接口，并将帧发往其目的端口。由于这种类型的交换要拷贝整个帧，并且运行 CRC，因此转发速度较慢，且其延迟将随帧长度不同而变化。

（2）直通模式。直通型交换是另一种主要交换类型。在这种方式下，交换机仅仅将帧的目的地址（前缀之后的 6 字节）拷贝到它的缓冲器中。然后，在交换表中查找该目的地址，从而确定输出端口，然后将帧发往其目的端口。这种直通交换方式减少了时延，因为交换机一读到帧的目的地址，确定了输出端口，就立即转发帧。

有些交换机可以自适应地选择交换方式，可以工作在直通模式，直到某个端口上的差错达到用户定义的差错极限，交换机会由直通模式自动切换成存储转发模式，而当差错率降低到这个极限以下时，交换机又会由存储转发模式切换成直通模式。

（3）不分段方式（也称为改进的直通模式）。不分段方式是直通方式的一种改进形式。在这种方式下，交换机在转发之前等待 64 字节的冲突窗口。如果一个包有错，那么差错一般都会发生在前 64 字节中。不分段方式较之直通方式提供了较好的差错检验，而几乎没有增加时延。

3. 地址学习

以太网交换机利用"端口/MAC 地址映射表"进行信息的交换，因此，"端口/MAC 地址映射表"的建立和维护显得相当重要。一旦地址映射表出现问题，就可能造成信息转发错误。那么，交换机中的"端口/MAC 地址映射表"是怎样建立和维护的呢？

这里有两个问题需要解决，一是交换机如何知道哪台计算机连接到哪个端口；二是当计算机在交换机的端口之间移动时，交换机如何维护地址映射表。显然，通过人工建立交换机的地址映射表是不切实际的，交换机应该自动建立地址映射表。

通常，以太网交换机利用"地址学习"的方法来动态建立和维护"端口/MAC 地址映射表"。以太网交换机的地址学习是通过读取帧的源地址并记录帧进入交换机的端口进行的。当得到 MAC 地址与端口的对应关系后，交换机将检查地址映射表中是否已经存在该对应关系。如果不存在，交换机就将该对应关系添加到映射表中；如果已经存在，交换机将更新该表项。因此，在以太网交换机中，地址是动态学习的，只要节点发送信息，交换机就能捕获到它的 MAC 地址与其所在端口的对应关系。

在每次添加或更新地址映射表的表项时，添加或更改的表项被赋予一个计时器。这使得该端口与 MAC 地址的对应关系能够存储一段时间。如果在计时器溢出之前没有再次捕获到该端口与 MAC 地址的对应关系，该表项将被交换机删除。通过移走过时的或老化的表项，交换机维护了一个精确且有用的地址映射表。

4. 生成树协议

生成树协议（Spanning Tree Protocol，STP）是网桥或交换机使用的协议，在后台运行，用于阻止网络第二层上产生回路。STP 一直监视着网络，找出所有的链路并关闭多余的链路，保证不产生回路。

STP 首先选择一个根网桥，这个根网桥将决定网络拓扑结构。对任何一个已知网络，只能有一个根网桥。根网桥端口是指定端口，指定端口运行在转发状态，而转发状态的端口收发信息。如果在网络中还有其他交换机，则都是非根网桥。到根网桥代价最小的端口称为根端口，它们收发信息，代价由链路带宽决定。

被确定到根网桥有最小代价路径的端口称为指定端口，也称为转发端口，和根网桥端口一样，也运行在转发状态。网桥上的其他端口称为非指定端口，不收发信息，处于阻塞（block）状态。

（1）生成树端口状态。生成树端口状态有如下 4 种状态：

阻塞：不转发帧，监听 BPDU，网桥之间必须要进行一些信息的交流，这些信息交流单元就称为配置消息 BPDU。当交换机启动后，所有端口默认状态下处于阻塞状态。

监听：监听 BPDU，确保在传送数据帧之前网络上没有回路。

学习：学习 MAC 地址，建立过滤表，但不转发帧。

转发：能在端口上收发数据。

交换机端口一般处于阻塞或转发状态。

（2）收敛。收敛发生在网桥和交换机状态在转发和阻塞之间切换时，在这段时间内不转发数据帧。所以，收敛的速度对于确保所有设备具有相同的数据库来说是很重要的。

4.6 虚拟局域网 VLAN

4.6.1 VLAN 概述

VLAN（Virtual Local Area Network）即虚拟局域网，虽然 VLAN 所连接的设备来自不同的网段，但相互之间可以进行直接通信，如同处于一个网段当中。它是一种将局域网内的设备逻辑地而不是物理地划分为一个个网段从而实现虚拟工作组的新兴技术。IEEE 于 1999 年颁布了用以标准化 VLAN 实现方案的 IEEE802.1q 协议标准草案。

VLAN 技术允许网络管理者将一个物理的 LAN 逻辑地划分成不同的广播域或称虚拟 LAN（即 VLAN），每一个 VLAN 都包含一组有着相同需求的计算机工作站，与物理上形成的 LAN 有着相同的属性。但由于它是逻辑的而不是物理的划分，所以同一个 VLAN 内的各个工作站无须放置在同一个物理空间里，即这些工作站不一定属于同一个物理 LAN 网段。如图 4.15 所示为虚拟局域网的物理结构与逻辑结构的对比。一个 VLAN 内部的广播和单播流量都不会转发到其他 VLAN 中，从而有助于控制流量，减少设备投资，简化网络管理，提高网络的安全性。

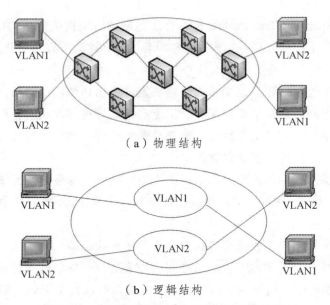

（a）物理结构

（b）逻辑结构

图 4.15　虚拟局域网的物理结构与逻辑结构

VLAN 是为解决以太网的广播问题和安全性而提出的一种方案，它在以太网帧的基础上增加了 VLAN 头，用 VLAN ID 把用户划分为更小的工作组，限制不同工作组间的用户互访，每个工作组就是一个虚拟局域网。虚拟局域网的好处是可以限制广播范围，并能够形成虚拟工作组，动态管理网络。

4.6.2　VLAN 划分方法

有多种方式可以划分 VLAN，比较常见的方式是根据端口、MAC 地址、IP 地址和 IP 组播进行划分。

1. 根据端口划分 VLAN

许多 VLAN 厂商都利用交换机的端口来划分 VLAN 成员。被设定的端口都在同一个广播域中。例如：一个交换机的 1、2、3、4、5 端口被定义为虚拟网 A，同一交换机的 6、7、8 端口组成虚拟网 B，这样做允许各端口之间的通信，并允许共享型网络的升级。但这种划分模式将虚拟网限制在了一台交换机上。

第 2 代端口 VLAN 技术允许跨越多个交换机的多个不同端口划分 VLAN，不同交换机上的若干个端口可以组成同一个虚拟网。

以交换机端口来划分网络成员，其配置过程简单明了，它是划分 VLAN 最常用的一种方式。

2. 根据 MAC 地址划分 VLAN

根据每个主机的MAC地址来划分,即对每个MAC地址所属的主机都配置为属于哪个组。这种划分方法的最大优点就是当用户物理位置移动时,即从一个交换机换到其他的交换机时,VLAN不用重新配置,因此,可以认为这种根据 MAC 地址的划分方法是基于用户的 VLAN。这种方法的缺点是初始化时,所有的用户都必须进行配置,如果有几百个甚至上千个用户的话,配置是非常麻烦的。

3. 根据 IP 地址划分 VLAN

根据每个主机的网络层地址或协议类型(如果支持多协议)划分。虽然这种划分方法是根据网络地址,但它不是路由,与网络层的路由毫无关系。

4. 根据 IP 组播划分 VLAN

IP组播实际上也是一种 VLAN 的定义,即认为一个组播组就是一个 VLAN,这种划分的方法将 VLAN 扩大到了广域网,因此这种方法具有更大的灵活性,而且也很容易通过路由器进行扩展。但这种方法不适合局域网,主要是效率不高。

4.6.3 VLAN 的优点

(1)减少了因网络成员变化所带来的开销。使用 VLAN 最大的优点就是能够减少网络中用户的增加、删除、移动等工作带来的额外开销。

(2)虚拟工作组。虚拟工作组能使完成同一任务的不同成员不必集中到同一办公室中,工作组成员可以在网络中的任何物理位置通过 VLAN 联系起来,同一虚拟工作组产生的网络流量都在工作组,也可以减少网络负担。虚拟工作组也能够带来很高的灵活性,当有实际需要时,一个虚拟工作组可以建立起来,当工作完成后,虚拟工作组又可以很简单地予以撤除,这样无论是网络用户还是管理员,使用虚拟局域网都是最理想的选择。

(3)减少了路由器的使用。在没有路由器的情况下,使用可支持虚拟局域网的交换机可以很好地控制广播流量。在 VLAN 中,从服务器到客户端的广播信息只会在连接到虚拟局域网客户机的交换机端口上被复制,而不会广播到其他端口,只有那些需要跨越虚拟局域网的数据包才会穿过路由器,在这种情况下,交换机起路由器的作用。因为在使用 VLAN 的网络中,路由器用于连接不同的 VLAN。

(4)有效地控制网络广播风暴。控制网络广播风暴的最有效的方法是采用网络分段的方法,这样,当某一网段出现过量的广播风暴后,不会影响到其他网段的应用程序。网络分段可以保证有效地使用网络带宽,最小化过量的广播风暴,提高应用程序的吞吐量。

使用交换式网络的优势是可以提供低延时和高吞吐量,但增加了整个交换网络的广播风暴风险。使用 VLAN 技术可以防止交换网络的过量广播风暴,将某个交换端口或者用户定义给特定的 VLAN,在这个 VLAN 中的广播风暴就不会送到 VLAN 之外相邻的端口,这些端口不会受到其他 VLAN 产生的广播风暴的影响。

（5）增强了网络的安全性。不使用 VLAN 时，网络中的所有成员都可以访问整个网络的所有计算机，资源安全性没有保证，同时加大了产生广播风暴的可能性。使用 VLAN 后，根据用户的应用类型来访问网络资源，不同 VLAN 之间的广播域是隔离的，增强了网络的安全性。

4.6.4　VLAN 实现技术

1. VLAN 的结构

虚拟局域网的概念是从传统局域网引申出来的。虚拟局域网在功能、操作上与传统局域网基本相同，它们的主要区别在于"虚拟"二字上，即虚拟局域网的组网方法与传统局域网不同。

虚拟局域网的一组节点可以位于不同的物理网段上，但它们并不受节点所在物理位置的束缚，相互之间通信就好像在同一个局域网中一样。虚拟局域网可以跟踪节点位置的变化，当结点的物理位置改变时，无须人工进行重新配置。因此，虚拟局域网的组网方法十分灵活。

2. VLAN 的组网方法

交换技术本身就涉及网络的多个层次，因此虚拟网络也可以在网络的不同层次上实现。不同虚拟局域网组网方法的区别主要表现在对虚拟局域网成员的定义方法上，通常有以下 4 种：

（1）用交换机端口号定义虚拟局域网。许多早期的虚拟局域网都是根据局域网交换机的端口来定义其成员的。虚拟局域网从逻辑上把局域网交换机的端口划分为不同的虚拟子网，各虚拟子网相对独立，其结构如图 4.16（a）所示。图 4.16（a）中局域网交换机端口 1、2、3、7 和 8 组成 VLAN1，端口 4、5 和 6 组成了 VLAN2。虚拟局域网也可以跨越多个交换机，如图 4.16（b）所示，局域网交换机 1 的 1、2 端口和局域网交换机 2 的 4、5、6、7 端口组成 VLAN1，局域网交换机 1 的 3、4、5、6、7 和 8 端口和局域网交换机 2 的 1、2、3 和 8 端口组成 VLAN2。

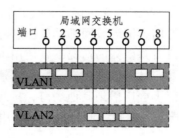

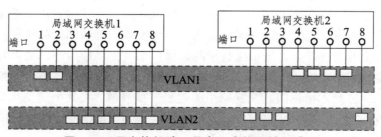

图 4.16　用交换机端口号定义虚拟局域网成员

　　用局域网交换机端口划分虚拟局域网成员是最通用的方法。但是，纯粹用端口定义虚拟局域网时，不允许不同的虚拟局域网包含相同的物理网段或交换端口。例如：交换机 1 的 1 端口属于 VLAN1 后，就不能再属于 VLAN2。用端口定义虚拟局域网的缺点是：当用户从一个端口移动到另一个端口时，网络管理者必须对虚拟局域网成员进行重新配置。

　　（2）用 MAC 地址定义虚拟局域网。另一种定义虚拟局域网的方法是用节点的 MAC 地址来定义虚拟局域网。这种方法的优点是：由于节点的 MAC 地址是与硬件相关的地址，所以用节点的 MAC 地址定义的虚拟局域网，允许节点移动到网络其他物理网段。

　　由于节点的 MAC 地址不变，所以该结点将自动保持原来的虚拟局域网成员地位。从这个角度来说，基于 MAC 地址定义的虚拟局域网可以看作基于用户的虚拟局域网。

　　用 MAC 地址定义虚拟局域网的缺点是：要求所有用户在初始阶段必须配置到至少一个虚拟局域网中，初始配置通过人工完成，随后就可以自动跟踪用户。但在大规模网络中，初始化时把上千个用户配置到某个虚拟局域网中显然是很麻烦的。

　　（3）用网络层地址定义虚拟局域网。第三种定义虚拟局域网的方法是使用节点的网络层地址，例如，用 IP 地址来定义虚拟局域网。这种方法的优点是：① 按照协议类型来组成虚拟局域网，这有利于组成基于服务或应用的虚拟局域网；② 用户可以随意移动节点而无须重新配置网络地址，这对于 TCP/IP 的用户是特别有利的。

　　与用 MAC 地址定义虚拟局域网或用端口地址定义虚拟局域网的方法相比，用网络层地址定义虚拟局域网方法的缺点是性能比较差。检查网络层地址比检查 MAC 地址要花费更多的时间，因此用网络层地址定义虚拟局域网的速度会比较慢。

　　（4）IP 广播组虚拟局域网。这种虚拟局域网的建立是动态的，它代表了一组 IP 地址。虚拟局域网中由叫作代理的设备对虚拟局域网中的成员进行管理。当 IP 广播包要送达多个目的节点时，就动态建立虚拟局域网代理，这个代理和多个 IP 节点组成 IP 广播组虚拟局域网。网络用广播信息通知各 IP 站，表明网络中存在 IP 广播组，节点如果响应信息，就可以加入 IP 广播组，成为虚拟局域网中的一员，与虚拟局域网中的其他成员通信。IP 广播组中的所有节点都属于同一个虚拟局域网，但它们只是特定时间段内特定 IP 广播组的成员。IP 广播组虚拟局域网的动态特性提供了很高的灵活性，可以根据服务灵活地组建，而且它可以跨越路由器与广域网互联。

4.7　局域网的组建技术

4.7.1　架设局域网的硬件设备

1. 网络适配器（网卡）

网卡又名网络适配器（Network Interface Card，NIC），它是计算机和网络线缆之间的物理接口，是一个独立的附加接口电路。任何的计算机要想连入网络就必须确保在主板上接入网卡。因此，网卡是计算机网络中最常见也是最重要的物理设备之一。网卡的作用是将计算机要发送的数据整理分解为数据包，转换成串行的光信号或电信号送至网线上传输；同样也把网线上传过来的信号整理转换成并行的数字信号，提供给计算机。因此网卡的功能可概括为：并行数据和串行信号之间的转换，数据包的装配与拆装，网络访问控制和数据缓冲等。

1）网卡的种类

根据工作对象的不同，局域网中的网卡一般分为服务器专用网卡、普通工作站网卡、笔记本式计算机专用网卡和无线局域网网卡，如图4.17所示。

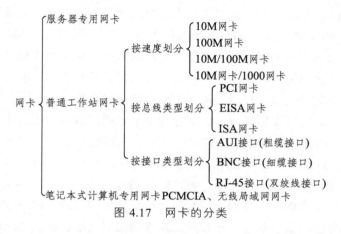

图4.17　网卡的分类

常见的网卡插在计算机主板的扩展槽中，通过网线与网络交换数据、共享资源。计算机主要通过网卡来连接网络。在进行相互通信时，数据不是以流而是以帧的方式进行传输的。可以把帧看作一种数据包，在数据包中不仅包含有数据信息，而且还包含有数据的发送方、接收方信息和数据的校验信息。

一块网卡包括OSI模型的两个层——物理层和数据链路层的功能。物理层定义了数据传送与接收所需要的光电信号、线路状态、时钟基准、数据编码和电路等，并向数据链路层设备提供标准接口。数据链路层则提供寻址机构、数据帧的构建、数据差错检查、传送控制、向网络层提供标准的数据接口等功能。

2）网卡的作用

网卡的主要作用有两个：一是将计算机的数据封装为帧，并通过传输介质（如网线或无线电磁波）将数据发送到网络上去；二是接收网络上其他设备传过来的帧，并将帧重新组合成数据，通过主板上的总线传输给本地计算机。网卡能接收所有在网络上传输的信号，但正常情况下只接收发送到该计算机的帧和广播帧，将其余的帧丢弃，然后传送到系统的CPU中做进一步处理。

3）网卡的组成和工作原理

（1）网卡的组成。以最常见的PCI接口的网卡为例，一块网卡主要由印制电路板、主芯片、数据泵、金手指（总线插槽接口），BOOTROM槽、EPROM，晶振、RJ-45接口、指示灯、固定片以及一些二极管、电阻电容等组成，如图4.18所示。

（2）网卡的工作原理。每一块网卡都有全球唯一的物理地址（称为MAC地址）。MAC

地址由 6 位的数字串（共 48 位二进制）组成，数字串通常用冒号隔开，例如：0：60：8C：00：54：99。通常分为两部分：生产商 ID 和设备 ID。

① 生产商 ID。前面 3 位（24 位二进制）代表厂商，3Com 公司为 00-60-8C，Intel 公司为 00-AA-00。有些生产厂商有几个不同的生产商 ID。

② 设备 ID。后面 3 位（24 位二进制）表示制造商为某具体设备分配的 ID。

图 4.18　CI 网卡组成

网卡充当计算机和网络线缆之间的物理接口或连线，负责将计算机中的数字信号转换成电或光信号。数据在计算机总线中的传输采用并行方式，即数据是并行传输的，而在网络的物理线缆中数据是以串行的比特流方式传输的，网卡则要承担串行数据和并行数据间的转换。网卡在发送数据前要与接收端的网卡进行对话，以确定最大可发送数据分组的大小、发送的数据量的大小、两次发送数据间的间隔、等待确认的时间、每块网卡在溢出前所能承受的最大数据量、数据的传输速率等。

4）网卡介绍

根据工作对象的不同，局域网中的网卡一般分为服务器专用网卡、普通工作站网卡、笔记本式计算机专用网卡和无线局域网网卡。

（1）服务器专用网卡。顾名思义，服务器专用网卡是为了适应网络服务器的工作特点而专门设计的，它的主要特征是在网卡上采用专用的控制芯片，大量的工作由这些芯片直接完成，从而减轻了服务器 CPU 的工作负荷。但这类网卡的价格较贵，一般只安装在一些专用的服务器上，普通用户很少使用。

（2）普通工作站网卡。人们平时看到的网卡多为一些适合于普通计算机使用的网卡，这些网卡按速度划分，可分为 10 Mb/s，100 Mb/s，10/100 Mb/s 和 100/1 000 Mb/s 网卡；按总线类型划分，可分为 PCI 网卡、EISA 网卡和 ISA 网卡；按接口类型划分，可分为 AUI 接口（粗缆接口）、BNC 接口（细缆接口）和 RJ -45 接口（双绞线接口）。目前，市面上的主流产品基本上是 PCI 插槽、RJ-45 接口的 100/1 000 Mb/s 自适应网卡。

① 10 Mb/s、100 Mb/s、10/100 Mb/s 和 100/1 000 Mb/s 网卡。

10 Mb/s 网卡：10 Mb/s 网卡是一种低档网卡。它的带宽限制在 10 Mb/s，这在当时的 ISA

总线类型的网卡中较为常见，目前 PCI 总线接口类型的网卡中也有一些是 10 Mb/s 网卡，不过它已不是主流。这类带宽的网卡仅适用于一些小型局域网或家庭需求，中型以上网络一般不选用。

100 Mb/s 网卡：100 Mb/s 网卡在目前来说是一种技术比较先进的网卡，它的传输 I/O 带宽可达到 100 Mb/s，这种网卡一般用于骨干网络中。目前这种带宽的网卡在市面上已逐渐得到普及。

10/100 Mb/s 自适应网卡：这是一种能自适应 10 Mb/s 和 100 Mb/s 两种带宽的网卡，也是目前应用最为普及的一种网卡类型，因为它能自动适应两种不同带宽的网络需求，所以保护了用户的网络投资。因为它既可以与老式的 10 Mb/s 网络设备相连，又可应用于较新的 100 Mb/s 网络设备连接，所以得到了用户的普遍认同。这种带宽的网卡会自动根据所用环境选择适当的带宽，如果与老式的 10 Mb/s 旧设备相连，则它的带宽就是 10 Mb/s；如果与 100 Mb/s 网络设备相连，则它的带宽就是 100 Mb/s，它能兼容 10 Mb/s 的老式网络设备和新的 100 Mb/s 网络设备。

1 000 Mb/s 以太网卡：1 000 Mb/s 以太网（Gigabit Ethernet）是一种高速局域网技术，它能够在铜线上提供 1 Gb/s 的带宽。与它对应的网卡是千兆网卡，这类网卡的带宽也可达到 1 Gb/s。千兆网卡的网络接口有两种主要类型：一种是普通的双绞线 RJ-45 接口，另一种是多模 SC 型标准光纤接口。

② 1SA 网卡、PCI、PCMCIA、USB 网卡。

按总线类型分，网卡主要分为 ISA 总线、PCI 总线、PCMCIA 总线和 USB 接口的网卡。其中 PCMCIA 接口网卡用在笔记本式计算机上；外置式网卡则用 USB 接口与计算机连接，数据传输率远远大于传统的并行口和串行口，设备安装简单并且支持热插拔；最常见的是 ISA 和 PCI 总线的网卡。ISA 总线网卡的带宽一般为 10 Mb/s，PCI 总线网卡的带宽从 10 Mb/s 到 1 000 Mb/s 的都有。不过同样是 10 Mb/s 网卡，因为 ISA 总线为 16 位，而 PCI 总线为 32 位，所以 PCI 网卡更快，且 ISA 网卡的 CPU 占用率比较高，往往会造成系统的停滞。目前计算机的主板均支持 PCI 插槽，所以 PCI 网卡已经成为主流。

③ AU1 接口、BNC 接口和 RJ-45 接口的网卡。

目前市场上的网卡根据连接介质的不同，基本上可以分为粗缆网卡（AUI 接口）、细缆网卡（BNC 接口）及双绞线网卡（RJ-45 接口）。

如果以双绞线作为传输介质，则要选用 RJ-45 接口网卡；如果传输介质是细同轴电缆，则要选用 BNC 接口网卡；如果采用粗同轴电缆，则要选用 AUI 接口网卡。

④ 无线局域网网卡。

无线局域网网卡是近年来随着无线局域网技术发展而产生的。与有线网卡不同的是，无线网卡在传输信息时不需要双绞线或同轴电缆，移动方便。但它也有缺点，比如数据传输速度较慢，数据传输的稳定性较差，主要受天线的灵敏性和障碍物的影响，价格较贵。

5）网卡选购

网卡看似简单，它的作用却是决定性的。选择网卡时要注意以下几个方面：

（1）网卡的材质和制作工艺。网卡与其他电子产品一样，它的制作工艺也主要体现在焊接质量和板面光洁度两方面。另一方面是就是网卡的板材了，目前比较好一点的板材通常采用喷锡板，而劣质网卡在电路板选材上选用非喷锡板材，通常就是直接清洗的铜板，颜色是黄的，叫作画金板。

（2）选择恰当的品牌。大型企业网络最好使用信誉较好的名牌产品。如 CISC0，3COM，Intel 和 D-Link 等一线大牌，国产的较好信誉的品牌也是不错的选择，如实达、TP-Link 等。

（3）根据使用环境来选择网卡。为了能使选择的网卡与计算机协同高效地工作，还必须根据使用环境来选择合适的网卡，明确所选购网卡使用的网络接口、传输介质类型及与之相连的网络设备带宽等情况。

如果把一块价格昂贵、功能强大、速度快捷的网卡安装到一台普通的工作站中，就发挥不了多大作用，而且造成了很大的资源浪费。相反，如果在一台服务器中，安装性能普通的网卡，这样很容易会产生瓶颈现象，从而会抑制整个网络系统的性能发挥。因此，在选用时一定要注意应用环境。服务器网卡应带有高级容错、带宽汇聚等功能，这样服务器就可以通过增插几块网卡提高系统的可靠性；如果要在笔记本中安装网卡的话，最好选择与计算机品牌相一致的专用网卡，这样才能最大限度地与其他部件保持兼容。一般个人用户和家庭组网时因传输的数据信息量不是很大，主要选择 100M 网卡。

（4）根据网络类型选择网卡。由于网卡种类繁多，不同类型的网卡的使用环境是不一样的。因此在选购网卡之前应明确所选购网卡使用的网络及传输介质类型、与之相连的网络设备带宽等情况。

2. 集线器

集线器 Hub 外形，如图 4.19 所示。它的主要功能是对接收到的信号进行再生整形放大，以扩大网络的传输距离，同时把所有节点集中在以它为中心的节点上。集线器工作在网络最底层，不具备任何智能，它只是简单地把电信号放大，然后转发给所有接口。集线器一般只用于局域网，需要加电，可以把数个计算机用双绞线连接起来组成一个简单的网络。

图 4.19　集线器

集线器通常具有如下功能和特性：

（1）可以是星状以太网的中央节点，工作在物理层对接收到的信号进行再生整形放大，以扩大此信号网络的传输距离。

（2）一般采用 RJ-45 标准接口。

（3）以广播的方式传送数据。

（4）无过滤功能，无路径检测功能。

（5）不同速率的集线器不能级联。

我们可以用集线器、双绞线、计算机及其网卡组成如图 4.20 所示的一个简单的星状共享式局域网。第一台计算机首先把需要传输的信息通过网卡转换成网线上传送的信号，并发至集线器，加电的集线器将这些信号放大，而后不经过任何处理就直接广播到集线器的所有端口（八个）。第二个计算机从它接入集线器的端口接收信号，并通过它的网卡转换成数字信息，由此这个通信过程就完成了。

图 4.20　共享式以太网

3. 交换机

交换机（Switch）又称为网桥，如图 4.21 所示。在外形上交换机和集线器很相似，且都应用于局域网，但是交换机是一个拥有智能和学习能力的设备。交换机接入网络后可以在短时间内学习掌握此网络的结构以及与它相连计算机的相关信息，并且可对接收到的数据进行过滤，而后将数据包送至与目的主机相连的接口。因此交换机比集线器传输速度更快，内部结构也更加复杂。

图 4.21　交换机

交换机通常具有如下功能和特性：

（1）可以是星状以太网的中央节点，工作在数据链路层。

（2）可以过滤接收到的信号，并把有效传输信息按照相关路径送至目的端口。

（3）一般采用 RJ-45 标准接口。

（4）参照每个计算机的接入位置，有目的的传送数据。

（5）有过滤功能和路径检测功能。

（6）不同类型的交换机和集线器可以相互级联。

我们可以用交换机，双绞线，计算机和计算机中的网卡组成如图 4.22 所示的一个简单的星状交换式局域网。

图 4.22　交换式以太网

当交换机的端口被接入计算机后，交换机便进入了一个"学习"阶段。在这个阶段中，交换机需要获得每台计算机的 MAC 地址并建立一张"端口/MAC 地址映射表"，通过这张表交换机将自己的端口与接入交换机上的计算机联系起来。交换机工作在数据链路层，可以读取数据帧，送入到交换机中的所有数据都会参照映射表进行过滤，并最终建立此数据的通信路径。

4.7.2　局域网的组建

1. 粗缆以太网

粗缆以太网又称标准以太网，即 10Base-5。10 表示信号在电缆上的传输速率为 10 Mb/s，Base 表示电缆上的信号是基带信号，5 表示每一段电缆的最大长度是 500 m。

1）主要组网设备

采用 RG-11 型 50 Ω同轴电缆为传输介质，规定每个工作站均通过网络接口板（AUI 接口）、收发器电缆（AUI cable）和收发器（transceiver）与总线相连，如图 4.23 所示。

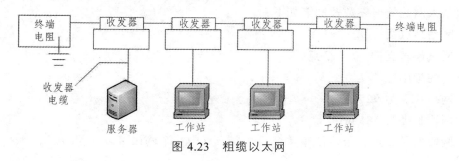

图 4.23　粗缆以太网

2）粗缆以太网的规格参数及性能

粗缆以太网的规格参数及性能如下：

最大网段长度是 500 m；

工作站到收发器的最大距离是 50 m；

站点间的最小距离是 2.5 m；

最大网络站点数目是 300 个；

每段最大站点数目是 100 个；

最大网段数是 5 个，最多使用 4 个中继器，其中 3 个网段可以链接站点；

最大网络长度是 2 500 m；

干线段的每一端均需一个 50 Ω的终端电阻，其中一个必须接地。

2. 细缆以太网

采用细同轴电缆（细缆）作为传输介质的以太网，即 10Base-2，它是作为 10Base-5 的一种替代方案制定的。

1）主要组网设备

10Base-2 使用了 RG-58 型细缆和 BNC-T 型连接器，以线性总线进行布线。收发器的功能被移植到网卡上，因此，网络更加简单，更便于使用，性价比也较高。然而，它却限制了信号能够传送的最大距离。

细缆以太网的每个节点通过 BNC-T 型连接器和带有 BNC 接口的网卡连入网内。10Base-2 的组网实例如图 4.24 所示。

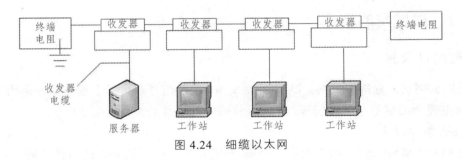

图 4.24　细缆以太网

2）细缆以太网的规格参数及性能

细缆以太网的规格参数及性能如下：

最大网络结点数为 90 个；

每个网段最多支持 30 个结点；

结点间的最小距离是 0.5 m；

最大网络长度为 925 m；

最大网段长度为 185 m；

最大网段数是 5 个，最多使用 4 个中继器，其中 3 个网段可以连接节点。

3. 双绞线以太网

1）主要组网设备

双绞线以太网（10Base-T）主要组网设备包括带有 RJ-45 插口的网卡（支持 10Base-T）、

集线器、双绞线（常用非屏蔽 5 类 8 芯双绞线）、水晶头（RJ-45 接头），采用星状结构，具有星状拓扑的所有优缺点。其组织形式如图 4.25 所示。

2）双绞线以太网的规格参数及性能

双绞线以太网的规格参数及性能如下：

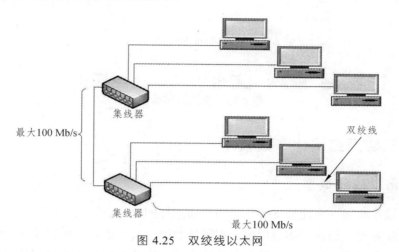

图 4.25　双绞线以太网

网线类型为 3、4、5 类 UTP 双绞线；

传输速度为 10 Mb/s；

最大网络节点数目是 1 024 个；

每段最小节点数目是 1 个；

最大网段数目是 5 个，其中 3 个可以连接设备；

结点间的最小距离为 2.5 m；

最大网段长度为 100 m。

4. 交换式局域网

交换式局域网的核心设备是局域网交换机，局域网交换机可以在它的多个端口之间建立多个并发连接。为了保护用户已有的投资，局域网交换机一般是针对某类局域网（如 IEEE 802.3 的以太网或 IEEE 802.5 标准的令牌环网）设计的。

交换式局域网中的核心连接设备是以太网交换机，以太网交换机一般工作在全双工模式下，这样，可以使每个端口都独享带宽，即交换机每个端口都是 100 Mb/s。典型的交换式局域网的结构如图 4.26 所示。

对于传统的共享介质以太网来说，当连接在 Hub 中的一个节点发送数据时，它会用广播方式将数据传送到 Hub 的每个端口。因此，在共享介质以太网的每个时间片内只允许有一个节点占用公用通信信道。交换式局域网从根本上改变了共享介质的工作方式，它可以通过以太网交换机支持交换机端口节点之间的多个并发连接，实现多节点之间数据的并发传输。因此，交换式局域网可以增加网络带宽，改善局域网的性能和服务质量。

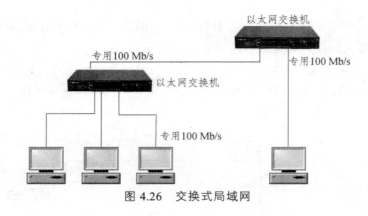

图 4.26　交换式局域网

4.7.3　局域网结构化布线技术

1. 结构化布线的概念

结构化布线系统是一个能够支持任何用户所选择的语音、数据、图形图像应用的电信布线系统。该系统能支持语音、图形图像、多媒体数据、安全监控、传感等各种信息的传输；支持 UTP、STP、光纤、同轴电缆等各种传输介质；支持多用户多类型产品以及高速网络的应用。

2. 结构化布线的特点

结构化布线系统具有以下特点：

（1）实用性：能支持多种数据通信、多媒体技术及信息管理系统等，能够适应现代和未来技术的发展。

（2）灵活性：任意一个信息点都能够连接不同类型的设备，如微机、打印机、终端、服务器、监视器等。

（3）开放性：能够支持任何厂商的多种网络产品，支持多种网络拓扑结构，如总线型、星状、环状等。

（4）模块化：所有的接插件都是积木式的标准件，方便使用、管理和扩充。

（5）扩展性：实施后的结构化布线系统是可扩充的，以便将来有更大需求时，设备很容易安装接入。

（6）经济性：一次性投资，长期受益，维护费用低，可使整体投资达到最少。

3. 结构化布线系统的组成

按照一般划分，结构化布线系统包括 6 个子系统：建筑群主干子系统、设备间子系统、垂直主干子系统、管理子系统、水平支干线子系统、工作区子系统，如图 4.27 所示。

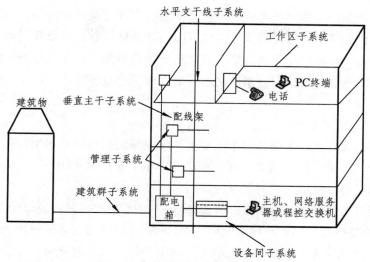

图 4.27　结构化布线系统组成

（1）建筑群主干子系统。建筑群主干子系统提供外部建筑物与大楼内布线的连接点。EIA/TIA569 标准规定了网络接口的物理规格，以实现建筑群之间的连接。

（2）设备间子系统。EIA/TIA569 标准规定了设备间的布线，它是布线系统最主要的管理区域，所有楼层的资料都由电缆或光纤电缆传送至此。通常，此系统安装在计算机系统、网络系统和程控机系统的主机房内。

（3）垂直主干子系统。垂直主干子系统用于连接通信室和设备，包括主干电缆、中间交换、主交接，机械终端、用于主干到主干交换的接插线或插头。主干布线要采用星状拓扑结构，接地应符合 EIA/TIA607 规定的要求。

（4）管理子系统。管理子系统放置电信布线系统设备，包括水平和主干布线系统的机械终端和交换设备。

（5）水平支干线子系统。水平支干线子系统用于连接管理子系统至工作区，包括水平布线、信息插座、电缆终端及交换，指定的拓扑结构是星状。

水平布线可选择的介质有 3 种（100 Ω UTP 电缆，150 Ω STP 电缆及 62.5 μm/125 μm 光缆），最远的延伸距离为 90 m，工作区与管理子系统的接插线和跨接线电缆的总长度可达数十米。

（6）工作区子系统。工作区子系统由信息插座延伸至各终端设备。工作区子系统的布线要求相对简单，以便移动、添加或变更设备。

4.7.4　局域网的组建实例

1. 共享式以太网组网

我们一般把仅用集线器，非屏蔽双绞线与计算机互联而形成的局域网称为共享式以太网。这种局域网用于网络规模不大，并且需要联网的计算机相对比较集中的情况。比如学生寝室里 6 台计算机的联网，一间办公室或者一层楼上的所有计算机的联网等。当然由于集线器的端口是有限的，因此共享式以太网只能连接有限个计算机。有的时候我们可以用集线器级联的方式来增加可接入网络的计算机数量，但是集线器广播的工作原理导致了计算机连接的越多，整个局域网的性能越差，因此当网络本身的性能不是很好时，一般不主张用集线器级联的方式进行组网。

1）单一集线器的共享式以太网

单一集线器的共享式以太网适宜于小型工作组规模的局域网，典型的单一集线器一般可以支持 2 ~ 24 台计算机联网。网络速度一般是 10 Mb/s 或者 100 Mb/s。我们一般将这种网络应用于一个房间里的计算机互联的局域网组网。

早期的集线器、网卡，甚至网线都分为 10M 和 100M 的两种。要想配置 10M 的局域网必须使用 10M 的集线器、网卡和网线，同理，100M 的局域网也必须使用相应的网络设备。由于两种不同速率的设备不能混用，这给组网的用户带来很大的麻烦。如今的网卡、网线以及集线器已经都是 10M/100M 自适应模式，也就是说它们都可以自己适应 10M 和 100M 的网速，并能够正常运行，所以现在从市面上买来的以太网设备基本上都可以直接接入以太网并且无须担心不匹配的情况。

单集线器结构的以太网配置方案如图 4.28 所示。包括：10M/100M 自适应网卡；超 5 类非屏蔽双绞线；10M/100M 自适应集线器；UTP 电缆（每段最大长度 100 m）；

图 4.28　单集线器结构以太网示意图

2）多集线器级联的共享以太网

当需要联网的计算机数超过单一集线器所能提供的端口数时，或者需要联网的计算机位置相对比较分散（如多个房间的计算机）并且网络性能比较好（如百兆网络）时，我们可以考虑使用多集线器级联的共享以太网。

通过前面的学习知道，计算机与集线器的普通接口连接时需要使用直通线，而多个集线器相互级联所使用的网线按照连接端口的不同，也是不一样的。集线器上提供一个上行端口，专门用来同其他集线器级联。当一台集线器的上行端口与另一台集线器的普通端口进行级联时，需要使用直通线。而当集线器不提供上行端口或者上行端口被占用的情况下，我们只有把两台集线器的端口进行级联，这里需要使用交叉线。

多集线器级联的以太网配置方案应包括：10M/100M 自适应网卡；超 5 类非屏蔽双绞线；10M/100M 自适应集线器。配置时应注意：每段 UTP 电缆的最大长度为 100 m；任意两个节点之间最多可以经过 2 个集线器；集线器之间的电缆长度不能超过 5 m；整个网络的最大覆盖范围为 205 m；网络中不能出现环路。

多集线器级联的以太网可以采用两种结构：平行结构（见图 4.29）和树状结构（见图 4.30）。

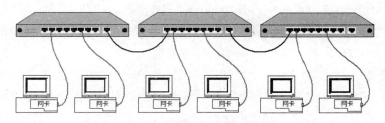

图 4.29　平行结构的多集线器级联

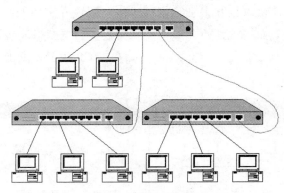

图 4.30　树状结构的多集线器级联

2. 交换式以太网组网

交换式以太网与共享式以太网的组网非常相近，只不过是把网络当中的集线器换成了交换机。集线器和交换机在外表上是很难区分的，但它们在工作原理上有本质的不同，就是因为这个本质性的不同，导致了这两种局域网的性能和工作效率都不一样。共享式以太网的性能相对较弱，覆盖范围相对较小，因为集线器广播数据的工作方式占用和消耗了大量的信道资源，最终各网络节点所分得的带宽大大减少。

交换机这样的智能化设备的加入，使得交换式以太网比共享式以太网网络性能更好，覆盖范围更大。我们通常喜欢用交换机互联一个房间里的所有计算机，并把它们接入更大的计算机网络（如校园网），或者先用集线器把一层楼的每个房间里的计算机互联成一个个共享式以太网，然后再用交换机与这些集线器级联并接入因特网。此外，和集线器一样，现在市面上买到的交换机都是 10M/100M 自适应式的，都可以接入计算机网络中直接使用。

3. 局域网的软件配置以及网络连通性测试

局域网硬件安装完毕后，要想使用这个局域网还必须安装相应的软件，比如网络操作系统和网卡驱动程序等。下面就来介绍相关网络软件的安装以及运用命令来测试网络的连通性。

（1）网卡驱动程序的安装。安装网卡的计算机必须要装入网卡驱动程序，才可使网卡正常工作，并联入网络。网卡驱动程序因网卡和操作系统的不同而异，一般随同网卡一起发售，但有些常用的驱动程序也可以在操作系统安装盘中找到。

安装网卡驱动的方法可以是：打开 Windows XP 桌面的"开始"→"控制面板"→"添加硬件"，打开"添加硬件安装向导"对话框，直接点击"下一步"可直接搜索未安装驱动程序的所有硬件，从指定的路径中读取驱动程序并安装。

一般地，普通计算机的网卡驱动程序是不用安装的。因为现在大多数操作系统都已经集成了网卡驱动程序，只要网卡一经安装，操作系统会自动进行识别，并配以适当的驱动程序使其正常运行。只要装上了网卡驱动程序即网卡运行正常，你都会找到"本地连接"。

（2）TCP/IP 信息的配置。安装了网卡驱动之后，还必须为局域网中的每一台计算机配置 IP 地址，这样它们之间才可以相互识别，相互通信。配置方法如下：

打开 Windows XP 桌面的"开始"→"控制面板"→"网络连接"，找到"本地连接"，打开其属性，如图 4.31 所示。选中"Internet 协议（TCP/IP）"，点击"属性"按钮，打开对话框，如图 4.32 所示。

图 4.31　本地连接属性

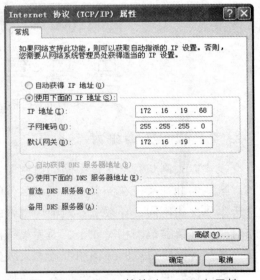

图 4.32　Internet 协议（TCP/IP）属性

在图 4.32 中的相应位置填入 IP 地址，子网掩码，网关等 TCP/IP 信息即可。这里我们要注意的是为一个局域网里的所有计算机配置的 IP 地址一定是连续的，比如一个局域网里共有 3 台计算机，首先设置它们的网关都是 172.16.19.1，它们的子网掩码都是 255.255.255.0。3 台计算机的 IP 地址依次可设置为 172.16.19.68，172.16.19.69，172.16.19.70 三个连续的 IP。

最后我们可以在控制台里键入"ipconfig /all"来对本机的 IP 地址进行确认，如图 4.33 所示。本机的 IP 为 172.16.19.68。

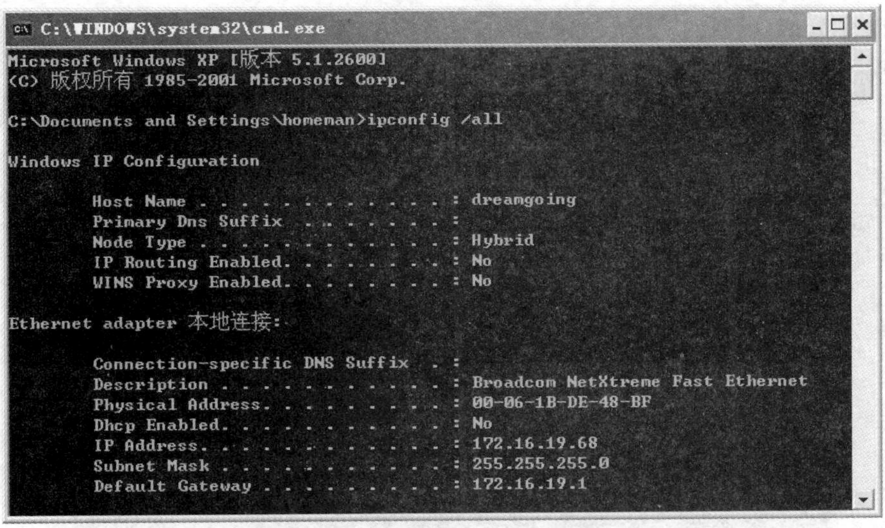

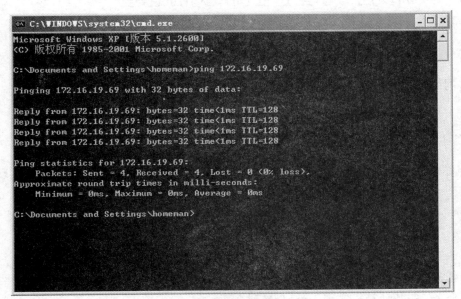

图 4.33　输入 ipconfig /all 命令

（3）网络连通性测试。ping 命令是测试网络连通性最常用的命令。ping 命令测试原理是发送多个数据包到对方主机，对方主机将这些数据包如数返回，由接收到的返回数据包的时间和数量来判断网络的连通性。ping 命令的语法十分简单，只要在 ping 命令后加上要测试计算机的 IP 地址即可，如图 4.34 所示。

图 4.34　ping 命令

由图 4.38 可知，本机用 ping 命令向 IP 地址为 172.16.19.69 的计算机发送了 4 个 32 字节的数据包，并原样被对方返回，并都被本机接收到，无一缺失。这说明本机和 IP 地址为 172.16.19.69 的计算机之间在网络硬件上是连通的，两台计算机的网络软件与通信模块也是正常运行的。

当然也有 ping 不通的情况，如图 4.35 所示。这种情况表明两台计算机不是连通的或者软硬件出现了一定的问题。

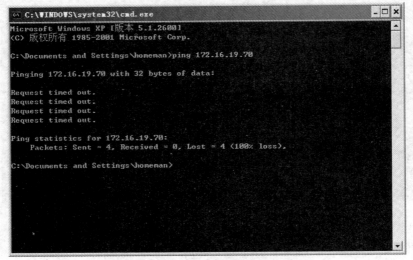

图 4.35　ping 不通目标主机

4.8　实训项目　小型企业局域网的组建

4.8.1　项目目的

了解网络组建的实际过程；熟悉局域网的安装步骤；掌握网络系统的调试。

4.8.2　项目情景

假如你是某公司的网络管理员，现公司拥有 10 台计算机，需要联网，请实现网络办公环境。

4.8.3　项目任务

（1）任务 1：使用双绞线实现物理连接。
（2）任务 2：各计算机实现 100 Mb/s 到桌面。

4.8.4　项目实施

（1）各计算机要求实现 100 Mb/s 到桌面，也就是每台计算机都要独享 100 Mb/s 带宽，所以，网络设备选择 16 口 10/100 Mb/s 自适应交换机，选用 10/100 Mb/s 自适应网卡。

（2）为每台计算机安装网卡。

① 确保有以下工具：一把十字形螺丝刀、一根接地的导线和一个接地的小垫子以防止内部元器件静电放电。同时，还要有足够的工作空间来操作。

② 切断计算机的电源。

③ 打开机箱。机箱有几种不同的固定方式，对于最新式的计算机，用四枚或六枚十字形螺钉把挡板固定在后面板上，也可以采用其他方式。卸下所有必须卸掉的螺钉，移开机箱。

④ 由于 10/100 Mb/s 自适应网络都为 PCI 总线，所以应将网络接口卡安装在计算机的主板上的 PCI 插槽中。选择一个插槽安装网络接口卡，并移掉计算机后面板上该插槽的金属挡板。

⑤ 把网络接口卡竖起，使其插接头与插槽垂直对应，插入插槽，用力按下网络接口卡使其与插槽结合牢固。如果插入正确，即使左右摇晃，它也不会松动。如果插得不牢固，有可能造成连接问题。

⑥ 网络接口卡边缘处的金属托架应该固定在先前插槽的金属挡板的位置。用一枚十字形螺钉固定好网络接口卡。

⑦ 检查是否弄松了计算机内的其他线缆或板卡，是否把螺钉或金属碎片遗留在计算机内。

⑧ 重新盖上机箱盖，并把在第③步中取下的螺钉拧上。

（3）安装网卡驱动程序。

① 重新启动计算机。

② 只要未禁止即插即用功能，Windows 2000 就会自动检测到新硬件。一旦检测出网络接口卡，系统就会提示选择正确的驱动程序。

③ 选择"搜索适用于我的设备的驱动程序（推荐）"，单击"下一步"按钮。

④ 选择"指定位置"，单击"下一步"按钮。

⑤ 指定驱动程序文件所在位置，如"F：file：//DRIVERS"。

⑥ 如找到驱动程序，系统会提示所找到的驱动程序的文件名及位置。单击"下一步"按钮。

⑦ 系统自动安装驱动程序，单击"完成"按钮。

（4）根据地理分布图，可知交换机的最佳放置位置，因为计算机到达该位置的距离应最短。再根据每台计算机达到交换机的实际距离制作双绞线，注意该距离并非直线距离，因为布线时应使线缆尽量隐蔽，应绕墙连接。

（5）双绞线制作：按照 EIA-568B 标准制作直通线，将计算机与交换机相连。

（6）实现软件（逻辑）连接。为 Windows 系统的计算机添加协议，其他操作系统的添加协议方法与其大致相同，同种协议在计算机间可以通信。在系统上安装 TCP/IP 协议。

① 右击"网上邻居"图标，在弹出的快捷菜单中选择"属性"命令，打开"网络连接"窗口。

② 右击"本地连接"图标，在弹出的快捷菜单中选择"属性"命令，打开"本地连接属性"对话框。

③ 在"本地连接属性"列表框中，选择"TCP/IP 协议"，单击"属性"按钮。

④ 在"Internet 协议（TCP/IP）属性"对话框中，选中"使用下面的 IP 地址"单选按钮。在输入框中输入 IP 地址和子网掩码，如将计算机 IP 设置为 192.168.0.1 至 192.168.0.10 区段。

⑤ 利用 ping 命令检测网络连通情况。

最后，若没有实现联网，应进行故障检测与排除，先检查一下线路两端口的插头是否松动或者插头有没有误接，再检查一下网卡是否有故障，最后再看各网卡设置是否正确，驱动安装是否正确等。

习题与思考题

一、填空题

1. 网卡又叫_____，也叫_____，是计算机和传输介质的接口。

2. 网卡通常可以按_____、_____和_____方式分类。

3. 在局域网参考模型中，_____与媒体无关，_____则依赖于物理媒体和拓扑结构。

4. CSMA/CD 技术包含_____和_____两方面的内容。

5. 对局域网来说，网络服务器是网络控制的_____，一个局域网至少需有一个服务器，特别是一个局域网至少配备一个_____，没有服务器控制的通信局域网，则为_____。

6. 在局域网中，从功能角度上来说，网卡起着_____的作用，工作站或服务器连接到网络上，资源共享和相互通信都是通过_____实现的。

7. 快速以太网是指速度在_____以上的以太网，采用的是_____标准。

8. 千兆以太网标准是现行_____标准的扩展，经过修改的 MAC 子层仍然使用_____协议，支持_____和_____通信。

9. 802.3 以太网最小传送的帧长度为_____个字节。

10. 基带同轴电缆是指_____Ω的同轴电缆。它主要用于（数字）传输系统。基带同轴电缆的抗干扰性能优于_____，它被广泛用于_____。

二、选择题

1. 以下对局域网的性能影响最大的是（　　　）。

A. 拓扑结构　　　　　B. 传输介质　　　　　C. 介质访问控制方式　D. 网络操作系统

2. 在以太网中，是根据（　　）地址来区分不同的设备的。

A. LLC 地址　　　　　B. MAC 地址　　　　　C. IP 地址　　　　　D. IPX 地址

3. IEEE802.3u 标准是指（　　　）。

A. 以太网　　　　　　B. 快速以太网　　　　C. 令牌环网　　　　　D. FDDI 网

4. 下面的（　　　）LAN 是应用 CSMA/CD 协议的。

A. 令牌环　　　　　B. FDDI　　　　　C. ETHERNET　　　　D. NOVELL

5. FDDI 使用的是（　　）局域网技术。

A. 以太网　　　　　B. 快速以太网　　　C. 令牌环　　　　　D. 令牌总线

6. 10BASE-T 是指（　　）。

A. 粗同轴电缆　　　B. 细同轴电缆　　　C. 双绞线　　　　　D. 光纤

7. 局域网的典型特征是（　　）。

A. 数据传输速率高、范围大、误码率低

B. 数据传输速率低、范围大、误码率高

C. 数据传输速率高、范围小、误码率低

D. 数据传输速率低、范围小、误码率低

8. 路由选择协议位于（　　）。

A. 物理层　　　　　B. 数据链路层　　　C. 网络层　　　　　D. 应用层

9. 在局域网中，MAC 指的是（　　）。

A. 逻辑链路控制子层　　　　　　　　　B. 介质访问控制子层

C. 物理层　　　　　　　　　　　　　　D. 数据链路层

10. 就交换技术而言，局域网中的以太网采用的是（　　）。

A. 分组交换技术　　　　　　　　　　　B. 电路交换技术

C. 报文交换技术　　　　　　　　　　　D. 分组交换与电路交换结合技术

三、思考题

1. 从工作频段、数据传输速率、优缺点以及它们之间的兼容性等方面，对 IEEE802.11a、IEEE802.11b 和 IEEE802.11g 进行比较。

2. 简述共享式集线器（Hub）与交换机（Switch）的异同点。

3. 组建一个小型对等局域网的物理连接过程中，需要哪些硬件？用五类 UTP 制作直通线和交叉线时，连线顺序有什么不同？两种线各有什么用处？

4. 简述 CSMA/CD 的工作过程。

5. 交换式局域网和共享式局域网的区别有哪些？

第5章　网络操作系统与服务器配置

【能力目标】

了解常用网络操作系统的功能和特征；了解 Windows Server 2003 的概念、功能和特点；了解 NetWare 操作系统的特点、功能和服务；了解 UNIX 和 Linux 操作系统的特点和应用；能够进行常用服务器的安装与配置；能基本熟悉 Windows Server 2003 的基本网络应用。

5.1　网络操作系统概述

5.1.1　网络操作系统及其特点

1. 网络操作系统的定义

网络操作系统（Network Operating Systems，NOS），是指能使网络上各计算机方便而有效地共享网络资源，为用户提供所需的各种服务的操作系统。网络操作系统是网络用户和计算机网络的接口，是网络的核心组成部分，可实现操作系统的所有功能，并且能够对网络中的资源进行管理和共享。由于网络操作系统常常运行于网络服务器中，所以有时也把它称为服务器操作系统。

网络操作系统是网络用户和计算机网络的接口，它管理计算机的硬件和软件资源，为用户提供各种网络服务。

2. 网络操作系统的类型和组成

（1）集中式。集中式网络操作系统是从分时操作系统加上网络功能演变而成的，操作系统仅用于主机，终端本身不需要安装，如 UNIX。

（2）客户机/服务器模式。是现代网络操作系统的潮流，与集中式不同的是客户机有自己的处理能力，如 NetWare Windows NT 等。操作系统分服务器软件和客户机软件两部分。

（3）对等式。是与客户机/服务器模式相关的另一种模式，网络中的每台机器都具有客户和服务器的功能，多在简单网络连接和分布式计算场合运用，所有计算机安装的都是同一系统。

3. 网络操作系统的特点

网络操作系统是计算机系统中的一个系统软件，它具有以下特点：

（1）从体系结构的角度看，网络操作系统具有所有操作系统的职能，如任务管理、缓冲区管理、文件管理以及磁盘、打印机等外设管理。

（2）从操作系统的观点看，网络操作系统是多用户共享资源的操作系统，包括磁盘处理、打印机处理、网络通信处理等面向用户的处理程序和多用户的系统核心调度程序。

（3）从网络的观点看，在物理层和数据链路层，一般网络操作系统支持多种网卡，如 Intel，3Com，Novell 公司以及其他厂家的网卡，其中有基于总线的，也有基于令牌环的网卡。从拓扑结构来看，网络操作系统可以运行于总线状、环状、星型等多种拓扑结构的网络之上。

5.1.2　网络操作系统功能

网络操作系统作为网络用户和计算机之间的接口，通常具有复杂性、并行性、高效性和安全性等特点。一般要求网络操作系统具有如下功能：

（1）支持多任务：要求操作系统在同一时间能够处理多个应用程序，每个应用程序在不同的内存空间运行。

（2）支持大内存：要求操作系统支持较大的物理内存，以便应用程序能够更好地运行。

（3）支持对称多处理：要求操作系统支持多个 CPU，以减少事务处理时间，提高操作系统性能。

（4）支持网络负载平衡：要求操作系统能够与其他计算机构成一个虚拟系统，满足多用户访问时的需要。

（5）支持远程管理：要求操作系统能够支持用户通过 Internet 远程管理和维护，如 Windows Server 2003 操作系统支持的终端服务。

5.1.3　网络操作系统结构

计算机网络中有两种基本的网络结构类型：对等网络和基于服务器的网络。由于计算机网络的主要功能是实现资源的共享，因此，从资源分配和管理的角度来看，对等网络和基于服务器的网络最大的差异就在于共享网络资源是分散到网络的所有计算机上，还是使用集中的网络服务器。对等网络采用分散管理的结构，基于服务器的网络采用集中管理的结构。对于这两种结构的网络，网络中各台计算机使用的操作系统也是不同的。

1. 对 等 网 络

在对等网络中，网络上的计算机平等地进行通信。每一台计算机都负责提供自己的资源，供网络上的其他计算机使用。可共享的资源可以是文件、目录、应用程序等，也可以是打印机、调制解调器或传真机等硬件设备。另外，每一台计算机还负责维护自己资源的安全性。对等网络的结构如图 5.1 所示。

对等网络具有计算机硬件的成本低、易于管理、不需要网络操作系统的支持等优点。

对等网络也有缺点。如果一个网络的用户多、规模大或者网络复杂、要求较高时，对等网络的缺点就显得很突出了，主要表现在：影响用户计算机的性能；网络的安全性无法保证；备份困难。

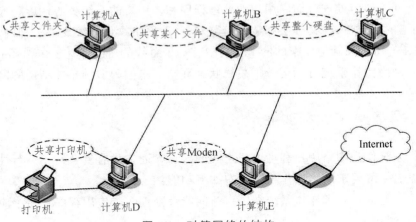

图 5.1 对等网络的结构

2. 基于服务器的网络

在基于服务器的网络中，通常使用一台高性能的计算机作为服务器存储共享资源，并向用户计算机分发文件和信息。在网络中，用户计算机通常也被称为客户机或工作站，服务器使用的是专用网络服务器，如图 5.2 所示。

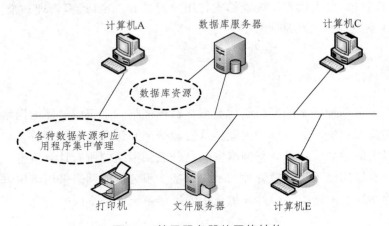

图 5.2 基于服务器的网络结构

基于服务器的网络的优点是安全性高、性能好、集中备份、可靠性高。

基于服务器的网络同样存在着一些缺点。与对等网相比，由于投入了专用的网络服务器和配件（如大容量硬盘、内存等），且安装了网络操作系统，造成了整个网络的成本较高。另外，基于服务器的网络通常需要一定水平的专业网络管理员维护，即便是网络中只有几台计算机也是一样，网络管理人员需要了解网络操作系统、网络的管理等知识。

5.2　网络工作模式

5.2.1　对等网

"对等网"也称为"工作组网",在对等结构的网络中,所有的联网节点地位平等,安装在每个联网节点的操作系统软件类型相同（基本上是客户网络操作系统,如 Windows NT Workstation,Windows 2000 Professional）,联网计算机的资源在原则上都可以相互共享。每台联网计算机为本地用户提供服务,同时也使用其他节点的网络用户所提供的服务。

局域网中任何两个节点之间都可以直接实现通信。图 5.3 给出了典型的对等结构局域网的结构。对等结构的网络操作系统可以提供共享硬盘、共享打印机、电子邮件、共享屏幕与共享 CPU 服务。对等结构网络的优点是:结构相对简单,网中任何节点间均能直接通信。

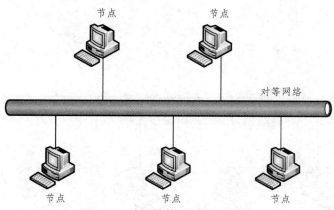

图 5.3　对等结构局域网的结构

5.2.2　C/S 模式

1. 主从式网络

当网络规模大到一定程度时,对等式网络的管理工作量就会大到无法接受的程度,这个时候需要采用主从式网络,在主从式网络中,有专门的计算机作为服务器来给客户机提供服务,其他的计算机则是客户机。

在主从式网络中,资源集中存放在服务器上,网络管理主要集中在服务器上,相对容易。主从式网络适用于较大的网络,对服务器的硬件要求比较高,也需要专门的网络管理员,成本相对较高。

2. C/S 结构

C/S（Client/Server）结构即大家熟知的客户-服务器结构。它是软件系统体系结构,通过它可以充分利用两端硬件环境的优势,将任务合理分配到客户端和服务器端来实现,降低了系统的通信开销。目前大多数应用软件系统都是 C/S 形式的两层结构，由于现在的软件应用系统正在向分布式的 Web 应用发展，Web 和 C/S 应用都可以进行同样的业务处理，应用不同的模块共享逻辑组件，因此，内部的和外部的用户都可以访问新的和现有的应用系统，通过现有应用系统中的逻辑可以扩展出新的应用系统，这也就是目前应用系统的发展方向。在 C/S 模式中，资源集中存放在一台或者几台服务器上。

如果只有一台服务器，则只需在服务器上为每个用户建立一个账户，用户只需登录该服务器就可以使用服务器中的资源。

如果资源分布在多台服务器中，如 5.4 所示，则要在每台服务器中分别为每个用户建立一个账户（共 $M \times N$ 个），用户需要在每台服务器上（共 M 台）登录，感觉又回到了工作组模式。

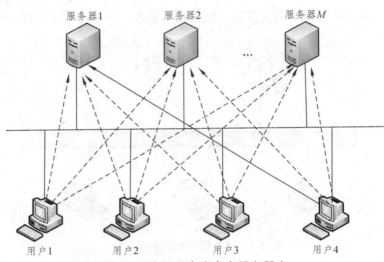

图 5.4　资源分布在多台服务器上

3. C/S 结构的特点

1）应用服务器运行数据负载较轻

C/S 模式是一种两层结构的系统：第一层是在客户机系统上结合了数据表示与业务逻辑处理，第二层是通过网络结合了数据库服务器。二者可分别称为前台程序与后台程序。运行数据库服务器程序的机器，也称为应用服务器，一旦服务器程序被启动，就随时等待响应客户程序发来的请求；客户应用程序运行在用户自己的计算机上，对应于数据库服务器，可称为客户计算机，当需要对数据库中的数据进行任何操作时，客户程序就自动地寻找服务器程序，并向其发出请求，服务器程序根据预定的规则做出应答，送回结果，应用服务器运行数据负载较轻。

从这个过程同样可以看出，交互性强是 C/S 结构固有的一个优点。在 C/S 结构中，客户端有一套完整应用程序，在出错提示、在线帮助等方面都有强大的功能，并且可以在子程序间自由切换，这样同样可以减轻服务器的负载。

2）数据处理安全、高效

C/S 结构提供了更安全的存取模式。由于 C/S 配备的是点对点的结构模式，所以非常适用于局域网，其安全性可以得到可靠的保证。而 B/S 采用点对多点、多点对多点这种开放的结构模式，并采用 TCP/IP 这类运用于 Internet 的开放性协议，其安全性只能靠数据服务器上管理密码的数据库来保证。

由于 C/S 在逻辑结构上比 B/S 少一层，对于相同的任务，C/S 完成的速度总比 B/S 快，使得 C/S 更利于处理大量数据。由于客户端实现与服务器的直接相连，没有中间环节，因此响应速度快。同时由于开发是针对性的，因此，操作界面美观，形式多样，可以充分满足客户自身的个性化要求。但缺少通用性，业务的变更需要重新设计和开发，增加了维护和管理的难度，进一步的业务拓展困难较多。

3）C/S 架构的劣势是高昂的维护成本且投资大

采用 C/S 架构，要选择适当的数据库平台来实现数据库数据的真正"统一"，使分布于两地的数据同步完全交由数据库系统去管理，但逻辑上两地的操作者要直接访问同一个数据库才能有效实现。如果需要建立"实时的"数据同步，就必须在两地间建立实时的通信连接，保持两地的数据库服务器在线运行，网络管理工作人员既要对服务器进行维护管理，又要对客户端进行维护和管理，这需要高昂的投资和复杂的技术支持，维护成本很高，维护任务量大。

5.2.3　B/S 模式

1. B/S 结构

B/S（Browses/Server）结构即浏览器-服务器结构，也是一种主从式网络模式，它是随着 Internet 技术的兴起，对 C/S 结构的一种变化或者改进的结构。在这种结构下，用户工作界面是通过 WWW 浏览器来实现的，极少部分的事务逻辑在前端（Browses）实现，但是主要事务逻辑在服务器端（Sever）实现，形成所谓的三层结构，这样就大大简化了客户端计算机的负载，减轻了系统维护与升级的成本和工作量，降低了用户的总体成本。

以目前的技术看，在局域网中建立 B/S 结构的网络应用，并通过 Internet/Intranet 环境来实现的数据库应用，相对容易实现，成本也较低。它是一次到位的开发，能实现不同的人员从不同的地点以不同的接入方式（比如 LAN，WAN，Internet/Intranet 等）访问和操作共同的数据库，能有效地保护数据平台和管理访问权限，服务器数据库也很安全。特别是在 Java 这样的跨平台语言出现之后，B/S 架构管理软件更为方便、快捷、高效。

2. B/S 结构的特点

（1）维护和升级方式简单。目前，软件系统的改进和升级越来越频繁，B/S 架构的产品优势更明显。对一个稍微大一点的单位来说，系统管理人员如果需要在几百甚至上千部计算机之间来回操作，效率和工作量是可想而知的，但 B/S 架构的软件只需要管理服务器就行了，所有的客户端只是浏览器，根本不需要做任何的维护。

（2）成本降低，选择更多。Windows 系统在桌面计算机上具有统治地位，浏览器成为标准配置，但在服务器操作系统上 Windows 系统并不是处于绝对的统治地位。现在的趋势是凡使用 B/S 架构的应用管理软件，一般只需安装在 Linux 系统服务器上即可，而且安全性比 Windows 系统高，所以服务器操作系统的选择是多样化的。

（3）应用服务器运行数据负载较重。由于 B/S 架构管理软件只安装在服务器端上，网络管理人员只需要管理服务器就行了，用户界面的主要事务逻辑在服务器端完全通过 WWW 浏览器实现，只有极少部分事务逻辑在前端实现，所有的客户端只有浏览器，网络管理人员只需要做硬件维护。但是，应用服务器运行数据负载较重，一旦发生服务器"崩溃"等问题，后果不堪设想。因此，许多单位都备有数据库存储服务器。

5.3　Windows 操作系统

如果需要将办公室内的若干计算机连成一个局域网，那么需要为每台计算机购买一块网卡，并购买相应数量的传输介质与介质连接设备，将它们安装起来后构成局域网的硬件环境。现阶段最典型的方法是：购置标准的以太网卡、非屏蔽双绞线与集线器，然后按照组建局域网的原则连接起来，这时就完成了局域网基本的硬件安装工作。

在完成局域网的硬件安装后，还需要选择与安装适合的网络操作系统。下面就以 Windows Server 2003 来讲述相关知识。

微软公司的 Windows 操作系统可分为两大类：一类是面向普通用户的单机操作系统。如 Windows 95/98，Windows NT Workstation，Windows 2000 Professional 及 Windows XP 等；另一类是定位在高性能工作站、台式机、服务器，以及政府机关、大型企业网络、异型机互联设备等多种应用环境的服务器端的网络操作系统，如 Windows NT Server，Windows 2000 Server 等。

2003 年初发布的 Windows Server 2003 是继 Windows XP 后微软发布的又一个产品，拥有价值数百万美元的安全机制，适用于关键的和高扩展性的应用程序以及对安全性能要求很高的服务器操作系统。发布该版本的目标很明确，把客户定位在高端服务器市场。作为一种高性能的网络操作系统，旨在为用户提供稳定可靠的网络环境，为企业缔造更大的产能、降低成本和取得更多利润的愿望。

1. Windows Server 2003 的版本

Windows Server 2003 共有 4 个不同版本，分别为标准版（Standard Edition）、企业版（Enterprise Edition）、数据中心版（Datacenter Edition），Web 版（Web Edition）。它们与 NET 技术紧密结合，提供了快速的开发和应用程序平台。Windows Server 2003 家族成员的安装系统要求如表 5.1 所示。

表 5.1　Windows Server 2003 家族安装要求

版本	硬件要求	特点
Windows Server 2003 Web Edition	2 GB 内存、2 个 CPU	对 Web 服务进行优化，能在活动目录中作成员服务器，不能作域控制器
Windows Server 2003 Standard Edition	4 GB 内存、4 个 CPU	适用于中小型企业，具备除目录服务、支持终端服务、会话目录、集群服务以外的所有服务功能
Windows Server 2003 Enterprise Edition	64 GB 内存、8 个 CPU	适用于高端服务器上，具备所有的服务模块
Windows Server 2003 Datacenter Edition	512 GB 内存、32 个 CPU	适用于高端服务器上，具有极高的可靠性、稳定性和可扩展型

下面详细介绍 Windows Server 2003 中 4 个版本的特性功能和主要应用。

（1）Windows Server 2003 标准版。Windows Server 2003 标准版是为小型企业的单位和部门而专门设计的，其主要功能包括：智能文件和打印机共享、安全互联网连接、集中式的桌面应用程序部署以及连接职员、合作伙伴和顾客的 Web 解决方案等。Windows Server 2003 标准版提供了较高的可靠性、可伸缩性和安全性。Windows Server 2003 标准版提供以下的支持：

① 支持双向对称多处理方式（Symmetric Multiple Processor，SMP）。

② 高级联网功能，如互联网验证服务（Internet Authentication Service，AS），网桥和互联网连接共享（Internet Connection Sharing，ICS）。

③ 4 GB 的 RAM（随机存取存储器）。

（2）Windows Server 2003 企业版。Windows Server 2003 企业版主要是针对大中型企业而设计的，是推荐运行某些应用程序的服务器应该使用的操作系统，这些应用程序包括：联网、消息传递、清单和顾客服务系统、数据库、电子商务 Web 站点以及文件和打印服务器。

与 Windows Server 2003 标准版相比，Windows Server 2003 企业版支持高性能服务器，具有将服务器群集在一起以处理更大负载的能力。这些功能提高了系统的可靠性，即确保无论是出现系统失败或是应用程序变得很大，系统仍然可用。Windows Server 2003 企业版提供以下支持：

① 支持 8 路对称多处理方式（SMP）。

② 支持 8 节点群集。

③ 32 位版本支持 32 GB RAM，64 位版本支持 64 GB RAM。

（3）Windows Server 2003 数据中心版。针对要求最高级别的可伸缩性、可用性和可靠性的企业而设计的 Windows Server 2003 数据中心版使用户可以为数据库、企业资源规划软件、大容量实时事务处理以及服务器合并提供关键的解决方案。数据中心版可在最新硬件上使用，它同时有 32 位版本和 64 位版本，从而保证了最佳的灵活性和可伸缩性。

与 Windows Server 2003 企业版相比，Windows Server 2003 数据中心版支持更强大的多处理方式和更大的内存。Windows Server 2003 数据中心版提供以下支持：

① 支持 32 路对称多处理方式（SMP）。

② 支持 8 节点群集。

③ 32 位版本支持 64 GB RAM，64 位版本支持 512 GB RAM。

（4）Windows Server 2003 网络版。Windows Server 2003 网络版是专为 Web 服务器而设计的，它提供了 Windows 服务器操作系统的下一代 Web 结构的功能。Windows Server 2003 网络版集成了 ASP. NET 和.NET 框架，从而使开发人员可以快速生成并部署 XML Web 服务和应用程序。Windows Server 2003 网络版是下一代网络服务器产品中最经济的，能适应各种大中小型企业的需要，可迅速帮助他们建立并配置网页、网站及网络服务。

2. Windows Server 2003 的主要特点

Windows Server 2003 与其他操作系统相比具有许多特点：

（1）Active Directory 改进。在 Windows 2000 Server 中引入的 Microsoft Active Directory 服务简化了复杂网络目录的管理，并使用户即使在最大的网络上也能够很容易地查找资源。此企业级目录服务是可扩展的，完全是基于 Internet 标准技术创建的，并与 Windows Server 2003 标准版、Windows Server 2003 企业版和 Windows Server 2003 数据中心版操作系统完全集成。Windows Server 2003 为 Active Directory 提供了许多简捷易用的改进和新增功能，包括跨森林信任、重命名域的功能以及使架构中的属性和类别禁用，以便能够更改其定义的功能。

（2）卷影子副本恢复。作为卷影子副本服务的一部分，此功能使管理员能够在不中断服务的情况下配置关键数据卷的即时点副本，然后可使用这些副本进行服务还原或存档。用户可以检索自己文档的存档版本，服务器上保存的这些版本是不可见的。

（3）群集技术新特性。群集是一组独立的计算机，它们一起协作运行公共的应用程序集，并向客户端和应用程序提供单一系统的映像。群集技术随许多不同的产品发布，能够独立使用或与其他产品联合使用，提供可缩放的、可用性高的服务。Windows 群集提供以下 3 种不同但互补的群集技术：

① 网络负载平衡群集。

② 组件负载平衡群集。

③ 服务器群集。

默认情况下，安装 Windows Server 2003 家族中的任何操作系统时，所有的群集和管理软件文件都将自动安装在计算机上。

（4）文件及打印服务新功能。在 Windows Server 2003 中，系统为打印服务器提供了许多新的支持，现介绍如下：

① 在 Active Directory 中发布打印。

② Internet 打印协议。

③ 使用浏览器管理打印机，可以暂停、继续、删除打印作业，查看打印机和打印作业的状态。

④ 可以使用统一资源定位器（URL），从 Windows XP 客户端打印到运行 Windows Server 2003 家族操作系统的打印服务器计算机。

⑤ 使用"Web 即点即打"连接到网络打印机，实现共享打印机的"单击"安装。

（5）Internet 信息服务 6.0 的新功能。Internet 信息服务 6.0（IIS6.0）是功能完整的 Web 服务器，它为 Windows Server 2003 家族和现有 Web 应用程序和 Web 服务提供了基础。IIS 6.0 提供了专用的应用程序模式，该模式在独立环境中可运行所有应用程序代码。

Windows Server 2003 家族中的 Internet 信息服务提供了可用于 Intranet、Internet 或 Extranet 上的集成 Web 服务器能力，这种服务器具有可靠性、可伸缩性、安全性以及可管理性的特点。

（6）系统管理新功能。在存储区域网络（SAN）环境中，为了获得更好的互操作性，在 Windows Server 2003 企业版和 Windows Server 2003 数据中心版中，将新磁盘上的卷添加到系统中时，默认情况下将不会自动安装及指派驱动器号。

3. 配置 Windows Server 2003

（1）Windows Server 2003 下的网卡安装。在 Windows Server 2003 的安装过程中，由于系统自带有大量常见硬件驱动程序，所以系统在安装时，一般会自动为计算机系统上的硬件装好驱动程序。虽然 Windows Server 2003 自带了大量的网卡驱动程序，但有时还是需要进行手工安装，如安装系统时未安装网卡，或使用的是太旧或太新型号的网卡等，此时要手工安装网卡驱动程序。

手工安装网卡驱动程序时，首先要找出所使用网卡的生产厂家和型号，然后上网搜索它的驱动程序，一般最好去生产厂家的主页上寻找，如果找不到该型号的网卡驱动程序的话，最直接的方法就是升级网卡了。

（2）Windows Server 2003 网络协议设置。

① 首先打开"网络连接"中的"本地连接"。选择"开始"→"所有程序"→"控制面板"→"网络连接"→"本地连接"命令，弹出"本地连接状态"对话框。

② 打开"本地连接属性"对话框。在"本地连接状态"的对话框中会显示一些连接参数，如连接状态、持续时间和传送数据的速度。单击"本地连接状态"对话框中的"属性"按钮，系统弹出"本地连接属性"对话框。在该对话框中列出了该网络连接的硬件（网卡）和软件（客户、服务和协议），系统默认的安装协议是 TCP/IP。

③ 打开"Internet 协议（TCP/IP）属性"对话框，进行 TCP/IP 设置。在"本地连接属性"的对话框中选择"Internet 协议（TCP/IP）"，单击"属性"按钮，弹出"Internet 协议（TCP/IP）属性"对话框。

在"Internet 协议（TCP/IP）属性"对话框中，选中"使用下面的 IP 地址"单选按钮，然后手动设置 IP 地址、子网掩码、默认网关和 DNS。

单击"高级"按钮，进入"高级 TCP/IP 设置"对话框。在该对话框内有四个选项卡，分别可以用来添加和编辑 IP 地址、DNS 地址、WINS 地址，启用 IP 安全机制和 TCP/IP 选项设置。

4. 网络资源共享

计算机网络的一个重要功能就是实现资源共享，而网络中的资源包括硬件、软件和诸如文件之类的数据资源。

（1）创建共享文件夹。在 Windows Server 2003 网络中，不仅客户机可将程序和数据设置为共享以供其他用户使用，而且服务器也可将大量的数据和程序设置为共享，作为文件服务器来供客户使用，文件共享就是主要的共享方式。下面介绍创建共享文件夹的方法。

打开"我的电脑"或"资源管理器"窗口，选择一个要共享的文件夹，右击，选择快捷菜单中的"属性"命令，打开"属性"对话框，选择"共享"选项卡，配置完所有的共享属性后，单击"确定"按钮，即可创建一个共享文件夹。共享文件夹以一个托手的图标形式出现。

（2）管理共享文件夹。在 Windows 2003 服务器中，通过"我的电脑"窗口和"资源管理器"窗口可以非常方便地管理共享文件夹，但是使用计算机管理工具或文件服务器管理工具，可使用户对服务器上的共享文件夹的管理变得更加容易和集中。

单击"开始"菜单，选择"程序"→"管理工具"→"计算机管理"命令，打开"计算机管理"窗口，如图 5.5 所示。

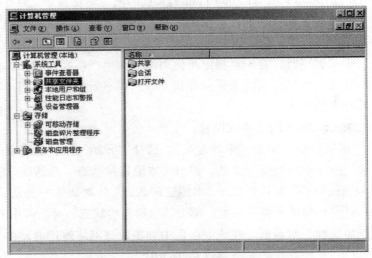

图 5.5 "计算机管理"窗口

（3）停止共享。如果用户要停止对某个文件夹的共享，在详细资料窗格中右击该选项，从弹出的快捷菜单中选择"停止共享"命令，出现确认信息框之后，单击"确定"按钮，即可停止对该文件夹的共享。

（4）修改共享属性。如果用户要查看和修改某个文件夹的共享属性，可在详细资料窗格中右击该文件夹，从弹出的快捷菜单中选择"属性"命令，如图 5.6 所示，打开该共享文件夹的属性对话框，其中包含 3 个选项卡。

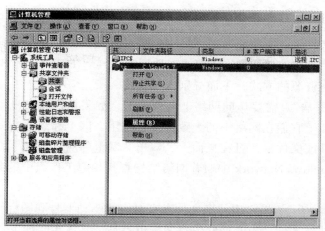

图 5.6　共享文件夹的"属性"快捷菜单

①　"常规"选项卡。在"常规"选项卡中，如果要设定用户的数量，则在"用户限制"选项组中，选中"允许此数量的用户"单选按钮，并设定允许的用户数。要进行脱机设置，单击"脱机设置"按钮，如图 5.7 所示，打开"脱机设置"对话框。

通过脱机文件，即使未与网络连接，也可以继续使用网络文件和程序。创建新的共享资源时，在默认情况下允许脱机访问。只有将计算机设置为使用脱机文件，"允许脱机使用"才会出现在"文件"菜单上。

②　"共享权限"选项卡。共享权限有"完全控制""更改""读取"3 种权限，可根据实际情况进行设置，如图 5.8 所示。

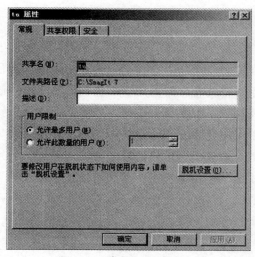

图 5.7　"常规"选项卡

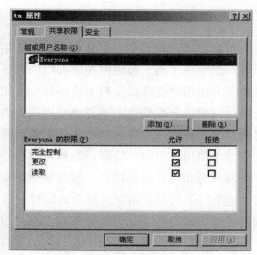

图 5.8　"共享权限"选项卡

③"安全"选项卡。管理员可添加或删除访问该共享文件夹的用户。

④"会话"和"打开文件"文件夹。单击控制台左边窗格中的"会话"和"打开文件"文件夹，控制台右边的详细资料窗格中就会列出所有访问服务器共享资源的用户，并列出该

用户所使用的计算机、类型和打开的文件。

（5）访问共享文件夹。当用户知道网络中的某台计算机上有自己需要的共享信息时，就可在自己的计算机上使用这些资源，像使用本地资源一样。在 Windows Server 2003 中，提供了多种快速访问网络资源的方式，下面分别进行介绍。

① 通过"网上邻居"。需要访问网络上的资源时，如果用户知道自己要访问的文件或文件夹的名字，并且知道它们在网络中的大致位置，使用"网上邻居"的搜索功能可快速访问该资源。要搜索文件或文件夹，可在桌面上，双击"网上邻居"图标，打开"网上邻居"窗口，在 Microsoft Windows Network 中顺着网络结构查找相应工作组中的共享文件夹，然后双击打开即可。

② 映射网络驱动器。如果希望共享文件夹有对应的驱动器号和图标，则可以映射网络驱动器。这样，引用共享文件夹中文件的位置变得更容易，具体步骤如下：

打开"我的电脑"窗口，选择"工具"菜单中的"映射网络驱动器"命令，打开"映射网络驱动器"对话框。在"驱动器"下拉列表框中选择一个驱动器号。

在"文件夹"下拉列表框中输入服务器以及所需的计算机或文件夹的共享名称，单击"完成"按钮。打开"我的电脑"窗口，将发现本机多了一个驱动器盘符，通过该驱动器盘符可以访问该共享文件夹，如同访问本机的物理磁盘一样。该驱动器实际上是共享文件夹到本机的一个映射。

③ 通过网络路径。可以通过"运行"对话框或者打开"我的电脑"窗口等方式来访问共享资源，使用的方式是，在"运行"对话框的"打开"文本框中或者"我的电脑"窗口的地址栏中输入"\\目标主机的地址或主机名\共享文件夹名"，然后按"Enter"键就可以了。

5. 用户组管理

所谓组，可以看成是一个具有相同性质用户的集合。例如，完成同一个应用程序开发任务的人员建立一个组，公司内相同部门的人员建立另一个组。为什么要建立组？其主要目的就是为了方便用户管理以及授予使用权。使用组可以简化网络的维护和管理。管理员一般是将资源访问权限分配给组而不是单个用户，当将用户添加到某个组时，它将具有所分配给那个组的权力和权限。这样做的结果是不再管理单个用户，而是管理组。

在授予使用权力时，管理员当然可以单一地分别授予，但是这样非常浪费时间，特别是对于一群具有相同性质的用户，这时候如果使用组就非常方便了。将用户设置隶属于某一个组时，这个组的所有使用权力就会同时授予该用户。因此，在 Windows 系统中建立用户账户以及授予使用权力的最佳做法是先建立用户组，授予组必要的使用权力，然后建立用户，最后再将这些用户加入相应的组中。

（1）Windows Server 2003 自带的本地组。独立服务器上的组又称为本地组。Windows Server 2003 的内置本地组主要包括 Administrators，Backup Operators，Guests，Power Users，Remote Desktop Users 和 Users 等。

① Administrators 组。该组的成员具有对服务器的完全控制权限，并且可以根据需要向用户指派用户权力和访问控制权限。管理员账户也是默认成员。当该服务器加入域中时，Domain

Administrators 组会自动添加到该组中。由于该组可以完全控制服务器，因此向该组添加用户时应谨慎。

② Backup Operators 组。该组的成员可以备份和还原服务器上的文件，而不管保护这些文件的权限如何。这是因为执行备份任务的权利要高于所有文件权限，它们不能更改安全设置。

③ Guests 组。该组的成员拥有一个在登录时创建的临时配置文件。在注销时，该配置文件将被删除。Guest 账户（在默认情况下已禁用）也是该组的默认成员。

④ Power Users 组。该组的成员可以创建用户账户，然后修改并删除所创建的账户。他们可以创建本地组，然后在已创建的本地组中添加或删除用户。还可以在 Power Users 组、Users 组和 Guests 组中添加或删除用户。成员可以创建共享资源并管理所创建的共享资源。他们不能取得文件的所有权、备份或还原目录、加载或卸载设备驱动程序或者管理安全性以及审核日志的权利。

⑤ Remote Desktop Users 组。该组的成员可以远程登录服务器，允许通过终端服务登录。

⑥ Users 组。该组的成员可以执行一些常见任务，例如运行应用程序、使用本地和网络打印机以及锁定服务器。用户不能共享目录或创建本地打印机。在默认情况下，Domain Users，Authenticated Users 及 Interactive 组是该组的成员。因此，在域中创建的任何用户账户都将成为该组的成员。

（2）创建 Windows Server 2003 的本地组。

① 使用图形界面的方式创建本地组步骤如下：

打开"计算机管理"窗口。右击控制台树中的"组"文件夹。选择快捷菜单上的"新建组"命令，如图 5.9 所示，打开"新建组"对话框。

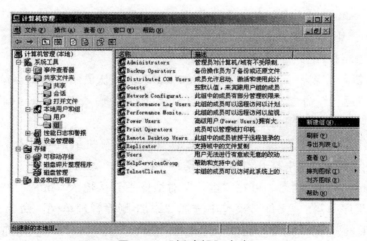

图 5.9　"新建组"命令

在"组名"文本框中输入组的名称。在"描述"文本框中输入新组的说明。要向新组添加一个或多个成员，应单击"添加"按钮。在"选择用户"对话框中，选择用户组作为该组成员。

在"新建组"对话框中，依次单击"创建"和"关闭"按钮。

② 通过命令行的方式创建本地组的操作步骤如下：

打开"命令提示符"窗口，要创建一个组，输入"net localgroup 组名/add"，单击"确定"按钮。

6. Windows Server 2003 组策略应用

组策略是管理员为计算机和用户定义的，用来控制应用程序、进行系统设置和管理模板的一种机制。通俗一点说，是介于控制面板和注册表之间的一种修改系统、设置程序的工具。微软自 Windows NT 4.0 开始便采用了组策略这一机制，经过 Windows 2000 发展到 Windows Server 2003 已相当完善。利用组策略可以修改 Windows 的桌面、"开始"菜单、登录方式、组件、网络及 IE 浏览器等许多设置。

平时一些常用的系统、外观、网络等设置等可通过控制面板修改，但部分用户仍不满意，因为通过控制面板能修改的东西太少；还有些用户通过使用修改注册表的方法来设置，但注册表涉及内容又太多，修改起来也不方便。组策略正好介于两者之间，涉及的内容比控制面板中的多，安全性和控制面板一样非常高，并且条理性、可操作性比注册表强。

（1）组策略中的管理模板。在 Windows Server 2003 目录中包含了几个.adm 文件。这些文件是文本文件，称为管理模板，它们为组策略管理模板项目提供策略信息。在 Windows 9x 系统中，默认的 admin.adm 管理模板保存在策略编辑器的同一个文件夹中。而在 Windows Server 2003 系统文件夹的 inf 文件夹中，包含了默认安装的 4 个模板文件，分别如下：

① System.adm：默认情况下安装在组策略中，用于系统设置。

② Inetres.adm：默认情况下安装在组策略中，用于 Internet Explore 策略设置。

③ Wmplayer.adm：用于 Windows Media Player 设置。

④ Conf. adm：用于 NetMeeting 设置。

（2）访问组策略控制台。

① 当前计算机的控制台。Windows Server 2003 系统默认已经安装了组策略程序，在"开始"菜单中选择"运行"命令，在打开的"运行"对话框中输入"gpedit.msc"并单击"确定"按钮，即可打开"组策略编辑器"窗口。

② 打开其他计算机的控制台。如果需要配置其他的计算机组策略对象，则需要将组策略作为独立的控制台管理程序来打开，具体步骤如下：

打开 Microsoft 管理控制台（可在"运行"对话框中直接输入"mmc"并单击"确定"按钮，运行控制台程序），在"文件"菜单中选择"添加/删除管理单元"命令，打开"添加/删除管理单元"对话框。在"独立"选项卡上单击"添加"按钮，打开"添加独立管理单元"对话框。在"可用的独立管理单元"列表框中，单击"组策略对象编辑器"选项，然后单击"添加"按钮，打开"选择组策略对象"对话框。

在"选择组策略对象"对话框中，在"组策略对象"文本框中输入本地计算机对象，或通过单击"浏览"按钮查找所需的组策略对象，如图 5.10 所示。

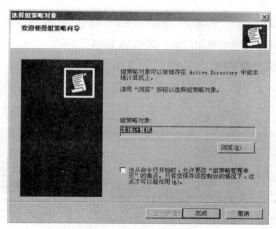

图 5.10　"选择组策略对象"对话框

依次单击"完成"按钮、"关闭"按钮，然后单击"确定"按钮，即打开要编辑的组策略对象的控制台窗口。对于不包含域的计算机系统来说，在如 5.22 所示的对话框中单击"浏览"按钮，弹出的对话框中只有"计算机"选项卡。

（3）组策略应用。利用组策略可以修改 Windows 的桌面、"开始"菜单、登录方式、组件、网络及 IE 浏览器等许多设置。

① 限制使用应用程序。如果计算机中设置了多个用户，一个用户的某些程序可能不希望其他用户随意运行，也能在组策略中设置，具体配置步骤如下：

打开如图 5.11 所示的组策略控制台，选择"用户配置"→"管理模板"→"系统"中的"只运行许可的 Windows 应用程序"页面并启用此策略。

图 5.11　"只运行许可的 Windows 应用程序"的控制台

单击下面的"允许的应用程序列表"边的"显示"按钮，弹出一个"显示内容"对话框。在此对话框中单击"添加"按钮来添加允许运行的应用程序即可。之后，一般的用户只能运行"允许的应用程序列表"中的程序。

② 禁用"添加或删除程序"功能。"控制面板"中的"添加或删除程序"工具允许用户安装、卸载、修复并添加和删除 Windows 的功能和组件以及种类很多的 Windows 程序。如果想阻止其他用户安装或卸载程序，可利用组策略来实现。

打开组策略控制台，选择"用户配置"→"管理模板"→"控制面板"→"添加或删除程序"中的"删除'添加或删除程序'"页面，如图 5.12 所示。

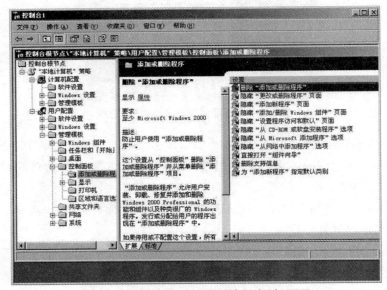

图 5.12   "删除'添加或删除程序'"页面

若启用此策略，当再次打开"控制面板"中"添加或删除程序"模块的时候，会自动弹出警告窗口，而"添加或删除程序"功能则无法运行。

③ 修改账户密码策略。在新建账户的时候密码必须要具有一定的复杂性，其实可以通过组策略来进行修改，操作步骤如下：

展开"计算机配置"→"Windows 设置"→"安全设置"文件夹。选择"账户策略"→"密码策略"节点。

双击启用设置项，根据需要设置相应的内容，如"密码长度最小值""密码必须符合复杂性要求"等。

5.4   其他网络操作系统

5.4.1   UNIX 操作系统

1. UNIX 操作系统的发展

UNIX 最早是由美国贝尔实验室发明的一种多用户、多任务的通用操作系统。UNIX 系统自 1969 年诞生以来已经过 50 年。虽然目前市场上面临各种操作系统强有力的竞争，但它仍然是笔记本式计算机、中小型机、工作站、大巨型机及群集、SMP（对称多处理结构）、MPP（大规模并行处理）上全系列通用的操作系统，至少到目前为止还没有哪一种操作系统可以担此重任。而且以其为基础形成的开放系统标准（如 PONX）也是迄今为止唯一的操作系统标准，即使是其竞争对手或者目前还尚存的专用硬件系统（某些公司的大中型机或专用硬件）上运行的操作系统，其界面也是遵循 PONX 或其他类 UNIX 标准的。从此意义上讲，UNIX 就不只是一种操作系统的专用名称，而成了当前开放系统的代名词。

UNIX 系统的转折点是 1972 年到 1974 年，因 UNIX 用 L 语言编写，把可移植性当成主要的设计目标。1988 年开放软件基金会成立后，UNIX 经历了一个辉煌的历程。成千上万的应用软件在 UNIX 系统上开发并适用于几乎每个应用领域。UNIX 从此成为世界上用途最广的通用操作系统。UNIX 大大推动了计算机系统及软件技术的发展。

2. UNIX 操作系统的功能

UNIX 操作系统是目前功能最强、安全性和稳定性最高网络操作系统，其通常与硬件服务器产品一起捆绑销售。UNIX 功能主要表现在以下几个方面：

（1）网络系统管理。现在所有 UNIX 系统的网络系统管理功能都有重大扩充，它包括了基于新的 NT（以及 Novell NetWare）的网络代理，用于 OpenView 企业管理解决方案，支持 Windows NT 作为 OpenView 网络节点管理器。

（2）高安全性。Presidium 数据保安策略把集中式的安全管理与端到端（从膝上/桌面系统到企业级服务器）结合起来。例如，惠普公司的 PreNdium 授权服务器支持 Windows 操作系统和桌面型 HP-UX，又支持 Windows NT 和服务器的 HP-UX。

（3）通信。Open Mail 是 UNIX 系统的电子通信系统，是为适应异构环境和巨大的用户群设计的。Open Mail 可以安装到许多操作系统上，不仅包括不同版本的 UNIX 操作系统，还包括 Windows NT。

（4）可连接性。在可连接性领域中各 UNIX 厂商都特别专注于文件/打印的集成。网络操作系统支持与 NetWare 和 NT 共存。

（5）Internet。从 1996 年 11 月惠普公司宣布扩展的国际互联网计划开始，各 UNIX 公司就陆续推出了关于网络的全局解决方案，为大大小小的组织控制跨越 Microsoft Windows NT 和 UNIX 的网络业务提供了崭新的帮助和业务支持。

（6）数据安全性。随着越来越多的组织中的信息技术体系框架成为 UNIX 中具有战略意义的一部分，解决数据安全问题的严重性变得日益迫切。UNIX 系统提供了许多数据保安特性，可以使计算机信息机构和管理信息系统的用户对他们的系统具有安全感。

（7）可管理性。随着系统越来越复杂，系统管理的重要性与日俱增。HP-UX 支持的系统管理手段是按既易于管理单个服务器，又方便管理复杂的联网的系统设计的；既要提高操作人员的生产力又要降低业主的总开销。

（8）系统管理器。UNIX 的核心系统配置和管理是由系统管理器（SAM）来实施的。SAM

使系统管理员既可采用直观的图形用户界面，也可采用基于浏览器的界面（它引导管理员在给定的任务里做出种种选择），对全部重要的管理功能执行操作。SAM 是为一些相当复杂的核心系统管理任务而设计的，如给系统增加和配置硬盘时，可以简化为若干简短的步骤，从而显著提高了系统管理的效率。

SAM 能够简便地指导对海量存储器的管理，显示硬盘和文件系统的体系结构，以及磁盘阵列内的卷和组。除了具有高可用性的解决方案，SAM 还能够强化对单一系统、镜像设备以及集群映像的管理。SAM 还支持大型企业的系统管理，在这种企业里有多个系统管理员各司其职共同维护系统环境。SAM 可以由首席系统管理员（超级用户）为其他非超级用户的管理员生成特定的任务子集，让他们各自实施自己的管理责任。通过减少要求具备超级用户管理能力的系统管理员人数，改善系统的安全性。

（9）Ignite/UX。Ignite/UX 采用推和拉两种方法自动对操作系统软件进行跨越网络的配置。用户可以把这种建立在快速配备原理上的系统初始配置，跨越网络同时复制给多个系统。这种能力能够取得显著节省系统管理员时间的效果，因此节约了资金。Ignite/UX 也具有获得系统配置参数的能力，用于系统规划和快速恢复。

（10）进程资源管理器。进程资源管理器可以为系统管理提供额外的灵活性。它可以根据业务的优先级，让管理员动态地把可用的 CPU 周期和内存的最小百分比分配给指定的用户群和一些进程。据此，一些要求苛刻的应用程序就能在一个共享的系统上，取得其要求的处理资源。

UNIX 并不能很好地作为 PC 的文件服务器，这是因为 UNIX 提供的文件共享方式涉及不支持任何 Windows 或 Macintosh 操作系统的 NFS（网络文件系统）或 DFS（分布式文件系统）。虽然通过第三方应用程序，NFS 和 DFS 客户端也可以被加在 PC 上，但价格昂贵。与 NetWare 或 Windows NT 相比，UNIX 系统的安装和维护比较困难。

绝大多数中小型企业只是在有特定应用需求时才选择 UNIX。UNIX 经常与其他 NOS 一起使用，如 NetWare 和 Windows NT。在企业网络中，文件和打印服务由 NetWare 或 Windows NT 管理，而 UNIX 服务器负责提供 Web 服务和数据库服务。在小型网络中，在与文件服务器相同环境中运行应用程序服务器，避免附加的系统管理费用，从而减少企业开支。

3. UNIX 操作系统的特点

早期 UNIX 的主要特色是结构简练、便于移植和功能相对强大。经过多年的发展和改进，又形成了一些极为重要的特色，其中主要包括以下几点：

（1）UNIX 操作系统是一个多用户系统。

（2）UNIX 操作系统是一个多任务操作系统。

（3）UNIX 操作系统具有良好的用户界面。

（4）UNIX 操作系统的文件、目录与设备采用统一的处理方式。

（5）UNIX 操作系统具有很强的多核处理程序功能。

（6）UNIX 操作系统具有很好的可移植性。

（7）UNIX 操作系统可以直接支持网络功能。

经过长期的发展和完善，UNIX 目前已成长为一种主流的操作系统技术和基于这种技术的产品大家族。由于 UNIX 具有技术成熟、可靠性高、网络和数据库功能强、伸缩性突出和开放性好等优点，可满足各行各业的实际需要，特别能满足企业重要业务的需要，已经成为主要的工作站平台和重要的企业操作平台。UNIX 操作系统作为工业标准已经被很多计算机厂商所接受，并且被广泛应用于大型机、中型机、小型机、工作站与微型机上，特别是工作站中几乎全部采用了 UNIX 操作系统。TCP/IP 作为 UNIX 的核心协议，使得 UNIX 与 TCP/IP 共同得到了普及与发展。

5.4.2　Linux 操作系统

1. Linux 操作系统的发展

Linux 是赫尔辛基大学的学生 Lines Torvalds 开发的具有 UNIX 操作系统特征的新一代网络操作系统。Linux 操作系统虽然与 UNIX 操作系统类似，但它并不是 UNIX 操作系统的变种。自 1991 年 Linux 操作系统开发以来的 20 多年间，Linux 操作系统以令人惊异的速度迅速在服务器和桌面系统中获得了成功，它已经被业界认为是未来最有前途的操作系统之一。并且，在嵌入式领域，由于 Linux 操作系统具有开放源代码、良好的可移植性、丰富的代码资源以及异常的健壮性，使得它获得越来越多的关注。

Lines Torvalds 的最初目的是想设计一个代替 Minix（是由一位名叫 Andrew Tanne-baum 的计算机教授编写的一个操作系统示教程序）的操作系统，这个操作系统可用于 386、486 或奔腾处理器的个人计算机上，并且具有 UNIX 操作系统的全部功能，这便是 Linux 的雏形设计。

Linux 以它的高效性和灵活性著称。它能够在 PC 上实现几乎全部的 UNIX 特性，具有多任务、多用户的能力。Linux 是在 GNU 公共许可权限下免费获得的，是一个符合 PONX 标准的操作系统。Linux 操作系统软件包不仅包括完整的 Linux 操作系统，而且还包括了文本编辑器、高级语言编译器等应用软件。此外，它还包括带有多个窗口管理器的 X-Windows 图形用户界面，使用户可以像使用 Windows 操作系统一样，使用窗口、图标和菜单对系统进行操作。

2. Linux 操作系统的特点

Linux 的流行是因为它具有许多特点：

（1）完全免费。Linux 是一款免费的操作系统，用户可以通过网络或其他途径免费获得，并可以任意修改其源代码，这是其他的操作系统所做不到的。正是由于这一点，来自全世界的无数程序员参与了 Linux 的修改、编写工作，程序员可以根据自己的兴趣和灵感对其进行改变。这让 Linux 吸收了无数程序员的精华，不断壮大。

（2）完全兼容 PONX 1.0 标准。这使得可以在 Linux 下通过相应的模拟器运行常见的 DOS、Windows 的程序。许多用户在考虑使用 Linux 时，就想到以前在 Windows 下常见的程序是否能正常运行，这一点就消除了他们的疑虑。

（3）多用户、多任务。Linux 支持多用户，各个用户对自己的文件设备有特殊的权利，保证了各用户之间互不影响。多任务则是现在计算机最主要的一个特点，Linux 可以使多个程序同时并独立地运行。

（4）良好的界面。Linux 同时具有字符界面和图形界面。在字符界面用户可以通过键盘输入相应的指令来进行操作，它同时也提供了类似 Windows 图形界面的 X-Windows 系统，用户可以使用鼠标进行操作。

（5）丰富的网络功能。互联网是在 UNIX 的基础上繁荣起来的，Linux 的网络功能当然不会逊色。Linux 的网络功能和其内核紧密相连，在这方面 Linux 要优于其他操作系统。在 Linux 中，用户可以轻松实现网页浏览、文件传输、远程登录等网络工作，并且可以为服务器提供 WWW、FTP、E-mail 等服务。

（6）可靠的安全性和稳定性。Linux 采取了许多安全技术措施，其中有对读写进行权限控制、审计跟踪、核心授权等技术，这些都为安全提供了保障。Linux 由于需要应用到网络服务器中，这对稳定性也有比较高的要求，实际上 Linux 在这方面也十分出色。

（7）支持多种平台。Linux 可以运行在多种硬件平台上，如具有 x86、680x0、SPORC、Alpha 等处理器的平台。此外，Linux 还是一种嵌入式操作系统，可以运行在平板式计算机、机顶盒或游戏机上。2001 年 1 月份发布的 Linux 2.4 版内核已经能够完全支持 Intel64 位芯片架构。同时 Linux 也支持多处理器技术，满足多个处理器同时工作，使系统性能大大提高。

5.4.3　NetWare 操作系统

1. NetWare 操作系统的发展

NetWare 是 Novell 公司推出的网络操作系统。1981 年，软件公司 Novell Data Systems 的老板 Jack Messman 看到 3 个刚大学毕业的年轻人在不同的机器上在玩一个他们自己编写的叫"Snipes"的游戏，类似于今天的网络游戏。敏锐的商业头脑让他马上雇用了这 3 个人，开发出名叫 NetWare 的系统来实现不同机器间信息的共享。其实当时还有别的公司也有类似的动作，但 Novell 的成功主要得益于他们的产品和 IBM PC 的紧密结合，在一个 NetWare 网络中允许有多个服务器，用一般的个人计算机即可作为服务器。NetWare 可同时支持多种拓扑结构，具有较强的容错能力。NetWare 是局域网市场上居于主导地位的网络操作系统，它的推出时间比较早，运行稳定。

2. NetWare 操作系统的组成

NetWare 开放系统模块结构如图 5.13 所示。NetWare 最重要的特点是基于模块设计思想的开放式系统结构。NetWare 是一个开放的网络服务器平台，可以方便地对其进行扩充。

NetWare 操作系统是以文件服务器为中心的，它主要由以下 3 个部分组成：

（1）文件服务器内核。文件服务器内核主要包括以下几部分：

① 核心协议（NetWare Core Protocol，NCP）。

② 内核进程管理。

③ 文件系统管理。

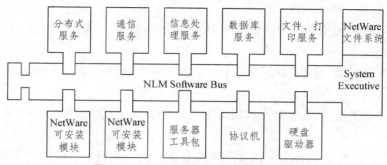

图 5.13　NetWare 开放系统模块结构

④ 安全保密管理。

⑤ 硬盘管理。

⑥ 系统容错管理。

⑦ 服务器域工作站的连接管理。

⑧ 网络监控。

（2）工作站外壳。包括重定向程序 NetWare Shell。

（3）低层通信协议。文件服务器内核实现了 NetWare 的核心协议 NCP，并提供了 NetWare 的所有核心服务。文件服务器内核负责对网络工作站网络服务请求进行处理。

网络服务器软件提供了文件与打印服务、数据库服务、通信服务、报文服务等功能。

通信软件包括网卡驱动程序及通信协议软件，它负责在网络服务器与工作站、工作站与工作站之间建立通信连接。

3. NetWare 操作系统的特点

NetWare 的特点主要表现在以下几个方面：

（1）高速文件系统。NetWare 在文件访问速度方面具有明显的优势。所使用的主要技术有如下几个：

① 目录 Hash 查找法。

② 磁头电梯式寻道。

③ 磁盘 Cache。

④ FAT 索引等。

通过这些技术可以大大提高硬盘通道总的吞吐量，提高文件服务器的工作效率。

（2）硬件适应性强。NetWare 是一个不依赖于任何联网环境的网络操作系统，使得不论使用何种传输介质、拓扑结构、网卡组成的局域网，都可以使用 NetWare。NetWare 可支持以太网、令牌环网、双绞线以太网等网络硬件环境，支持数百种不同种类的网卡。

NetWare 通过网络驱动程序访问网卡，不同的网卡要求使用符合 Novell 规范的不同网络驱动程序。

（3）三级容错。NetWare 是第一个建立容错机制的微机网络操作系统，具有三级容错能力。

① 第一级容错是防止硬盘的区域故障而采取的容错手段。如热修复与写后读效验、UPS 监控等。

② 第二级容错是防止硬盘表面的整个损坏而采取的容错手段。如 NetWare 中可以磁盘镜像和磁盘双工。

③ 第三级容错是防止服务器损坏而采取的容错手段。在 NetWare 中可以采用双服务器备份。

（4）四级安全机制。NetWare 建立了四级安全机制，从而有效地防止了对重要数据和文件的窃取、破坏，包括：

① 入网限制。

② 用户权限。

③ 受托权限。

④ 文件和目录属性等。

（5）网络监控与管理。NetWare 网络监控与管理实用程序使网络管理员了解当前网络的运行情况，如查看用户的连接情况、监控和统计文件服务器的性能和工作状态，了解网卡配置，了解任务执行状态，显示文件和物理的加锁情况、广播控制台信息和关闭文件服务器等。

NetWare 计账功能可以统计每个用户对网络资源的使用情况，并能根据系统管理员设置的计费标准统一收费。计账的项目包括入网时间、用户从文件服务器上读取的信息量、用户写入服务器的信息量、用户请示服务器的服务次数等。

（6）开放协议技术。NetWare 引入的开放协议技术包括两方面内容：

① 允许在统一的 NetWare 环境中使用不同的网络拓扑结构、不同的传输介质和不同的网卡。

② 为了在已有的种类繁多的网络层和运输层协议支持的网络之间实现网络互联和提供一致的 NetWare 服务，提供了数据流接口。

5.5　实训项目　Linux 系统安装配置

5.5.1　项目目的

了解服务器使用的 Linux 操作系统；掌握 Linux 系统安装过程中的重要步骤及系统的升级方式、卸载删除方式。

5.5.2　项目情境

假如你是某公司新入职的网络管理员，公司要求你熟悉服务器所使用的 Red Hat Enterprise Linux 6（RHEL6）操作系统，并进行相应配置工作。

5.5.3　项目任务

1. 任务分解

（1）任务 1：开始安装系统并对硬盘进行分区设置。
（2）任务 2：继续定制安装系统。
（3）任务 3：repo 仓库的配置。

2. 知识准备

1）硬盘分区

计算机中存放信息的主要存储设备就是硬盘，但是硬盘不能直接使用，必须对硬盘进行分割，分割成的一块一块的硬盘区域就是磁盘分区。在传统的磁盘管理中，将一个硬盘分为两大类分区：主分区和扩展分区。主分区是能够安装操作系统，能够进行计算机启动的分区，这样的分区可以直接格式化，然后安装系统，直接存放文件。

在一个硬盘中最多只能存在 4 个主分区。如果一个硬盘上需要超过 4 个以上的磁盘分块的话，那么就需要使用扩展分区了。如果使用扩展分区，那么一个物理硬盘上最多只能 3 个主分区和 1 个扩展分区。扩展分区不能直接使用，它必须经过第二次分割成为一个一个的逻辑分区，然后才可以使用。一个扩展分区中的逻辑分区可以为任意多个。

磁盘分区后，必须经过格式化才能够正式使用，格式化后常见的磁盘格式有：FAT（FAT16）、FAT32、NTFS、ext2、ext3 等。

2）主引导记录

MBR，全称为 Master Boot Record，即硬盘的主引导记录。为了便于理解，一般将 MBR 分为广义和狭义两种：广义的 MBR 包含整个扇区（引导程序、分区表及分隔标识），也就是上面所说的主引导记录；而狭义的 MBR 仅指引导程序而言。

硬盘的 0 柱面、0 磁头、1 扇区称为主引导扇区（也叫主引导记录 MBR）。它由三个部分组成，主引导程序、硬盘分区表 DPT（Disk Partition Table）和硬盘有效标志（55AA）。第一部分主引导程序（Boot Loodex）在总共 512 字节的主引导扇区里占 446 个字节。第二部分是 Partition table 区（分区表），即 DPT，占 64 个字节，硬盘中分区有多少以及每一分区的大小都记在其中。第三部分是硬盘有效标志，占 2 个字节，固定为 55AA。

3）Ext4 文件系统

在 RHEL6 中 Ext4 就会成为默认的文件系统。Ext4 可以提供更佳的性能和可靠性，如与

Ext3 兼容。执行若干条命令，就能从 Ext3 在线迁移到 Ext4，而无须重新格式化磁盘或重新安装系统，原有 Ext3 数据结构照样保留，Ext4 作用于新数据。当然，整个文件系统因此也就获得了 Ext4 所支持的更大容量：更大的文件系统和更大的文件。

5.5.4　项目实施

任务 1　开始安装系统并对硬盘进行分区设置

1. 任务描述

掌握 Linux 安装前的磁盘分区方法。

2. 操作步骤

将 RHEL6 系统光盘放入光驱中并在 BOIS 中设置光盘启动，开机后进入 RHEL6 的安装界面，如图 5.14 所示。

图 5.14　RHEL6 的安装界面

我们选择正常手动安装模式、回车，安装程序将会加载内核 Vmlinuz 以及 RAMDISK 映像 initrd，如图 5.15 所示。

图 5.15　加载内核与映像

与 RHEL5 同样，使用光盘引导安装，系统会提示我们进行安装介质的检测，如图 5.16 所示，防止在安装过程中由于介质出现物理损伤等问题而导致安装失败。选择 "OK"，就会开始介质的检测，这里我们选择 "Skip" 直接跳过。

注：此介质检测的窗口在网络引导中不会出现。

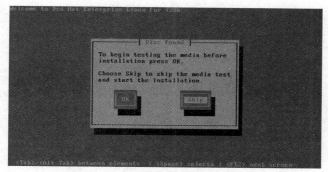

图 5.16　进行安装介质检测

选择安装目标设备的类型，如图 5.17 所示。

Basic Storage Devices：基本存储设备。将系统装在本地的磁盘驱动器（硬盘）上。

Specialized Storage Devices：安装或更新在企业级的存储上，如存储区域网络。

一般选择默认的第一项，点击"Next"继续。

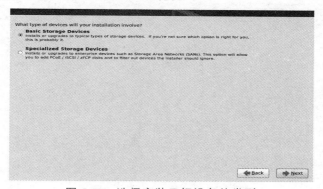

图 5.17　选择安装目标设备的类型

设置主机名，如图 5.18 所示。

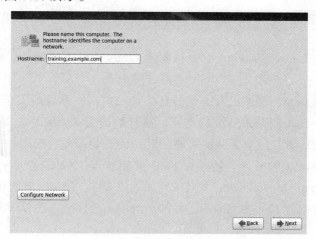

图 5.18　设置主机名

同时可以点击"Configure Network"来配置网络，如图 5.19 所示。

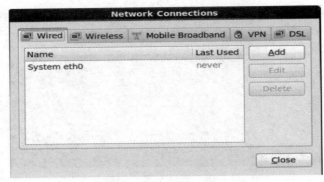

图 5.19　配置网络

设置 root 账户的密码，如图 5.20 所示。为了安全起见，请将密码设置的尽量复杂，输入两遍相同的密码后，点击"Next"继续。

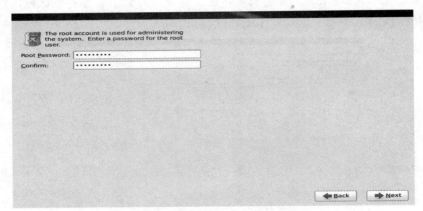

图 5.20　设备 root 账户的密码

选择分区方案，如图 5.21 所示。

Use All Space：删除所有的已存在分区，包括 ext2/ext3/ext4、swap、fat、ntfs 等，并执行默认的安装策略。

Replace Existing Linux System（s）：只删除 Linux 文件系统的分区，保留 fap、ntfs，并执行默认的安装策略。

Shrink Current System：缩减已存在的分区大小，并执行默认的安装策略。

Use Free Space：使用剩余未划分的空间，执行默认的安装策略。

Create Custom Layout：自定义分区策略。默认的安装策略：分出一个单独的分区，挂载到/boot 目录分出一个较大的分区，转换为 PV，并创建 VG，VG 名为 vg_training，即 vg_加上用户之前设置的 hostname 的前缀，并将 PV 加入该 VG。在 VG 上创建 LV：lv_root，并挂载到/目录。在 VG 上创建 LV：lv_home，并挂载到/home 目录。在 VG 上创建 LV：lv_swap，并设置为交换分区。

这里选择第一项，之后点击 "Next"。

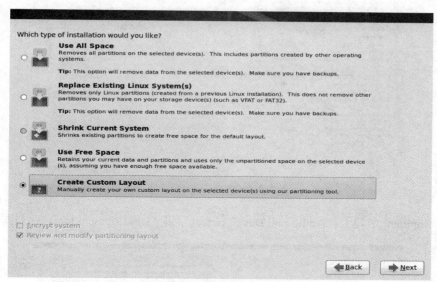

图 5.21　选择分区方案

任务 2　继续定制安装系统

1. 任务描述

掌握 Linux 定制安装方法。

2. 操作步骤

安装 boot loader（GRUB）到/dev/sda 上，也可以勾选第二项 "Use a boot loader password"
来对 GRUB 进行加密。点击 "Next"，如图 5.22 所示。

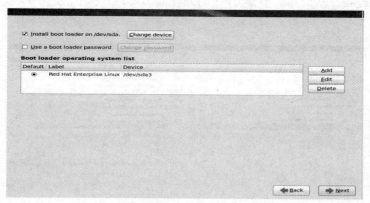

图 5.22　安装 boot loader

在安装操作系统的同时，将选择安装哪些软件包，如图 5.23 所示。建议选择 "Desktop"，
再选择 "Customize now" 后点击 "Next"。

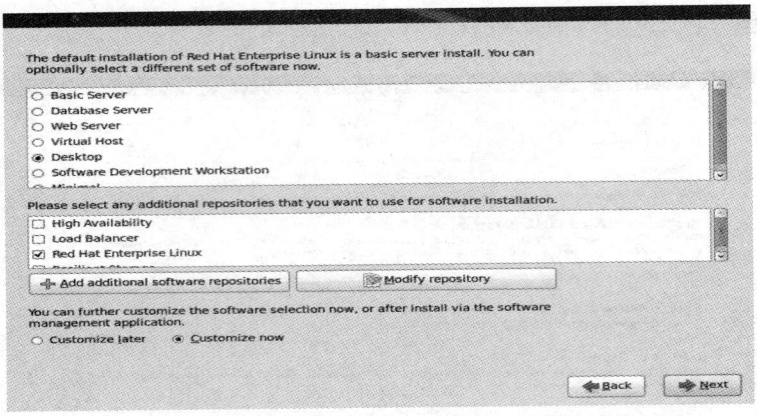

图 5.23　选择安装软件包

在 Development 中勾上"Additional Development"和"Development tools",如图 5.24 所示。

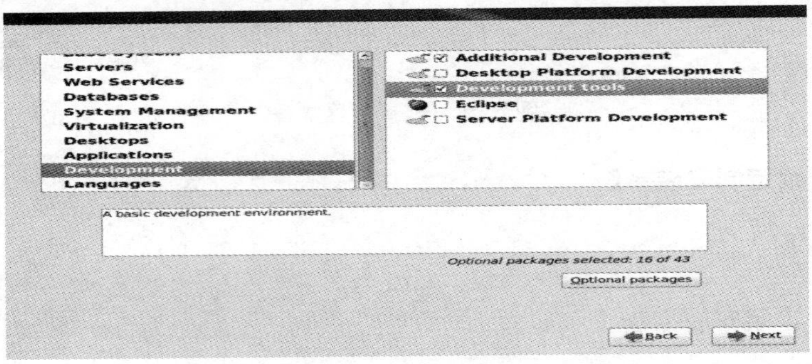

图 5.24　选择开发环境

在 languages 中,勾上"Chinese Support",如图 5.25 所示。建议使用英文来学习和使用 Linux,但如果不安装中文支持,就无法阅读中文文档。点击"Next",开始检测软件包的依赖性关系,安装过程正式开始。根据 CPU 的处理能力与内存大小的不同,安装所消耗的时间也就不同。

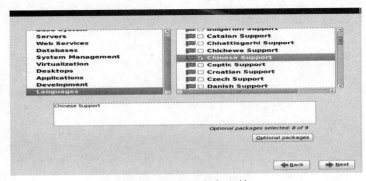

图 5.25　选择中文支持

安装过程结束,如图 5.26 所示,点击"Reboot",重新启动计算机。

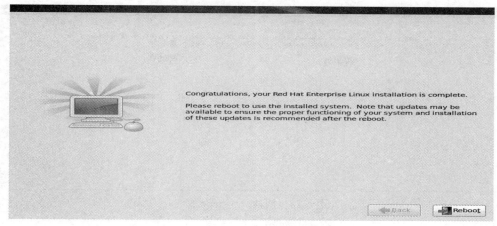

图 5.26　安装结束

任务 3　repo 仓库的配置

1. 任务描述

掌握 repo 仓库的配置方法。

2. 操作步骤

将光盘镜像放入光驱，在图形界面中光盘会自动挂载，因为该挂载点的路径名包含"空格"，不被 yum 识别，所以应重新手动挂载。如何查看我的光驱在系统中叫什么名呢？使用"cat/proc/sys/dev/cdrom/info"命令，如图 5.27 所示。由图可知，drive name 是 sr0，将其手动挂载到/mnt 下。

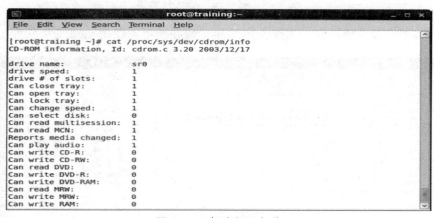

图 5.27　查看光驱名称

在/etc/yum.repos.d 下创建一个 repo 文件，如图 5.28 所示。文件名自定义，但注意要以.repo结尾。

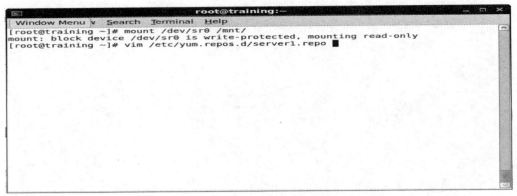

图 5.28　创建一个 repo 文件

编辑完成，保存后退出，如图 5.29 所示。

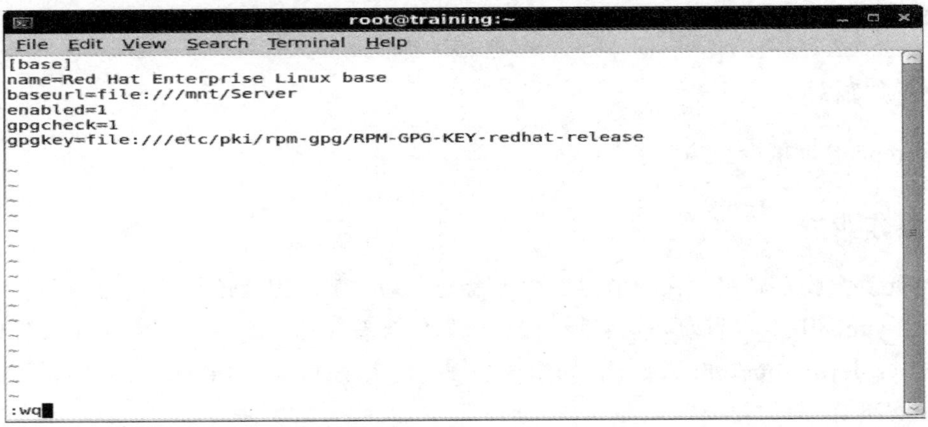

```
[base]
name=Red Hat Enterprise Linux base
baseurl=file:///mnt/Server
enabled=1
gpgcheck=1
gpgkey=file:///etc/pki/rpm-gpg/RPM-GPG-KEY-redhat-release
~
~
~
~
~
~
~
~
~
~
~
~
~
~
~
~
~
:wq
```

图 5.29　编辑完成后保存退出

使用 yum 清空及重建缓存，如图 5.30 所示。现在就可以使用 yum 安装软件包了。

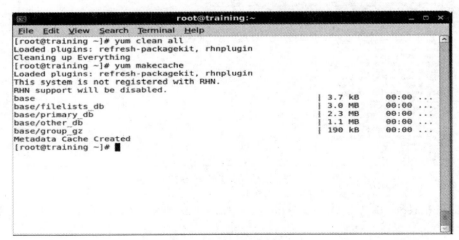

图 5.30　清空及重建缓存

习题与思考题

一、填空题

1. 现代操作系统具有并发性、共享性、虚拟性和_____等四个基本特征。

2. 网络操作系统除了具有通用操作系统的功能外，还应具有实现网络中各节点的通信和网络资源的共享，提供网络用户的应用程序接口和_____的功能。

3. 图形用户界面（GUI）的主要构件是_____、菜单和对话框。

4. 文件的_____结构是指一个文件在用户面前所呈现的形式。

5. 微内核与_____模式的有机结合是网络操作系统、分布式操作系统结构设计的新形式。

6. 网络操作系统中进程间的通信基本上可分为_____的通信方式和基于消息传递的通信方式两种类型。

7. 在网络系统中，一个用户账号包括_____、口令、组所属关系和一些权限列表。

8. 一个 IP 地址由_____位（二进制数）组成。

9. 使用 Netware 的_____可以建立和扩充一个文件服务器。

10. Windows NT 的保护子系统有_____和集成子系统两类。

二、选择题

1. 操作系统在计算机系统中位于（　　　）。
A. 硬件层和语言处理层之间　　　　　　　B. 中央处理器 CPU 中
C. 语言处理层和应用程序层之间　　　　　D. 应用程序层和用户之间

2. 在只有一台处理机的计算机系统中，采用多道程序设计技术后，使多道程序实现了（　　　）。
A. 微观上并行　　　　　　　　　　　　　B. 宏观上并行
C. 微观和宏观上都并行　　　　　　　　　D. 微观和宏观上都串行

3. 使处理机能从算态进入管态的指令被称作（　　　）。
A. 特权指令　　　　　B. I / O 指令　　　　　C. 通道指令　　　　　D. 访管指令

4. 下面的操作系统中，不属于网络操作系统的是（　　　）。
A. Netware　　　　　B. UNIX　　　　　C. Windows NT　　　　　D. DOS

5. 对进程而言，不可能发生的状态转换是（　　　）。
A. 就绪→运行　　　　B. 运行→就绪　　　　C. 就绪→阻塞　　　　D. 运行→阻塞

6. 下列进程调度算法中，常被分时系统所采用的算法是（　　　）。
A. 先来先服务　　　　B. 时间片轮转　　　　C. 静态优先级　　　　D. 动态优先级

7. 采用直接存取法来读写盘上的物理记录时，效率最低的是（　　　）。
A. 连续结构文件　　　B. 索引结构文件　　　C. 串联结构文件　　　D. 其他结构文件

8. 某一磁盘的输入输出请求序列（柱面号）为：0，23，5，7，11，21，2。如果当前存取臂处于 4 号柱面上，按最短查找时间优先算法来进行磁盘调度，存取臂总移动柱面数为（　　）。

A. 68　　　　　　　　B. 41　　　　　　　　C. 32　　　　　　　　D. 22

9. 进程之间的间接制约主要源于（　　）。

A. 进程间合作　　　　B. 进程间共享资源　　C. 进程调度　　　　　D. 进程间通信

10. 下列通信方式中，属于基于消息传递通信方式的是（　　）。

A. 信号量及 P、V 操作　　　　　　　　B. 消息缓冲通信

C. 信箱通信　　　　　　　　　　　　　D. Socket

三、思考题

1. 目前有哪几种流行的网络操作系统？它们各有什么特点？

2. 网络操作系统的一般功能和特征有哪些？

3. Windows Server 2003 在 WindowsNT/2000 基础上改进了哪些服务？增强了哪些功能？

4. UNIX 和 Linux 操作系统各有什么特点和联系？它们的应用情况如何？

第6章 网络互联技术与设备

【能力目标】

了解网络互联的概念和目的；了解网络互联设备的工作原理；掌握互联设备的功能及应用；能熟练操作路由器、交换机，能对路由器、交换机做基本配置；掌握交换机命令行各种操作模式的区别；掌握静态路由与动态路由；能够使用各种帮助信息以及命令进行基本的交换机配置管理功能操作。

6.1 网络互联概述

近年来，随着 LAN 的发展和广泛应用，许多企事业单位都安装了各种网络（主要是 LAN），网络的应用和区域内信息的共享促使用户有了向外延伸的需求。人们认识到，如果用于信息传输的网络不联系起来，它们就将成为一个个"信息孤岛"，无法充分发挥应有的作用。因此，网络互联是计算机网络发展和应用的必然需求。

6.1.1 网络互联的概念

网络互联是指利用一定的技术和方法，由一种或多种通信设备将两个或两个以上的网络，按照一定的体系结构模式连接起来，构成的一个更大规模的网络系统。网络互联的结果可使用户在更大的范围内实现信息传输和资源共享。

网络互联涉及多种互联技术，它不仅包括同类型网络的互联，也包括异构网络、异厂家网络的互联。Internet 本身就融入了多种互联技术。网络互联也是解决不同网络间用户互联、互通和互操作的关键。

1. 网络的互联、互通和互操作

"互联""互通"和"互操作"这三个术语常常在网络互联技术中出现。具体地讲，网络互联就是实现网络之间、网络上的主机之间的互联、互通和互操作。

（1）互联（Interconnection）。互联是指在两个网络之间至少存在一条物理连接线路，它为两个网络之间的逻辑连接提供物理基础。如果两个网络的通信协议相互兼容，则两网络之间就能进行数据交换。

（2）互通（Intercommunication）。互通是指互联的两个网络之间逻辑连接，并可进行数

据交换。

（3）互操作（Interoperability）。互操作是指网络中不同计算机系统之间具有访问对方资源的能力。互操作是在互通的基础上实现的。

互联、互通与互操作三个概念是不同的，它们表示不同层次的含义。但三者之间又有密切关系，互联是基础，互通是手段，互操作是目的。

2. 网络互联层次

为了完成网络互联以屏蔽底层网络的细节，我们可以在不同的层次上完成异构网的互联。具体有两种方式实现网络互联：一种是利用应用程序，即应用级互联；另一种是利用操作系统，即网络级互联。也就是利用 OSI 参考模型的层次设计理论来进行网络互联，应用级互联在应用层实现，网络级互联在通信子网的网络层和数据链路层实现。

从不同的网络体系结构上选定一个相应的协议层次，使得从该层开始，被互联的网络设备中的高层协议都是相同的，其底层和硬件的差异可通过该层次加以屏蔽，从而使多个网络得以互通。要使通过互联设备连接起来的两个网络之间能够通信，两个网络上的计算机使用的通信协议必须在某协议层以上是一致的。根据需要，在进行通信的两个网络之间选择一个相同的协议层作为互联的基础，如果两个网络的第 N 层以上的协议都相同，则网络互联设备可在该层上互联，即称该设备为第 N 层互联设备。

3. 网络互联的类型

在计算机网络中，通常也把类型相同（主要指网络协议相同）的网络称为同构网，类型不同的网络称为异构网，而互联的网络统称为子网。网络互联应包括同构网、异构网的互联。具体的网络互联形式有 LAN 与 LAN 互联、LAN 与 WAN 互联、WAN 与 WAN 互联和 LAN 通过 WAN 与另外的 LAN 互联四种互联形式，如图 6.1 所示，其中 R 为网络互联系统。

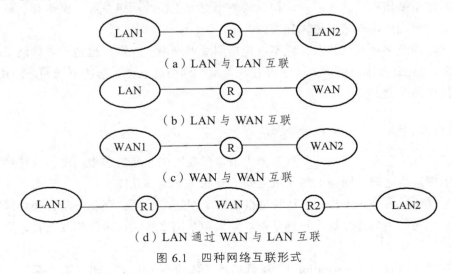

（a）LAN 与 LAN 互联

（b）LAN 与 WAN 互联

（c）WAN 与 WAN 互联

（d）LAN 通过 WAN 与 LAN 互联

图 6.1　四种网络互联形式

如果将各个被互联的子网视为端节点，则用于网络互联的各种部件就可视为交换节点，从而整个互联网就可被视为一个"超级"网络，各个子网的用户自然地成为该超级网络的用户，各个子网的资源也就成为该超级网络的共同资源，用户可以通过这个超级网络共享所有的资源。

6.1.2　网络互联的目的和要求

1. 网络互联的目的

进行网络互联的主要目的有以下三个：

（1）可突破网络覆盖范围的物理限制（如端点最远距离、最多站点数等），扩大网络用户之间资源共享和信息传输的范围。例如，使用粗电缆建立 LAN 时，每个网段长度不能超过 500 m，且每段的最多节点数也不能超过 100 个。如果距离范围或节点数超过了这个限制，就要再建一个网段，用一个中间转发设备（中继器）将两网段连接起来，组成一个大范围的网络，这样才能解决问题。

（2）可提高网络的使用效率和网络管理能力。例如，在一个大范围的网络中，随着网络中连接的节点数的增加，网络中的信息流量将会加大，用户访问网络时的冲突也随之增加，每台计算机得到的有效带宽将减少，访问延迟明显增大。这时可把一个大的网络分割成几个小的物理子网，把通信频繁的计算机放在同一个子网中，不同的子网间用网络互联设备连接起来。这样，由于每个子网上的节点数减少，每台计算机可以使用的有效带宽增加，网络性能就会明显提高。同时，一个小的网络比一个大网络也便于管理和维护。

（3）可使不同网络中的结点互联互通。现实中，不同体系结构网络并存是一种普遍现象。由于网络互联可以屏蔽掉不同网络之间的各种差异（如不同网络的传输介质、拓扑结构、介质访问方式、网络编址方式、分组长度、协议功能和数据格式等均可存在差异），将不同厂家的网络产品融入一个大的复杂系统中，为网络用户建立一个统一的平台，使得不同网络的用户之间可进行互通和互操作。

2. 网络互联的要求

为了保证网络互联顺利进行，实施网络互联时，需满足以下要求：

（1）在网络之间至少提供一条物理上连接的链路和对该链路的控制规程。

（2）在不同网络进程之间提供合适的路由，以便交换数据。

（3）不要对参与互联的某个网络的硬件、软件或网络结构和协议做大的修改，甚至不应做任何的修改。

（4）不能为提高整个网络的传输性能而影响各子网的传输性能。

6.2 网络互联设备

网络互联设备是实现网络之间物理连接的中间设备。根据网络互联层次的不同，所使用的网络互联设备也不同。本节将具体介绍工作在 OSI 参考模型不同层次上的几种网间互联设备的功能、特点及它们的工作原理。

6.2.1 中继器

基带信号沿线路传播时会产生衰减，所以当需要传输较长的距离时，或者说需要将网络扩展到更大的范围时，就要采用中继器。中继器（Repeater）是 OSI 参考模型中的物理层的设备，是最简单的网络互联设备，它可以将局域网的一个网段和另一个网段连接起来，主要用于局域网-局域网互联，起到信号放大和延长信号传输距离的作用。中继器的应用如图 6.2 所示。

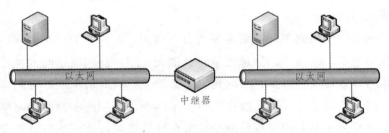

图 6.2　中继器的应用

中继器的主要工作就是复制收到的比特流。当中继器的某个输入端输入"1"，输出端就立即复制、放大并输出"1"。收到的所有信号都被原样转发，并且时延很小。中继器不能过滤网络流量，到达中继器一个端口的信号会发送到所有其他端口上。中继器不能识别数据的格式和内容，错误信号也会原样照发。中继器不能改变数据类型，即不能改变数据链路报头类型；也不能连接不同的网络，如令牌环网和以太网。

中继器最典型的应用是连接两个及两个以上的以太网电缆段，其目的是为了延长网络的长度。但延长是有限的，中继器只能在规定的信号时延范围内进行有效的工作。根据"4 中继器原则"，在网络上任何两台计算机之间不能安装超过 4 台中继器。即网络可以被 4 台中继器分成 5 个部分，其中允许 3 个部分有主机，并且主机数目可达该网段规定的最大主机数，这就是局域网中的"5-4-3-2-1"规则，或称为"5-4-3"原则。

例如，在 10Base-5 粗缆以太网的组网规则中规定：每个电缆段最大长度为 500 m，最多可用 4 个中继器连接 5 个电缆段，延长后的最大网络长度为 2 500 m。

中继器具有如下一些特性：

（1）中继器仅作用于物理层，只具有简单地放大和再生物理信号的功能，所以中继器只能连接完全相同的局域网，也就是说用中继器互联的局域网应具有相同的协议和速率，如

IEEE 802.3 以太网到以太网之间的连接和 IEEE 802.5 令牌环网到令牌环网之间的连接。用中继器连接的局域网在物理上是一个网络，也就是说中继器把多个独立的物理网络互联成为一个大的物理网络。

（2）中继器可以连接相同传输介质的同类局域网（例如，粗同轴电缆以太网之间的连接），也可以连接不同传输介质的同类局域网（例如，粗同轴电缆以太网与细同轴电缆以太网或粗同轴电缆以太网与双绞线以太网的连接）。

（3）由于中继器在物理层实现互联，所以它对物理层以上各层协议（数据链路层到应用层）完全透明，中继器支持数据链路层及其以上各层的任何协议，也就是说只有物理层以上各层协议完全相同才可以实现互联。

6.2.2　集线器

集线器（Hub）最初的功能是把所有节点集中在以它为中心的节点上，有力地支持了星状拓扑结构，简化了网络的管理与维护。集线器的网络结构如图 6.3 所示。

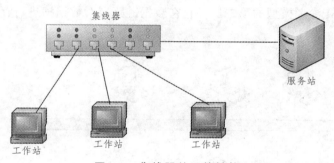

图 6.3　集线器的网络结构

集线器工作在物理层，逐位复制某一个端口收到的信号，放大后输出到其他所有端口，从而使一组节点共享信号。集线器的功能主要如下：

（1）信息转发。

（2）信号再生。

（3）减少网络故障。

集线器一般用在以下场合：

（1）连接网络：计算机通过网卡连接到集线器上，集线器再连接网络。

（2）网络扩充：集线器级联，扩充网络接口。

（3）网络分区：不同办公室、楼层可通过集线器集中连接。

集线器的类型主要有以下几种：

（1）被动集线器：被动集线器只是当实体连接点，不处理或检测经过的流量，也不放大或清理信号，只是把一个信号简单地传送给其他端口。

（2）主动集线器：主动集线器提供一定的优化性能和一些诊断能力，当信号不规则（衰减、畸变、乱序）时可以进行再生。

（3）智能集线器：智能集线器可以使用户更有效地共享资源，它可以交换信号，更有效地共享带宽资源，还具有报告异常功能。

（4）高性能集线器：交直流电源冗余、模块化，具有路由桥接功能。

6.2.3　网　桥

用中继器或集线器扩展的局域网是同一个"冲突域"。在同一"冲突域"中，所有的主机共用同一条信道。这样，局域网的作用范围，特别是主机数量将受到很大的限制，否则将造成网络性能的严重下降。同时，一个主机发送的信息在冲突域中的所有主机都可以监听到，也不利于网络的安全。要解决这个问题，需要另外一种设备——网桥。

1. 网桥的工作原理

网桥（Bridge）又称桥接器，它是一种存储转发设备，常用于互联局域网。网桥的网络结构如图 6.4 所示。

网桥工作在 OSI 参考模型的第二层，它在数据链路层对数据帧进行存储转发，实现网络互联。

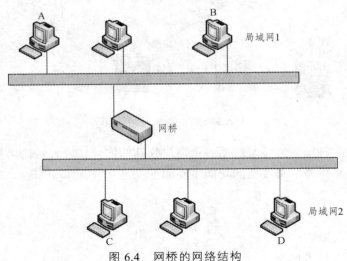

图 6.4　网桥的网络结构

网桥能够连接的局域网可以是同类网络（使用相同的 MAC 协议的局域网，如 IEEE 802.3 以太网），也可以是不同的网络（使用不同的 MAC 协议和相同的 LLC 协议的网络，如 IEEE 802.3 以太网、IEEE 802.5 令牌环网和 FDDI），而且这些网络可以是不同的传输介质系统（如粗、细同轴电缆以太网系统和光纤以太网系统）。

网桥不是一个复杂的设备，它的工作原理是接收一个完整的帧，然后分析进入的帧，并基于包含在帧中的信息，根据帧的目的地址（MAC 地址）段，来决定是丢弃这个帧，还是转发这个帧。如果目的站点和发送站点在同一个局域网，换句话说，就是源局域网和目的局域网是同一个物理网络，即在网桥的同一边，网桥将帧丢弃，不进行转发；如果目的局域网和源局域网不在同一个网络时，网桥则进行路径选择，并按着指定的路径将帧转发给目的局域网。网桥的路径选择方法有两种，不同类型的网桥所采用的路径选择方法不同。透明桥通过向后自学习的方法，建立一个 MAC 地址与网桥的端口对应表，通过查表获得路径信息，以此实现路径选择的功能；源路由网桥的路径选择是根据每一个帧所包含的路由信息段的内容而定。

网桥的主要作用是将两个以上的局域网互联为一个逻辑网，以减少局域网上的通信量，提高整个网络系统的性能。网桥的另一个作用是扩大网络的物理范围。另外，由于网桥能隔离一个物理网段的故障，所以网桥能够提高网络的可靠性。

网桥与中继器相比有更多的优势，能在更大的地理范围内实现局域网互联。网桥不像中继器，只是简单地放大再生物理信号，没有任何过滤作用。网桥在转发数据帧的同时，能够根据 MAC 地址对数据帧进行过滤，而且网桥可以连接不同类型的网络。

2. 网桥与广播风暴

从网络体系结构看，网络系统的最低层是物理层，第二层是数据链路层，第三层是网络层。在介绍网桥的工作原理时已经指出，网桥工作在第二层（数据链路层）。网桥以接收数据帧、进行地址过滤、存储与转发数据帧的方式，来实现多个局域网的互联。

网桥根据局域网中数据帧的源地址与目的地址来决定是否接收和转发数据帧。根据网桥的工作原理，网桥对同一个子网中传输的数据帧不转发，因此可以达到隔离互联子网通信量的目的。因为网桥要确定传输到某个目的节点的数据帧要通过哪个端口转发，就必须在网桥中保存一张“端口节点地址表”。但是，随着网络规模的扩大与用户节点数的增加，会不断出现“端口节点地址表”中没有的节点地址信息，当带有这一类目的地址的数据帧出现时，网桥将无法决定应该从哪个端口转发。网桥与广播风暴的形成过程如图 6.5 所示。

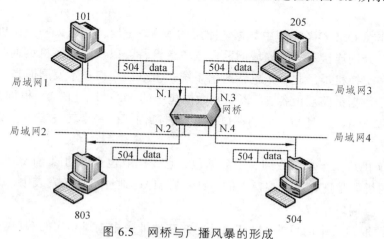

图 6.5　网桥与广播风暴的形成

图 6.5 中有 4 个局域网（局域网 1、局域网 2、局域网 3 与局域网 4）分别通过端口号为 N.1、N.2、N.3 与 N.4 的端口与网桥相连，通过网桥实现了局域网之间的互联。网桥为

了确定接收数据帧的转发路由，需要建立"端口节点地址表"。如果局域网 4 中结点号为 504 的计算机刚接入，那么"端口节点地址表"的记录中，N.1 对应结点 101，N.2 对应结点 803，N.3 对应结点 205，N.4 对应结点 504。在这种情况下，如果局域网 1 中节点号为 101 的计算机希望给结点号为 205 的计算机发送数据帧，网桥可以通过"端口节点地址表"中保存的信息，很容易确定通过 N.3 端口线路转发到局域网 3，节点号为 205 的计算机一定能接收到该数据帧。

如果"端口节点地址表"里没有节点号为 504 的计算机的记录，那么网桥采取的方法是将该数据帧从网桥除输入端口之外的其他端口广播出去，这样，在与网桥连接的 N.2，N.3 与 N.4 端口，网桥都转发了同一个数据帧。这种盲目发送数据帧的做法，势必大大增加网络的通信量，这样就会发生常说的"广播风暴"。

由于实际网桥的"端口节点地址表"的存储能力是有限的，而网络节点又不断增加，从而使网络互联结构始终处于变化状态，因此网桥工作中通过"广播"方式来解决节点位置不明确而引起的数据帧传输"风暴"问题，必然造成网络中重复、无目的的数据帧传输急剧增加，给网络带来很大的通信负荷。这个问题已经引起了人们的高度重视。

3. 网桥带来的一些问题

（1）增加时延。

（2）网桥的处理速度是有限的，在网络负载加大时会造成网络阻塞。

（3）在网桥的转发表中查找不到目的 MAC 对应的端口的帧会被复制到所有端口，容易产生"网络风暴"。

所以，网桥适用于网络中用户不太多，特别是网段之间的流量不太大的场合。

6.2.4 交换机

交换机工作在 OSI 参考模型中数据链路层的 MAC 子层。在以太网交换机上有许多高速端口，这些端口分别连接不同的局域网网段或单台设备，以太网交换机负责在这些端口之间转发帧。交换和交换机最早起源于电话通信系统，由电话交换技术发展而来。

交换机属于数据链路层设备，可以识别数据包中的 MAC 地址信息，根据 MAC 地址进行转发，并将这些 MAC 地址与对应的端口记录在自己内部的一个转发表中。交换机具体的工作流程如下：

（1）当交换机从某个端口收到一个数据包，它先读取包头中的源 MAC 地址，从而得知源 MAC 地址的机器是连在哪个端口上的，如果源 MAC 地址不在转发表中，就在转发表中登记 MAC 地址对应端口。

（2）接着读取包头中的目的 MAC 地址，并在地址表中查找相应的端口。

（3）如果表中有与该目的 MAC 地址对应的端口，就把数据包直接复制到该端口上。

（4）如果表中找不到相应的端口则把数据包广播到所有端口上，当目的机器对源机器回应时，交换机又可以学习到一个目的 MAC 地址与哪个端口对应，在下次传送数据时就不再需要对所有端口进行广播了。

不断地循环这个过程，对于全网的 MAC 地址信息都可以学习到，二层交换机就是这样建立和维护其转发表的。

交换工作模式是为对使用共享工作模式的网络提供有效的网段划分解决方案而出现的，它可以使每个用户尽可能地分享到最大带宽。交换机的工作模式示意图如图 6.6 所示。

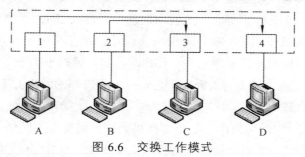

图 6.6　交换工作模式

这样每个端口就可以独享交换机的一部分总线带宽。这样，不仅提高了效率，节约了网络资源，还可以保证数据传输的安全性。而且由于这个过程比较简单，多使用硬件来实现，因此速度相当快，一般只需几十微秒，交换机便可决定一个数据帧该往哪里送。

交换机的交换模式有以下 4 种：

（1）直通转发模式。交换机在输入端口收到一帧，立即检查该帧的帧头，获取目的 MAC 地址，查找自己内部的转发表，找到相应的输出端口，在输入和输出的交叉处接通，数据被直通到输出端口。直通转发模式如图 6.7 所示。

直通转发模式只检查帧头，获取目的 MAC 地址，但不存储帧，因此时延小，交换速度快。但也正是由于不存储帧，所以不具有错误检测能力，易丢失数据，而且要增加端口的话，交换矩阵十分复杂。

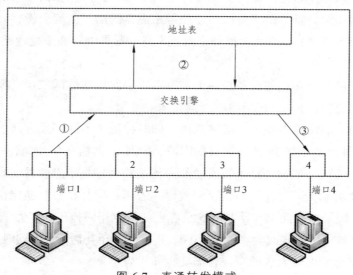

图 6.7　直通转发模式

（2）存储转发模式。交换机将输入的帧缓存起来，校验该帧是否正确，如果不正确，则将该帧丢弃，如果该帧是长度小于 64 字节的残缺帧，也将它丢弃。只有该帧校验正确，且是有效帧，才取出目的 MAC 地址，查找转发表，找出其对应的端口并将该帧发送到这个端口。

存储转发式交换的优点是能进行错误检测，并且由于缓存整个帧，能支持不同速度端口之间的数据交换。其缺点是时延较大。

（3）准直通转发模式。准直通转发模式只转发长度至少为 512 bit（64 字节）的帧。既然所有残帧的长度都小于 512 bit，那么，该转发模式自然也就避免了残帧的转发。为了实现该功能，准直通转发交换机使用了一种特殊的缓存。这种缓存采用先进先出队列（FIFO），比特流从一端进入然后再以同样的顺序从另一端出来。如果帧以小于 512 bit 的长度结束，那么 FIFO 中的内容（残帧）就会被丢弃。因此，它是一个非常好的解决方案，也是目前大多数交换机使用的直通转发方式。

（4）智能交换模式。智能交换模式是指交换机能够根据所监控网络中错误包传输的数量，自动智能地改变转发模式。如果堆栈发觉每秒错误少于 20 个，将自动采用直通转发模式；如果堆栈发觉每秒错误大于 20 个，将自动采用存储转发模式，直到返回的错误数量每秒低于 20 个时，再切换回直通转发模式。

6.2.5　三层交换机

1. 三层交换机的作用

三层交换机和路由器同在网络层工作。三层交换机除了具有二层交换机的功能外，还具有路由的功能。不过三层交换机仅具有路由器的路由功能，不具备路由器的其他功能，因此三层交换机不能代替路由器，但三层交换机的路由速度较快。

三层交换机可以看作是路由器的简化版，是为了加快路由速度而出现的一种网络设备。路由器的功能虽然非常完备，但完备的功能使得路由器的运行速度变慢，而三层交换机则将路由的部分工作接手过来，并改为由硬件来处理（路由器是由软件来处理路由的），从而达到了加快路由速度的目的。

一个具有第三层交换功能的设备是一个带有第三层路由功能的二层交换机，简单地说，三层交换技术 = 二层交换技术+三层路由转发技术。

在传统网络中，路由器实现了广播域隔离，同时提供了不同网段之间的通信。图 6.8 中的 3 个 IP 子网分别为由 C 类 IP 地址构成的网段，根据 IP 网络通信规则，只有通过路由器才能使 3 个网段相互访问，即实现路由转发功能。传统路由器是依靠软件实现路由功能的，同时提供了很多附加功能，因此分组交换速率较慢。若用二层交换机替换路由器，将其改造为交换式局域网，不同子网之间又无法访问，只有重新设定子网掩码，扩大子网范围，如图 6.8 所示的子网，只要将子网掩码改为 255.255.0.0，就能实现相互访问，但同时又产生新的问题：逻辑网段过大、广播域也较大、所有设备需要重新设置。

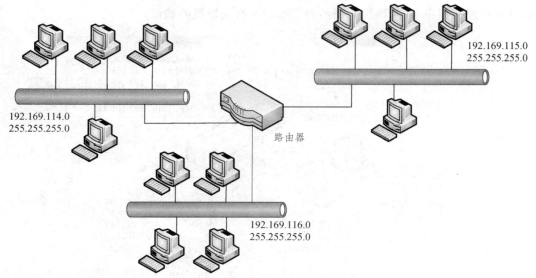

图 6.8　传统以路由为中心的网络结构

若引入三层交换机，并基于 IP 地址划分 VLAN，既可以实现广播域的控制，又可以解决网段划分之后，网段中子网必须依赖路由器进行管理的局面；既解决了传统路由器低速、复杂所造成的网络瓶颈问题，又实现了子网之间的互访，提高了网络的性能。

因此，凡是没有广域网连接需求，同时又需要路由器的地方，都可以用三层交换机代替路由器。一款三层交换机示意图如图 6.9 所示。

图 6.9　三层交换机

在企业网和教学网中，一般会将三层交换机用在网络的核心层，用三层交换机上的千兆端口或百兆端口连接不同的子网或 VLAN。因为其网络结构相对简单，节点数相对较少，另外，它不需要较多的控制功能，并且要求成本较低。

在目前的宽带网络建设中，三层交换机一般被放置在小区的中心和多个小区的汇聚层，核心层一般采用高速路由器。这是因为，在宽带网络建设中，网络互联仅仅是其中的一项需求，因为宽带网络中的用户需求各不相同，因此需要较多的控制功能，这正是三层交换机的弱点。因此，宽带网络的核心一般采用高速路由器。

图 6.10 给出了三层交换机工作过程的一个实例。其中计算机具有 C 类 IP 地址，共两个子网：192.168.114.0、192.168.115.0。现在用户 X 基于 IP 需向用户 W 发送信息，由于并不知道 W 在什么地方，X 首先发出 ARP 请求，三层交换机能够理解 ARP，并查找地址列表，将

数据只放到连接用户 W 的端口，而不会广播到所有交换机的端口。

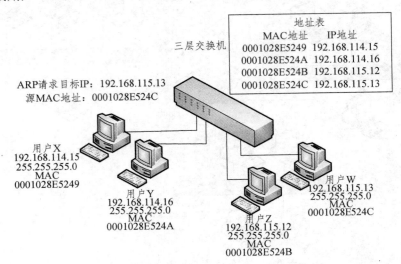

图 6.10　三层交换机工作过程

2. 三层交换技术的原理

从硬件的实现上看，目前，二层交换机的接口模块都是通过高速背板/总线（速率可高达几十吉比特）交换数据的，在三层交换机中，与路由器有关的第三层路由硬件模块也插在高速背板/总线上，这种方式使得路由模块可以与需要路由的其他模块间进行高速的数据交换，从而突破了传统的外接路由器接口速率的限制（10～100 Mb/s）。在软件方面，3 层交换机将传统的路由器软件进行了界定，其做法是：

（1）对于数据包的转发（如 IP/IPX 包的转发）这些有规律的过程通过硬件得以高速实现。

（2）对于 3 层路由软件，如路由信息的更新、路由表的维护、路由计算、路由的确定等功能，用优化、高效的软件实现。

三层交换机实际上已经历了三代。第一代产品相当于运行在一个固定内存处理机上的软件系统，性能较差。虽然在管理和协议功能方面有许多改善，但当用户的日常业务更加依赖于网络并且网络流量不断增加时，网络设备便成了网络传输瓶颈。第二代交换机的硬件引进了专门用于优化二层处理的专用集成电路芯片 ASIC，性能得到了极大改善与提高，并降低了系统的整体成本，这就是传统的二层交换机。第三代交换机并不是简单地建立在第二代交换设备上，而是在三层路由、组播及用户可选策略等方面提供了线速性能，在硬件方面也采用了性能与功能更先进的 ASIC 芯片。

三层交换机实际上就好像是将传统二层交换机与传统路由器结合起来的网络设备，它既可以完成传统交换机的端口交换功能，又可以完成路由器的路由功能。当然，它并不是把路由器设备的硬件和软件简单地叠加在局域网交换机上，而是各取所长的逻辑结合，直接在第二层由源地址传输到目的地址，而不再经过三层路由系统处理，从而消除了路由选择时造成的网络时延，提高了数据包的转发效率，解决了网间传输信息时路由产生的速率瓶颈。

三层交换机具有以下突出特点：

（1）有机的软硬件结合使得数据交换加速。

（2）优化的路由软件使得路由过程效率提高。

（3）除了必要的路由决定过程外，大部分数据转发过程由二层交换处理。

（4）多个子网互联时只是与三层交换模块逻辑连接，不像传统的外接路由器那样需要增加端口，节省了用户的投资。

三层交换是实现 Intranet 的关键，它将二层交换机和三层路由器两者的优势结合成一个灵活的解决方案，可在各个层次提供线速性能。这种集成化的结构还引进了策略管理属性，它不仅使二层与三层相互关联起来，而且还提供流量优化处理、安全处理以及多种其他的灵活功能，如端口链路聚合、VLAN 和 Intranet 的动态部署等。

三层交换机分为接口层、交换层和路由层 3 部分。接口层包含了所有重要的局域网接口：10/100 M 以太网、千兆以太网、FDDI 和 ATM 等。交换层集成了多种局域网接口并辅之以策略管理，同时还提供链路汇聚、VLAN 和 Tagging 机制。路由层提供主要的局域网路由协议有 IP、IPX 和 AppleTalk，并通过策略管理，提供传统路由或直通的第三层转发技术。策略管理使网络管理员能根据企业的特定需求调整网络。

3. 三层交换机种类

三层交换机可以根据其处理数据的不同而分为纯硬件和纯软件两大类。

1）纯硬件的三层交换机

纯硬件的三层交换机相对来说技术复杂，成本高，但速度快，性能好，带负载能力强。

纯硬件的三层交换机采用 ASIC 芯片，采用硬件的方式进行路由表的查找和刷新，如图 6.11 所示。当数据由端口接收进来以后，首先在二层交换芯片中查找相应的目的 MAC 地址，如果查到，就进行二层转发，否则将数据送至三层引擎。在三层引擎中，ASIC 芯片查找相应的路由表信息，与数据的目的 IP 地址相比对，然后发送 ARP 数据包到目的主机，得到该主机返回的 MAC 地址，将 MAC 地址发送到二层芯片，由二层芯片转发该数据包。

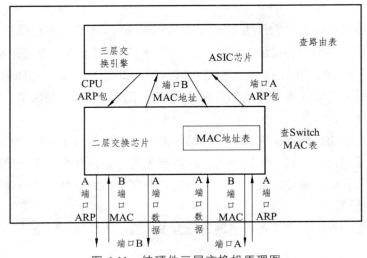

图 6.11　纯硬件三层交换机原理图

2）纯软件的三层交换机

基于软件的三层交换机技术较简单，但速度较慢，不适合作为主干。其原理是：采用软件的方式查找路由表。

纯软件三层交换机原理图如图 6.12 所示，当数据由端口接收进来以后，首先在二层交换芯片中查找相应的目的 MAC 地址，如果查到，就进行二层转发，否则将数据送至 CPU。CPU查找相应的路由表信息，与数据的目的 IP 地址相比较，然后发送 ARP 数据包到目的主机，得到该主机返回的 MAC 地址，将 MAC 地址发到二层芯片，由二层芯片转发该数据包。因为低价 CPU 处理速度较慢，因此这种三层交换机处理速度较慢。

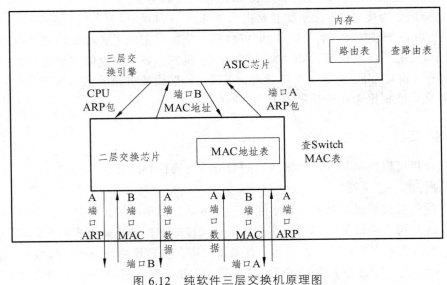

图 6.12 纯软件三层交换机原理图

6.2.6 网 关

网关又称为协议转换器，它作用在 OSI 参考模型的 4~7 层，即传输层到应用层。网关的基本功能是实现不同网络协议的互联，也就是说，网关是用于高层协议转换的网间连接器。网关可以描述为"不相同的网络系统互相连接时所用的设备或节点"。不同体系结构、不同协议之间在高层协议上的差异是非常大的。网关依赖于用户的应用，是网络互联中最复杂的设备，没有通用的网关。

而对于面向高层协议的网关来说，其目的就是试图解决网络中不同的高层协议之间的不同性问题，完全做到这一点是非常困难的，所以网关通常都是针对解决某些问题的，并且网关的构成非常复杂。综合来说，其主要的功能是进行报文格式转换、地址映射、网络协议转换和原语连接转换等。

按照网关功能的不同，大体可以将网关分为 3 大类：协议网关、应用网关和安全网关。

1. 协议网关

协议网关通常在使用不同协议的网络区域间进行协议转换工作，这也是一般公认的网关的功能。

例如：IPv4 数据由路由器封装在 IPv6 分组中，通过 IPv6 网络传递，到达目的路由器后解开封装，把还原的 IPv4 数据交给主机。这个功能是第三层协议的转换。又例如，以太网与令牌环网的帧格式不同，要在两种不同网络之间传输数据，就需要对帧格式进行转换，这个功能就是第二层协议的转换。

协议转换器必须在数据链路层以上的所有协议层都运行，而且要对节点上使用这些协议层的进程透明。协议转换是一个软件密集型过程，必须考虑两个协议栈之间特定的相似性和不同之处。因此，协议网关的功能相当复杂。

2. 应用网关

应用网关是在不同数据格式间翻译数据的系统。例如：E-mail 可以以多种格式实现，提供 E-mail 的服务器可能需要与多种格式的邮件服务器交互，因此要求支持多个网关接口。

3. 安全网关

安全网关就是防火墙。一般认为，在网络层以上的网络互联使用的设备是网关，主要是因为网关具有协议转换的功能。但事实上，协议转换功能在 OSI 参考模型的每一层几乎都有涉及。所以，网关的实际工作层次并非十分明确，正如很难给网关精确定义一样。

6.2.7　路由器及路由协议

1. 路由器（Router）简介

（1）路由器的基本概念。由于当前社会信息化的不断推进，人们对数据通信的需求日益增加。自 TCP/IP 体系结构于二十世纪七十年代中期推出以来，现已发展成为网络层通信协议的事实标准，基于 TCP/IP 的互联网络也成了最大、最重要的网络。路由器作为 TCP/IP 网络的核心设备已经得到广泛的应用，其技术已成为当前信息产业的关键技术，其设备本身在数据通信中起到越来越重要的作用。同时，由于路由器设备功能强大，且技术复杂，各厂家对路由器的实现有太多的选择性。

要了解路由器，首先要知道什么是路由选择。路由选择指网络中的节点根据通信网络的情况（可用的数据链路、各条链路中的信息流量等），按照一定的策略（传输时间、传输路径最短），选择一条可用的传输路径，把信息发往目的地。路由器就是具有路由选择功能的设备。它工作于网络层，从事不同网络之间的数据包（Packet）的存储和分组转发，是用于连接多个逻辑上分开的网络（所谓逻辑网络是代表一个单独的网络或者一个子网）的网络设备。

（2）路由器的功能与分类。路由器作为互联网上的重要设备，有着许多功能，大致上有以下几种：

① 接口功能。用作将路由器连接到网络。可以分为局域网接口及广域网接口两种。局域网接口主要包括以太网、FDDI 等网络接口。广域网主要包括 E1/T1、E3/T3、DS3、通用串行口等网络接口。

② 通信协议功能。该功能负责处理通信协议，可以包括 TCP/IP、PPP、X.25、帧中继等协议。

③ 数据包转发功能。该功能主要负责按照路由表内容在不同路由器各端口（包括逻辑端口）间转发数据包并且改写链路层数据包头信息。

④ 路由信息维护功能。该功能负责运行路由协议并维护路由表。路由协议可包括 RIP、OSPF、BGP 等协议。

⑤ 管理控制功能。路由器管理控制功能包括五个功能：SNMP（简单网络管理协议）代理功能、Telnet 服务器功能、本地管理、远端监控和 RMON（远程监视）功能。通过五种不同的途径对路由器进行控制管理，并且允许记录日志。

⑥ 安全功能。该功能用于完成数据包过滤、地址转换、访问控制、数据加密、防火墙以及地址分配等。

当前路由器分类方法有许多种，各种分类方法存在着一些联系，但是并不完全一致。具体地说：

① 从结构上分，路由器可分为模块化结构与非模块化结构。通常中高端路由器为模块化结构，可以根据需要添加各种功能模块，低端路由器为非模块化结构。

② 从网络位置划分，路由器可分为核心路由器与接入路由器。核心路由器位于网络中心，通常使用高端路由器，要求快速的包交换能力与高速的网络接口，通常是模块化结构；接入路由器位于网络边缘，通常使用中低端路由器，要求相对低速的端口以及较强的接入控制能力，通常是非模块化结构。

③ 从功能上划分，路由器可分为"骨干级路由器""企业级路由器"和"接入级路由器"。"骨干级路由器"是实现企业级网络互联的关键设备，它数据吞吐量较大，非常重要。"企业级路由器"连接许多终端系统，连接对象较多，但系统相对简单，且数据流量较小，对这类路由器的要求是以尽量便宜的方法实现尽可能多的端点互联，同时还要求能够支持不同的服务质量。"接入级路由器"主要应用于连接家庭或 ISP 内的小型企业客户群体。

（3）路由器的接口。路由器具有非常强大的网络连接和路由功能，它可以与各种各样的不同网络进行物理连接，这就决定了路由器的接口技术非常复杂，越是高档的路由器其接口种类也就越多，因为它所能连接的网络类型越多。下面分别介绍：

① AUI 端口。AUI 端口就是用来与粗同轴电缆连接的接口，它是一种"D"型 15 针接口，这在令牌环网或总线型网络中是一种比较常见的端口之一，现在已很少使用。

② RJ-45 端口。RJ-45 端口是用户最常见的端口了，它是双绞线以太网端口。

③ SC 端口。SC 端口也就是用户常用的光纤端口，它用于与光纤的连接。光纤端口通常

是不直接用光纤连接至工作站，而是通过光纤连接到快速以太网或千兆以太网等具有光纤端口的交换机。

④ 高速同步串口。在路由器的广域网连接中，应用最多的端口还要算"高速同步串口"（SERIAL）。这种端口主要是用于连接目前应用非常广泛的 DDN、帧中继（Frame Relay）、X.25、PSTN（模拟电话线路）等网络连接模式。

⑤ 异步串口。异步串口（ASYNC）主要用于实现远程计算机通过公用电话网拨入网络。

⑥ ISDN BRI 端口。因 ISDN 这种互联网接入方式在连接速度上有它独特的一面，所以在当时 ISDN 刚兴起时在互联网的连接方式上还得到了充分应用。

⑦ CONSOLE 接口。一般的 VPN 设备都带有一个控制端口"Console"，用来与计算机或终端设备进行连接，通过特定的软件来进行路由器的配置。

⑧ AUX 端口。AUX 端口为异步端口，主要用于远程配置，也可用于拨号连接，还可通过收发器与 Modem 进行连接。

2. 路由器的基本原理

而在互联网络中，路由器的功能就类似邮局。它负责接收本地网络的所有 IP 数据报，然后在根据它们的目的 IP 地址，将它们转发到目的网络。当到达目的网络后，再由目的网络传输给目的主机。

与交换机类似，路由器当中也有一张非常重要的表——路由表。路由表用来存放目的地址以及如何到达目的地址的信息。这里我们要特别注意一个问题，互联网包含成千上万台计算机，如果每张路由表都存放到达所有目的主机的信息，不但需要巨大的内存资源，而且需要很长的路由表查询时间，这显然是不可能的。所以路由表中存放的不是目的主机的 IP 地址，而是目的网络的网络地址。当 IP 数据报到达目的网络后，再由目的网络传输给目的主机。

（1）路由选择算法。一个通用的 IP 路由表通常包含许多（M，N，R）三元组。M 表示子网掩码，N 表示目的网络地址（注意是网络地址，不是网络上普通主机的 IP 地址），R 表示到网络 N 路径上的"下一个"路由器的 IP 地址。图 6.13 显示了用 3 台路由器互联 4 个子网的简单实例。

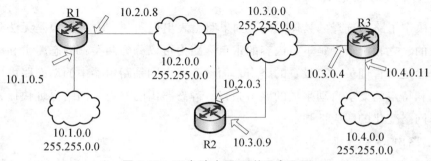

图 6.13　三台路由器互联四个子网

表 6.1 路由器 R2 的路由表

子网掩码 M	要到达的网络 N	下一路由器 R
255.255.0.0	10.2.0.0	直接投递
255.255.0.0	10.3.0.0	直接投递
255.255.0.0	10.1.0.0	10.2.0.8
255.255.0.0	10.4.0.0	10.3.0.4

如表 6.1 所示，如果路由器 R2 收到一个目的地址为 10.1.0.28 的 IP 数据报，它在进行路由选择时，首先将 IP 地址与自己路由表的第一个表项的子网掩码进行"与"操作，由于得到的结果 10.1.0.0 与本表项的网络地址 10.2.0.0 不同，说明路由选择不成功，需要与下一表项再进行运算操作，直到进行到第三个表项，得到相同的网络地址 10.1.0.0，说明路由选择成功。于是，R2 将 IP 数据报转发给指定的下一路由器 10.2.0.8。

如果路由器 R3 收到某一数据报，其转发原理与 R2 类似，也需要查看自己的路由表决定数据报去向。

（2）路由表中的两种特殊路由。为了缩小路由表的长度，减少查询路由表的时间，我们用网络地址作为路由表中下一路由器的地址，但也有两种特殊情况：

① 默认路由。默认路由指在路由选择中，在没明确指出某一数据报的转发路径时，为进行数据转发的路由设备设置一个默认路径。也就是说，如果有数据报需要其转发，则直接转发到默认路径的下一站地址。这样做的好处是可以更好地隐藏互联网细节，进一步缩小路由表的长度。在路由选择算法中，默认路由的子网掩码是 0.0.0.0，目的网络是 0.0.0.0，下一路由器地址就是要进行数据转发的第一个路由器的 IP 地址。

② 特定主机路由。特定主机路由在路由表中为某一个主机建立一个单独的路由表项，目的地址不是网络地址，而是那个特定主机实际的 IP 地址，子网掩码是特定的 255.255.255.255，下一路由器地址和普通路由表项相同。互联网上的某一些主机比较特殊，比如说服务器，通过设立特定主机路由表项，可以更加方便管理员对它的管理，安全性和控制性更好。

3. 静态路由与动态路由

路由表决定了路由选择的具体方向，如果路由表出现问题，IP 数据报是无法到达目的地的。路由表的建立和刷新，是本节内容的重点。路由可以分为两类：静态路由和动态路由，静态路由一般是由管理员手工设置的路由，而动态路由则是路由器中的动态路由协议根据网络拓扑情况和特定的要求自动生成的路由条目。静态路由的好处是网络寻址快捷，动态路由的好处是对网络变化的适应性强。

1）静态路由

静态路由是由网络管理员在路由器上手工添加路由信息来实现的路由。当网络的结构或链路的状态发生改变时，网络管理员必须手工对路由表中相关的静态路由信息进行修改。

静态路由信息在默认状态下是私有的，不会发送给其他的路由器。当然，通过对路由器手工设置也可以使之成为共享的。一般的静态路由设置经过保存后重启路由器都不会消失，但相应端口关闭或失效时就会有相应的静态路由消失。静态路由的优先级很高，当静态路由和动态路由冲突时，要遵循静态路由来执行路由选择。

既然是手工设置的路由信息，那么，管理员就更容易了解整个网络的拓扑结构，更容易配置路由信息，网络安全的保密性也就越高，当然这是在网络不太复杂的情况下。

如果网络结构较复杂，就没办法手工配置路由信息了，这是静态路由的缺点。一方面，网络管理员难以全面地了解整个网络的拓扑结构；另一方面，当网络的拓扑结构和链路状态发生变化时，路由器中的静态路由信息需要大范围地调整，这一工作的难度和复杂程度非常高。还有一个缺点就是如果静态路由手工配置错误，数据将无法转发到目的地。

2）动态路由

动态路由是指路由器能够通过一定的路由协议和算法，自动地建立自己的路由表，并且能够根据拓扑结构和实际通信量的变化适时地进行调整。

动态路由有更好的自主性和灵活性，适合于拓扑结构复杂、网络规模庞大的互联网络环境。一旦网络当中的某一路径出现了问题，数据不能在此路径上转发，动态路由可以根据实际情况更改路径。

动态路由的缺点就是当网络结构比较复杂时，路由信息会比较多，这样会占用路由设备CPU、内存很多的资源。

4. 路由协议

对于动态路由来说，路由协议的选择，可以直接影响网络性能，不同类型的网络要选择不同的路由协议，路由协议分为内部网关协议和外部网关协议。应用最广泛的内部网关路由协议包括路由信息协议（RIP）和开放式最短路径优先协议（OSPF）；外部网关协议是边缘网关协议 BGP，本书只讨论内部网关协议。

1）路由信息协议（RIP）

路由信息协议（Routing Information Protocol，RIP）是早期互联网最为流行的路由选择协议，使用向量-距离（Vector-Distance）路由选择算法，即路由器根据距离选择路由，所以也称为距离向量协议。

路由器收集所有可到达目的地的不同路径，并且保存到达每个目的地的最少站点数的路径信息，除到达目的地的最佳路径外，任何其他信息均予以丢弃。同时路由器也把所收集的路由信息用 RIP 协议通知相邻的其他路由器。这样，正确的路由信息逐渐扩散到了全网。

RIP 路由器每隔 30 s 触发一次路由表刷新，刷新计时器用于记录时间量。一旦时间到，

RIP 节点就会产生一系列包含自身全部路由表的报文。这些报文广播到每一个相邻节点。因此，每一个 RIP 路由器大约每隔 30 s 应收到从每个相邻 RIP 节点发来的更新。

RIP 路由器要求在每个广播周期内，都能收到邻近路由器的路由信息，如果不能收到，路由器将会放弃这条路由。如果在 90 s 内没有收到，路由器将用其他邻近的具有相同跳跃次数（hop）的路由取代这条路由；如果在 180 s 内没有收到，该邻近的路由器被认为不可达。

RIP 使用非常广泛，它简单、可靠、便于配置。但是 RIP 只适用于小型的同构网络，因为它允许的最大站点数为 15，任何超过 15 个站点的目的地均被标记为不可达。而且 RIP 每隔 30 s 一次的路由信息广播也是造成网络广播风暴的重要原因之一。

2）开放式最短路径优先协议（OSPF）

在众多的路由技术中，开放式最短路径优先协议 OSPF（Open Shortest Path First）已成为目前 Internet 广域网和 Intranet 企业网采用最多、应用最广泛的路由技术之一。OSPF 是基于链路-状态（link-status）算法的路由选择协议，它克服了 RIP 的许多缺陷，是我们要重点介绍的路由协议。

（1）链路-状态算法。要了解开放式最短路径优先协议 OSPF，必须先理解它采用的链路-状态算法（也叫作最短路径优先 SPF 算法）。其基本思想是将每一个路由器作为根（root）来计算其到每一个目的地路由器的距离，每一个路由器根据一个统一的数据库会计算出路由区域的拓扑结构图，该结构图类似于一棵树，在 SPF 算法中，被称为最短路径树。

图 6.14 所示是一个由四个路由器和四个子网组成的一个网络，R_1，R_2，R_3，R_4 会相互之间广播报文，通知其他路由器自己与相邻路由器之间的连接关系，利用这些关系，每一个路由器都可以生成一张拓扑结构图（见图 6.15），根据这张图，R1 可以根据最短路径优先算法计算出自己的最短路径树（图 6.16 所示是 R1 的最短路径树，注意这个树里不包含 R2，R3，这是因为 R1 要到达四个网络中的任何一个，不需要经过 R2，R3）。表 6.2 所示是 R1 根据最短路径树生成的路由表。

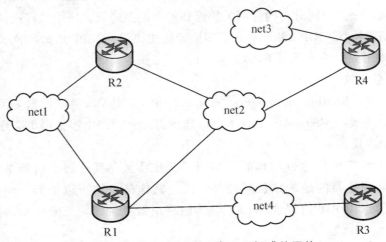

图 6.14　四个路由器和四个子网组成的网络

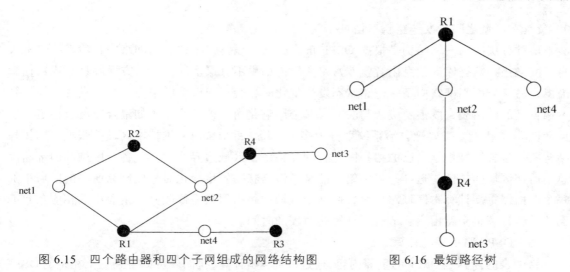

图 6.15　四个路由器和四个子网组成的网络结构图　　　图 6.16　最短路径树

表 6.2　R1 的路由表

目的网络	下一路由	跳数
net1	直接投递	0
net2	直接投递	0
net4	直接投递	0
net3	R4	1

链路-状态算法具体可分为以下三个过程：

① 在路由器刚开启初始化或者网络的结构发生变化时，路由器会生成链路状态广播数据包 LSA（Link-State Advertisement），该数据包里包含于此路由器相连的所有端口的状态信息与网络结构的变化，比如路由器的增减、链路状态的变化等。

② 接着各个路由器通过刷新 Flooding 的方式来交换各自知道的路由状态信息。刷新是指某路由器将自己生成的 LSA 数据包发送给所有与之相邻的执行 OSPF 协议的路由器，这些相邻的路由器根据收到的刷新信息更新自己的数据库，并将该链路状态信息转发给与之相邻的其他路由器，直至达到一个相对平静的过程。

③ 当整个区域的网络相对平静下来，或者说 OSPF 路由协议收敛（convergence）起来时，区域里所有的路由器会根据自己的链路状态数据库计算出自己的路由表。收敛指当一个网络中的所有路由器都运行着相同的、精确的、足以反映当前网络拓扑结构的路由信息。

在整个过程完成后，网络上数据包就根据各个路由器生成的路由表转发。这时，网络中传递的链路状态信息很少，达到了一个相对稳定的状态，直到网络结构再次发生较大变化。这是链路-状态算法的一个特性，也是区别于距离-矢量算法的重要标志。

（2）OSPF 的分区概念。OSPF 是一种分层次的路由协议，其层次中最大的实体是自治系统 AS（即遵循共同路由策略管理下的一部分网络实体）。在一个 AS 中，网络被划分为若干个不同的区域，每个区域都有自己特定的标识号。对于主干区域（Backbone Area）一般是 area

0，负责在区域之间分发链路状态信息。

这种分层次的网络结构是根据 OSPF 的实际需要设计出来的。当网络中自治系统非常大时，网络拓扑数据库的信息内容就非常多，所以如果不分层次的话，一方面容易造成数据库溢出，另一方面当网络中某一链路状态发生变化时，会引起整个网络中每个节点都重新计算一遍自己的路由表，既浪费资源与时间，又会影响路由协议的性能（如聚合速度、稳定性、灵活性等）。因此，需要把自治系统划分为多个区域，每个域内部维持本区域一张唯一的拓扑结构图，且各区域根据自己的拓扑图各自计算路由，区域边界路由器把各个区域的内部路由总结后在区域间扩散。这样，当网络中的某条链路状态发生变化时，此链路所在的区域中的每个路由器重新计算本区域路由表，而其他区域中路由器只需修改其路由表中的相应条目而无须重新计算整个路由表，节省了计算路由表的时间。

（3）OSPF 路由表的计算。

路由表的计算是 OSPF 的重要内容，通过下面 4 步计算，我们就可以得到一个完整的 OSPF 路由表：

① 保存当前路由表，如果当前存在的路由表为无效的，必须从头开始重新建立路由表。

② 区域内路由的计算，通过链路-状态算法建立最短路径树，从而计算区域内路由。

③ 区域间路由的计算，通过检查主链路状态通告 Summary-LSA，来计算区域间路由，若该路由器连到多个区域，则只检查主干区域的 Summary-LSA。

④ 查看 Summary-LSA，在连到一个或多个传输域的域边界路由器中，通过检查该域内的 Summary-LSA 来检查是否有比①、②步更好的路径。

OPSF 作为一种重要的内部网关协议，极大地增强了网络的可扩展性和稳定性，同时也反映出了动态路由协议的强大功能，适合在大规模的网络中使用。但是其在计算过程中，比较耗费路由器的 CPU 资源，而且有一定带宽要求。

6.3 广域网接入技术

6.3.1 广域网概述

20 世纪 80 年代以来，广域网在规模上超越城市、省界、国界、洲界的范围，最终形成世界范围的计算机互联网络。其在技术上也有诸多突破，例如，硬件设备的快速更新，多路复用技术与交换技术的不断发展，使广域网技术日臻成熟，为广域网解决传输带宽这一"瓶颈"问题展现了美好的前景。

1. 广域网的概念

广域网是将地理位置上相距较远的诸多计算机系统，通过不同的通信线路按照网络协议相连，从而实现各计算机之间相互通信的计算机系统的集合。广域网由交换机、路由器、网关、调制解调器等多种数据交换硬件及数据连接设备组成。

2. 广域网的类型

广域网能够连接距离较远的节点。根据实际情况的不同，建立广域网的方法也有区别，综合使用情况，广域网可以被划分为：电路交换网、分组交换网和专用线路网等。

（1）电路交换网。电路交换网是面向连接的网络，是指依据需求建立连接并允许专用这些连接直至它们被释放的一个过程。电路交换网包含一条物理路径，并支持网络连接过程中两个终点间的单连接方式。

（2）分组交换网。分组交换网是电路交换网之后的一种新型交换网络，主要用于数据通信。分组交换是一种存储转发的交换方式，它将报文划分成一定长度的分组，以分组为存储转发单位。

（3）专用线路网。专用线路网是指两个终点之间建立一个安全永久的通信信道。不需要经过任何建立或拨号进行连接，属于点到点连接的网络。

3. 广域网与局域网的比较

广域网是由多个局域网连接而成的。通过使用各种网间互联设备，如中继器、网桥、路由器等，可以将局域网扩展成广域网。局域网与广域网不同之处在于以下 4 个方面：

（1）使用范围。局域网的网络通常分布在楼宇内部，涉及范围较小。广域网的网络分布通常为地区、国家、洲际的范围。

（2）复杂程度。局域网的结构简单且规则，硬件数量相对较少，可控性、管理性及安全性比较好。广域网由于硬件构成、使用协议、运用的业务不同，管理和控制都比局域网复杂，安全性相对较低。

（3）通信速率。局域网的通信速率较高，一般能达到 10 Mb/s, 100 Mb/s, 甚至 1 000 Mb/s, 误码率相对较低。而广域网的通信速率与多种因素相关。信息传播过程中，由于途经多个中间链路和中间节点，传输的误码率要比局域网高。

（4）通信质量。局域网信息传输的延时较小，传输的带宽较大，线路的稳定性较强；广域网信息传输的延时较大，线路稳定性较弱。

6.3.2　常见的广域网接入技术

1. 公用电话交换网（PSTN）

（1）公用电话交换网的概念。公共交换电话网是一种应用于全球语音通信的电路交换网络，自 1876 年贝尔发明电话开始，公共交换电话网分别经历了磁石交换、空分交换、程控交换、数字交换等阶段。随着信息技术的不断提高，数字化技术逐步取代原有的交换技术，现在的公共电话交换网绝大多数是数字化的网络。在众多的广域网互联技术中，通过公用电话交换网进行互联的成本最低，但其数据传输质量及传输速度相对较差，而且公用电话交换网的网络资源利用率也比较低。

（2）公用电话交换网的结构。在公共交换电话网的系统结构中，主要包含交换系统和传输系统两个部分。交换系统的主要交换设备为电话交换机，根据电子技术在不同时期的发展，电话交换机也由早期的磁石式、步进制、纵横制交换机，衍变为现在广泛应用的程控交换机。传输系统主要分为传输方式和传输设备，当前的主要传输方式已经发展为同步数字体系（SDH），而传输线缆方面主要以光纤取代铜线来改进传输性能。当两个主机或路由器设备需要通过公用电话交换网进行连接时，公用电话交换网为前者提供一个虚拟的专用通道，这个通道由若干个电话交换机和传输电缆连接组成。

（3）公用电话交换网的应用。以 PSTN 连接两个局域网的网络（见图 6.17）为例，可以看到通过各局域网的 Modem 与 PSTN 相连，能实现两个局域网的互联。但局域网的互联只是 PSTN 应用的一个部分，PSTN 还可以运用于拨号上 Internet/Intranet/LAN、进行两个或多个 LAN 之间的网络互联、进行广域网之间的互联等。虽然 PSTN 在数据传输时有其不足，但从目前 xDSL 技术的发展情况来看，短期内 PSTN 不会被淘汰或替代，如果提高通信速度，PSTN 技术还将拥有更为广阔的发展空间。

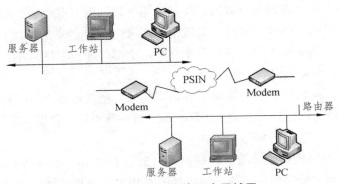

图 6.17　PSTN 连接两个局域网

2. 数字数据网

（1）数字数据网的概念。数字数据网（DDN）是利用数字信道传输数据信号的数据传输网，应用于计算机之间的通信，传送数字化传真、数字化语音，数字化图像或其他数字化信号。该网是一个传输速率较高、网络延时较小、全透明、高流量的数据传输网络。DDN 可提供永久性和半永久性连接的数据传输通道。永久性连接的数据传输信道是指通过建立固定连接，形成传输速率固定的专用带宽；半永久性连接的数据传输信道则由网络管理员根据申请调整其传输速率、传输数据的目的地和传输路由。

（2）数字数据网的结构。数字数据网由数字传输电路和数字交叉复用设备构成。利用光缆传输电路满足数字传输需要，利用数字交叉连接复用设备对数字电路进行半固定交叉连接和子速率的复用。

如图 6.18 所示，典型的数字数据网功能由以下部分实现：

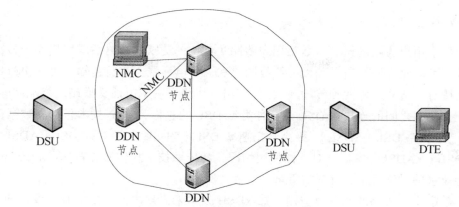

图 6.18　DDN 网络结构示意图

　　① 数据终端设备（DTE），即接入 DDN 网的终端设备可以是局域网，通过路由器连至对端，也可以是一般的异步终端或图像设备，以及传真机、电传机、电话机等。DTE 和 DTE 之间是全透明传输。

　　② 数据业务单元（DSU），即调制解调器或基带传输设备，以及时分复用、语音/数字复用等设备。通过 DTE 和 DSU 的组合能完成相关设备的接入和接出。

　　③ 网管中心（NMC），能够进行网络结构和业务的配置，实时地监视网络运行情况，进行网络信息、网络节点告警、线路利用情况等收集及统计报告。

　　（3）数字数据网的应用。数字数据网能提供传送速率范围在 200 b/s ~ 2 Mb/s 的中高速数据通信支持。也可以提供点对点及一对多的技术支持，适用于各种机构组建相关的专用网。还可以为语音、G3 传真、图像、智能用户电报等通信需求提供支持。如图 6.19 所示，通过 DDN 技术对企业总部与各办事处及公司分部的局域网进行互联，从而实现公司内部数据传送、企业邮件服务、话音服务等功能。随着信息技术的发展，DDN 的应用范围从提供端到端的数据通信扩大到提供多种通信技术支持，正在成为多功能而又多应用的传输网络。

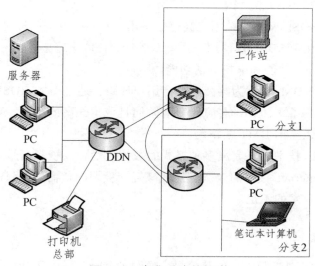

图 6.19　企业系统的互联

3. 数字用户线路

（1）数字用户线路的概念。数字用户线路（DSL）是以铜制电话双绞线作为传输载体的传输技术，可以允许语音信号和数据信号同时在一条电话线上进行传输。可在 PSTN 的终端环路上支持对称与非对称两种传输模式。数字用户线路可用于电话交换站与终端之间的连接，不能用于交换站之间的连接。xDSL 是各种类型 DSL 的总称，xDSL 技术包括高数据速率 DSL（HDSL）、单线路 DSL（SDSL）、极高数据速率 DSL（VDSL）、不对称 DSL（ADSL）和速率自适应 DSL（RADSL）等。针对具体使用情况，各传输技术在信号传输速度和距离，上行速率和下行速率的对称性上，存在着差异。

（2）数字用户线路的原理及应用。在 xDSL 技术未出现之前，电话系统设计的功能为传送话音信息，传送频率范围在 300 Hz ~ 3.4 kHz。但电话网到最终用户的铜缆有能力提供更高的带宽，根据电路质量和设备的复杂度不同，可以提供频率为 200 ~ 800 kHz。通过利用 xDSL 技术，增加电话线路的附加频段，可在电话系统上传送大量的数据。xDSL 通常将 0.3 ~ 4 kHz 的频段范围用于提供话音传输功能，其他范围的频率用于传送数据。数字用户线路包含了多种传输技术，不同的系统构成标志着其不同的设计原理。

① ADSL 技术。ADSL 又称为非对称数字用户环路，非对称主要体现在上行速率（最高 640 kb/s）和下行速率（最高 8 Mb/s）的非对称性上。

② RADSL 技术。RADSL 又称为速率自适应数字用户线路，是 ADSL 技术的一种变形，应用前用调制解调器测试线路，将速率调整为线路能够承载的最高速率以适应实际需要。RADSL 利用一对双绞线进行传输，支持同步和非同步传输方式，速率自适应，根据双绞线质量和传输距离动态地提交 640 kb/s ~ 22 Mb/s 的下行速率，以及 272 kb/s ~ 1.088 Mb/s 的上行速率。

③ HDSL 技术。HDSL 又称为高速数字用户环路，是一种对称的 xDSL 技术，利用已有电话线铜缆中的两对或三对双绞线来提供全双工的 1.544 Mb/s（T1）或 2.048 Mb/s（E1）数字连接能力，传输距离在 5 km 之内。

④ SDSL 技术。SDSL 又称为单用户高速数字用户环路，也是一种对称的 xDSL 技术。与 HDSL 技术的区别仅在于 SDSL 仅使用一对铜双绞线，且传输速率可调。SDSL 技术的优点在于可以同时使用 Internet 功能和电视电话功能。

⑤ VDSL 技术。VDSL 又称为甚高速数字用户环路，通过引入 VDSL 技术，成功解决了 ADSL 技术在提供图像业务方面的带宽十分有限而且成本偏高的难题。VDSL 是传输速率最快的一种 xDSL 技术，采用 DMT 线路码。

总的来说，xDSL 技术能够完成多种格式的数据、话音及视频信号从局端到远端的传输任务，不但能加快 Internet 接入的效率，还能减轻交换网的负荷，但只能在短距离内提供高速数据传输是 xDSL 技术的不足。

4. 公用分组交换网

（1）公用分组交换网的概念。公共分组交换网（X.25）诞生于 20 世纪 70 年代，分别经历了电路交换、报文交换、分组交换和综合业务数字交换的发展过程。它是一个以数据通信为目标的公共数据网。通过定义终端设备和网络设备之间的接口标准，能接入不同类型的终端设备。在传输过程中能实现多路复用，流量控制和拥塞控制等功能。

（2）公用分组交换网的原理。公用分组交换网一般由分组交换机、网络管理中心、远程集中器、分组装拆设备、分组终端/非分组终端和传输线路等基本设备组成。

在传输信息的过程中先将数据信息按照一定的规则分割成若干定长的分组数据报，采用"存储/转发"的方式在交换网上传输，到达目的地后，再组装还原成原先完整的数据信息传送给用户。

（3）公用分组交换网的应用。分组交换技术比较适用于终端到主机的交互式通信及交易处理，以及有协议转换需求的场合，在跨国通信、保密要求度高和传输基础设施不完善的地区有着广泛的应用。

6.4　实训项目　路由器基本配置与管理

6.4.1　项目目的

掌握路由器命令行各种操作模式的区别；能够使用各种帮助信息；使用命令进行基本的路由器配置管理功能。

6.4.2　项目情境

假如你是某公司新入职的网络管理员，公司采用全系列思科网络产品，要求你认识路由器，投入使用前要进行初始化配置，以及使用一些基本命令进行设备管理。

6.4.3　项目方案

1. 任务分解

（1）任务 1：路由器命令行各种操作模式及切换。
（2）任务 2：配置路由器的主机及接口参数。
（3）任务 3：配置路由器密码。
（4）任务 4：查看路由器的系统和配置信息。
（5）任务 5：保存与删除路由器配置信息。

2. 知识准备

（1）路由器的基本原理。路由器是互联网的主要节点设备，路由器通过路由决定数据的转发。转发策略称为路由选择（routing），这也是路由器名称的由来。路由器具有判断网络地址和选择路由路径的能力，能够在不同网络的主机之间传递数据。路由器工作在TCP/IP 模型的第三层（网络层），主要作用是为收到的报文寻找正确的路径，并把它们转发出去。

（2）路由器的基本功能：存储、转发、寻径功能。

① 路由功能。包括数据包的路径决策、负载平衡、多媒体传输（多播）等。

② 智能化网络服务。包括 QoS、访问列表（防火墙）、验证、授权、计费、链路备份、调试、管理等。

（3）路由器的基本命令操作模式。无论是从控制台进行访问或是通过 Telnet 会话方式进行访问，路由器都可以处于若干模式之中，每个模式提供不同的功能，如表 6.3 所示。

用户 EXEC 模式：只读模式，其中，用户可以浏览关于路由器的一些信息，但是不能进行任何更改。用户模式提示符为：router>。

特许 EXEC 模式：支持调试和测试命令、路由器的详细检查、配置文件的处理以及对配置模式的访问。特许模式提示符为：router#。

全局配置模式：实现强大的单行命令，这些命令执行简单的配置任务。全局配置模式提示符为：router（config）#。

其他配置模式：提供比较复杂的多行配置（如端口配置子模式，提示符为：router（config-if）#）。

RXBOOT 模式：一种维护模式，只能进行软件升级和手工引导，也可进行路由器的口令恢复（开机 60 s 内按 "Ctrl+Break"，提示符：rommon1>）。

设置对话模式：新路由器开机自动进入状态，可通过对话方式对路由器进行设置（或router#setup）。

表 6.3　路由器命令模式

命令模式	访问方法	路由器提示符	退出方法
用户 EXEC	登录	Router>	使用 logout 命令
特权 EXEC	从用户 EXEC 模式，输入 enable 命令	Router#	退出回到用户 EXEC 模式，使用 disable，exit 或 logout 命令
全局配置	从特权 EXEC 模式、输入 configure terminal 命令	Router（config）#	退出回到特权 EXEC-模式，使用 exit 或 end
接口配置	从全局配置模式，输入 INTERFACE 类型编号命令，例如 interface ethernet 0	Router（config-if）#	退出回到全局配置模式使用 exit 命令，为直接退出回到特权 EXEC 模式，按下 "Ctrl+Z"

命令模式	访问方法	路由器提示符	退出方法
子接口配置模式	从全局配置模式,输入 INTERFACE 类型编号命令,例如 interface ethernet 0/0.1	Router（config-subif）#	退出回到全局配置模式使用 exit 命令,为直接退出回到特权 EXEC 模式,按下"Ctrl+Z"
线路配置模式	从全局配置模式,输入 LINE 类型编号命令	Router（config-line）#	退出回到全局配置模式使用 exit 命令,为直接退出回到特权 EXEC 模式,按下"Ctrl+Z"
路由协议配置模式	从全局配置模式,输入 ROUTER 类型编号命令,例如 router rip	Router（config-router）#	退回到全局配置模式使用 exit 命令,为直接退出回到特权 EXEC 模式,按下"Ctrl+Z"

3. 拓扑结构

拓扑结构如图 6.20 所示。

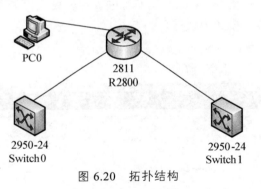

图 6.20　拓扑结构

6.4.4　项目实施

任务 1　路由器命令行各种操作模式及切换

路由器指令非常庞大,将指令进行分类管理,不同的指令在不同的操作模式下执行。因此,熟悉各个操作模式下的进入和退出就非常重要,也是学好各类指令的基础。

1. 普通用户模式

路由器启动界面中首先进入该模式,普通用户模式只能执行很少的指令,如图 6.21 所示。
提示符:[主机名>],如:Router>

功能：可以执行 EXEC 命令的一部分。

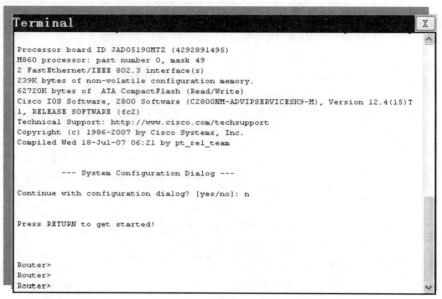

图 6.21　普通用户模样

2. 特权模式

在普通用户模式中执行指令"enable"即可进入特权模式，如图 6.22 所示。路中器中查看状态、性能的指令在特权模式中执行。

提示符：[主机名#]，如：Router#

功能：可以执行全部的 EXEC 命令。

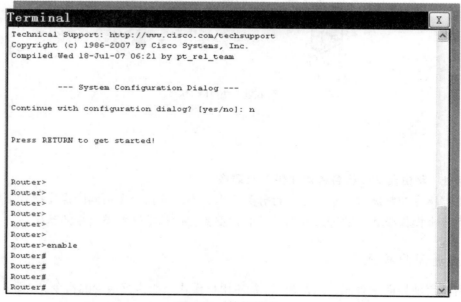

图 6.22　特权模式

3. 全局配置模式

如果指令对整个路由器有效，则该指令一定要在全局配置模式下执行。进入全局配置模式的指令为"config terminal"，如图 6.23 所示。

提示符：[主机名（config）#]，如：Router（config）#

功能：配置交换机的整体参数。

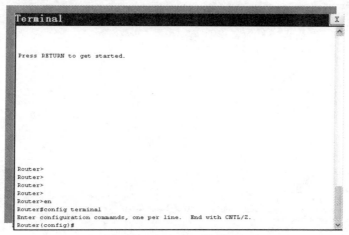

图 6.23　全局配置模式

4. 子模式

子模式配置指令只针对特定事物有效。例如：接口配置模式只对该接口有效。

（1）线路配置模式：在全局配置模式下执行"line"指令，进入到相应的线路配置模式，如图 6.24 所示。

提示符：[主机名（config-line）#]　Router（config-line）#

功能：配置交换机的线路参数。

图 6.24　线路配置模式

（2）接口配置模式：在全局配置模式下执行"interface"，进入到相应的接口配置模式，如图 6.25 所示。

提示符：[主机名（config-if）#]，如 Router（Config-if）#

功能：配置交换机的接口参数。

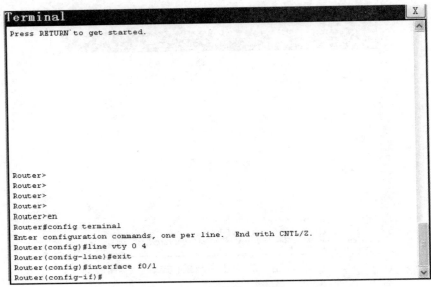

图 6.25　接口配置模式

5. 模式退出

在任何子模式中执行"end"指令或按 ctrl+z 键，返回到该交换机的特权模式；执行"exit"指令返回到上一级模式，如图 6.26 所示。

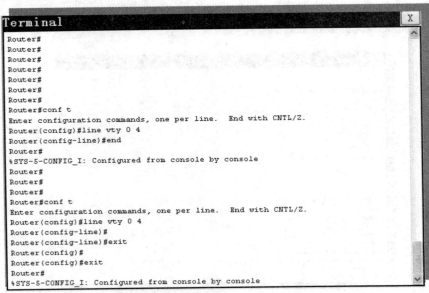

图 6.26　模式退出

任务 2 配置路由器的主机及接口参数

首先要熟悉路由器常用的基本命令及路由器的主机及接口配置方法。

1. 设置路由器主机名

在网络上，Cisco 路由器必须要有一个唯一的主机名，所以在配置 Cisco 路由器时的第一
个任务就是为路由器配置主机名。这里我们以主机名为 R2811 为例，在全局模式下输入
"hostname R2811"，然后按回车键执行命令，这时，主机提示符前的主机名变为 R2811，说
明设置主机名成功。

```
Router>Router>enable                      ! 进入特权模式
Router#config terminal                    ! 进入全局配置模式
Router（config）#hostname R2811             ! 设置路由器的主机名为
R2811（config）#
```

2. 配置路由器以太网接口参数

```
R2811>
R2811>enable
R2811#config terminal
R2811（config）#interface FastEthernet0/0
R2811（config-if）#ip address 192.168.1.1 255.255.255.0
R2811（config-if）#no shutdown
R2811（config-if）#exit
```

在配置以太网接口时，需要我们为以太网接口配置 IP 地址及子网掩码来进行 IP 数据包
的处理。默认情况下，以太网接口是管理性关闭的，所以在配置完成 IP 地址后，还需要用
no shutdown 来激活接口。

3. 配置路由器串口参数

```
R2811>
R2811>enable
R2811#config terminal
R2811（config）#interface Serial1/0
R2811（config-if）#ip address 192.168.2.1 255.255.255.0
R2811（config-if）#no shutdown
R2811（config-if）#
```

如果串行接口连接的是一个 DCE 设备，我们还需要为串行接口配置一个时钟频率；如果
是 DTE 设备则不需要。默认情况下，Cisco 路由器是一个 DTE 设备，但是可以通过使用命令
来将其配置成 DCE 设备。

R2811（config-if）#clock rate 9600

R2811（config-if）#no shutdown

R2811（config-if）#

任务 3   配置路由器密码

在 Cisco 路由器产品中，我们在最初进行配置的时候通常需要限制一般用户的访问。这对于路由器是非常重要的，在默认的情况下，路由器是一个开放的系统，访问控制选项都是关闭的，任一用户都可以登录到设备从而进行更进一步的攻击，所以需要网络管理员去配置密码来限制非授权用户通过直接的连接、Console 终端和拨号 Modem 线路访问设备。

1. 配置进入特权模式的密码和密钥

R2811>

R2811>enable

R2811#config terminal

R2811（config）#enable password cisco

R2811（config）#enable secret class

R2811（config）#

特权模式的密码和密钥是用来限制非授权用户进入特权模式。因为特权密码是未加密的，所以一般都推荐用户使用特权密匙，且特权密码仅在特权密匙未使用的情况下才会有效。

2. 配置控制端口的用户密码

R2811（config）#line console 0

R2811（config-line）#password cisco

R2811（config-line）#login

R2811（config-line）#

3. 配置辅助端口（AUX）的用户密码

R2811（config）#line aux 0

R2811（config-line）#login

R2811（config-line）#password cisco

R2811（config-line）#

4. 配置 VTY（telnet）登录访问密码

R2811（config）#line vty 0 4

R2811（config-line）#login

R2811（config-line）#password cisco

R2811（config-line）#

注意：设置密码为"cisco"，这里的密码区分大小写。

任务 4　查看路由器的系统和配置信息

查看路由器系统和配置信息，掌握当前路由器的工作状态。查看路由器的系统和配置信息命令要在特权模式下执行。

1. 显 示 所 有 路 由 器 端 口 状 态

R2811>enable

R2811#show interface

R2811#show interface fastEthernet0/1

show interface 显示所有端口信息。

show interface fastEthernet0/1 显示 fastEthernet0/1 端口信息。

2. 显 示 配 置 文 件 信 息

R2811>enable

R2811#show startup-configuration

显示存储在非易失性存储器的配置文件。

R2811#show running-configuration

显示存储在内存中的当前正确配置文件。

3. 显 示 其 他 信 息

R2811#

R2811#show controllers serial　！ 显示特定接口的硬件信息

R2811#show clock　！ 显示路由器的时间设置

R2811#show hosts　！ 显示主机名和地址信息

R2811#show users　！ 显示所有连接到路由器的用户

R2811#show history！ 显示键入过的命令历史列表

R2811#show flash！ 显示 flash 存储器信息以及存储器中的 IOS 映象文件

R2811#show version　！ 显示路由器信息和 IOS 信息

R2811#show arp　！ 显示路由器的地址解析协议列表

R2811#show protocol　！ 显示全局和接口的第三层协议的特定状态

任务 5　保存与删除路由器配置信息

特权模式下执行保存与删除路由器的配置信息，掌握路由器配置信息的保存与更新。

1. 保 存 路 由 器 的 配 置 信 息

R2811#copy running-config startup-config

running-config 为运行配置文件，它位于路由器的 RAM 中，在关闭或重启路由器时，该文件丢失；startup-config 为启动配置文件，它位于路由器的 NVRAM 中，可以长期保存，它在启动路由器时装入 RAM，成为 running-config。

2. 重新启动路由器

R2811#reload

reload 命令用于重新启动路由器，它会把 startup-config 文件装入 RAM，成为 running-config 文件，如果没有找到 startup-config 文件，路由器自动进入配置状态。

3. 删除路由器配置信息

Erase 命令为删除闪存或配置缓存，而 Erase startup-config 命令为删除 NVRAM 中的内容。

6.5   实训项目   交换机配置与管理

6.5.1   项目目的

掌握交换机命令行各种操作模式的区别；能够使用各种帮助信息以及使用命令进行基本的交换机配置管理功能。

6.5.2   项目情境

假如你是某公司新入职的网络管理员，公司采用全系列思科网络产品，要求你认识交换机，投入使用前要进行初始化配置，以及使用一些基本命令进行设备管理。

6.5.3   项目方案

1. 任务分解

（1）任务 1：交换机命令行操作模式。
（2）任务 2：交换机命令行基本功能。
（3）任务 3：全局配置模式基本功能。
（4）任务 4：端口配置模式基本功能。
（5）任务 5：查看系统和配置信息。
（6）任务 6：保存和删除配置信息。

2．知识准备

1）交换机简介

交换机（Switch），也称为交换式集线器，它是一种基于 MAC 地址（网卡的硬件地址）识别，能够在通信系统中完成信息交换功能的设备。

交换机拥有一条很高带宽的背部总线和内部交换矩阵。以太网交换机的所有的端口都挂接在这条背部总线上，控制电路收到数据包以后，处理端口会查找内存中的地址对照表以确定目的 MAC（网卡的硬件地址）的 NIC（网卡）挂接在哪个端口上，通过内部交换矩阵迅速将数据包传送到目的端口，若目的 MAC 不存在才广播到所有的端口，接收端口回应后以太网交换机会"学习"新的地址，并把它添加入内部地址表中。

使用以太网交换机也可以把网络"分段"，通过对照地址表，交换机只允许必要的网络流量通过交换机。通过交换机的过滤和转发功能，可以有效地隔离广播风暴，减少误包和错包的出现，避免共享冲突。

交换机在同一时刻可进行多个端口对之间的数据传输。每一端口都可视为独立的网段，连接在其上的网络设备独自享有全部的带宽，无须同其他设备竞争使用。当节点 A 向节点 D 发送数据时，节点 B 可同时向节点 C 发送数据，而且这两个传输都享有网络的全部带宽，都有着自己的虚拟连接。假使这里使用的是 10 Mb/s 的以太网交换机，那么该以太网交换机这时的总流通量就等于 $2 \times 10\ \mathrm{Mb/s} = 20\ \mathrm{Mb/s}$，而使用 10 Mb/s 的共享式 Hub 时，一个 Hub 的总流通量也不会超出 10 Mb/s。

交换机与集线器的区别主要体现在如下几个方面：

（1）在 OSI/RM（OSI 参考模型）中的工作层次不同。交换机和集线器在 OSI／RM 开放体系模型中对应的层次不一样，集线器是同时工作在第一层（物理层）和第二层（数据链路层），而交换机至少是工作在第二层，更高级的交换机可以工作在第三层（网络层）和第四层（传输层）。

（2）交换机的数据传输方式不同。集线器的数据传输方式是广播（broadcast）方式，而交换机的数据传输是有目的的，数据只对目的节点发送，只是在自己的 MAC 地址表中找不到的情况下第一次使用广播方式发送，然后因为交换机具有 MAC 地址学习功能，第二次以后就不再是广播发送了，又是有目的的发送。这样的好处是使数据传输效率提高，不会出现广播风暴，在安全性方面也不会出现其他节点侦听的现象。

（3）带宽占用方式不同。在带宽占用方面，集线器所有端口是共享集线器的总带宽，而交换机的每个端口都具有自己的带宽，这样交换机实际上每个端口的带宽比集线器端口可用带宽要高许多，也就决定了交换机的传输速度比集线器要快许多。

（4）传输模式不同。集线器只能采用半双工方式进行传输，因为集线器是共享传输介质的，在上行通道上集线器一次只能传输一个任务，要么是接收数据，要么是发送数据。而交换机则不一样，它是采用全双工方式来传输数据的，因此在同一时刻可以同时进行数据的接收和发送，这不但令数据的传输速度大大加快，而且在整个系统的吞吐量方面交换机比集线器至少要快一倍以上，因为它可以使接收和发送同时进行，实际上还远不止一倍，因为一般来说交换机比集线器的端口带宽也要宽许多倍。

2）交换机的分类

交换机的分类标准多种多样，常见的有以下几种：

（1）根据网络覆盖范围分局域网交换机和广域网交换机。

（2）根据传输介质和传输速度划分为以太网交换机、快速以太网交换机、千兆以太网交换机、10千兆以太网交换机、ATM交换机、FDDI交换机和令牌环交换机。

（3）根据交换机应用网络层次划分为企业级交换机、校园网交换机、部门级交换机和工作组交换机、桌机型交换机。

（4）根据交换机端口结构划分为固定端口交换机和模块化交换机。

（5）根据工作协议层划分为第二层交换机、第三层交换机和第四层交换机。

（6）根据是否支持网管功能划分为网管型交换机和非网管理型交换机。

3）交换机的交换模式

目前，交换机在传送源和目的端口的数据包时通常采用直通式、存储转发式和碎片隔离式三种数据包交换方式。目前的存储转发式是交换机的主流交换方式。

（1）直通式（Cut Through）。直通方式在输入端口检测到一个数据包时，检查该包的包头，获取包的目的地址，启动内部的动态查找表转换成相应的输出端口，在输入与输出交叉处接通，把数据包直通到相应的端口，实现交换功能。由于不需要存储，延迟非常小、交换非常快，这是它的优点；它的缺点是由于数据包内容并没有被以太网交换机保存下来，所以无法检查所传送的数据包是否有误，不能提供错误检测能力；由于没有缓存，不能将具有不同速率的输入/输出端口直接接通。

（2）存储转发式（Store & Forward）。存储转发方式是计算机网络领域应用最为广泛的方式。它把输入端口的数据包先存储起来，然后进行CRC（循环冗余码校验）检查，在对错误包处理后才取出数据包的目的地址，通过查找表转换成输出端口送出包。正因如此，存储转发方式在数据处理时延时大，这是它的不足，但是它可以对进入交换机的数据包进行错误检测，有效地改善网络性能。尤其重要的是它可以支持不同速度的端口间的转换，保持高速端口与低速端口间的协同工作。

（3）碎片隔离（Fragment Free）。这是介于前两者之间的一种解决方案。它检查数据包的长度是否够64个字节，如果小于64字节，说明是假包，则丢弃该包；如果大于64字节，则发送该包。这种方式也不提供数据校验。它的数据处理速度比存储转发方式快，但比直通式慢。

4）交换机的接口类型

以太网交换机作为局域网的主要连接设备，成为应用普及最快的网络设备之一。随着快速的发展，交换机的功能不断增强，随之而来则是交换机端口的更新换代以及各种特殊设备连接端口不断地添加到交换机上，这也使得交换机的接口类型变得非常丰富。常见的一些交换机接口有RJ-45接口、SC光纤接口、FDDI接口、AUI接口、BNC接口、Console接口。

5）交换机端口命名

总的命名前缀：

10M 以太网口——ethernet；

100M 以太网口——fasterethernet；

1 000M 以太网口——GigabitEthernet；

10 000M 以太口——TenGigabitEthernet。

模块化交换机：

接口类型　槽号/端口号。

比如，fasterethernet 1/1 表示第 1 槽的第一个端口，这个端口为 10M/100M 以太网口。

非模块化交换机：

接口类型　0/端口号；这里的槽号为 0。

比如，fasterethernet 0/1 表示第一个端口，这个端口为 10M/100M 以太网端口。

6）交换机的工作方式

（1）半双工。

① 接口只能同时发送或者接收数据。

② 接口按照 CSMA/CD 的工作机制。

③ 接口点对点连接或点对多点连接。

（2）全双工。

① 接口能够同时发送接收数据。

② 任何时刻发送数据不会产生冲突。

③ 接口点对点连接。

7）交换机的工作原理

二层交换机可以识别数据包中的 MAC 地址信息，根据 MAC 地址进行转发，并将这些 MAC 地址与对应的端口记录在内部的一个地址表中。具体的工作流程如下：当交换机从某个端口收到一个数据包，先读取包头中的源 MAC 地址，这样它就知道源 MAC 地址的机器是连在哪个端口上的，再去读取包头中的目的 MAC 地址，并在地址表中查找相应的端口，如表中有与这目的 MAC 地址对应的端口，把数据包直接复制到这端口上，如表中找不到相应的端口，则把数据包广播到所有端口上，当目的机器对源机器回应时，交换机又可以学习目的 MAC 地址与哪个端口对应，在下次传送数据时就不需要对所有端口进行广播了。交换机不断地循环这个过程，对于全网的 MAC 地址信息都可以学习到。从交换机上述工作过程可知：

（1）交换机根据收到数据帧中的源 MAC 地址建立该地址同交换机端口的映射，并将其写入 MAC 地址表中。

（2）交换机将数据帧中的目的 MAC 地址同已建立的 MAC 地址表进行比较，以决定由哪个端口进行转发。

（3）如数据帧中的目的 MAC 地址不在 MAC 地址表中，则向所有端口转发。这一过程称为泛洪（flood）。

（4）广播帧和组播帧向所有的端口转发。

8）交换机的连接方式

交换机是一种最为基础的网络连接设备。它是不需要任何软件配置即可使用的一种纯硬件式设备。这里主要介绍多台交换机在网络中同时使用时的连接问题。多台交换机的连接方式主要有两种：级联跟堆叠。下面针对这两种连接方式，分别介绍实现原理及详细的连接过程。

（1）交换机级联。这是最常用的一种多台交换机连接方式，它通过交换机上的级联口（UpLink）进行连接。需要注意的是交换机不能无限制级联，超过一定数量的交换机进行级联，最终会引起广播风暴，导致网络性能严重下降。级联又分为以下两种：

① 使用普通端口级联。所谓普通端口就是通过交换机的某一个常用端口（如 RJ-45 端口）进行连接。需要注意的是，这时所用的连接双绞线要用反线，即是说双绞线的两端要跳线（第1-3 与 2-6 线脚对调）。其连接示意如图 6.27 所示。

② 使用 Uplink 端口级联。在所有交换机端口中，都会在旁边包含一个 Uplink 端口。此端口是专门为上行连接提供的，只需通过直通双绞线将该端口连接至其他交换机上除"Uplink 端口"外的任意端口即可（注意：并不是 Uplink 端口的相互连接）。其连接示意如图 6.28 所示。

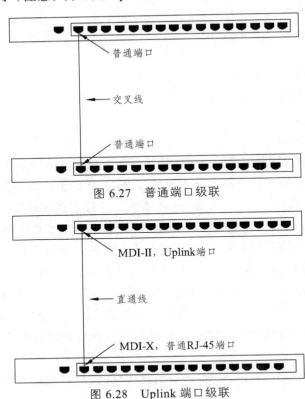

图 6.27　普通端口级联

图 6.28　Uplink 端口级联

（2）交换机堆叠。此种连接方式主要应用在大型网络中对端口需求比较大的情况下使用。交换机的堆叠是最快捷、最便利扩展端口的方式，同时，堆叠后的带宽是单一交换机端口速率的几十倍。但是，并不是所有的交换机都支持堆叠的，这取决于交换机的品牌、型号，并且还需要使用专门的堆叠电缆和堆叠模块，最后还要注意同一堆叠中的交换机必须是同一品牌。它主要通过厂家提供的一条专用连接电缆，从一台交换机的"UP"堆叠端口直接连接到另一台交换机的"DOWN"堆叠端口。堆叠中的所有交换机可视为一个整体的交换机来进行管理。

采用堆叠方式的交换机要受到种类和相互距离的限制。一是实现堆叠的交换机必须是支持堆叠的；二是由于厂家提供的堆叠连接电缆一般都在 1 m 左右，故只能在很近的距离内使用堆叠功能。

综合以上两种方式来看，交换机的级联方式实现简单，只需一根普通的双绞线即可，节约成本而且基本不受距离的限制；而堆叠方式投资相对较大，且只能在很短的距离内连接，实现起来比较困难。但也要认识到，堆叠方式比级联方式具有更好的性能，信号不易衰竭，且通过堆叠方式，可以集中管理多台交换机，大大减少了管理工作量。如果实在需要采用级联，也最好选用 Uplink 端口的连接方式。因为这可以在最大程度上保证信号强度，如果是普通端口之间的连接，必定会使网络信号严重受损。

6.5.4　项目实施

任务 1　交换机命令行操作模式

1. 普通用户模式

交换机启动界面时首先进入该模式，只能执行很少的指令。

提示符：[主机名>]，如：switch>

功能：可以执行 EXEC 命令的一部分。

2. 特权模式

在普通用户模式中执行指令"enable"即进入特权模式。交换机中查看状态、性能的指令在特权模式中执行。

提示符：[主机名#]，如：switch#

功能：可以执行全部的 EXEC 命令。

3. 全局配置模式

如果指令对整个交换机有效，则该指令一定要在全局配置模式下执行。进入全局配置模式的指令为"config terminal"。

提示符：[主机名（config）#]

功能：配置交换机的整体参数。

4. 子模式

子模式配置指令只针对特定的事物有效。例如：接口配置模式只对该接口有效。

1）线路配置模式

提示符：[主机名（config-line）#]

功能：配置交换机的线路参数。

在全局配置模式下执行"line"指令，进入到相应的线路配置模式。

2）接口配置模式

提示符：[主机名（config-if）#]

功能：配置交换机的接口参数。

在全局配置模式下执行"interface"，进入到相应的接口配置模式。

5. 模式退出

在任何子模式中执行"end"指令或"Ctrl+Z"键，返回到该交换机的特权模式。执行"exit"指令返回到上一级模式。

任务2　任务交换机命令行基本功能

1. 帮助信息

```
switch> ?                                  ！显示当前模式下所有可执行的命令
  disable              Turn off privileged commands
  enable               Turn on privileged commands
  exit                  Exit from the EXEC
  help                 Description of the interactive help system
  ping                 Send echo messages
  rcommand             Run command on remote switch
  show                  Show running system information
  telnet               Open a telnet connection
traceroute          Trace route to destination
switch#co?                                 ！显示当前模式下所有以 co 开头的命令
configure          copy
switch#copy ?                              ！显示 copy 命令后可执行的参数
flash：             Copy from flash： file system
  running-config       Copy from current system configuration
  startup-config       Copy from startup configuration
  tftp：              Copy from tftp： file system
  xmodem               Copy from xmodem file syste
```

2. 命令的简写

switch#conf ter　　　　　　　　！交换机命令行支持简写，该命令代表 configure　terminal

switch（config）#

3. 命令的自动补齐

switch#con　　（按键盘的 TAB 键自动补齐 configure）　　　　！交换机支持命令的自动补齐

switch#configure

4. 命令的快捷键功能

switch（config-if）# ^Z　　　　　　　　！Ctrl+Z 退回到特权模式

switch#

注意：

（1）命令行操作进行自动补齐或命令简写时，要求所简写的字母必须能够唯一区别该命令。如 switch#conf 可以代表 configure，但 switch#co 无法代表 configure，因为 co 开头的命令有两个 copy 和 configure，设备无法区别。

（2）注意区别每个操作模式下可执行的命令种类，交换机不可以跨模式执行命令。

任务 3　全局配置模式基本功能

1. 交换机设备名称的配置

switch> enable

switch# configure terminal

switch（config）# hostname SWA　　！配置交换机的设备名称为 SWA

SWA（config）#

2. 交换机每日提示信息的配置

SWA（config）# banner motd　&　　！配置每日提示信息　& 为终止符

2006-04-14 17：26：54　@5-CONFIG：Configured from outband

Enter TEXT message.　End with the character '&'.

Welcome to 105_switch，if you are admin，you can config it.

If you are not admin ，please EXIT ！　　　　　　　　！输入描述信息

&　　　　　　　　　　　！以&符号结束终止输入

注意：

（1）配置设备名称的有效字符是 22 个字节。

（2）配置每日提示信息时，注意终止符不能在描述文本中出现。如果键入结束的终止符后仍然输入字符，则这些字符将被系统丢弃。

任务 4　端口配置模式基本功能

1. 交换机端口参数的配置

switch> enable
switch# configure terminal
switch（config）#interface fastethernet 0/3　　　！进行 F0/3 的端口模式
switch（config-if）#speed 10　　　　　　　　　　！配置端口速率为 10M
switch（config-if）#duplex half　　　　　　　　　！配置端口的双工模式为半双工
switch（·config-if）#no shutdown　　　　　　　　！开启该端口，使端口转发数据

配置端口速率参数有 100（100 Mb/s）、10（10 Mb/s）、auto（自适应），默认是 auto。
配置双 I 模式有 full（全双工）、half（半双工）、auto（自适应），默认是 auto。

2. 查看交换机端口的配置信息

switch#show interface fastethernet 0/3
Interface 　　　：FastEthernet100BaseTX 0/3
Description ：
AdminStatus ： up　　　　　　　　　　　　　　！查看端口的状态
OperStatus 　　： up
Hardware 　　　： 10/100BaseTX
Mtu 　　　　　： 1500
LastChange 　： 0d：0h：0m：0s
AdminDuplex ： Half　　　　　　　　　　　　！查看配置的双工模式
OperDuplex 　： Unknown
AdminSpeed 　： 10　　　　　　　　　　　　　！查看配置的速率
OperSpeed 　　： Unknown
FlowControlAdminStatus ： Off
FlowControlOperStatus 　： Off
Priority 　　： 0
Broadcast blocked 　　　　　： DISABLE
Unknown multicast blocked ： DISABLE
Unknown unicast blocked 　： DISABLE

注意：交换机端口在默认情况下是开启的，AdminStatus 是 up 状态，如果该端口没有实际连接其他设备，OperStatus 是 down 状态。

任务 5　查看系统和配置信息

1. 显示交换机硬件及软件的信息

switch#show version

2. 显示当前运行的配置参数

switch#show running-config

3. 显示接口 0/1 的工作状态

switch#show interface f0/1

注意：show running-config 都是在查看当前生效的配置信息，该信息存储在 RAM（随机存储器）里，当交换机掉电并重新启动时会重新生成配置信息。

任务 6　保存和删除配置信息

1. 保存交换机的配置信息

switch#write memory

switch#copy running-config startup-config

running-config 为运行配置文件，它位于交换机的 RAM 中，在关闭或重启交换机时，该文件丢失；startup-config 为启动配置文件，它位于交换机的 NVRAM 中，可以长期保存，它在启动交换机时装入 RAM，成为 running-config。

2. 删除交换机配置信息

switch#erase startup-config

3. 重新启动交换机

switch#reload

reload 命令用于重新启动交换机，它会把 startup-config 文件装入 RAM，成为 running-config 文件，如果没有找到 startup-config 文件，交换机自动进入配置状态。

习题与思考题

一、填空题

1. ADSL 的中文意思是_____。

2. ADSL 调制解调器工作在 OSI 模型七层中的第_____层。

3. ADSL 的最大下行速率可以达到_____。

4. ADSL 在使用时，连接计算机的是_____线。

5. ADSL 中分别有_____、_____、_____常见端口。

6. 常用的网络设备有_____、_____、_____、_____、_____和_____等。

7. 目前用于网络互联的设备主要有_____、_____、_____、_____等。

8. 中继器是运行在 OSI 模型的_____层上的。它扩展了网络传输的_____，是最简单的网络互联产品。

9. 网桥也称桥接器，它是_____层上局域网之间的互联设备。网桥同中继器不同，网桥处理的是一个完整的_____，并使用和计算机相同的_____设备。

10. 10 Base 5 Ethernet 表示使用粗同轴电缆的以太网络，其中"10"代表_____，"Base"代表_____，"5"代表_____。

二、选择题

1. 交换机工作在 OSI 七层模型的（　　）。

A. 一层　　　　　B. 二层　　　　　C. 三层　　　　　D. 三层以上

2. 当交换机处在初始状态下，连接在交换机上的主机之间相互通信，采用（　　）通信方式。

A. 单播　　　　　B. 多播　　　　　C. 组播　　　　　D. 不能通信

3. 以下属于物理层的设备是（　　）。

A. 中继器　　　　B. 以太网交换机　　C. 桥　　　　　D. 网关

4. 交换机不具有的功能是（　　）。

A. 转发过滤　　　B. 回路避免　　　C. 路由转发　　　D. 地址学习

5. 在计算机局域网中，通信设备主要指（　　）。

A. 计算机　　　　B. 通信适配器　　C. 集线器　　　　D. 交换机

6. 交换机不具有下面（　　）功能。

A. 转发过滤　　　B. 回路避免　　　C. 路由转发　　　D. 地址学习

7. 下面的（　　）网络设备工作在 OSI 模型的第二层。

A. 集线器　　　　B. 交换机　　　　C. 路由器　　　　D. 以上都不是

8. 下列有关集线器的说法正确的是（　　）。

A. 集线器只能和工作站相连

B. 利用集线器可将总线型网络转换为星状拓扑

C. 集线器只对信号起传递作用

D. 集线器不能实现网段的隔离

9. 局域网中通常采用的网络拓扑结构是（　　）。

A. 总线型　　　　B. 星状　　　　　C. 环状　　　　　D. 网状

10. 在中继系统中，中继器处于（　　）。

A. 物理层　　　　B. 数据链路层　　C. 网络层　　　　D. 高层

三、思考题

1. 简述交换机的工作原理。

2. 试简述交换机和集线器的区别。

3. 简述计算机网络的分类。

4. 判定下列 IP 地址中哪些是无效的，并说明其无效的原因。

131.255.255.18

127.21.19.109

220.103.256.56

240.9.12.12

192.5.91.255

129.9.255.254

10.255.255.254

5. 某台路由器中的路由表如表 6.4 所示，现该路由收到了 6 个数据报，其目标 IP 地址分别如下，请给出每个数据报的下一跳地址。

表 6.4　路由表

网络/掩码长度	下一跳点
C4.50.0.0/12	A
C4.50.0.0/12	B
C4.60.0.0/12	C
C4.68.0.0/14	D
80.0.0.0/1	E
40.0.0.0/2	F
0.0.0.0/2	G

（1）C4.5E.13.87；

（2）C4.5E.22.09；

（3）C3.41.80.02；

（4）5E.43.91.12；

（5）C4.6D.31.2E；

（6）C4.6B.31.2E。

第7章　Internet 与应用

了解 Internet 的概念、基本知识；了解 Internet 的接入方法；会熟练分配局域网络的 IP 地址。

7.1　Internet 概述

Internet（互联网）是由使用公用语言互相通信的计算机连接而成的全球网络。Internet 最早起源于美国国防部高级研究计划署 ARPA（Advanced Research Projects Agency）支持的用于军事目的的计算机实验网络 ARPANET，该网于 1969 年投入使用。由此，ARPANET 成为现代计算机网络诞生的标志，逐渐发展为今天的世界性信息网络，并在当今经济、文化、教育与人类社会生活中发挥着越来越重要的作用。

7.1.1　Internet 的定义与组成

1. Internet 的定义

（1）从网络设计者角度考虑。从设计者角度考虑，互联网是计算机互联网络的一个实例。它是由分布在世界各地的、各种规模的计算机网络，借助路由器相互连接而形成的全球性的互联网络。

（2）从互联网使用者角度考虑。从使用角度考虑，互联网是一个信息资源网，是由大量计算机通过连接在单一而又无缝的通信系统上而形成的一个全球范围的信息资源网络。互联网的使用者不必关心互联网的内部结构，接入互联网的计算机既可以是信息资源及服务的提供者 —— 服务器，也可以是信息资源及服务的消费者—— 客户机。

从总体上讲，互联网的定义为：互联网是一个由多个网络或网络群体通过网络互联设备连接而成的大型网络，它是具有分层网络互联的群体结构。Internet 示意图如图 7.1 所示。

2. Internet 的组成

互联网可分为三层：主干网、中间层网和底层网。主干网是互联网的基础和支柱网络层，一般由国家或大型公司投资组建；中间层网由地区网络和商用网络构成；底层网则主要由企业网和校园网构成。

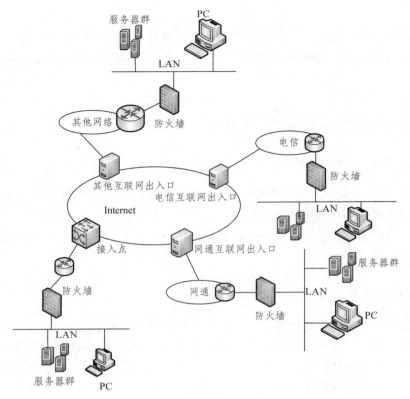

图 7.1　Internet 示意图

采用三层结构的原因主要是在各层中通信所需要的数据传输速率不同。互联网体系结构示意图如图 7.2 所示。

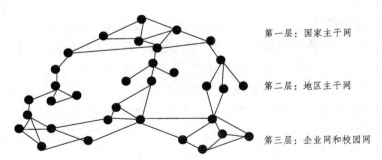

第一层：国家主干网

第二层：地区主干网

第三层：企业网和校园网

图 7.2　互联网体系结构示意图

互联网主要由通信线路、路由器、服务器与客户机、信息资源 4 部分组成。

（1）通信线路。通信线路是互联网的基础设施，没有通信线路就没有互联网。

（2）路由器。互联网不同网络之间的互联是靠路由器设备来实现的。数据从源端主机传送到目的端主机，通常要经过多个网络。

（3）服务器与客户机。服务器是接入互联网的重要设备，为客户机提供不同的信息服务和其他服务；客户机是互联网的末端设备，安装了各类互联网服务软件就可以作为客户机访问互联网。

（4）信息资源。互联网上的信息资源极为丰富，而且在不断地增加和更新。因此，如何组织好互联网上的信息资源，方便用户查询、获取和使用，是互联网发展过程中需要不断解决的问题。

7.1.2　Internet 物理结构与 TCP/IP

1. Internet 的物理结构

Internet 的物理结构是指与连接 Internet 相关的网络通信设备之间的物理连接方式，即网络拓扑结构。网络通信设备包括网间设备和传输媒体（数据通信线路）。常见的网间设备有：多协议路由器、网络交换机、数据中继器；常见的传输媒体有：双绞线、同轴电缆、光缆、无线媒体。

2. Internet 的协议结构与 TCP/IP

（1）网络协议。网络协议即网络中（包括互联网）传递、管理信息的一些规范。如同人与人之间相互交流是需要遵循一定的规则一样，计算机之间的相互通信需要共同遵守一定的规则，这些规则就称为网络协议。

一台计算机只有在遵守网络协议的前提下，才能在网络上与其他计算机进行正常的通信。网络协议通常被分为几个层次，每层完成自己单独的功能。通信双方只有在共同的层次间才能相互联系。常见的协议有：TCP/IP 协议、IPX/SPX 协议、NetBEUI 协议等。

在局域网中用得比较多的是 IPX/SPX 协议。用户如果访问 Internet，则必须在网络协议中添加 TCP/IP 协议。

（2）Internet 的协议结构与 TCP/IP。Internet 中主要使用的协议是 TCP/IP 协议，它是一组通信协议的代名词，是由一系列协议组成的协议簇，它对 Internet 中主机的命名机制、主机寻址方式、信息传输规则等均做了详细规定，称为互联网协议集。

TCP/IP 是一种网络通信协议，它规范了网络上的所有通信设备，尤其是一个主机与另一个主机之间的数据往来格式以及传送方式。TCP/IP 是 Internet 的基础协议，也是一种计算机数据打包和寻址的标准方法。

7.2　IP 地址和域名

互联网是由很多个使用不同技术及提供各种服务的物理网络互联而成的。连入互联网的所有计算机都要遵循一定的规则，这个规则就是 TCP/IP。网际协议 IP 是 TCP/IP 的心脏，也是网络层中最重要的协议，用于屏蔽各个物理网络的细节和差异。

在互联网中使用 TCP/IP 协议的每台设备，它们都有一个物理地址就是 MAC 地址，这个地址是固化在网卡中并且是全球唯一的，可以用来区分每一个设备，但同时也有一个或者多个逻辑地址，即 IP 地址，这个地址是可以修改变动的，并且这个地址不一定是全球唯一的，但是它在当今互联网的通信中占了举足轻重地位。

　　如果在同一个局域网中有数据发送时，可以直接查找对方的 MAC 地址，并使用 MAC 地址进行数据传送，但是如果不在同一个局域中发送数据，使用 MAC 地址找出你要传送的目的主机，这将非常困难，所以这时就要使用到 IP 地址，IP 地址的特点是具有层次结构，利用其层次结构的特点，可以实现在特定的范围内寻找特定目的主机，比如只查找中国特定的省份的特定市，甚至是特定市特定单位的主机地址，这样就大大提高了寻址效率。

7.2.1　IP 地址的组成与分类

　　IP 地址目前使用两个版本，一个是 Ipv4，另一个是 Ipv6，我们先来了解 Ipv4。

　　Ipv4 地址是由 32 位二进制数组成，每个 IP 地址又分为两部分，分别是网络号（又称网络 ID）与主机号（又称主机 ID），如图 7.3 所示。

网络号	主机号

图 7.3　IP 地址组成

　　图中，IP 地址由两部分组成：一部分是网络标识（Net ID），又称网络号，用来区分 TCP/IP 网络中的特定网络，在这个网络中所有的主机拥有相同的网络号；另一部分是主机标识（Host ID），又称主机号，用来区分特定网络中特定的主机，在同一个网络中所有的主机号必须唯一。

1. IP 地址的表示方法

　　在计算机内所有的信息都是采用二进制数表示，IP 地址也不例外。IP 地址的 32 位二进制数难以记忆，所以人们通常把它分成四段，每段 8 位二进制数，并把它们用十进制表示，这样记起来就容易得多了。

　　例如二进制 IP 地址：10101100.00010000.00010010. 00010010

　　十进制表示为：172.16.18.18

　　IP 地址采用 32 个二进制数表示，为了更好地管理和使用 IP 地址资源，InterNIC 将 IP 地址资源划分为 5 类，分别为 A 类、B 类、C 类、D 类和 E 类，每一类地址定义了网络数量，也就是定义了网络号占用的位数，和主机号占用的位数，从而也确定了每个网络中能容纳的主机数量，下面我们详细介绍各类地址。

　　（1）A 类：A 类 IP 地址的最高位为 "0"，接下来的 7 位表示网络号，其余的 24 位作为主机号，所以 A 类的网络地址范围为 00000001 ~ 01111110，用十进制表示就是 1 ~ 126（0 和 127 留作别用以后再讲），这样算来 A 类共有 126 个网络，每个网络会有 16 777 214 个主机，如此多的主机数量，显然用来分配给特大型机构。

（2）B类：B类IP地址的前两位值为"10"，接下来的14位表示网络号，其余的16位作为主机号，用十进制表示就是128～191，这样算来B类共有16 384个网络，每个网络会有65 534台主机。

（3）C类：C类IP地址的前三位设为"110"，接下来的21位表示网络号，其余的8位作为主机号，用十进制表示就是192～223，这样算来C类共有2 097 152个网络，每个网络会有254台主机。

（4）D类：D类IP地址的前四位设为"1110"，凡以此数开头的地址就被视为D类地址，这类地址只用来进行组播。利用组播地址可以把数据发送到特定的多个主机，当然发送组播需要特殊的路由配置，在默认情况下，它不会转发。

（5）E类：E类IP地址的前四位设为"1111"，也就是在240～254之间，凡以此类数开头的地址就被视为E类地址。E类地址不是用来分配用户使用，只是用来进行实验和科学研究。表7.1所示为IP地址分类示意图。

表7.1　IP地址分类示意图

IP地址网络ID分类图示（IP地址的一般格式为：类别+网络标识+主机标识）							
IP地址	XXXX XXXX	.	XXXX XXXX	.	XXXX XXXX	.	XXXX XXXX	主要使用范围
A类	0XXX XXXX	.	<------------HostID------------>					大型网络
B类	10XX XXXX	.	XXXX XXXX	.	<------HostID------>			名地址网管中心
C类	110X XXX	.	XXXX XXXX	.	XXXX XXXX	.	<-Host ID->	校园网或企业网
D类	1110X XXX	.	多播地址，无网络ID与主机ID之分					
E类	11110 XXX	.	实验地址					

从表7.1可以看出，如果用二进制数来表示IP地址的话：凡是以0开始的IP地址均属于A类网络。A类网络的IP地址的网络标识的长度为7位，主机标识的长度为24位；A类网络的第一段数字范围为1～126，包括126个A类网络地址，每个A类网络地址包括16 777 214台主机。凡是以10开始的IP地址均属于B类网络。B类网络的IP地址的网络标识长度为14位，主机标识长度为16位；B类网络的第一段数字范围为128～191，包括16 382个B类网络地址，每个B类网络地址包括65 534台主机。凡是以110开始的IP地址均属于C类网络。C类网络的IP地址的网络标识长度为21位，主机标识长度为8位；C类网络的第一段数字换算范围为192～223，包括2 097 150个C类网络地址，每个C类网络地址包括254台主机。

2. 特殊的IP地址

除以上5类IP地址外，还有一些具有特殊用途的IP地址：

（1）网络地址。网络地址包含一个有效的网络号和一个全为"0"的主机号，用于表示一个网络。

（2）广播地址。广播地址包含一个有效的网络号和一个全为"1"的主机号，用于在一个网络中同时向所有工作站进行信息发送。

（3）回送地址。IP 地址 127.0.0.0 是一个保留地址，用于网络软件测试以及本地计算机进程间通信，这个地址被称为回送地址。

（4）本地地址。本地地址是不分配给互联网用户的地址，专门留给局域网设置使用。

3. IP 地址的作用

IP 的基本任务是通过网络传送数据报，并且各个 IP 数据报之间是相互独立的。IP 在传送数据时，高层协议将数据传送给 IP 以便发送，IP 将数据封装成 IP 数据报，将它传送给数据链路层，若目的主机与源主机在同一网络，则 IP 直接将数据报传送给目的主机；若目的主机在远端网络，IP 则通过网络将数据报传送给本地路由器，路由器则通过下个网络将数据报传送至下一个路由器或目的端。网络中的任何一台计算机都必须有一个地址，而且同一个网上的地址不允许重复。在进行数据传输时，通信协议一般需要在所要传输的数据中增加某些信息，而其中最重要的就是发送信息的计算机的地址（源地址）和接收信息的计算机的地址（目标地址）。

7.2.2　域名系统与服务

1. 域名服务和域名系统

由于使用 IP 地址来指定计算机不方便人们的记忆，并且输入时也容易出现错误，因此，人们研究了一种用字符标识网络中计算机名称的方法。这种命名方法就像每个人的姓名一样，这就是域名（Domain Name）。域名是 Internet 中联网计算机的名称。

Internet 的域名服务是通过一些专门的服务器来完成的。这些专门的服务器被称为域名服务器（Domain Name Server），用来处理 IP 地址和域名之间的转换。

我们将把域名翻译成 IP 地址的软件称为域名系统（Domain Name System，DNS）。它是一种管理名字的方法，即用划分不同的域来负责各个子系统的名字。系统中的每一层为一个域，每个域用一个点分开。

2. 域名结构

为了便于记忆和理解，入网计算机的域名取值应遵守一定的规则。域名结构为层次结构：计算机主机名.机构名.网络名.最高层域名，如 www.sjtu.edu.cn，其中：

（1）cn 为最高层域名，也称为一级域名，它通常分配给主干网结点，取值为国家名，如这里的 cn 代表中国。

（2）edu 为网络名，属二级域名，它通常表示组网的部门或组织。中国互联网二级域名共 40 个，如 edu 表示教育部门，gov 表示政府部门，com 表示商业部门，net 表示网络支中心，mil 表示军事组织等。二级域以下的域名由组网部门分配和管理。

（3）sjtu 为机构名，在此为三级域名，表示上海交通大学。全国任何单位都可以作为三级域名登记在相应的二级域名之下。

（4）www 表示这台主机提供 WWW 服务。

除了层次域名外，DNS 还运用"客户-服务器"交互来帮助管理域名。本质上，整个域名系统以一个大的分布式数据库方式工作。大多数具有 Internet 连接的组织都有一个域名服务器，每个服务器包含连接其他域名服务器的信息。结果是这些服务器形成一个大的互相协调工作的域名数据库。在 Internet 中，域名系统这个分布式的主机信息数据库采用"客户—服务器"机制，域名系统数据库为树状结构，如图 7.4 所示。每当一个应用需要将域名翻译成 IP 地址时，该应用就可看作域名系统的一个客户。该客户将待翻译的域名放在一个 DNS 请求信息中，并将这个请求发给 DNS 服务器。服务器从请求中取出域名，将它翻译成对等的 IP 地址，然后在一个回答信息中将结果地址返回给应用。

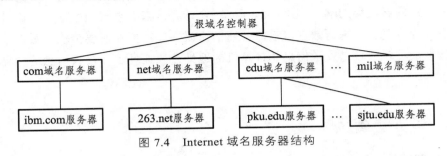

图 7.4　Internet 域名服务器结构

Internet 上的每个域名服务器中包括整个数据库的一部分信息，并提供给客户端查询。当用户查询某个域名服务器时，先向本地域名服务器查询地址，本地域名服务器再向上级服务器查询，直到逐级查找到指定的目标服务器为止。

这里要特别指出的是，域名仅仅是一种可用于区分和识别用户主机的方法，它和 Internet 中的网络划分（如 IP 中的网络标识）并没有直接的关系。同一个网段上的主机可以属于相同或者不同的域（由相同或者不同的域名服务器管辖）。

3. 域名解析

将域名翻译成对等的 IP 地址的过程就是域名解析，完成这种翻译工作的软件就称为域名解析器软件。许多操作系统都将域名解析器软件作为可以调用的库程序。

域名地址与 IP 地址的映射实质上是域名向 IP 地址的映射，即域名解析。将用户指定的域名映射到负责该域名管理的服务器的 IP 地址，从而可以和该域名服务器进行通信，获得域内主机的信息。域名解析是由一系列域名服务器来完成的，这些域名服务器是运行在指定主机上的软件，能够完成从域名到 IP 地址的映射。

1984 年公布的域名系统类似于分布式数据库查询系统，每台域名服务器记录本域内的主机和 IP 地址的映射信息，以及上级域名服务器的 IP 地址等，采用"客户-服务器"方式进行工作。当一个用户希望通过指定域名来获得对应的 IP 地址时，系统自动调用解析程序（其中

的输入参数为要求解析的域名地址，返回值为对应的 IP 地址）。该程序首先查找本地的名为
HOSTS 的文件，或访问本地的 DNS 服务器。DNS 服务器查找本地地址数据库，如果本地的
服务器知道地址（或该地址原来就在本地服务器的地址数据库中），立即返回 IP 地址；否
则本地的 DNS 服务器代表该用户访问更高/较低一级的域名系统。这就是用户接入 Internet
时必须向上级机构注册域名和分配 IP 地址的原因。域名注册时，上级机构同时指定一个或
多个节点负责完成相应域名地址和 IP 地址的映射工作，最终必有一个域名系统知道该用户
节点的入口。

7.3　子网规划和子网掩码

从 IP 地址中知道，每一个 A 类网络能容纳 16 777 214 台主机，而 C 类网络的网络 ID 又
太多，每个 C 类网络却只能容纳 254 台主机。在实际应用中，一般以子网的形式将主机分布
在若干物理地址上，子网的产生能够增加寻址的灵活性。划分子网的作用主要有 3 点：① 隔
离网络广播在整个网络的传播，提高信息的传输率；② 在小规模的网络中，细分网络，起到
节约 IP 资源的作用；③ 进行网段划分，提高网络安全性。

7.3.1　子网掩码

为什么还要对网络进行子网划分呢？这是因为在当今巨大的互联网中，出于网络安全、
地址充分使用等原因需要对原来的 IP 地址按照一定的规则进行划分，这就是子网划分技术。

在原有的 IP 地址模式中，只用网络号就可以区分一个单独的物理网络，在使用了子网划
分技术后，网络号就变成了由原来的网络号加上子网络号，这样才是一个真正的网络号，很
明显使用了这样的技术后原来的网络数量会增加，但是主机数量减少了，正好可以在一定程
度上避免 IP 地址的浪费，另外也可以减少广播风暴并增强网络的安全性，便于网络的管理。

在使用了子网划分技术后，我们应该从哪里开始借用主机号呢？借多少才合适呢？为了
解决这些问题，在 TCP/IP 中采用了子网掩码的方法。

下面先来了解子网掩码。子网掩码的格式与 IP 地址一样，也是由 32 位的二进制数组成，
其数字之间用"."分隔，不同的是它是由连续的"1"和连续的"0"组成，人们为了使用方
便也把它用点分十进制的方式表示。每一类的 IP 地址所对应的默认子网掩码如表 7.2 所示。

表 7.2　默认子网掩码对应表

类别	默认子网掩码
A	255.0.0.0
B	255.255.0.0
C	255.255.255.0

子网掩码的规则定义如下：

（1）对应 IP 地址网络号部分所有位都为"1"，并且所有的"1"必须连续，中间不得出现"0"。

（2）对应 IP 地址主机号部分所有位都为"0"，同样所有的"0"必须连续，中间也不得出现"1"，当然"0"后也不能有"1"。

习惯上采用两种方法来表示子网掩码。一种就是点分十进制：255.0.0.0；另外一种就是利用子网掩码中"1"的个数来表示，由于在进行网络号和主机号划分时，网络号总是从高位字节以连续方式选取的，所以可以用一种简便的方法表示子网掩码，就是用子网掩码中的"/"加"1"的个数来表示。

在 IP 地址与子网掩码进行比对的时候，其实是进行布尔代数的"与"运算，在进行"与"运算中，只有在相"与"的两位都为"真"时结果才为"真"，否则结果为"假"。

这个运算应用于 IP 地址和子网掩码相对应的位，如果相"与"的两位都是"1"时结果才是"1"，否则就为"0"，布尔运算规则如表 7.3 所示。

表 7.3　布尔运算规则

运算	结果
1 AND 1	1
1 AND 0	0
0 AND 1	0
0 AND 0	0

为了便于管理和安全的需要，人们通常总是会用到子网，所以子网的规划和 IP 地址分配在网络规划中占据重要的位置，特别是在校园网和企业网中的应用就更加突出。在进行子网的规划中要注意的两个条件是：

（1）能够产生足够的子网号；

（2）在产生的子网中要能容纳足够的主机。

7.3.2　子网划分

某公司申请了一个 C 类地址 198.170.200.0，公司的生产部门和市场销售部门需要分别划分为单独的网络，即需要划分 2 个子网，每个子网至少支持 40 台主机，对于这样的一个网络，应该如何划分呢？

对提供的这个 C 类网络的最后一个字节用二进制表示，即最后的这 8 位按要求要划分成 2 个子网。所以，只需要前 2 位就可以满足条件，$2^2 - 2 = 2$ 个子网，剩下的 6 位表示主机数，$2^6 - 2 = 62$ 台主机。也就是说，通过这种划分，可以对这个 C 类网络按要求再分为 2 个子网，每个子网中最多有 62 台主机，完全满足上述要求。

　　根据前面介绍的子网掩码（网络地址+子网地址都是全 1，主机号为全 0）的表示方式可以得到子网掩码是 255.255.255.192。

　　对于划分好的这 2 个子网，具体一个网络号是 198.170.200.64，还有一个网络号是 172.168.200.128。

7.4　Internet 提供的功能与服务

1. Internet 提供的功能

Internet 是一个涵盖极广的信息库，它存贮的信息无所不包，其中以商业、科技和娱乐信息为主。除此之外，Internet 还是一个覆盖全球的枢纽中心，通过它，用户可以了解来自世界各地的信息，收发电子邮件，和朋友聊天，进行网上购物，观看影片，阅读网上杂志，还可以聆听音乐会等。当然，还可以做很多很多其他的事。Internet 的功能可以简单概括如下：

　　（1）信息传播。人们可以把各种信息任意输入到网络中，进行交流传播。

　　（2）通信联络。Internet 包含电子邮件通信系统，用于之间可以利用电子函件取代邮政信件和传真进行联络，甚至可以在网上通电话，乃至召开电话会议。

　　（3）专题讨论。Internet 中设有专题论坛组，一些相同专业、行业或兴趣相投的人可以在网上提出专题展开讨论，论文可长期存储在网上，供人调阅或补充。

　　（4）资料检索。由于有很多人不停地向网上输入各种资料，特别是许多著名的数据库和信息系统纷纷联网，Internet 已成为目前世界上资料最多、门类最全、规模最大的资料库，用户可以自由地在网上检索所需资料。

　　总之，Internet 能使现有的生活、学习、工作以及思维模式发生根本性的变化，使人们可以坐在家中就能够和世界交流。有了 Internet，世界真的变"小"了，Internet 改变了人们的生活。

2. Internet 提供的服务

Internet 是怎样完成上述功能的呢？那就是它所提供的服务了。互联网所提供的服务有很多种，其中大多数都是免费的，但随着互联网的发展，商业化的服务会越来越多。目前比较重要的服务包括万维网（Word Wide Web）WWW 服务、电子邮件服务、远程登录服务和文件传输服务等。

1）WWW 服务

WWW 是基于客户机/服务器方式的信息发送技术和超文本技术的综合。WWW 服务器通过 HTML 超文本标记语言把信息组织成为图文并茂的超文本，WWW 浏览器则为用户提供基于 HTTP 超文本传输协议的用户界面。用户使用 WWW 浏览器通过 Internet 访问远端 WWW 服务器上的 HTML 超文本。

（1）超文本标记语言（HTML）、超文本与超媒体。超文本标记语言是互联网的标准语言，可以把不同的信息通过链接的方式组织在一起。使用 HTML 语言开发的 HTML 超文本文件一般具有.htm（或.html）后缀。

超文本和超媒体是 WWW 的信息组织形式。一个超文本由多个信息源组成，而这些信息源的数目是不受限制的，用一个链接可以使用户找到另一个文档。因此，超文本的阅读方式与普通文本的阅读方式是不同的，普通文本一般采用线性浏览，而超文本可采用非线性浏览。

超媒体与超文本的区别在于：超媒体文档包含的信息的表达方式更为丰富，除了文本信息外，还包含了其他的信息表示方式，如图形、声音、动画、视频等。

（2）统一资源定位符（Uniform Resource Locators，URL）。互联网中客户机上的 WWW 浏览器要找到 WWW 服务器上的文档都必须使用统一资源定位符。Web 服务使用统一资源定位符来标识 Web 站点上的各种文档。由于对于不同对象的访问方式不同，所以 URL 还指出读取某个对象时所使用的协议类型。

常用形式为：

<协议类型>：//<主机>：<端口><路径及文件名>。

上式中，<协议类型>主要有如表 7.4 所示的几种类型。其中，<主机>一项是必须的，<端口>和<路径及文件名>有时可省略。

（3）WWW 浏览器。浏览器是一种应用程序，是用来查看页面的工具，Microsoft 公司的 Internet Explorer 和 Netscape 公司的 Navigator 是目前最为常用的主流浏览器。它根据页面的要求解释文本和格式化命令，并以正确的格式将超文本页面内容显示在屏幕上。

表 7.4 URL 可指定的协议类型

协议类型	作用
http	通过 http 协议访问 www 服务器
ftp	通过 ftp 协议访问 ftp 服务器
news	通过 nntp 协议访问 news 服务器
gopher	通过 gopher 协议访问 gopher
telnet	通过 telnet 协议远程登录
file	在所访问的计算机上获取文件

2）电子邮件服务

电子邮件也就是平时说的 E-mail，它是一种使用非常频繁的互联网服务，它所提供的服务类似于邮局投递书信的服务，但它的投递速度却比邮局投递书信快得多、便宜得多。

电子邮件服务采用客户机/服务器工作模式。互联网中有大量的电子邮件服务器（简称邮件服务器），它的作用与人工邮递系统中邮局的作用非常相似。一方面负责接收用户送来的邮件，根据邮件所要发送的目的地址，将其传送到对方的邮件服务器中；另一方面它负责接收从其他邮件服务器发来的邮件，根据收件人的不同将邮件分发到相应的电子邮箱中。

3）远程登录服务

远程登录是指用户使用 Telnet 命令，使自己的计算机暂时成为远程主机的一个仿真终端的过程。仿真终端等效于一个非智能的机器，它只负责把用户输入的每个字符传递给主机，再将主机输出的每个信息回显在屏幕上。使用 Telnet 协议进行远程登录时需要满足三个条件：

在本地计算机上必须装有包含 Telnet 协议的客户程序；

必须知道远程主机的 IP 地址或域名；

必须知道登录标识与口令。

Telnet 远程登录服务分为以下 4 个过程：

（1）本地与远程主机建立连接。该过程实际上是建立一个 TCP 连接，用户必须知道远程主机的 IP 地址或域名。

（2）将本地终端上输入的用户名和口令及以后输入的任何命令或字符以 NVT（Net Virtual Terminal）格式传送到远程主机。该过程实际上是从本地主机向远程主机发送一个 IP 数据报。

（3）将远程主机输出的 NVT 格式的数据转化为本地所接受的格式送回本地终端，包括输入命令回显和命令执行结果。

（4）本地终端对远程主机进行撤销连接。该过程是撤销一个 TCP 连接。

4）文件传输服务

（1）FTP。文件传输协议（File Transfer Protocol，FTP）使用户可以很容易地与他人分享资源，所以目前仍在广泛使用。它为计算机之间双向文件传输提供了一种有效手段。利用它可以上传（upload）或下载（download）各种类型的文件，包括文本文件、二进制文件、以及语音、图像和视频文件等。

（2）匿名 FTP 服务。匿名 FTP 服务是这样一种机制：用户可通过它连接到远程主机，并从其上下载文件，而无须成为其注册用户；系统管理员建立了一个特殊的用户 ID，通常称之为匿名账号。

（3）FTP 客户端应用程序。互联网用户使用的 FTP 客户端应用程序通常有 3 种类型：

传统的 FTP 命令行。这种方法是在 MS-DOS 的窗口中自己输入命令，命令较多，不便于记忆，所以一般不用这种方法。

浏览器。在浏览器地址栏输入类似"ftp：//主机名"的命令，输入用户名、密码后便可连接至目标主机，进行 FTP 访问。

FTP 上传下载工具。现在绝大多数 FTP 服务都通过 FTP 应用软件来完成，如 Cute FTP、Leap FTP、Flash FXP 等。

5）其他服务

互联网除了以上提到的常规服务外，还有许多其他服务：

（1）搜索引擎（Search Engines）。搜索引擎是一种对互联网上的信息资源进行搜集整理，然后供人们查询的系统，它包括信息搜集、信息整理和用户查询 3 部分。常用的搜索引擎包括雅虎、百度、搜狗、Google 等。

（2）BBS 论坛（Bulletin Board System）。BBS 论坛提供了一种讨论式的多人交流方式。

（3）网上聊天室（Chat Room）。聊天室是众多网友聚会的地方，在这里可以泛泛而谈，也可以就某个问题进行深入的探讨，既可以抒发情怀，也可以发泄心中的郁闷。

（4）即时信息（Instant Messaging，IM）。即时信息，指可以在线实时交流的工具，也就是通常所说的在线聊天工具。

（5）电子商务。目前依托在互联网上的电子商务大致可以分为信息服务、电子货币购物和贸易、电子银行与金融服务 3 方面。电子商务的出现，将有助于降低交易成本、改善服务质量、提高企业的竞争力。目前中国政府正在制定电子商务的法律法规，健全市场体系，大力提高企业的信息化程度，促进电子商务在中国健康发展。

随着互联网技术的日新月异，其提供的新服务也越来越多，服务的范围也越来越广。

7.5 Internet 服务应用

7.5.1 DNS 服务器的建立

1. 什么是 DNS

Internet 上计算机之间的 TCP/IP 通信是通过 IP 地址来进行的。因此，Internet 上的计算机都应有一个 IP 地址作为它们的唯一标识。域名系统是用于注册计算机名及其 IP 地址的。DNS 是在 Internet 环境下研制和开发的，目的是使任何地方的主机都可以通过比较友好的计算机名字而不是它的 IP 地址来找到另一台计算机。DNS 是一种不断向前发展的服务，该服务是通过 Internet 工程任务组（IFTF）的草案和一种称为 RFC（Request For Comment）文件的建议不断升级的。

随着 Internet 上主机数目的迅速增加，HOSTS 文件的大小也随之增大，这将大大影响主机名解析的效率。人们需要一套新的主机名解析系统，来提供扩展性能好、分布式管理和支持多种数据类型等功能，于是 Domain Name System（DNS）域名系统在 1984 年应运而生。使用 DNS，存储在数据库中的主机名数据分布在不同的服务器上，减少了对任何一台服务器的负载，并且提供了以区域为基础的对主机名系统的分布式管理的能力。

DNS 支持名字继承，而且除了在 HOSTS 文件中的主机名到 IP 地址的映射数据外，DNS 还能注册其他不同类型的数据。由于是分布式的数据库，它的大小是无限的，而且他的性能不会因为增加更多的服务器而受到丝毫影响。最早的 DNS 系统是建立在 RFC 882 和 RFC 883 国际标准上的，现在则由国际标准 RFC 1034 和 RFC 1035 来代替。

（1）主机名和 IP 地址。DNS 的数据文件中存储着主机名和与之相匹配的 IP 地址。从某种意义上说，域名系统类似于存储着用户名以及与此相匹配的电话号码的电话号码服务系统。虽然 DNS 记录中除了主机名和 IP 地址外还有一些其他的信息，DNS 系统本身也有一些较复杂的问题要讨论，但 DNS 最主要的用途即对用户来说最重要的价值是：通过它可以从主机名找到与之匹配的 IP 地址，并且在需要时输出相应的信息。

（2）主机名的注册。主机名和 IP 地址必须注册，注册就是将主机名和 IP 地址记录在一个列表或者目录中。注册的方法可以是人工的或者自动的、静态的或者动态的。过去的 DNS 服务器都是通过人工的方法来得到原始的主机注册，也就是说，主机在 DNS 列表中的注册是要由人工从键盘输入的。

最近的趋势是动态的主机注册。更新是用 DHCP 服务器触发完成的，或者直接由具有动态 DNS 更新能力的主机完成。DHCP 是 Dynamic Host Configuration Protocol 的缩写，即动态主机配置协议。除非使用动态 DNS，DNS 注册通常是人工的和静态的。

（3）主机名的解析。只要进行了注册，主机名就可以被解析。解析是一个客户端过程，目的是查找已注册的主机名或者服务器名以便得到相应的 IP 地址。客户端得到了目标主机的 IP 地址后，就可以直接在本地网上通信，或者通过一个或几个路由器在远程网上通信。

显然，一个 DNS 服务器可以有许多已注册的主机。解析注册在同一台 DNS 服务器上的其他主机名应该是比较快的。一个具有上千主机的企业只需要少数几台 DNS 服务器。

（4）主机名的分布。一台单独的 DNS 服务器就包含了全世界的主机名，这显然是不可能的。如果存在这样的主 DNS 服务器的话，某些客户机和这台服务器的距离就太遥远了。也很难想象这样一台为整个 Internet 服务的 DNS 服务器需要多大能力和带宽。除此以外，如果这台主 DNS 服务器停机的话，遍布全球的 Internet 也将陷入瘫痪。

与这种设想相反，主机名分布于许多 DNS 服务器之中。主机名的分布解决了只用一台 DNS 服务器的问题，但这对客户机又出现了另一个问题：客户机如何得知向哪一台 DNS 服务器查询？域名系统通过使用自顶向下的域名树来解决这个问题，每一台主机是树中某一个分支的叶子，而每个分支具有一个域名。重要的是，用户所拥有的每一台主机都和一个域相关联。那究竟总共需要多少 DNS 服务器呢？尽管实际的数字是不可知的，并且依实际原因而变化，但从理论上来说，域名树的每一个分支需要一台 DNS 服务器。

（5）DNS 和 Internet。Internet 域名系统是由 Internet 上的域名注册机构来管理的，它们负责管理向组织和国家开放的顶级域名，这些域名遵循 3166 国际标准。

2. 安装 DNS 服务器

默认情况下 Windows Server 2003 系统中没有安装 DNS 服务器。

1）安装 DNS 服务器

第 1 步：依次单击"开始/管理工具/配置您的服务器向导"，在打开的向导页中依次单击"下一步"按钮。配置向导自动检测所有网络连接的设置情况，若没有发现问题则进入"服务器角色"向导页。

第 2 步：在"服务器角色"列表中单击"DNS 服务器"选项，并单击"下一步"按钮。打开"选择总结"向导页，如果列表中出现"安装 DNS 服务器"和"运行配置 DNS 服务器向导来配置 DNS"，则直接单击"下一步"按钮。否则单击"上一步"按钮重新配置。

第 3 步：向导开始安装 DNS 服务器，并且可能会提示插入 Windows Server 2003 的安装光盘或指定安装源文件。

2）创建区域

DNS 服务器安装完成以后会自动打开"配置 DNS 服务器向导"对话框。用户可以在该向导的指引下创建区域。

第 1 步：在"配置 DNS 服务器向导"的欢迎页面中单击"下一步"按钮，打开"选择配置操作"向导页。单击"下一步"按钮，如图 7.5 所示。

第 2 步：打开"主服务器位置"向导页，如果所部署的 DNS 服务器是网络中的第一台 DNS 服务器，则应该保持"这台服务器维护该区域"单选框的选中状态，将该 DNS 服务器作为主 DNS 服务器使用，并单击"下一步"按钮。

第 3 步：打开"区域名称"向导页，在"区域名称"编辑框中键入一个能反映公司信息的区域名称（如"avceit.cn"），单击"下一步"按钮，如图 7.6 所示。

第 4 步：在打开的"区域文件"向导页中根据区域名称默认填入了一个文件名。该文件是一个 ASCII 文本文件，里面保存着该区域的信息，默认情况下保存在"windows system32 dns"文件夹中。保持默认值不变，单击"下一步"按钮，如图 7.7 所示。

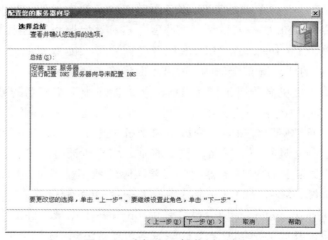

图 7.5　选择配置操作对话框

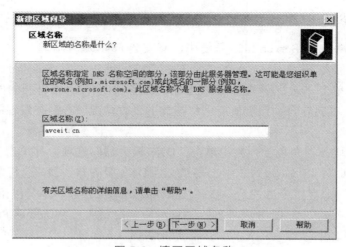

图 7.6　填写区域名称

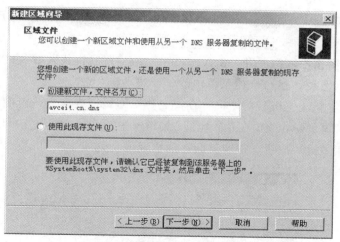

图 7.7　区域文件对话框

第 5 步：在打开的"动态更新"向导页中指定该 DNS 区域能够接受的注册信息更新类型。允许动态更新可以让系统自动地在 DNS 中注册有关信息，在实际应用中比较有用，因此，点选"允许非安全和安全动态更新"单选框，单击"下一步"按钮。

第 6 步：打开"转发器"向导页，保持"是，应当将查询转发到有下列 IP 地址的 DNS服务器上"单选框的选中状态。在 IP 地址编辑框中键入 ISP（或上级 DNS 服务器）提供的DNS 服务器 IP 地址，单击"下一步"按钮，如图 7.8 所示。

第 7 步：依次单击"完成"按钮结束"avceit.cn"区域的创建过程和 DNS 服务器的安装配置过程。

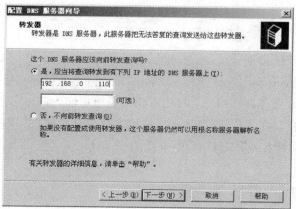

图 7.8　配置 DNS 转发器

3. 创建域名

我们利用向导成功创建了"avceit.cn"区域，可是内部用户还不能使用这个名称来访问内部站点，因为它还不是一个合格的域名，接着还需要在其基础上创建指向不同主机的域名才能提供域名解析服务。这里准备创建一个用以访问 Web 站点的域名"www.avceit.cn"，具体操作步骤如下：

第 1 步：依次单击"开始"→"管理工具"→"DNS"菜单命令，打开"dnsmagt"控制台窗口。

第 2 步：在左窗格中依次展开"ServerName"→"正向查找区域"目录。然后用鼠标右键单击"avceit.cn"区域，执行快捷菜单中的"新建主机"命令。

第 3 步：打开"新建主机"对话框，在"名称"编辑框中键入一个能代表该主机所提供服务的名称（本例键入"www"），在"IP 地址"编辑框中键入该主机的 IP 地址（如"192.168.0.110"），单击"添加主机"按钮。很快就会提示已经成功创建了主机记录，如图 7.9 所示。

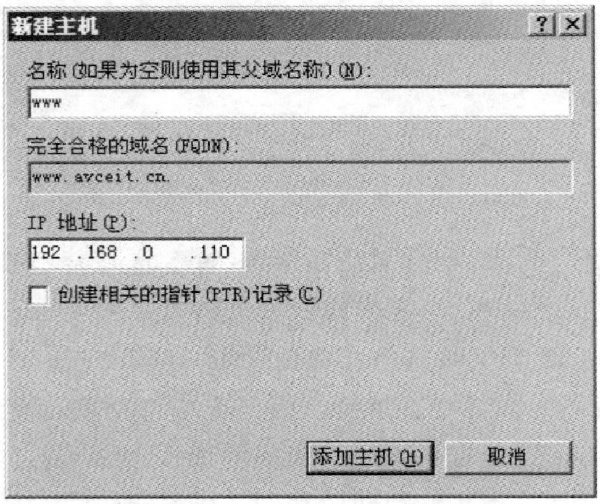

图 7.9 "新建主机"对话框

最后单击"完成"按钮结束创建。

4. 设置 DNS 服务器 IP 地址

尽管 DNS 服务器已经创建成功，并且创建了合适的域名，可是如果在客户机的浏览器中却无法使用"www.avceit.cn"这样的域名访问网站。这是因为虽然已经有了 DNS 服务器，但客户机并不知道 DNS 服务器在哪里，因此不能识别用户输入的域名。用户必须手动设置 DNS 服务器的 IP 地址才行。在客户机"Internet 协议（TCP/IP）属性"对话框中的"首选 DNS 服务器"编辑框中设置刚刚部署的 DNS 服务器的 IP 地址。

7.5.2　DHCP 服务器建立

1. DHCP 介绍

1）DHCP 的概念

DHCP（Dynamic Host Configuration Protocol，动态主机配置协议）是一个简化主机 IP 地址分配管理的 TCP/IP 标准协议。用户可以利用 DHCP 服务器管理动态的 IP 地址分配及其他相关的环境配置工作（如 DNS、WINS、Gateway 的设置）。

要使用 DHCP 方式动态分配 IP 地址时，整个网络必须至少有一台安装了 DHCP 服务的服务器，其他要使用 DHCP 功能的客户端也必须要有支持自动向 DHCP 服务器索取 IP 地址的功能。当 DHCP 客户端第一次启动时，它就会自动与 DHCP 服务器通信，并由 DHCP 服务器分配给 DHCP 客户端一个 IP 地址，直到租约到期（并非每次关机释放），这个地址就会由 DHCP 服务器收回，并将其提供给其他的 DHCP 客户端使用。

2）DHCP 租约生成过程

当 DHCP 客户端第一次登录网络时，通过 4 个步骤向 DHCP 服务器租用 IP 地址：DHCPDISCOVER（IP 租约发现）；DHCPOFFER（IP 租约提供）；DHCPREQUEST（IP 租约请求）；DHCPACK（IP 租约确认）。

租约生成过程开始于客户端第一次启动或初始化 TCP/IP 时，另外当 DHCP 客户端续订租约失败，终止使用其租约时（如客户端移动到另一个网络时）也会产生这个过程。过程如下：

（1）IP 租约发现：DHCP 客户端在本地子网中先发送一条 DHCPDISCOVER 消息。此时客户端还没有 IP 地址，所以它使用 0.0.0.0 作为源地址。由于客户端不知道 DHCP 服务器地址，它用 255.255.255.255 作为目标地址，也就是以广播的形式发送此消息。在此消息中还包括了客户端网卡的 MAC 地址和计算机名，以表明申请 IP 地址的客户。

（2）IP 租约提供：在 DHCP 服务器收到 DHCP 客户端广播的 DHCPDISCOVER 消息后，如果在这个网段中有可以分配的 IP 地址，则它以广播方式向 DHCP 客户端发送 DHCPOFFER 消息进行响应。

（3）IP 租约请求：DHCP 客户如果收到提供的租约（如果网络中有多个 DHCP 服务器，客户可能会收到多个响应），则会通过广播 DHCPREQUEST 消息来响应并接受得到的第一个租约，进行 IP 租约的选择。此时之所以采用广播方式，是为了通知其他未被接受的 DHCP 服务器收回提供的 IP 地址并将其留给其他 IP 租约请求。

（4）IP 租约确认：当 DHCP 服务器收到 DHCP 客户发出的 DHCPREQUEST 请求消息后，它便向 DHCP 客户发送一个包含它所提供的 IP 地址和其他设置的 DHCPACK 确认消息，告诉 DHCP 客户可以使用它所提供的 IP 地址。然后 DHCP 客户便使用这些信息来配置其 TCP/IP 协议，并把 TCP/IP 协议与网络服务和网卡绑定在一起，以建立网络通信。

3）DHCP 租约更新

当租用时间达到租约期限的一半时，DHCP 客户端会自动尝试续订租约。客户端直接向提供租约的 DHCP 服务器发送一条 DHCPREQUEST 消息以续订当前的地址租约。

如果 DHCP 服务器是可用的，它将续订租约并向客户端发送一条 DHCPACK 消息，此消息包含新的租约期限和一些更新的配置参数，客户端收到确认消息后就会更新配置。如果 DHCP 服务器不可用，则客户端将继续使用当前的配置参数。当租约时间达到租约期限的 7/8 时，客户端会广播一条 DHCPDISCOVER 消息来更新 IP 地址租约。这个阶段，DHCP 客户端会接受从任何 DHCP 服务器发出的租约。如果租约到期客户仍未成功续订租约，则客户端必须立即中止使用其 IP 地址，然后客户端重新尝试得到一个新的 IP 地址租约。

7.5.3 FTP 服务器的建立

1. FTP 服务器概述

FTP（File Transfer Protocol）是 Internet 上用来传送文件的协议（文件传输协议）。它是为了我们能够在 Internet 上互相传送文件而制定的文件传送标准，规定了 Internet 上文件如何传送。也就是说，通过 FTP 协议，我们就可以跟 Internet 上的 FTP 服务器进行文件的上传（Upload）或下载（Download）等动作。

和其他 Internet 应用一样，FTP 也是依赖于客户程序/服务器关系的概念。在 Internet 上有一些网站，它们依照 FTP 协议提供服务，让网友们进行文件的存取，这些网站就是 FTP 服务器。

网上的用户要连上 FTP 服务器，就要用到 FTP 的客户端软件，通常 Windows 都有"ftp"命令，这实际就是一个命令行的 FTP 客户程序，另外常用的 FTP 客户端程序还有 CuteFTP、Ws_FTP、FTP Explorer 等。

2. FTP 工作原理

以下载文件为例，当用户启动 FTP 从远程计算机拷贝文件时，事实上启动了两个程序：一个是本地机上的 FTP 客户程序，它向 FTP 服务器提出拷贝文件的请求；另一个是启动在远程计算机上的 FTP 服务器程序，它响应请求并把指定的文件传送到用户的计算机中。

FTP 采用"客户机/服务器"方式，用户端要在自己的本地计算机上安装 FTP 客户程序。FTP 客户程序有字符界面和图形界面两种。字符界面的 FTP 客户程序的命令复杂、繁多。图形界面的 FTP 客户程序，操作上要简洁方便得多。

要连上 FTP 服务器（即"登录"），必须要有该 FTP 服务器的账号。如果是该服务器主机的注册客户，将会有一个 FTP 登录账号和密码，凭这个账号密码连上该服务器。但 Internet 上有很大一部分 FTP 服务器被称为"匿名"（Anonymous）FTP 服务器。这类服务器的目的是向公众提供文件拷贝服务，因此，不要求用户事先在该服务器进行登记注册。

Anonymous（匿名文件传输）能够使用户与远程主机建立连接并以匿名身份从远程主机上拷贝文件，而不必是该远程主机的注册用户。用户使用特殊的用户名"anonymous"和"guest"就可有限制地访问远程主机上公开的文件。现在许多系统要求用户将 Email 地址作为口令，以便更好地对访问进行跟踪。出于安全的目的，大部分匿名 FTP 主机一般只允许远程用户下载（Download）文件，而不允许上传（Upload）文件。也就是说，用户只能从匿名 FTP 主机拷贝需要的文件而不能把文件拷贝到匿名 FTP 主机。另外，匿名 FTP 主机还采用了其他一些保护措施以保护自己的文件不至于被用户修改和删除，并防止计算机病毒的侵入。

在具有图形用户界面的 World Wild Web 环境于 1995 年开始普及以前，匿名 FTP 一直是 Internet 上获取信息资源的最主要方式，在 Internet 成千上万的匿名 FTP 主机中存储着无数的文件，这些文件包含了各种各样的信息、数据和软件。人们只要知道特定信息资源的主机地址，就可以用匿名 FTP 登录获取所需的信息资料。虽然目前使用的 WWW 环境已取代匿名 FTP 成为最主要的信息查询方式，但是匿名 FTP 仍是 Internet 上传输分发文件的一种基本方法。

7.5.4　Web 服务器的建立

1. 什么是 Web 服务器

Web 服务器组件是 Windows Server 2003 系统中 IIS 6.0 的服务组件之一，默认情况下并没有被安装，用户需要手动安装 Web 服务组件。在 Windows Server 2003 系统中安装 Web 服务器组件的步骤如下所述：

第 1 步：打开"控制面板"窗口，双击"添加/删除程序"图标，打开"添加或删除程序"窗口，单击"添加/删除 Windows 组件"按钮，弹出"Windows 组件安装向导"对话框。

第 2 步：在"Windows 组件"对话框中双击"应用程序服务器"选项，选中"应用程序服务器"对话框。在"应用程序服务器的子组件"列表框中选中"Internet 信息服务（IIS）"复选框。

第 3 步：弹出"Internet 信息服务（IIS）"对话框，在"Internet 信息服务（IIS）的子组件"列表框中选中"万维网服务"复选框。依次单击"确定"按钮，如图 7.10 所示。

第 4 步：系统开始安装 IIS 6.0 和 Web 服务组件。在安装过程中需要提供 Windows Server 2003 系统安装光盘或指定安装文件路径。安装完成后，单击"完成"按钮即可。

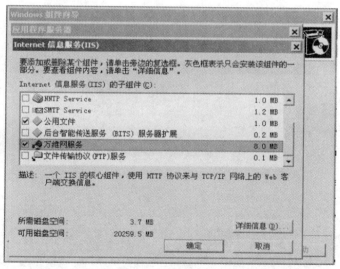

图 7.10　安装"万维网服务"组件

2. 使用 IIS6.0 配置静态 Web 网站

在 Windows Server 2003 系统中成功安装 Web 服务器组件以后，即可使用 IIS6.0 配置静态 Web 网站。

　　静态网站基于 HTML 语言编写，且不具有交互性。与静态网站相对应的还有动态网站。
在 IIS6.0 中搭建静态 Web 网站的步骤如下所述：

　　第 1 步：在开始菜单中选择"管理工具"→"Internet 信息服务（IIS）管理器"菜单项，
打开"Internet 信息服务（IIS）管理器"窗口。在左窗格中展开"网站"目录，右击"默认
网站"选项，在弹出的快捷菜单中选择"属性"命令，如图 7.11 所示。

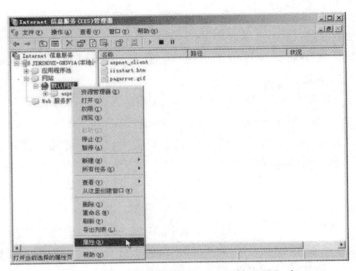

图 7.11　"Internet 信息服务（IIS）管理器"窗口

　　第 2 步：弹出"默认网站　属性"对话框，在"网站"选项卡中单击"IP 地址"下拉列
表框中的下拉三角按钮，并选中该站点要绑定的 IP 地址，如图 7.12 所示。

图 7.12　"网站"选项卡

　　第 3 步：切换到"主目录"选项卡，单击"本地路径"文本框右侧的"浏览"按钮，选

择网站程序所在的主目录并单击"确定"按钮，如图 7.13 所示。

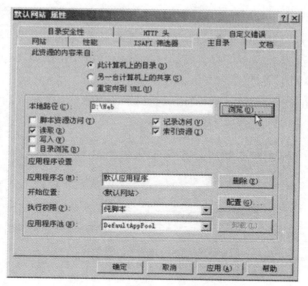

图 7.13　"主目录"选项卡

　　第 4 步：切换到"文档"选项卡，选中"启用默认内容文档"复选框。然后单击"添加"按钮，在弹出的"添加内容页"对话框的"默认内容页"文本框中输入网站首页文件名，并单击"确定"按钮，如图 7.14 所示。

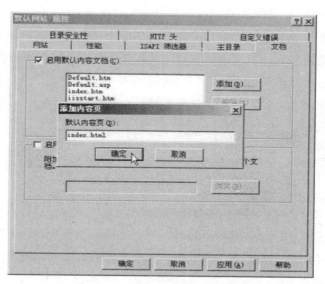

图 7.14　"添加内容页"对话框

　　第 5 步：返回"默认网站属性"对话框，并单击"确定"按钮。至此静态网站搭建完毕，用户只要将开发的网站源程序复制到所设置的网站主目录中，即可使用指定的 IP 地址访问该网站。

3. 使用 IIS6.0 配置 ASP 动态 Web 网站

在 Windows Server 2003 系统中,用户可以借助 IIS 6.0 配置基于 ASP、PHP、ASP.NET 等语言的动态 Web 网站。动态 Web 网站基于数据库技术,能够实现较为全面的功能。动态网站具有交互性强以及自动发布信息等特点,更适合公司及企业使用。在 IIS 6.0 中配置 ASP 动态 Web 网站的步骤如下所述:

第 1 步:在"Internet 信息服务(IIS)管理器"窗口中右击"网站"目录,选择"新建"→"网站"命令,如图 7.15 所示。

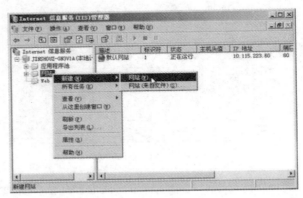

图 7.15　新建网站

第 2 步:弹出"网站创建向导"对话框,在"网站创建向导"对话框中单击"下一步"按钮。

第 3 步:在弹出的"IP 地址和端口设置"对话框中可以设置新网站的 IP 地址和端口号。单击"网站 IP 地址"下拉列表框右侧的下拉三角按钮,在下拉菜单中选择一个未被其他 Web 站点占用的 IP 地址。"网站 TCP 端口"文本框中保持默认值 80 不变,并单击"下一步"按钮,如图 7.16 所示。

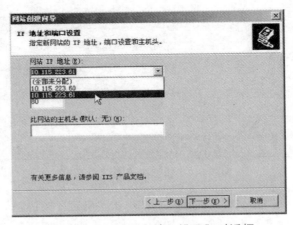

图 7.16　"IP 地址和端口设置"对话框

第 4 步：弹出"网站主目录"对话框，单击"浏览"按钮，选择动态网站所在的主目录。依次单击"确定"和"下一步"按钮。

第 5 步：在弹出的"网站访问权限"对话框中，保持默认权限设置，单击"下一步"按钮。打开完成"网站创建向导"对话框，单击"下一步"按钮，如图 7.17 所示。

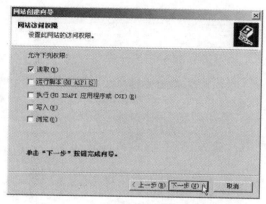

图 7.17　"网站访问权限"对话框

用户可以根据实际需要设置网站的访问权限，每种权限所允许进行的操作如下所述：

读取：允许用户从该 Web 站点读取文件；

运行脚本（如 ASP）：允许在 Web 站点中运行活动服务器页面（Active Server Pages，ASP）脚本；

执行（如 ISAPI 应用程序或 CGI）：允许在网站上执行 ISAPI 或者 CGI 应用程序，且启用该权限后将自动启用"运行脚本"的权限；

写入：允许用户通过客户端浏览器向 Web 站点中写入数据（如填写注册表格等）；

浏览：当用户没有向 Web 站点发出针对某个具体文件的请求，并且 Web 站点中也没有定义默认的文档时，IIS 会返回该站点根目录下各文件和子目录的 HTML 表示形式。

第 6 步：基于安全方面的考虑，IIS 6.0 默认禁用了 ASP 程序支持属性，需要用户手动开启此功能。在"Internet 信息服务（IIS）管理器"窗口中依次展开"网站"→"Web 服务扩展"，然后在右窗格中选中"Active Server Pages"选项，并单击"允许"按钮，如图 7.18 所示。

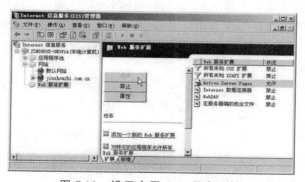

图 7.18　设置启用 ASP 程序支持

第 7 步：在"Internet 信息服务（IIS）管理器"窗口中右击 ASP 动态网站名称（如 jinshouzhi. com.cn），选择"属性"命令，在弹出的"jinshouzhi.com.cn 的属性"对话框中切换到"文档"选项卡，单击"添加"按钮。弹出"添加内容页"对话框，在"默认内容页"文本框中输入 ASP 网站默认的首页文件名称（一般为 index.asp）。单击"确定"按钮，如图 7.19 所示。

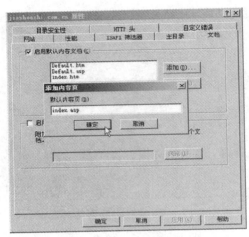

图 7.19　添加默认首页

至此，ASP 动态网站的服务器端设置成功了。用户需要将开发的 ASP 网站源程序复制到网站主目录中，从而实现 ASP 动态网站的发布。

7.5.5　流媒体服务器的建立

1. 流媒体服务器概念

流媒体文件是目前非常流行的网络媒体格式之一，这种文件允许用户一边下载一边播放，从而大大减少了用户等待播放的时间。另外通过网络播放流媒体文件时，文件本身不会在本地磁盘中存储，这样就节省了大量的磁盘空间开销。正是这些优点，使得流媒体文件被广泛应用于网络播放。

流媒体服务器是通过建立发布点来发布流媒体内容和管理用户连接的。流媒体服务器能够发布从视频采集卡或摄像机等设备中传来的实况流、事先存储的流媒体文件、实况流和流媒体文件的结合体。一个媒体流可以由一个媒体文件构成，也可以由多个媒体文件组合而成，还可以由一个媒体文件目录组成。

2. 在 Windows Server 2003 中安装流媒体服务器组件

默认情况下，Windows Server 2003（SP1）没有安装 Windows Media Services 组件。用户可以通过使用"Windows 组件向导"和"配置您的服务器向导"2 种方式来安装该组件。以使用"配置您的服务器向导"安装为例，操作步骤如下所述：

第 1 步：执行"开始"→"管理工具"→"配置您的服务器向导"命令，弹出"配置您的服务器向导"对话框。在"配置您的服务器向导"对话框中直接单击"下一步"按钮。

第 2 步：配置向导开始检测网络设备和网络设置是否正确，如未发现错误则会弹出"配置选项"对话框。选中"自定义配置"单选按钮，并单击"下一步"按钮。

第 3 步：弹出"服务器角色"对话框，在"服务器角色"选项区域中显示出所有可以安装的服务器组件。选中"流式媒体服务器"复选框，并单击"下一步"按钮。

第 4 步：在弹出的"选择总结"对话框中直接单击"下一步"按钮，配置向导开始安装 Windows Media Services 组件。在安装过程中会要求插入 Windows Server 2003（SP1）系统安装光盘或指定系统安装路径，安装结束以后，在"此服务器现在是流式媒体服务器"对话框中单击"完成"按钮，显示如图 7.20 所示。

图 7.20　测试流媒体服务

3. 在流媒体服务器中测试流媒体服务

在 Windows Server 2003 系统中安装流媒体服务 Windows Media Services 以后，用户可以测试流媒体能不能正常播放，以便验证流媒体服务器是否运行正常。测试流媒体服务器的步骤如下：

第 1 步：在开始菜单中选择"管理工具"→"Windows Media Services"，打开 Windows Media Services 窗口。

第 2 步：在左窗格中依次展开服务器和"发布点"目录，默认已经创建"<默认>（点播）"和"Sample_Broadcast"2 个发布点。选中"<默认>（点播）"发布点，在右窗格中切换到"源"选项卡。在"源"选项卡中单击"允许新的单播连接"按钮以接收单播连接请求，然后单击"测试流"按钮，如图 7.19 所示。

第 3 步：打开"测试流"窗口，在窗口内嵌的 Windows Media Player 播放器中将自动播放测试用的流媒体文件。如果能够正常播放，则说明流媒体服务器运行正常。

4. 在流媒体服务器中创建"点播-多播"发布点

流媒体服务器能够通过点播和广播 2 种方式发布流媒体，其中点播方式允许用户控制媒体流的播放，具备交互性；广播方式将媒体流发送给每个连接请求，用户只能被动接收而不具备交互性。点播方式是为每个连接请求建立一个享有独立带宽的点对点连接，而多播方式则将媒体流发送到一个 D 类多播地址，允许多个连接请求同时连接到该多播地址共享一个媒体流。创建"点播-单播"类型发布点的步骤如下：

第 1 步：打开 Windows Media Services 窗口，在左窗格中展开服务器目录，并选中"发布点"选项。然后在右窗格空白处右击，在弹出的快捷菜单中选择"添加发布点"命令，如图 7.21 所示。

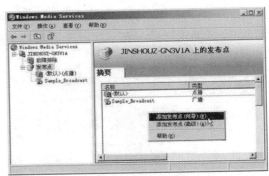

图 7.21 创建发布点

第 2 步：弹出"添加发布点向导"对话框，在此对话框中直接单击"下一步"按钮。弹出"发布点名称"对话框，在"名称"文本框中输入能够代表发布点用途的名称（如 Movie），并单击"下一步"按钮。

第 3 步：在弹出的"内容类型"对话框中，用户可以选择要发布的流媒体类型。这里选中"目录中的文件"单选按钮，并单击"下一步"按钮。

第 4 步：在弹出的"发布点类型"对话框中，选中"点播发布点"单选按钮，并单击"下一步"按钮。

第 5 步：弹出"目录位置"对话框，在这里需要设置该点播发布点的主目录。单击"浏览"按钮，弹出"Windows Media 浏览"对话框。单击"数据源"下拉列表框右侧的下拉三角按钮，选中主目录所在的磁盘分区，然后在文件夹列表中选中主目录，并单击"选择目录"按钮，如图 7.22 所示。

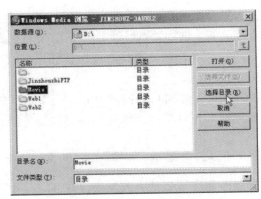

图 7.22 设置点播发布点主目录

第 6 步：返回"目录位置"对话框，如果希望在创建的点播发布点中按照顺序发布主目录中的所有文件，则可以选中"允许使用通配符对目录内容进行访问"复选框。设置完毕单击"下一步"按钮，如图 7.23 所示。

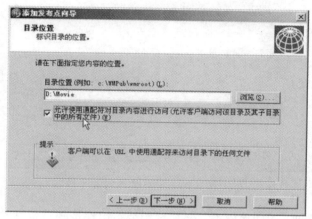

图 7.23　"目录位置"对话框

第 7 步：在弹出的"内容播放"对话框中，用户可以选择流媒体文件的播放顺序。选中"循环播放"和"无序循环"复选框，从而实现无序循环播放流媒体文件。单击"下一步"按钮。

第 8 步：弹出"点播日志记录"对话框，选中"是，启用该发布点的日志记录"单选框启用点播日志记录。借助于日志记录可以掌握点播较多的流媒体文件以及点播较为集中的时段等信息。单击"下一步"按钮。

第 9 步：在弹出的"发布点摘要"对话框中会显示所设置的流媒体服务器参数，确认设置无误后，单击"下一步"按钮。

第 10 步：弹出"正在完成'添加发布点向导'"对话框，选中"完成向导后"复选框，并选中"创建公告文件（.asx）或网页（.htm）"单选按钮。最后单击"完成"按钮。

5. 在流媒体服务器中添加发布点单播公告

在 Windows Server 2003 流媒体服务中创建发布点以后，为了能让用户知道已经发布的流媒体内容，应该添加发布点单播公告来告诉用户。在流媒体服务器中添加发布点单播公告的步骤如下：

第 1 步：在完成添加发布点时选中"创建公告文件（.asx）或网页（.htm）"单选按钮，会自动打开"单播公告向导"对话框。在欢迎对话框中单击"下一步"按钮。

第 2 步：弹出"点播目录"对话框。因为如图 7.23 所示的"目录位置"对话框中选中了"允许使用通配符对目录内容进行访问"复选框，因此，可以在"点播目录"对话框中选中"目录中的所有文件"单选按钮，并单击"下一步"按钮，如图 7.24 所示。

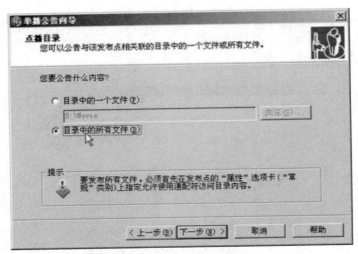

图 7.24　设置公告内容

第 3 步：在弹出的"访问该内容"对话框中显示出连接到发布点的网址，用户可以单击"修改"按钮将原本复杂的流媒体服务器修改为其他的名称，并依次单击"确定"→"下一步"按钮，如图 7.25 所示。

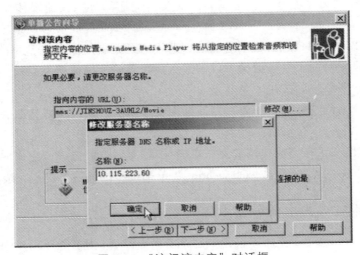

图 7.25　"访问该内容"对话框

第 4 步：弹出"保存公告选项"对话框，用户可以指定保存该公告和网页文件的名称和位置。选中"创建一个带有嵌入的播放机和指向该内容链接的网页"复选框，然后单击"浏览"按钮选择 Web 服务器的主目录作为公告和网页文件的保存位置，设置完毕单击"下一步"按钮。

第 5 步：在弹出的"编辑公告元数据"对话框中，单击每一项名称所对应的值并对其进行编辑。在用户使用 Windows Media Player 播放流媒体中的文件时，这些信息将出现在标题区域。设置完毕单击"下一步"按钮。

第 6 步：弹出"正在完成'单播公告向导'"对话框，提示用户已经为发布点成功创建了一个公告。选中"完成此向导后测试文件"复选框，并单击"完成"按钮。

第 7 步：通过测试公告和带有嵌入的播放机的网页，如果都能正常播放媒体目录中的流媒体文件，则说明流媒体服务器已经搭建成功。

第 8 步：最后需要将发布点地址（如 mms：//10.115.223.60/movie）放置在 Web 站点上向网络用户公开，以便用户能够通过发布点地址连接到流媒体服务器。

6. 在 Windows Media Player 中播放流媒体

在 Windows Server 2003 系统中完成流媒体服务器的配置以后，用户即可使用本地计算机的 Windows Media Player 播放器连接到流媒体服务器，以便接收发布点发布的媒体流。以 Windows Media Player 10 为例，操作步骤如下：

第 1 步：在 Windows Media Player 10 窗口中右击窗口边框，执行"文件"→"打开 URL"命令，如图 7.26 所示。

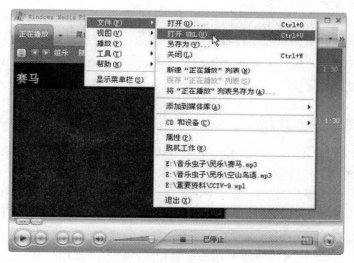

图 7.26　播放流媒体

第 2 步：弹出"打开 URL"对话框，在"打开"文本框中输入发布点链接地址（如 mms：//10.115.223.60/movie），并单击"确定"按钮。

第 3 步：Windows Media Player 将连接到发布点，并开始连续循环播放发布点中的流媒体内容。用户可以对媒体流进行暂停、播放和停止等播放控制。

7.5.6　代理服务器的建立

1. 代理服务器概念

代理服务器（Proxy Server）的功能就是代理网络用户去取得网络信息。形象地说，它是网络信息的中转站。在一般情况下，使用网络浏览器直接去连接其他 Internet 站点取得网络信息时，须送出 Request 信号来得到回答，然后对方再把信息以 bit 方式传送回来。代理服务器是介于浏览器和 Web 服务器之间的一台服务器，有了它之后，浏览器不是直接到 Web 服务器去取回网页而是向代理服务器发出请求，Request 信号会先送到代理服务器，由代理服务器来取回需要的信息并传送给浏览器。

常用代理的类型可以按所采用协议类型分为 http 代理、socks4 代理和 socks5 代理。无论采用哪种代理，都需要知道代理服务器的一些基本信息：

（1）代理服务器的 IP 地址。

（2）代理服务所在的端口。

（3）这个代理服务是否需要用户认证？如果需要，需要向提供代理的网络管理员申请一个用户和口令。

一般来讲，代理服务器的作用有 4 个：

（1）可以访问到一些平时不能访问的网站。

（2）加快浏览某些网站的速度。

（3）连接 Internet 与 Intranet 充当 Firewall（防火墙）。

（4）方便对用户的管理。通过代理服务器，管理员可以设置用户验证和记账功能，对用户进行记账，没有登记的用户无权通过代理服务器访问 Internet，并对用户的访问时间、访问地点、信息流量进行统计。

2. 代理服务器软件介绍

代理服务器软件有很多，比如 WinGate、SyGate、WinRoute、CCProxy 以及微软公司发布的 MS Proxy Server。

此外，常用的代理服务器软件还有 Winproxy 和 NetProxy。Winproxy 和 NetProxy 都是具有防火墙安全功能的代理服务器软件，这两个软件的主要特点是：安装简便、易学易用。

WinGate 是由美国 Deerfield 通信公司开发，其功能强大，设置较复杂。SyGate 与 WinGate 和 WinRoute 相比，在操作方面更为简单而且易用，而缺点就是功能单一。CCProxy 是国产的代理服务器软件，而 MS Proxy Server 则是微软提供的一种代理服务器解决方案。

Windows Server 2003 本身并不带 Proxy 的功能。如果需要代理服务器，可以安装专业的代理服务器软件。如果只是想共享 Internet 连接，可以尝试使用 Internet 连接共享。用户也可以配置 Windows Server 2003 作为路由器来实现这一功能。

Internet 连接共享（ICS）使用户可以使用 Windows Server 2003 并通过 Internet 连接一个小型办公室网络或家庭网络。ICS 为小型网络上的所有计算机提供网络地址转换（NAT）、IP 寻址和名称解析服务。配置 Internet 连接共享（ICS）可参考微软的帮助文档资料 http://support.microsoft.com/kb/324286。

Windows Server 2003 的路由和远程访问服务包括 NAT 路由协议。如果在运行"路由和远程访问"的服务器上安装和配置了 NAT 路由协议，则使用专用 Internet 协议（IP）地址的内部网络客户端可以通过 NAT 服务器的外部接口访问 Internet。

当内部网络客户端发送 Internet 连接请求时，NAT 协议驱动程序将截获该请求，并将其转发到目标 Internet 服务器。所有请求看上去都像是来自 NAT 服务器的外部 IP 地址，此过程隐藏了用户的内部 IP 地址配置。具体配置过程请参考微软站点的帮助文档资料。

7.6　新一代 Internet 与 IPv6 地址

随着 Internet 规模不断扩大和各种业务量的迅速增加，要求具有唯一 IP 地址的无线设备和家用电器的数量也相应地快速增长，因此是否拥有足够可用的 IP 地址将会制约各地区网络的发展。

第二代互联网 IPv4 技术，从理论上讲，可编址 1600 万个网络、40 亿台主机。据 IPv4 地址报告统计，ARIN（美国 Internet 号码注册中心）拥有数量最多的 IPv4 地址（约 16 亿个公网 IPv4 地址），AFRINIC（非洲互联网络信息中心）拥有数量最少的 IPv4 地址（约 1.2 亿个公网 IPv4 地址）。新一代的网络协议 IPv6 采用 128 位的地址长度，拥有更大的地址空间，如此大的地址空间可以给地球上的每粒沙子分配一个 IPv6 地址。

7.6.1　我国新一代互联网协议的发展

随着"互联网+"和"宽带中国"等国家战略的推进，信息通信业面临新的机遇和挑战，开放、创新、融合成为行业发展的重要趋势。

2017 年，中共中央办公厅、国务院办公厅印发了《推进互联网协议第六版（IPv6）规模部署行动计划》，大力发展基于 IPv6 的下一代互联网。推进 IPv6 规模部署是互联网技术产业生态的一次全面升级，深刻影响着网络信息技术、产业、应用的创新和变革。大力发展基于 IPv6 的下一代互联网，有助于提升我国网络信息技术自主创新能力和产业高端发展水平，高效支撑移动互联网、物联网、工业互联网、云计算、大数据、人工智能等新兴领域快速发展，不断催生新技术、新业态，促进网络应用进一步繁荣，打造先进开放的下一代互联网技术产业生态。

该计划用 5 到 10 年时间，形成下一代互联网自主技术体系和产业生态，建成全球最大规模的 IPv6 商业应用网络，实现下一代互联网在经济社会各领域深度融合应用，成为全球下一代互联网发展的重要主导力量，其主要目标为：

（1）到 2018 年末，市场驱动的良性发展环境基本形成，IPv6 活跃用户数达到 2 亿，在互联网用户中的占比不低于 20%，并在以下领域全面支持 IPv6：国内用户量排名前 50 位的商业网站及应用；省部级以上政府和中央企业外网网站系统；中央和省级新闻及广播电视媒体网站系统；工业互联网等新兴领域的网络与应用；域名托管服务企业、顶级域运营机构、域名注册服务机构的域名服务器；超大型互联网数据中心（IDC）；排名前 5 位的内容分发网络（CDN）；排名前 10 位云服务平台的 50%云产品；互联网骨干网、骨干网网间互联体系、城域网和接入网、广电骨干网、LTE 网络及业务、新增网络设备、固定网络终端、移动终端等。

（2）到 2020 年末，市场驱动的良性发展环境日臻完善，IPv6 活跃用户数超过 5 亿，在互联网用户中的占比超过 50%，新增网络地址不再使用私有 IPv4 地址，并在以下领域全面支持 IPv6：国内用户量排名前 100 位的商业网站及应用；市地级以上政府外网网站系统；市地级以上新闻及广播电视媒体网站系统；大型互联网数据中心；排名前 10 位的内容分发网络；排名前 10 位云服务平台的全部云产品；广电网络、5G 网络及业务、各类新增移动和固定终端、国际出入口等。

（3）到 2025 年末，我国 IPv6 网络规模、用户规模、流量规模位居世界第一位，网络、应用、终端全面支持 IPv6，全面完成向下一代互联网的平滑演进升级，形成全球领先的下一代互联网技术产业体系。

据 CNNIC（中国互联网络信息中心）于 2019 年发布的第 43 次《中国互联网络发展状况统计报告》显示，截至 2018 年 12 月，我国 IPv6 地址数量为 41079 块/32，年增长率为 75.3%；域名总数为 3792.8 万个，其中 ".CN" 域名总数为 2124.3 万个，占域名总数的 56.0%。在 IPv6 方面，我国正在持续推动 IPv6 大规模部署，进一步规范 IPv6 地址分配与追溯机制，有效提升 IPv6 安全保障能力，从而推动 IPv6 的全面应用；在域名方面，2018 年我国域名高性能解析技术不断发展，自主知识产权软件研发取得新突破，域名服务安全策略本地化定制能力进一步增强，从而显著提升了我国域名服务系统的服务能力和安全保障能力。

7.6.2　IPv6 地址

1. IPv6 概述

随着 IPv6 标准发布，这一协议的地址长度将从 IPv4 的 32 位扩展到 128 位，总容量达到 2^{128} 个终端，足以让地球上每个人拥有 1600 万个地址，巨大的网络地址空间将从根本上解决网络地址枯竭的问题，当然版本的升级并非仅仅是地址位数的升级，还包括有新的特性，与 IPV4 相比，IPV6 具有以下几个优势：

（1）IPv6 具有丰富的地址资源空间。IPv4 中规定 IP 地址长度为 32，即有 2^{32}-1 个地址；而 IPv6 中 IP 地址的长度为 128，即有 2^{128}-1 个地址，能让每一个家电都拥有一个 IP 地址，这使全球数字化家庭的方案实施变成了可能。

（2）IPv6 使用更小的路由表。IPv6 的地址分配一开始就遵循聚类的原则，这使得路由器能在路由表中用一条记录表示一片子网，大大减小了路由器中路由表的长度，提高了路由器转发数据包的速度，提高了效率。

（3）IPv6 增强了组播支持以及对流的支持，这使得网络上的多媒体应用有了长足发展的机会，为服务质量控制提供了良好的网络平台。

（4）IPv6 全新的地址配置方式。为了简化主机地址配置，Ipv6 除了支持手工地址配置和有状态自动地址配置（利用专用的地址分配服务动态分配地址，如 DHCP）外，还支持一种无状态地址配置技术。

在无状态地址配置中，网络上的主机能自动给自己配置 Ipv6 地址。在同一链路上，所有的主机不用人工干预就可以通信。

（5）IPv6 具有更高的安全性。在使用 IPv6 网络时，用户可以对网络层的数据进行加密并对 IP 报文进行校验，极大地增强了网络的安全性。

IPv6 是 Internet 的新一代通信协议，在兼容了 IPv4 的所有功能的基础上，增加了一些新的功能。相对于 IPv4，IPv6 主要做了如下功能改进：

（1）地址扩展。IPv6 地址空间由原来的 32 位增加到 128 位，确保加入 Internet 的每个设备的端口都可以获得一个 IP 地址，并且 IP 地址也定义了更丰富的地址层次结构和类型，增加了地址动态配置功能。IPv6 还考虑了多播通信的规模大小（IPv4 由 D 类地址表示多播通信），在多播通信地址内定义了范围字段。作为一个新的地址概念，IPv6 引入了任播地址。任播地址是指 IPv6 地址描述的同一通信组中的一个点。此外，IPv6 取消了 IPv4 中地址分类的概念。

（2）简化了 IP 报头的格式。为了降低报文的处理开销和占用的网络带宽，IPv6 对 IPv4 的报头格式进行了简化。

（3）可扩展性。IPv6 改变了 IPv4 报头的设置方法，从而改变了操作位在长度方面的限制，使得用户可以根据新的功能要求设置不同的操作。IPv6 支持扩展选项的能力，在 IPv6 中，选项不属于报头的一部分，其位置处于报头和数据域之间，由于大多数 IPv6 选项在 IP 数据报传输过程中无须路由器检查和处理，因此这样的结构提高了拥有选项的数据报通过路由器时的性能。

（4）安全性。IPv6 定义了实现协议认证、数据完整性、数据加密所需的有关功能。

（5）流标号。为了处理实时服务，IPv6 报文中引入了流标号位。

2. IPv6 的寻址方式和地址表示形式

IPv6 的地址长度为 128 位。IPv6 不是利用网络大小划分地址类型的，它依靠地址头部的标识符识别地址的类别。

1）IPv6 的寻址方式

IPv6 是按接口界面分配地址而不是按节点（路由器或主机）分配地址的。IPv6 有 3 种寻址方式：

（1）单播（Unicast）：一个接口界面只拥有一个唯一地址。如果报文的目的地址为单一地址，则该报文被转发至具有相应地址的界面。

（2）任播（Anycast）：接口界面集合的地址。如果报文的目的地址为任意通信地址，则该报文被转发给距报文发送源最近的一个接口界面。

（3）多播（Multicast）：接口界面集合的地址。如果报文的目的地址为多播通信地址，则具有该地址的所有接口界面将收到相应的报文。

2）IPv6 的地址形式

IPv6 有以下 3 种地址表示形式：

（1）基本表示形式。在该形式中，128 位地址被划分为 8 个 16 位的部分，每部分分别用十六进制表示，中间用冒号"："隔开。如

BACF：FA36：3AD6：BC89：DF00：CABF：EFBA：004E

（2）简略形式。如果在基本形式中有部分地址段为 0，则可用符号"::"表示。如 0：0：0：0：0：0：0：0，可表示为::。如 BA23：0：0：0：0：0：43BA：FFFA，则可表示为 BA23::43BA：FFFA。

（3）混合表示形式。高位的 96 位可划分为 6 个 16 位，按十六进制表示，低位的 32 位，按 IPv4 相同的方式表示。如 FADC：0：0：0：478：0：202.120.3.26。

为了实现 IPv4 向 IPv6 的过渡，IETF 于 1997 年启动了一个国际性 IPv6 实验研究项目，部分国家参与了此项目。该项目的目的旨在测试两者的兼容性和发现运行中的问题。它是一种提供 IPv6 传输环境的虚拟网络。该项目在基于 IPv4 的 Internet 物理连接之上来支持 IPv6 的报文路由，从而可支持 IPv6 报文通过隧道的虚拟点对点的连接。

7.7　Intranet

WWW 服务的日益增长和浏览器的广泛使用，使计算机技术人员更加关注企业内部的计算机网络，并开始考虑将稳定可靠的 Internet 技术，特别是 WWW 服务与内部计算机网络结合起来的问题。于是一种特殊的内部网络 Intranet 出现了。

1. Intranet 概述

Intranet 也叫内联网，企业内部网，是指利用 Internet 技术构建的一个企业、组织或者部门内部的提供综合性服务的计算机网络。

Intranet 将 Internet 的成熟技术应用于企业内部，使 TCP/IP、SMTP、HTML、Java、HTTP、WWW 等先进技术在企业信息系统中充分发挥作用，将 Web 服务、E-mail 服务、FTP 服务、News 服务等迁移到了企业内部，实现了内部网络（内联网）的开放性、低投资性、免维护性、易操作性以及运营成本的低廉性。

在 Intranet 中，所有的应用都如同在 Internet 中一样，通过浏览器来进行操作。Intranet 与传统局域网最明显的差别表现在：在 Intranet 上，所有的操作告别了老式系统的复杂菜单与功能以及客户端的软件，一切都和在 Internet 上一般轻松简单。

因为内联网和因特网采用了相同的技术，所以内联网与因特网可以无缝连接。实际上，大量的内联网已经迁移成了因特网上的公开网站。通过防火墙的安全机制，可以实现内联网与因特网的平滑连接并保障内部网络信息的安全隔离。如果再加上专线连接或者远程接入和虚拟专网（VPN）的应用，则 Intranet 又可以升级为一个无所不在的企业外联网（Extranet）：将一个企业的内部与外部（如分支机构、出差员工、远程办公情形）以及 Internet 上的网站通过 Internet 或者公用通信网（如电话网）为媒介连接为一个整体。

2. Intranet 的特点

基于 Intranet 的企业内部网与传统的企业内部网相比，具有以下优越性：

（1）使用统一的 TCP/IP 标准，技术成熟，系统开放，开发难度低，应用方案充足。

（2）操作界面统一而亲切友好，使用、维护、管理和培训都十分简单。

（3）具有良好的性价比，能充分保护和利用已有的资源，通信传输、信息开发和管理费用低。

（4）技术先进，能够适应未来信息技术的发展方向，代表了未来企业运作、管理的方向。

（5）网络服务多种多样，能够提供诸如 WWW 信息发布以及浏览、文件传输、电子新闻、信息查询、多媒体服务等服务。

（6）信息处理和交换非常灵活，信息内容图文并茂，具体生动，使用灵活自如，能够充分利用企业的信息资源。

（7）能够适应不同的企业和政府部门，也可以适应不同的管理模式以迎接未来的挑战。

3. Intranet 的应用

短短几年内，Intranet 发展势如破竹，从一开始的静态发展为动态，从服务器端的单一分布发展为多层的客户机/服务器分布，从信息发布发展为真正的事务应用。发展至今，Intranet 的应用主要可分为以下 4 个方面：

（1）信息发布和共享。这类应用是 Intranet 最普遍和最普通的一种，它将日常的公司信息转换成真正的全球性信息网络，实现高效的无纸信息传送系统。

典型的应用有内部文件发布，如日常新闻、公司机构、职员信息、职工手册、政策法规等；最新教育培训资料；产品目录、广告和行销资料；咨询和引导，网络 Kiosk（多媒体网络查询机）；软件发布等。通常这类应用是一组静态的、预定义的页面，这些页面包含丰富的多媒体信息，如文字、图像、声音、视频、动画等，页面之间通过超链接进行透明的切换和浏览。这些信息也可以根据用户的操作和用户的身份，按需要动态产生或定制。与传统媒体相比，这类应用不仅范围广，价格便宜，更新及时，更重要的是媒体丰富和可按需点播。

（2）通信。Intranet 的电子邮件为公司内部的通信提供了一种极其方便和快捷的手段，特别是对于一些地理分布在跨省跨国的公司或虚拟办公室。它不仅能传送文件，而且能传送图像、声音、视频等各种多媒体信息。目前，另一种网上通信手段 Internet 电话正以其实时性和价格低廉的优点逐渐被大家接受。

（3）协同工作。Intranet 协同工作应用（又称群件）使分散的企业沟通自如。通过群件，不仅分布机构可以协同工作，而且在 Intranet 上可以建立虚拟机构或虚拟办公室。常用的群件有以下几类：

① 讨论组：一个公司分布各地的研究开发部门可以通过新闻组、讨论组和公告栏讨论问题、交换资料。

② 工作流：工作流实现了业务流程的电子化，如文件批阅等。

③ 视频会议：Intranet 大大高于 Internet 的带宽，使视频传输成为可能，不同地点的人可

以像在同一个会议室中一样通过 Intranet 召开电子视频会议。

④ 日程安排：和单机上的日程安排软件不同，Intranet 日程安排软件可以进行多人的约会，如董事会、项目谈判等。

7.8 实训项目 IP 地址规划

7.8.1 项目目的

掌握 IP 地址的配置；掌握子网的规划方法。

7.8.2 项目情景

某公司办公室有计算机 5 台，现要求将这些计算机设置成不同的子网，那么如何分配合理的 IP 地址呢？

7.8.3 项目任务

分别设置不同的 IP 地址，观察同一台交换机上连接的计算机相互之间通信的情况，并分析原因。

7.8.4 项目实施

（1）接好水晶头的直通双绞线和交叉双绞线、计算机、交换机若干。

（2）分别将计算机用直通双绞线和交换机端口相连。

（3）用网上邻居或其他方法观察计算机的连接情况，最好用 ipconfig 命令检查各自的 IP 地址，再用 ping 命令进行互通测试。

（4）如果不能通信，检查原因，直到能通信为止。

（5）将本网的计算机设置成不同的子网，即通过配置 IP 地址的方法，使它们的 IP 地址为不同的子网，如将一台计算机的 IP 地址设置为 192.168.1.135，将另一台计算机的 IP 地址设置成 192.168.1.136，子网掩码均为 255.255.255.192。

（6）再将另两台计算机的 IP 地址设为 192.168.1.65 和 192.168.1.66，子网掩码也都为 255.255.255.192。

（7）分别进行计算机之间的通信，观察结果。因为前两台计算机和后两台计算机不在一个子网内，所以它们不能相互通信。用子网划分的知识来求出他们的子网号和主机号。

（8）再分别将两台计算机的 IP 地址设置为 192.168.1.1、192.168.1.2，子网掩码为 255.255.255.192。

（9）另两台计算机的 IP 地址设置为 192.168.1.5、192.168.1.6，子网掩码为 255.255.255.224。再对这四台计算机进行通信实验。

（10）观察结果。因为都是 0 号子网，所以子网不起作用。虽然它们的子网掩码不同，但它们还是能够直接通信。因此子网号一般避免使用 0 号。

习题与思考题

一、填空题

1. 收发电子邮件，属于 ISO/OSI RM 中＿＿＿＿＿＿＿＿层的功能。

2. 常用的 IP 地址有 A、B、C 三类，128.11.3.31 是一个＿＿＿＿＿＿＿类 IP 地址，其网络标识（netid）为＿＿＿＿＿＿＿，主机标识（hostid）为＿＿＿＿＿＿＿。

3. 按照 IPv4 标准，IP 地址 205.3.127.13 属于＿＿＿＿＿＿＿类地址。

4. IP 地址 11011011.00001101.00000101.11101110 用点分十进制表示可写为＿＿＿＿＿＿。

5. IP 地址是 Internet 中识别主机的唯一标识。为了便于记忆，在 Internet 中把 IP 地址分成＿＿＿＿＿＿组，每组＿＿＿＿＿＿位，组与组之间用＿＿＿＿＿＿分隔开。

6. IP 地址分＿＿＿＿＿＿和＿＿＿＿＿＿两个部分。

7. 互联网中，域名是对 IP 地址的命名，它采用＿＿＿＿＿＿结构，通常最高域名为＿＿＿＿＿＿，如 CN 代表＿＿＿＿＿＿；次高域名常用于标识行业，如 COM 代表＿＿＿＿＿＿，EDU 代表＿＿＿＿＿＿。

8. IP 地址协议作为网络＿＿＿＿＿＿层协议，提供无连接的数据报传输机制，IP 数据报也分为＿＿＿＿＿＿和＿＿＿＿＿＿两个部分。

9. Internet 的管理分为＿＿＿＿＿＿和＿＿＿＿＿＿两大部分。

10. Internet 广泛使用的电子邮件传送协议是＿＿＿＿＿＿。

二、选择题

1. 当一台主机从一个网络移到另一个网络时，以下说法正确的是（　　）。
A. 必须改变它的 IP 地址和 MAC 地址
B. 必须改变它的 IP 地址，但不需改动 MAC 地址
C. 必须改变它的 MAC 地址，但不需改动 IP 地址
D. MAC 地址、IP 地址都不需改动

2. 因特网使用的互联协议是（　　）。
A. IPX 协议　　　　B. IP 协议　　　　C. AppleTalk 协议　　　D. NetBEUI 协议

3. 与 10.110.12.29 mask 255.255.255.224 属于同一网段的主机 IP 地址是（　　）。
A. 10.110.12.0　　　B. 10.110.12.30　　　C. 10.110.12.31　　　D. 10.110.12.32

4. 某公司申请到一个 C 类 IP 地址，但要连接 6 个子公司，最大的一个子公司有 26 台

计算机，每个子公司在一个网段中，则子网掩码应设为（　　　）。

    A. 255.255.255.0　　　　B. 255.255.255.128　　　C. 255.255.255.192　　　D. 255.255.255.224

5. 224.0.0.5 代表的是（　　　）地址。

    A. 主机地址　　　　　　B. 网络地址　　　　　　C. 组播地址　　　　　　D. 广播地址

6. 255.255.255.224 可能代表的是（　　　）。

    A. 一个 B 类网络号　　　　　　　　　　　B. 一个 C 类网络中的广播

    C. 一个具有子网的网络掩码　　　　　　　D. 以上都不是

7. IP 地址为 140.111.0.0 的 B 类网络，若要切割为 9 个子网，而且都要连上 Internet，请问子网掩码应设为（　　　）。

    A. 255.0.0.0　　　　　B. 255.255.0.0　　　　　C. 255.255.128.0　　　D. 255.255.240.0

8. 在 Internet 上浏览时，浏览器和 WWW 服务器之间传输网页使用的协议是（　　　）。

    A. IP　　　　　　　　　B. HTTP　　　　　　　C. FTP　　　　　　　　D. Telnet

9. 浏览器与 Web 服务器之间使用的协议是（　　　）。

    A. DNS　　　　　　　　B. SNMP　　　　　　　C. HTTP　　　　　　　D. SMTP

10. 在 www.tsinghua.edu.cn 这个完整名称（FQDN）里，（　　　）是主机名。

    A. edu.cn　　　　　　　B. tsinghua　　　　　　C. tsinghua.edu.cn　　　D. www

三、思考题

1. 电子邮箱的功能是什么？它的地址格式有哪些？

2. 某网络上连接的所有主机，都得到 "Request time out" 的显示输出，检查本地主机配置和 IP 地址为 202.117.34.35，子网掩码为 255.255.0.0，默认网关为 202.117.34.1，问题可能出在哪里？

3. 写出一台计算机访问 www.microsoft.com 的 DNS 解析过程。

4. 把十六进制的 IP 地址 C22F1588 转换成用点分割的十进制形式，并说明该地址属于哪类网络地址，以及该种类型地址的每个子网最多可能包含多少台主机。

5. 假设有两台主机，主机 A 的 IP 地址为 208.17.16.165，主机 B 的 IP 地址为 208.17.16.185，它们的子网掩码为 255.255.255.224，默认网关为 208.17.16.160。试问：

（1）主机 A 和主机 B 能否直接通信？

（2）主机 B 不能和 IP 地址为 208.17.16.34 的 DNS 服务器通信，为什么？

第8章 无线局域网与网络接入技术

【能力目标】

了解无线网络的基本知识；熟练操作基本无线设备；了解 Internet 接入基本知识；了解几种 Internet 接入技术。

8.1 无线局域网

8.1.1 无线局域网概述

无线局域网（Wireless Local Area Network，WLAN）是指以无线通信介质作传输媒介的计算机局域网，无线网络是有线联网方式的重要补充和延伸，并已经逐渐成为计算机网络中一个至关重要的组成部分，随着笔记本式计算机等移动设备性能的大幅提升和普及，对于无线网络的需求也就日益增长。

无线网络发展于有线网络的基础上，它的显著特点是使网上的 PC 机具有可移动性，能够快速方便解决有线方式难以实现的网络信道的连通问题。因而广泛适用于需要可移动数据处理或无法进行物理传输介质布线的领域。随着 IEEE 802.11 无线网络标准的制定与发展，使无线网络技术更加成熟与完善，能够给用户提供更加安全可靠、移动、高效、远距离的网络互联方案，并已成功地应用于众多行业，如金融证券、教育、学校、大型企业、工矿港口、政府机关、酒店、机场、军队、外企等。

无线局域网一般分为室内移动办公和室外远距离主干互联，有效解决了有线布线改线工程量大、线路容易损坏、网中各站点不可移动等问题。无线网络强大的加密技术以及可以自由架设 2.4 GHz 自由频段等优点可满足各种行业的用户需求。

随着无线网络的应用与需求的快速增加，众多的国际著名网络厂商纷纷加大研发力度，近几年不断出现新的技术和高性价比的产品，为用户的应用提供了更多的选择和更好的服务。伴随着计算机互联网络的飞速发展，无线局域网络技术将会有更广阔的发展空间。

8.1.2 无线局域网组成

目前的无线网络产品的功能主要是把局域网的一部分通过无线网桥变为无线网络，只要有了无线网卡、访问接入点（Access Point，AP）就可以构成简单的无线网络，室外长距离传输时需要使用室外远距离连接单元。无线 AP 的外观如图 8.1 所示。

图 8.1　无线 AP

1. 无线网卡

无线网卡是无线网络的重要组成部分，需要配合无线路由器或者无线 AP 使用，常见的有适合于笔记本计算机的 PCMCIA 接口和 USB 接口两种。经过多年的发展，无线网卡的速率由最初的 11～54 Mb/s 提升到了 600 Mb/s。

2. 无线访问接入点（AP）

无线 AP 用于在有线网络和无线网卡之间传递信号，同时具有网络管理的功能，一般一个 AP 可同时支持 20～30 台计算机接入网络。

AP 可以调整信道，直接序列技术采用 22 MHz 信道传输数据，在 2.4 GHz 波段有 3 个不重叠的 22 MHz 信道，范围为 2.4～2.483 GHz。利用这 3 个信道，覆盖区域可以消除所有信道重叠现象和覆盖区的间隙，这 3 个信道重叠可以使广播区域重叠而不会产生干扰现象。

3. 天　线

天线是将信号源的网络信号传送到远处，传送的距离由信号源的输出功率和天线本身的增益值决定。天线分为指向型和全向型两种，前者适合于长距离点对点网络使用，后者适合于会场等小范围区域使用。

4. 无线网络组件

IEEE 802.11b 无线网络包含以下组件：

（1）工作站。工作站（Station，STA）是一个配备了无线网络设备的网络节点。具有无线网卡的 PC 机称为无线客户端，能够直接相互通信或通过无线访问点（Access Point，AP）进行通信。无线客户端由于采用了无线连接，因此具有可移动性。

（2）无线 AP（无线接入点）。在典型的 WLAN 环境中，主要有发送数据和接收的设备，这称为接入点/热点/网络桥接器。

无线 AP 是在工作站和有线网络之间充当桥梁的无线网络节点，它的作用相当于原来的交换机或者是集线器，无线 AP 本身可以连接到其他的无线 AP，但是最终还要接入有线网，来实现互联网的接入。

　　无线 AP 类似于移动电话网络的基站。无线客户端通过无线 AP 同时与有线网络和其他无线客户端通信。无线 AP 不是可移动的，只用于充当扩展有线网络的外围桥梁。IEEE 802.11 标准为无线安全定义了以下机制：

　　① 通过开放系统和共享密钥身份验证类型实现的身份验证。

　　② 通过有线等效隐私（Wired Equivalent Privacy，WEP）实现的数据保密性。

　　③ 操作系统对 IEEE 802.11b 的支持。

　　Windows XP 提供了对 IEEE 802.11b 的内置支持。已安装的无线适配器会扫描可用的无线网络，并将该信息传递给 Windows XP。接着，Windows XP 无线零配置（Wireless Zero Configuration）服务将配置无线连接，无须用户进行配置或干预。如果没有找到无线 AP，Windows XP 将把无线适配器配置为使用特殊模式。Windows XP 无线零配置服务与对 IEEE 802.1X 身份验证的支持集成在一起了。

8.1.3　无线局域网的传输标准

1. IEEE 802.11b 无线网络概述

　　1999 年 9 月，电子和电气工程师协会（IEEE）批准了 IEEE 802.11b 规范，这个规范也称为 Wi-Fi。IEEE 802.11b 定义了用于在共享的无线局域网（WLAN）中进行通信的物理层和媒体访问控制（MAC）子层。在物理层，IEEE 802.11b 采用 2.45 GHz 的无线频率，最大的位速率达 11 Mb/s，使用直接序列扩频（DSSS）传输技术。在数据链路层的 MAC 子层，802.11b 使用"载波侦听多点接入/冲突避免（CSMA/CA）"媒体访问控制（MAC）协议。需要传输帧的无线工作站会先侦听无线媒体，以确定当前是否有另一个工作站正在传输（属于 CSMA/CA 的载波侦听的范畴），如果媒体正在使用中，该无线工作站将计算一个随机的补偿延时，只有在随机补偿延时过期后，该无线工作站才会再次侦听是否有其他正在执行传输的工作站。通过引入补偿延时，等待传输的多个工作站最终不会尝试在同一时刻进行传输（属于 CSMA/CA 的冲突避免范畴）。冲突可能会发生，并且和以太网不同，传输节点可能没有检测到它们。因此，802.11b 使用带确认（Acknowledgment，ACK）信号的"请求发送（Request to Send，RTS）/清除发送（Clear to Send，CTS）"协议，确保成功地传输和接收帧。

2. IEEE 802.11 标准中的物理层

　　在 IEEE 802.11 标准中规定了三种方法实现物理层：

　　（1）跳频扩频 FHSS。

　　（2）直接序列扩频 DSSS。

　　（3）红外技术 IR。

　　第一种技术和第二种技术都是利用无线电波来实现数据的传输，通常使用的是 2.4 GHz，它具有穿透性强、传输距离远等特点，是目前使用最广泛的一种无线传输介质。红外技术应用相对要少一些，这主要是因为它本身的特点的局限性造成的，它的特点是发送端和接收端必须相对，中间不能有障碍物，另外传输距离十分有限，速率也不高。

除了以上所说的以外，现在还可以看到的无线传输介质还有蓝牙技术。蓝牙（Bluetooth）是由东芝、爱立信、IBM、Intel 和诺基亚于 1998 年 5 月共同提出的近距离无线数字通信的技术标准。其目标是实现最高数据传输速度 1 Mb/s（有效传输速度为 721 kb/s）、最大传输距离为 10 m，用户不必经过申请便可利用 2.4 GHz 的 ISM（工业、科学、医学）频带，在其上设立 79 个带宽为 1 MHz 的信道，用每秒钟切换 1 600 次的频率、滚齿方式的频谱扩散技术来实现电波的收发。

3. IEEE 802.11 安全

通常计算机组网的传输介质主要依赖铜缆或者光缆，构成有线局域网。不过可惜的是，有线网络在某些场合要受到布线的限制，布线、改线工程量大，线路容易损坏，而且各节点不可移动。特别是当要把相离较远的节点联系起来时，专用通信线路的布线施工难度之大、费用之高、耗费时间之长，实在难以想象，使正在迅速扩大的互联网需求形成了严重的瓶颈，WLAN 的出现就很好地解决了有线网络存在的问题。

（1）技术优势。WLAN 利用电磁波在空气中发送和接收数据，而无须线缆介质，从某种意义上来说，它是对目前有线联网方式的一种补充和扩展，使网上的计算机具有移动性，能快速方便地解决有线网络的连通问题。

（2）扩频技术。WAPI 要强制实施的原因是它更加安全，但是无线网络却天生有比有线网络更安全的特性，且使用了军用的技术，比如扩频。扩频技术原先是军事通信领域中使用的宽带无线通信技术，使用该技术能够使数据在无线传输中更完整可靠，且确保在不同频段中传输的数据不会相互干扰。

（3）直序扩频。使用高码率的扩频序列，在发射端扩展信号的频谱，而在接收端则使用相同的扩频序列进行解扩，把展开的扩频信号还原成原来的信号。

（4）跳频扩频。跳频技术与直序扩频技术完全不同，它是另外一种扩频技术。跳频的载频受一个伪随机码的控制，在其工作带宽范围内，其频率按随机规律不断改变。接收端的频率也按随机规律变化，并保持与发射端一致。

8.1.4 无线网络设备

作为新一代的通信技术，无线网络技术的普及率在不断提高。无线网络与有线网络相比，除了无线通信部分和相应的网络协议不同外，其他的部分相同。把无线网络终端连接在一起进行通信，有线网络通信传输媒体就不需要了，但是网络通信设备还是必需的，无线通信设备一般有无线网卡、无线上网卡、无线接入点和无线路由器等。

1. 无线网卡

无线网卡的功能与有线网卡差不多，它们都是局域网中用于收发信号的设备，只不过有线网卡传输电信号，而无线网卡将计算机产生的电信号转变成无线信号发射出去。在外观上看，无线网卡与有线网卡有很大区别，因为有线网卡通过网卡上的接口连接相应的传输介质（同轴电缆、双绞线、光纤等），而无线网卡向计算机传输数据是通过天线。由于无线网卡是局域网络设备，所以其收发信号是有一定范围的。

无线网卡根据其接口的不同，一般分为 PCI 无线网卡、MiniPCI 无线网卡、USB 无线网卡、CF/SD 无线网卡。

2. 无线上网卡

无线上网卡的外观和无线网卡差不多，但它是无线广域网卡，连接到无线广域网，它的作用、功能相当于有线调制解调器，它是将计算机产生的数字信号转变成模拟的无线信号传播出去，它可以使用在无线电话信号覆盖的任何地方，并且需要插入手机的 SIM 卡来使用，使其计算机母体能够接入 Internet。

无线上网卡的分类方法很多，根据目前国内主流的无线接入技术分类，有 GPRS、CDMA、WCDMA、TD-SCDMA、CDMA2000 等无线上网卡。

（1）GPRS（通用分组无线业务）。该服务由中国移动通信公司推出，其理论上支持的最高速率为 171.2 kb/s，但实际由于受网络编码方式和终端支持等因素的影响，用户的实际接入速度一般为 15～40 kb/s，在使用数据加速系统后，速率可以稳定在 60～80 kb/s。

（2）CDMA（码分多址）。该服务由中国电信公司推出，CDMA/X 的数据传输速率在一般环境下可达 153 kb/s，是 GPRS 的两倍。

（3）WCDMA、TD-SCDMA、CDMA2000 等第三代移动通信服务，支持更高速率。例如，WCDMA 可以支持 7.2 Mb/s 下行和 5.76 Mb/s 上行速率。

（4）FDD-LTE、TD-LTE 等第四代移动通信技术，传输速率可达 100 Mb/s。

（5）第五代移动通信技术 5G，传输速率比 4G LTE 网络快 100 倍，最高可达 10 Gb/s。

3. 无线接入点

无线接入点有时也称为无线集线器，功能与集线器相类似。在一定的范围内，任何一台装有无线网卡的终端均可通过无线接入点接入无线局域网。当然，通常无线接入点有一个局域网接口，这样通过一根网线与网络接口相连，使终端可以接入更大的局域网甚至是广域网。

4. 无线路由器

无线路由器是无线接入点与宽带路由器的一种结合体，一方面其覆盖范围内的无线终端可以通过它进行相互通信；另一方面借助于路由器功能，可以实现无线网络中的 Internet 连接共享，实现无线共享接入。通常使用的方法是将无线路由器与 ADSI 调制解调器相连，这样就可以使多台无线局域网内的计算机共享宽带网络。

无线路由器一般有一个或多个天线作为无线接口，以及一个 WAN 接口和若干个 LAN 接口，既可以通过无线网络连接计算机，也可以通过传输介质连接计算机。

8.2　接入网概述

8.2.1　接入网的引入

接入网是指骨干网络到用户终端之间的所有设备。其长度一般为几百米到几千米，一般采用光纤结构与交换机相连。一个交换机可以连接许多用户，对应不同用户的多条用户线就可组成树状结构的本地用户网，具体结构如图 8.2 所示。

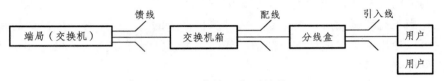

图 8.2　本地用户网结构

对非语音业务，如数据、可视图文、电子信箱、会议电视等新业务的要求促进了电信网的发展，而同时传统电话网的本地用户环路却制约了这样的新业务的发展。因此，为了适应通信发展的需要，用户环路必须向数字化、宽带化、灵活可靠、易于管理等方向发展。由于复用设备、数字交叉连接设备、用户环路传播系统等新技术在用户环路中的使用，用户环路的功能和能力不断增强，接入网的概念便应运而生。

接入网（Access Network，AN）是指交换机到用户终端之间的所有线缆设备，如图 8.3 所示。其中，主干系统为传统的电缆和光缆，一般长数千米；配线系统可能是电缆或光缆，其长度为几百米，而引入线通常长几米到几十米。

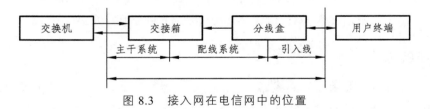

图 8.3　接入网在电信网中的位置

8.2.2　接入网的定义和定界

1. 接入网的定义

接入网是指用户终端设备与本地交换机之间的实施网络，是由业务节点接口和相关用户网络接口之间的一系列传送实体组成的、为传送通信业务提供所需传送承载能力的实施系统，可经由 Q3 接口进行配置和管理。业务节点接口即 SNI（Service Node Interface），用户网络接口即 UNI（User Network Interface），传送实体是指线路设施和传递设施，可提供必要的传送承载能力，对用户信号是透明的，不做处理。

接入网处于通信网的末端，直接与用户连接，它包括本地交换机与用户端设备之间的所有实施设备与线路，它可以部分或全部替代传统的用户本地线路网，可含复用、交叉连接和传输功能。

如图 8.4 所示，PSTN 表示公用电话网，ISDN 表示综合业务数字网，B-ISDN 表示宽带综合业务数字网，PSDN 表示分组交换网，FRN 表示帧中继网，LL 表示租用线，TE 为对应以上各种网络业务的终端设备，AN 表示接入网，LE 表示本地交换机，ET 为交换设备。

接入网的物理参考模型如图 8.5 所示，其中灵活点（FP）和分配点（DP）是非常重要的两个信号分路点，大致对应传统用户网中的交接箱和分线盒。

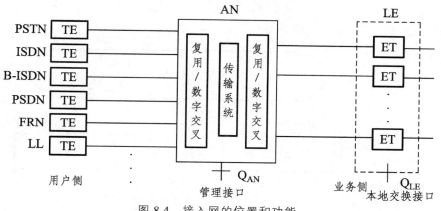

图 8.4　接入网的位置和功能

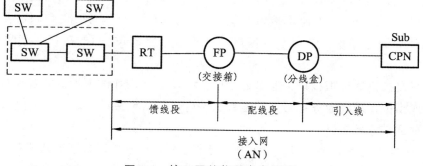

图 8.5　接入网的物理参考模型

在实际应用与配置时，可以有各种不同程度的简化，最简单的一种就是用户与端局直接相连，这对于离局端不远的用户是最为简单的连接方式。

根据上述结构，可以将接入网的概念进一步明确。接入网一般是指局端本地交换机或远端交换模块与用户终端设备（TE）之间的实施系统。其中，局端至 FP 的线路称为馈线段，RT 至 DP 的线路称为配线段，DP 至用户的线路称为引入线，SW 称为交换机，远端交换模块（RSU）和远端（RT）设备可根据实际需要来决定是否设置。

接入网的研究目的就是：综合考虑本地交换局、用户环路和终端设备，通过有限的标准化接口，将各种用户终端设备接入用户网络业务节点。接入网所使用的传输介质是多种多样的，可以灵活地支持各种不同的或混合的接入类型的业务。

2. 接入网的定界

接入网有 3 种主要接口，即用户网络接口（UNI）、业务节点接口（SNI）和维护管理接口（Q3）。接入网所覆盖的范围由这 3 个接口定界，网络侧经业务节点接口与业务节点相连，用户侧经用户网络接口与用户相连，管理方面则经 Q3 接口与电信管理网（TMN）相连，如图 8.6 所示。

其中，SN 是提供业务的实体，是一种可以接入交换型或半永久连接型电信业务的网元；SNI 是接入网（AN）与 SN 之间的接口，SN 可以是本地交换机、租用线业务节点或特定配置情况下的点播电视和广播电视业务节点等。

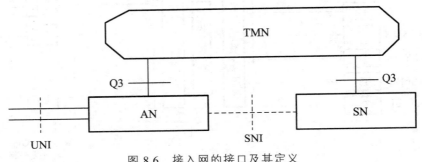

图 8.6 接入网的接口及其定义

用户网络接口是用户和网络之间的接口，主要包括模拟二线音频接口、64 kb/s 接口、2.048 Mb/s 接口、ISDN 基本速率接口和基群速率接口等。用户网络接口仅与一个 SNI 通过指配功能建立固定联系。业务节点接口是 AN 和一个 SN 之间的接口，有两种业务结点接口。

一种是对交换机的模拟接口，也称 Z 接口，它对应于 UNI 的模拟二线音频接口，提供普通电话业务或模拟租用线业务；另一种是数字接口，即 V5 接口，是一种提供对节点机的各种数据或各种宽带业务接口。

V5 接口是规范化的数字接口，允许用户与本地交换机直接以数字方式相连，消除了接入网在用户侧和交换机侧多余的 A/D 和 D/A 转换，提高了通信质量，使网络更加经济有效。根据连接的 PCM 链路数及 AN 具有的功能，V5 接口又分为 V5.1 接口和 V5.2 接口。V5.1 接口使用一条 PCM 基群线路连接 AN 和交换机，一般在连接小规模的 AN 时使用，所对应的 AN 不包含集成功能。

V5.2 接口支持多达 16 条 PCM 基群线路，具有集成功能，用于中规模和大规模的 AN 连接。V5.1 接口可以看成是 V5.2 接口的子集，V5.1 接口可以升级为 V5.2 接口。

维护管理接口是电信管理网与接入网的标准接口，便于 TMN 对接入网实施管理功能。

8.2.3　接入网的特点

目前国际上倾向于将长途网和中继网合在一起称为核心网（Core Network）。相对于核心网而言，余下的部分称为用户接入网，用户接入网主要完成使用户接入核心网的任务。它具有以下特点：

（1）接入网主要完成复用、交叉连接和传输功能，一般不具备交换功能。它提供开放的 V5 标准接口，可实现与任何种类的交换设备的连接。

（2）光纤化程度高。接入网可以将其远端设备 ONU 放置在更接近用户处，使剩下的铜线距离缩短，有利于减少投资和宽带业务的引入。

（3）对环境的适应能力强。接入网的远端室外型设备 ONU 可以适应各种恶劣的环境，无须严格的机房环境要求，甚至可搁置在室外，有利于减少建设维护费用。

（4）提供各种综合业务。接入网除接入交换业务外，还可接入数据业务、视频业务以及租用业务等。

（5）网络拓扑结构多样，组网能力强大。接入网的网络拓扑结构具有总线型、环状、单星状、双星状、链状、树状等多种形式，可以根据实际情况进行灵活多样的组网配置。

（6）可采用 HDSL、ADSL、有源或无源光网络、HFC 和无线网等多种接入技术。

（7）接入网可独立于交换机进行升级，灵活性高，有利于引入新业务和向宽带网过渡。

（8）接入网提供了功能较为全面的网管系统，实现对接入网内所有设备的集中维护以及环境监控等，并可通过相应的协议接入本地网网管中心，给网管带来方便。

8.2.4　接入网的功能结构和分层模型

1. 接入网的功能结构

接入网的功能结构如图 8.7 所示，它主要完成用户端口功能（UPF）、业务端口功能（SPF）、核心功能（CF）、传送功能（TF）和 AN 系统管理功能（SMF）。

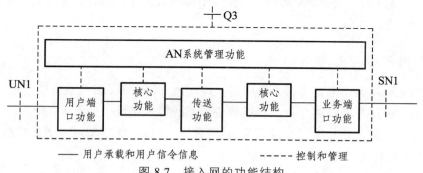

图 8.7　接入网的功能结构

1）用户端口功能

用户端口功能（User Port Function，UPF）的主要作用是将特定的 UNI 要求与核心功能和管理功能相适配。接入网可以支持多种不同的接入业务并要求特定功能的用户网络接口。具体的 UNI 要根据相应接口规定和接入承载能力的要求，即传送信息和协议的承载来确定。具体功能包括：与 UNI 功能的终端相连接、A/D 转换、信令转换、UNI 的激活/去激活、UNI 承载通路/能力处理、UNI 的测试和控制功能。

2）业务端口功能

业务端口功能（Service Port Function，SPF）直接与业务节点接口相连，主要作用是将特定的 SNI 要求与公用承载通路相适配，以便核心功能处理，同时还负责选择收集有关的信息，以便在 AN 系统管理功能中进行处理。具体功能包括：终结 SN 功能、将承载通路的需要和即时的管理及操作映射进核心功能、特殊 SN 所需的协议映射、SN 测试和 SPF 的维护、管理和控制功能。

3）核心功能

核心功能（Core Function，CF）处于 UPF 和 SPF 之间，主要作用是将个别用户端口承载通路或业务端口承载通路的要求与公用承载通路相适配，另外还负责对协议承载通路的处理。核心功能可以分散在 AN 中，其具体的功能包括：接入的承载处理、承载通路集中、信令和分组信息的复用、对 ATM 传送承载的电路模拟、管理和控制。

4）传送功能

传送功能（Transport Function，TF）的主要作用是为 AN 中不同地点之间提供网络连接和传输媒介适配。具体功能包括：复用功能、业务疏导和配置的交叉连接功能、管理功能、物理媒质功能。

5）接入网系统管理功能

接入网系统管理功能（Access Network-System Management Function，AN-SMF）的主要作用是协调 AN 内其他 4 个功能（UPF、SPF、CF 和 TF）的指配、操作和维护，同时也负责协调用户终端（经过 UNI）和业务节点（经过 SNI）的操作功能。具体功能包括：配置和控制、指配协调、故障检测和指示、使用信息和性能数据收集、安全控制、对 UPF 及经 SNI 的 SN 的即时管理及操作请求的协调、资源管理。

AN-SMF 经 Q3 接口与 TMN 通信，以便接受监视或控制，同时为了实施控制的需要也经 SNI 与 SN-SMF 进行通信。

2. 接入网的分层模型

接入网的分层模型用来定义接入网中各实体间的互联关系，该模型由接入承载处理功能，电路层、传输通道层、传输媒介层以及层管理和系统管理组成，如图 8.8 所示。

其中，接入承载处理功能层是接入网所特有的，这种分层模型对于简化系统设计、规定接入网 Q3 接口的管理目标是非常有用的。

接入网中各层对应的内容如下：

（1）接入承载处理功能层：用户承载体、用户信令、控制、管理等。

（2）电路层：电路模式、分组模式、帧中继模式、ATM 模式等。

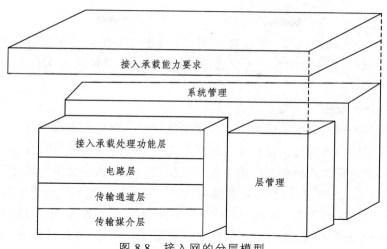

图 8.8　接入网的分层模型

（3）传输通道层：PDH、SDH、ATM 等。

（4）传输媒介层：双绞电缆系统（HDSL、ADSL 等）、同轴电缆系统、光纤接入系统、无线接入系统、混合接入系统等。

8.2.5　接入网的接口及业务

1. 接入网的接口

接入网有 3 类主要接口，即用户网络接口、业务节点接口和维护管理接口。

1）用户网络接口

用户和网络之间的接口，位于接入网的用户侧，支持多种业务的接入，如模拟电话接入、（PSTN）N-ISDN 业务接入、B-ISDN 业务接入以及数字或模拟租用线业务的接入等。对不同的业务，采用不同的接入方式，对应不同的接口类型。

UNI 分为两种类型，即独立式 UNI 和共享式 UNI。独立式 UNI 是指一个 UNI 仅能支持一个业务节点，共享式 UNI 是指一个 UNI 可以支持多个业务节点的接入。

共享式 UNI 的连接关系如图 8.9 所示。由图中可以看到，一个共享式 UNI 可以支持多个逻辑接入，每个逻辑接入通过不同的 SNI 连向不同的业务节点，不同的逻辑接入由不同的用户口功能（UPF）支持。系统管理功能（SMF）控制和监视 UNI 的传输媒介层并协调各个逻辑 UPF 和相关 SN 之间的操作控制要求。

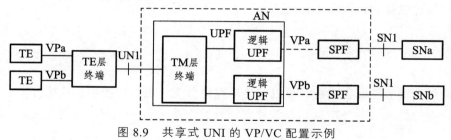

图 8.9　共享式 UNI 的 VP/VC 配置示例

2）业务节点接口

AN 和一个 SN 之间的接口，位于接入网的业务侧。如果 AN-SNI 侧和 SN-SNI 侧不在同一地方，可以通过透明传送通道实现远端连接。通常，AN 需要支持的 SN 主要有以下 3 种情况：

（1）仅支持一种专用接入类型。

（2）可支持多种接入类型，但所有接入类型支持相同的接入承载能力。

（3）可支持多种接入类型，且每种接入类型支持不同的接入承载能力。

不同的用户业务需要提供相对应的业务节点接口，使其能与交换机相连。从历史发展的角度来看，SNI 是由交换机的用户接口演变而来的，交换机的用户接口分模拟接口（Z 接口）和数字接口（V 接口）两大类。Z 接口对应 UNI 的模拟二线音频接口，可提供普通电话业务或模拟租用线业务。随着接入网的数字化和业务类型的综合化，Z 接口将逐步退出历史舞台，取而代之的是 V 接口。

为了适应接入网内的多种传输媒质、多种接入配置和业务类型，V 接口经历了从 Vl 接口到 V5 接口的发展，其中 Vl ~ V4 接口的标准化程度有限，并且不支持综合业务接入。V5 接口是本地数字交换机数字用户接口的国际标准，它能同时支持多种接入业务，分为 V5.1 和 V5.2 接口以及以 ATM 为基础的 VB5.1 和 VB5.2 接口。

3）维护管理接口

接入网（AN）与电信管理网（TMN）之间的接口，作为电信网的一部分，接入网的管理应纳入 TMN 的管理范畴。接入网通过 Q3 接口与 TMN 相连来实施 TMN 对接入网的管理与协调，从而提供用户所需的接入类型及承载能力。实际组网时，AN 往往先通过 Qx 接口连至协调设备（MD），再由 MD 通过 Q3 接口连至 TMN。

2. 接入网支持的业务

接入网为用户提供的业务是由业务节点来支持的，接入网的业务节点有两类：一类是支持单一业务的业务节点；另一类是支持一种以上业务的业务节点，即组合业务节点。业务节点提供的业务如下：

（1）本地交换业务：包括 PSTN 业务、N-SDI 业务、B-SDI 业务和分组数据业务等。

（2）租用线业务：包括基于电路模式的租用线业务、基于 ATM 的租用线业务和基于分组模式的租用线业务等。

（3）按需的数字视频和音频业务。

（4）广播的视频和音频业务，包括数字业务和模拟业务。

8.2.6 接入网的分类

接入网的分类方法有很多种，可以按传输媒体分类，也可以按拓扑结构分类，还可以按使用技术、接口标准、业务带宽、业务种类等分类。通常，可以将接入网分为：光纤和同轴电缆相结合的混合网络 HFC、光纤接入系统和宽带无线接入系统、基于普通电话线的 xDSL 接入等。这些接入网络既可单独使用，也可以混合使用。

1. 同轴电缆上的 HFC/SDV 接入系统

HFC/SDV 都是基于混合光纤同轴电缆接入系统，HFC 是双向接入传输系统，SDV 是可交换的数字视频接入系统，它在同轴电缆上只传下行信号。HFC/SDV 的拓扑结构可以是树型或总线型，下行方向通常是广播方式。HFC/SDV 在下行方向上可以混合传送模拟信号和数字信号。

2. 光纤接入系统

光纤接入系统可分为有源系统和无源系统。有源系统有基于准同步数字系统 PDH(Plesio-Chronous Digital Hierarchy) 的，也有基于同步数字系列 SDH (Synchronous Digital Hierarchy) 的。拓扑结构可以是环状、总线状、星状或者它们的混合型，也有点到点的应用。无源系统即 PON (无源光网络)，有窄带和宽带之分，目前，宽带 PON 已经实现标准化的是基于 ATM 的 PON，即 APON。PON 的下行是一点到多点系统，上行为多点对一点，因此上行需要解决多用户争用问题，目前 PON 的上行多采用 TDMA 技术。

3. 基于公共电话线的 xDSL、接入

用户线上的 xDSL 可以分为 IDSL (ISDN 数字用户环路)，HDSL (两对线双向对称传输 2 Mb/s 的高速数字用户环路)，SDSL (一对双向对称传输 2 Mb/s 的数字用户环路，传输距离比 HDSL 稍短)，VDSL (甚高速数字用户环路)，ADSL (不对称数字用户环路)。上述系统都采用点到点拓扑结构。

4. 无线接入系统

无线接入系统通常指固定无线接入 (FWA)，根据其技术来自无绳电话、集群电话、蜂窝移动通信、微波通信或卫星通信等可分为很多类，对应的频段、容量、业务带宽和覆盖范围各异。

无线接入主要的工作方式是一点到多点，上行解决多用户争用的技术有 FDMA (频分多址)、TDMA (时分多址) 和 CDMA (码分多址)，从频谱效率看 FDMA 最好，TDMA 次之。CDMA 又可有扩谱 (DS)、跳频 (CFH) 和同步 (S-CDMA) 几种。

无线宽带接入还采用三代移动通信技术，如 TD-SCDMA，CDMA2000 和 WCDMA (宽带码分多址) 等。

总之，从目前通信网络的发展状况和社会需求可以看出，未来接入网的发展趋势是网络数字化、业务综合化和 IP 化、传输宽带化和光纤化，在此基础上，实现对网络的资源共享、灵活配置和统一管理。

8.3 铜线接入技术

多年来，电信网主要采用铜线向用户提供电话业务，即从本地局端至各用户之间的传输线主要是双绞铜线对。这种设计主要是为传送 300 ~ 3400 Hz 的语音模拟信号设计的，如图 8.10 所示为典型双绞线的传输特性。可以看出，双绞线高频性能较差，在 80 kHz 的线路衰减达到 50 dB。现有的 Modem 的最高传输速率为 56 kb/s，已经接近香农定律所规定的电话线信道的理论容量。

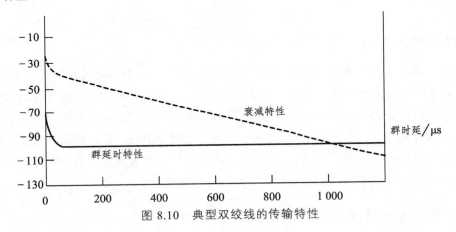

图 8.10 典型双绞线的传输特性

鉴于这种以铜线接入网为主的状况还将持续相当长的一段时间。因此，应该充分利用这些资源，满足用户对高速数据、视频业务日益增长的需求。

想要在这些双绞铜线上提供宽带数字化接入，必须采用先进的数字信号处理技术实现非数字用户线对数字信号线路编码及二线双工数字传输的支持功能。

在各类铜线接入技术中，数字线对增容技术（DPG）也是得到应用的一种技术，但其速率太低，无法满足对宽带业务的要求。因此，目前对铜线接入的研究主要集中在速率较高的各种数字用户线（xDSL）技术上。xDSL 技术采用先进的数字信号自适应均衡技术、回波抵消技术和高效的编码调制技术，在不同程度上提高了双绞铜线对的传输能力。

8.3.1 高速数字用户线技术

高比特率数字用户线（HDSL）是 ISDN 编码技术研究的产物。1988 年 12 月，Bellcore 首次提出了 HDSL 的概念。1990 年 4 月，电气与电子工程师协会（IEEE）TIEI.4 工作组就该主题展开讨论，并列为研究项目。之后，Bellcore 向 400 多家厂商发出技术支持的呼吁，从而展开了对 HDSL 的广泛研究。Bellcore 于 1991 年制定了基于 Tl（1.544 Mb/s）的 HDSL 标准，欧洲电信标准学会（ETSI）也制定了基于 El（2 Mb/s）的 HDSL 标准。

1. HDSL 关键技术

HDSL 采用 2 对或 3 对用户线以降低线路上的传输速率，系统在无中继传输情况下可实现传输 3.6 km。针对我国传输的信号采用 E1 信号，HDSL 在两对线传输情况下，每对线上的传输速率为 1 168 kb/s；采用 3 对线情况下，每对线上的传输速率为 784 kb/s。

HDSL 利用 2B1Q 或 CAP 编码技术来提高调制效率，使线路上的码元速率降低。2B1Q 码是无冗余的四电平脉冲码，它是将两个比特分为一组，然后用一个四进制的码元来表示，编码规则如表 8.1 所示。

表 8.1　2B1Q 码编码规则

第 1 位（符号位）	第 2 位（幅度位）	码元相对值
1	0	+3
1	1	+1
0	1	-1
0	0	-3

由此可见，2B1Q 码属于基带传输码，但由于基带中的低频分量较多，容易造成时延失真，因此需要性能较高的自适应均衡器和回波抵消器。CAP 码采用无载波幅度相位调制方式，属于带通型传输码，它的同相分量和相位正交分量分别为 8 个幅值，每个码元含 4 bit 信息，实现时将输入码流经串并变换分为两路，分别通过两个幅频特性相同、相频特性差 90°的数字滤波器，输出相加就可得到。由此可看出 CAP 码比 2B1Q 码带宽减少一半，传输速率提高一倍，但实现复杂、成本较高。

HDSL 采用回波抵消和自适应均衡技术等实现全双工的数字传输。回波抵消和自适应均衡技术可以消除传输线路中的近端串音、脉冲噪声和因线路不匹配而产生的回波对信号的干扰，均衡整个频段上的线路损耗，以便适用于多种线路混联或有桥接、抽头的场合。

2. HDSL 系统的基本构成

HDSL 技术是一种基于现有铜线的技术，它采用了先进的数字信号自适应均衡技术和回波抵消技术，以消除传输线路中近端串音、脉冲噪声和波形噪声以及因线路阻抗不匹配而产生的回波对信号的干扰，从而能够在现有的电话双绞铜线（两对或三对）上提供准同步数字序列（PDH）一次群速率（T1 或 E1）的全双工数字连接。它的无中继传输距离可达 3～5 km（使用 0.4～0.5 mm 的铜线）。

HDSL 系统构成如图 8.11 所示。HDSL 系统规定了一个与业务和应用无关的 HDSL 接入系统的基本功能配置。它是由两台 HDSL 收发信机和两对（或三对）铜线构成。两台 HDSL 收发信机中的一台位于局端，另一台位于用户端，可提供 2 Mb/s 或 1.5 Mb/s 速率的透明传输能力。位于局端的 HDSL 收发信机通过 G.703 接口与交换机相连，提供系统网络侧与业务节点（交换机）的接口，并将来自交换机的 E1（或 T1）信号转变为两路或三路并行低速信号，

- 275 -

再通过两对（或三对）铜线的信息流透明地传送给位于远端（用户端）的 HDSL 收发信机。

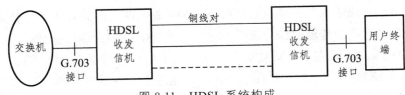

图 8.11　HDSL 系统构成

位于远端的 HDSL 收发信机则将收到来自交换机的两路（或三路）并行低速信号恢复为 El（或 Tl ）信号送给用户。在实际应用中，远端机可能提供分接复用、集中或交叉连接的功能。同样，该系统也能提供从用户到交换机的同样速率的反向传输。所以 HDSL 系统在用户与交换机之间建立起 PDH 一次群信号的透明传输信道。HDSL 系统由很多功能块组成，一个完整的系统参考配置如图 8.12 所示。

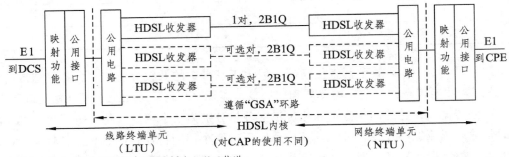

1对，收发双方间为 2 320 kb/s，双工信道
2对，各为 1 168 kb/s，双工
3对，各为 784 kb/s，双工

图 8.12　HDSL 系统的参考配置

信息在局端机和远端机之间的传送过程为：从用户端发来的信息，首先进入应用接口，在应用接口，数据流集成在应用帧结构（G.703，32 时隙帧结构）中。然后进入映射功能块，映射功能块将具有应用帧结构的数据流插入 144 字节的 HDSL 帧结构中，发送端的核心帧被交给公用电路。在公用电路中，为了在 HDSL 帧中透明地传送核心帧，需加上定位、维护和开销比特。最后由 HDSL 收发器发送到线路上去。图 8.12 中的线路传输部分可以根据需要配置可选功能块再生器（Regenerator，REG）。

在接收端，公用电路将 HDSL 帧数据分解为帧，并交给映射功能块，映射功能块将数据恢复成应用信息，通过应用接口传送至网络侧。

HDSL 系统的核心是 HDSL 收发信机，它是双向传输设备，图 8.13 所示的是其中一个方向的原理框图。

下面以 El 信号传送为例来说明 HDSL 收发信机的原理。

发送机中的线路接口单元，对接收到的 El（2.048 Mb/s）信号进行时钟提取和整形。El 控制器进行 HDB3 解码和帧处理。HDSL 通信控制器将速率为 2.048 Mb/s 串行信号分成两路（或三路），并加入必要的开销比特，再进行 CRC-6 编码和扰码，每路码速为 1 168 kb/s（或

784 kbiffs），各形成一个新的帧结构。HDSL 发送单元进行线路编码，D/A 变换器进行滤波处理和预均衡处理，混合电路进行收发隔离和回波抵消处理，并将信号送到铜线对上。

接收机中混合电路的作用与发送机中的相同，A/D 转换器进行自适应均衡处理和再生判决，HDSL 接收单元进行线路解码，HDSL 通信控制器进行解扰、CRC-6 解码和去除开销比特，并将两路（或三路）并行信号合并为一路串行信号。El 控制器恢复 El 帧结构并进行 HDB3 编码。线路接口按照 G.703 要求选出 El 信号。

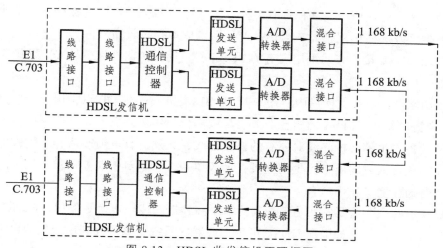

图 8.13　HDSL 收发信机原理框图

由于 HDSL 采用了高速自适应数字滤波技术和先进的信号处理器，因而，它可以自动处理环路中的近端串音、噪声对信号的干扰、桥接和其他损伤，能适应多种混合线路或桥接条件。在没有再生中继器的情况下，传输距离可达 3～5 km。而原来的 1.5 Mb/s 或 2 Mb/s 数字链路每隔 0.8～1.5 km 就需要增设一个再生中继器，而且还要严格地选择测量线对。

因此，HDSL 不仅提供了较长的无中继传输能力，而且简化了安装维护和设计工作，也降低了维护运行成本，可适用于所有加感环路。

关于 HDSL 系统的供电问题，通常这样处理：对于局端 HDSL 收发信机，采用本地供电；对于用户端的 HDSL 收发信机，可由用户端自行供电，也可由局端进行远供。目前，不少厂家已在 HDSL 系统中引入电源远供功能，从而方便了用户使用。

3. HDSL 的应用特点

HDSL 技术能在两对双绞铜线上透明地传输 El 信号达 3～5 km。鉴于我国大中城市用户线平均长度为 3.4 km 左右，因此，在接入网中可广泛地使用基于铜缆技术的 HDSL。

HDSL 系统既适合于点对点通信，也适合于点对多点通信。其最基本的应用是构成无中继的 El 线路，它可充当用户的主干传输部分。HDSL 主要应用在访问 Internet 服务器、装有铜缆设备的大学校园网、将中心 PBX（Public Branch Exchange）延伸到其他的办公场所、局域网扩展和连接光纤环、视频会议和远程教学应用、连接无线基站系统以及 ISDN 基群速率接入（Primary Rate Access，PRA）等方面。

　　HDSL 系统可以认为是铜线接入业务（包括语音、数据及图像）的一个通用平台。目前，HDSL 系统具有多种应用接口。例如，G.703 与 G.704 平衡与不平衡接口，V.35，X.21 及 EIA503 等接口，以及会议电视视频接口。

　　另外，HDSL 系统还有与计算机相连的 RS232、RS449 串行口，便于用计算机进行集中监控；还有 El/Tl 基群信号监测口，便于进行在线监测。在局端和远端设备上，可以进行多级环测和状态监视。状态显示有的采用发光二极管，有的采用液晶显示屏，这给维护工作带来较大方便。在实际使用中，这种具有多种应用接口的 HDSL 传输系统更适合于业务需求多样化的商业地区及一些小型企业。当然，这种系统成本相对较高。

　　较经济的 HDSL 接入方式采用现有的 PSTN 网，具有初期投资少、安装维护方便、使用灵活等特点。

　　HDSL 局端设备放在交换局内，用户侧 HDSL 端机安放在 DP 点（用户分线盒）处，可为 30 个用户提供每户 64 kb/s 的语音业务。配线部分使用双绞引入线，不需要加装中继器及其他相应的设备，也不必拆除线对原有的桥接配线，无须进行电缆改造和大规模的工程设计工作。但是，该接入方案由于提供的业务类型较单一，只是对于业务需求量较少的用户（如不太密集的普通住宅）较为适合。

　　HDSL 技术的一个重要发展是延长其传输距离和提高传输速率。例如，PalriGain 公司和 ORCKIT 公司提出另外一种增配 HDSL 再生中继器的系统。该系统利用增配的再生中继器，可以将传输距离增加 2 ~ 3 倍，这显然会增大 HDSL 系统的服务范围。

　　根据应用需要，HDSL 系统还可用于一点对多点的星状连接，以实现对高速数据业务使用的灵活分配。在这种连接中，每一方向以单线对传输的速率最大可达 1.544 Mb/s。另外，在短距离内（百米数量级），利用 HDSL 技术还可以再提高线路的传输比特率。甚高数字用户线（VHDSL）可以在 0.5 mm 线径的线路上，将速率为 13 Mb/s、26 Mb/s 或 52 Mb/s 的信号，甚至能将速率为 155 Mb/s 的 SDH 信号，或者 125 Mb/s 的 FDDI（Fiber Distributed Data Interface）信号传送数百米远。因此，它可以作为宽带 ATM 的传输介质，给用户开通图像业务和高速数据业务。

　　总之，HDSL 系统的应用在不断发展，其技术也在不断提高。在铜线接入网甚至光纤接入网中将发挥越来越重要的作用。

4. HDSL 的局限性

　　尽管 HDSL 具备巨大的吸引力和有益于服务提供商及用户的性能，但仍有一些制约因素：最大的问题在于 HDSL 必须使用两对线或三对线。另外，由于各个生产商的产品之间的特性也还不兼容，使得互操作性无法实现，这就限制了 HDSL 产品的推广。Bellcore 和 ETSI 的规范中只规定了 HDSL 最基本的要点，使得许多 HDSL 产品的特性各不相同，从而导致产品之间的互操作性根本无法实现。服务提供商希望 HDSL 产品不依赖于生产商，并且保持产品之间的连续性。

另一方面的不利因素是用户无法得到更多的增值业务。HDSL 在长度超过 3.6 km 的用户线上运行时仍然需要中继器。有些 HDSL 的变种可以达到 5.49 km。但是，Bellcore 希望在更长的用户线上使用中继器。因此，在有些情况下还不能使用。

8.3.2　非对称数字用户线技术

随着基于 IP 的互联网在世界的普及应用，具有宽带特点的各种业务，如 Web 浏览、远程教学、视频点播和电视会议等越来越受欢迎，这些业务除了具有宽带的特点外，还有一个特点就是上下行数据流量不对称，在这种情况下，一种采用频分复用方式实现上下行速率不对称的传输技术—— 非对称数字用户线（ADSL）由美国 Bellcore 提出，并在 1989 年后得到迅速发展。

ADSL 系统与 HDSL 系统一样，也是采用双绞铜钱对作为传输媒介，但 ADSL 系统可以提供更高的传输速率，可向用户提供单向宽带业务、交互式综合数据业务和普通电话业务。ADSL 与 HDSL 相比，其主要的优点是它只利用一对铜双绞线对就能实现宽带业务的传输，为只具有一对普通电话线但又希望具有宽带视像业务的分散用户提供服务。目前，现有的一对电话双绞线上能够支持 9 Mb/s 的下行速率和 640 kb/s 的上行速率。

1. ADSL 的调制技术

ADSL 先后采用多种调制技术，如正交幅度调制（QAM）、无载波幅度相位调制（CAP）和离散多音频（DMT）调制技术，其中，DMT 是 ADSL 的标准线路编码，而 QAM 和 CAP 还处于标准化阶段，因此下面主要介绍 DMT 技术。

DMT 技术是一种多载波调制技术，它利用数字信号处理技术，根据铜线回路的衰减特性，自适应地调整参数，使误码和串音达到最小，从而使回路的通信容量最大。具体应用中，它把 ADSL 分离器以外的可用带宽（10 kHz ~ 1 MHz）划分为 255 个带宽为 4 kHz 的子信道，每个子信道相互独立，通过增加子信道的数目和每个子信道中承载的比特数目可以提高传输速率，即把输入数据自适应地分配到每个子信道上。如果某个子信道无法承载数据，就简单地关闭；对于能够承载传送数据的子信道，根据其瞬时特性，在一个码元包内传送数量不等的信息。这种动态分配数据的技术可有效提高频带平均传信率。

2. ADSL 的系统结构

（1）系统构成。ADSL 的系统构成如图 8.14 所示，它是在一对普通铜线两端各加装一台 ADSL 局端设备和远端设备而构成的。它除了向用户提供一路普通电话业务外，还能向用户提供一个中速双工数据通信通道（速率可达 576 kb/s）和一个高速单工下行数据传送通道（速率可达 6 ~ 8 Mb/s）。

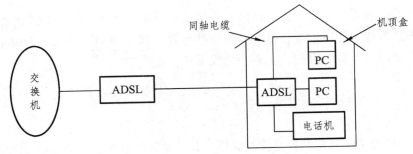

图 8.14　ADSL 系统构成

　　ADSL 系统的核心是 ADSL 收发信机（即局端机和远端机），其原理框图如图 8.15 所示。应当注意，局端的 ADSL 收发信机结构与用户端的不同。

　　局端 ADSL 收发信机中的复用器（MUI）将下行高速数据与上行高速数据进行复接，经前向纠错（Forward Error Correction，FEC）编码后送发信单元进行调制处理，最后经线路耦合器送到铜线上；线路耦合器将来自铜线的上行数据信号分离出来，经接收单元解调和 FEC 解码处理，恢复上行中速数据；线路耦合器还完成普通电话业务（POTS）信号的收、发耦合。用户端 ADSL 收发信机中的线路耦合器将来自铜线的下行数据信号分离出来，经接收单元解调和 FEC 解码处理，送分路器（DMUI）进行分路处理，恢复出下行高速数据和上行中速数据，分别送给不同的终端设备。来自用户终端设备的上行数据经 FEC 编码和发信单元的调制处理，通过线路耦合器送到铜线上。普通电话业务经线路耦合器进、出铜线。

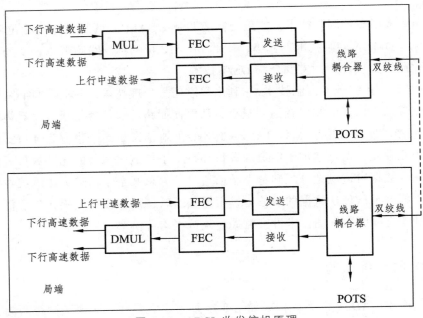

图 8.15　ADSL 收发信机原理

　　中央交换局端模块包括在中心位置的 ADSL Modem 和接入多路复用系统。处于中心位置的 ADSL Modem 被称为 ATU-C（ADSL Transmission Unit-Central），接入多路复用系统中心

Modem 通常被组合成一个接入节点，该节点也被称为 DSLAM（DSL Access Multiplexer）。

　　远端模块由用户 ADSL Modem 和滤波器组成，如图 8.16 所示。用户 ADSL Modem 通常被称为 ATU-R。

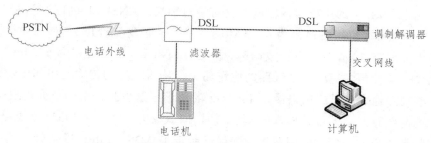

图 8.16　ADSL 终端连接图

　　（2）传输带宽。ADSL 基本上是运用频分复用（FDM）或回波抵消（EC）技术，将 ADSL 信号分割为多重信道。简单地说，一条 ADSL 线路（一条 ADSL 物理信道）可以分割为多条逻辑信道。

　　如图 8.17 所示为这两种技术对带宽的处理。由图 8.17（a）可知，ADSL 系统是按 FDM 方式工作的。POTS 信道占据原来 4 kHz 以下的电话频段，上行数字信道占据 25～200 kHz 的中间频段（约 175 kHz），下行数字信道占据 200 kHz～1.1 MHz 的高端频段。

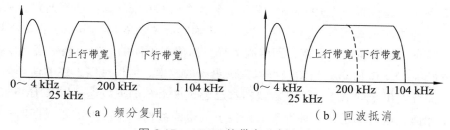

图 8.17　ADSL 的带宽分割方式

　　频分复用法将带宽分为两部分，分别分配给上行方向的数据以及下行方向的数据使用。然后，再运用时分复用（Time Division Multiplexing，TDM）技术将下载部分的带宽分为一个以上的高速次信道（AS0、AS1、AS2、AS3）和一个以上的低速次信道（LS0、LS1、LS2），上传部分的带宽分割为一个以上的低速信道（LS0、LS1、LS2，对应于下行方向），这些次信道的数目最多为 7 个。

　　FDM 方式的缺点是下行信号占据的频带较宽，而铜线的衰减随频率的升高迅速增大，所以其传输距离有较大局限性。为了延长传输距离，需要压缩信号带宽。一种常用的方法是将高速下行数字信道与上行数字信道的频段重叠使用，两者之间的干扰用非对称回波抵消器予以消除。

　　由图 8.17（b）可见，回波抵消技术是将上行带宽与下行带宽产生重叠，再以局部回波消除的方法将两个不同方向的传输带宽分离，这种技术也用在一些模拟调制解调器上。

　　美国国家标准学会（ANSI）T1.443 1998 规定，ADSL 的下行（载）速度须支持 32 kb/s

的倍数，从 32 kb/s ~ 6.144 Mb/s，上行（传）速度须支持 16 kb/s 以及 32 kb/s 的倍数，从 32 ~ 640 kb/s。但现实的 ADSL 最高则可提供约 4.5 ~ 9 Mb/s 的下载传输速度，以及 640 kb/s ~ 1.536 Mb/s 的上传传输速度，视线路的长度而定，也就是从用户到网络服务提供商（Network Service Provider，NSP）的距离对传输的速度有绝对影响。ANSI T1.443 规定，ADSL 在传输距离为 2.7 ~ 3.7 km 时，下行速率为 6 ~ 8 Mb/s，上行速率为 4.5 Mb/s（和铜线的规格有关）；在传输距离为 4.5 ~ 5.5 km 时，下行数据速率降为 4.5 Mb/s，上行速率为 64 kb/s。

换句话说，实际传输速度需视线路的质量而定，从 ADSL 的传输速率和传输距离上看，ADSL 都能够较好地满足目前用户接入 Internet 的要求。这里所提出的数据是根据 ADSL 论坛对传输速度与线路距离的规定而来的，其所使用的双绞电话线为 AWG24（线径为 0.5 mm）铜线。为了降低用户的安装和使用费用，随后又制定了 ADSL Lite，这个版本的 ADSL 无须修改客户端的电话线路便可以为客户安装 ADSL，但付出的代价是传输速率的下降。

ADSL 系统用于图像传输可以有多种选择，如 1 ~ 4 个 1.536 Mb/s 通路或 1 ~ 2 个 3.072 Mb/s 通路，或 1 个 6.144 Mb/s 通路以及混合方式。其下行速率是传统 T4 速率的 4 倍，成本也低于 T4 接入。通常，一个 4.5/2 Mb/s 速率的通路除了可以传送 MPEG-1（Moving Picture Expert Group-1）数字图像外，还可外加立体声信号。其图像质量可达录像机水平，传输距离可达 5 km 左右。如果利用 6.144 Mb/s 速率的通路，则可以传送一路 MPEG-2 数字编码图像信号，其质量可达演播室水准，在 0.5 mm 线径的铜线上传输距离可达 3.6 km。有的厂家生产的 ADSL 系统，还能提供 8.192 Mb/s 下行速率通路和 640 kb/s 双向速率通路，从而可支持 2 个 4 Mb/s 广播级质量的图像信号传送。当然，传输距离要比 6.144Mb/s 通路减少 15%左右。

ADSL 可非常灵活地提供带宽，网络服务提供商能以不同的配置包装销售 ADSL 服务，通常为 256 kb/s ~ 1.536 Mb/s。当然也可以提供更高的速率，但仍是以上述的速率为主。事实上有很多厂商开发出来的 ADSL 调制解调器都已超过 8Mb/s 的下载速率以及 1Mb/s 的上传速率。但无论如何，这些都是在一种理想的条件下测得的数据，实际上需要根据用户的电话线路质量而定，不过至少必须满足前面列出的标准才行。

另外，互联网络以及相配合的局域网也可改变这种接入网的结构。由于网络服务提供商已经了解到，第三层（L3）网络协议的 Internet 协议（IP）掌握了现有的专用网和互联网，因此，它们必须建立接入网来支持 Internet 协议；而网络服务提供商同时也察觉到第二层（L2）网络协议的异步转移模式（ATM）的潜力，可支持未来包括数据、视频、音频的混合式服务，以及服务质量（QoS）的管理（特别是在时延参数和延迟变化方面）。因此，ADSL 接入网将会沿着 ATM 的多路复用和交换逐渐进化，以 ATM 为主的网络将会改进传输 IP 信息的效率，ADSL 论坛和 ANSI 都已经将 ATM 列入 ADSL 的标准中。

3. 影响 ADSL 性能的因素

影响 ADSL 系统性能的因素主要有以下几个：

（1）衰耗。衰耗是指在传输系统中，发射端发出的信号经过一定距离的传输后，其信号强度都会减弱。ADSL 传输信号的高频分量通过用户线时，衰减更为严重。例如，一个 2.5 V

的发送信号到达 ADSL 接收机时，幅度仅能达到毫伏级。这种微弱信号很难保证可靠接收所需要的信噪比。因此，有必要进行附加编码。在 ADSL 系统中，信号的衰耗同样与传输距离、传输线径以及信号所在的频率点有密切关系。传输距离越远，频率越高，其衰耗越大；线径越粗，传输距离越远，其衰耗越小，但所耗费的铜越多，投资也就越大。

　　现在，有些电信部门已经开始铺设 0.6 mm 或直径更大的铜线，以提供速度更高的数据传输。在 ADSL 实际应用中，衰耗值已经成为必须测试的内容，同时也是衡量线路质量好坏的重要因素。用户端设备与局端设备距离的增加而引起的衰耗加大，将直接导致传输速率的下降。在实际测量中，线间环阻无疑是衡量传输距离远近的重要参数。例如，在同等情况下，实际测得线间环阻为 245 Ω时，其衰耗值为 18 dB；线间环阻为 556 Ω时，其衰耗值将增大到 33 dB。

　　衰耗在所难免，但又不能一味通过增加发射功率来保证接收端信号的强度。随着功率的增加，串音等其他干扰对传输质量的影响也会加大，而且，还有可能干扰邻近无线电通信。对于各 ADSL 生产厂家，一般其 Modem 的衰耗适应范围为 0 ~ 55 dB。

　　（2）反射干扰。桥接抽头是一种伸向某处的短线，非终接的抽头发射能量，降低信号的强度，并成为一个噪声源。从局端设备到用户，至少有两个接头（桥结点），每个接头的线径也会相应改变，再加上电缆损失等造成阻抗的突变会引起功率反射或反射波损耗。在语音通信中其表现是回声，而在 ADSL 中复杂的调制方式很容易受到反射信号的干扰。目前大多数都采用回波抵消技术，但当信号经过多处反射后，回波抵消就变得几乎无效了。

　　（3）串音干扰。由于电容和电感的耦合，处于同一主干电缆中的双绞线发送器的发送信号可能会串入其他发送端或接收器，造成串音。一般分为近端串音和远端串音。

　　串音干扰发生于缠绕在一个束群中的线对间干扰。对于 ADSL 线路来说，传输距离较长时，远端串音经过信道传输将产生较大的衰减，对线路影响较小，而近端串音一开始就干扰发送端，对线路影响较大。但传输距离较短时，远端串音造成的失真也很大，尤其是当一条电缆内的许多用户均传输这种高速信号时，干扰尤为显著，而且会限制这种系统的回波抵消设备的作用范围。此外，串音干扰作为频率的函数，随着频率升高增长很快。ADSL 使用的是高频信号，会产生严重后果。因而，在同一个主干上，最好不要有多条 ADSL 线路或频率差不多的线路。

　　（4）噪声干扰。传输线路可能受到若干形式噪声干扰的影响，为达到有效的数据传输，应确保接收信号的强度、动态范围、信噪比在可接受的范围之内。噪声产生的原因很多，可能是家用电器的开关、电话摘机和挂机以及其他电动设备的运动等，这些突发的电磁波将会耦合到 ADSL 线路中，引起突发错误。由于 ADSL 是在普通电话线的低频语音上叠加高频数字信号，因而从电话公司到 ADSL 分离器这段连接中，加入任何设备都将影响数据的正常传输，故在 ADSL 分离器之前不要并接电话和加装电话防盗器等设备。目前，从电话公司接线盒到用户电话这段线很多都是平行线，这对 ADSL 传输非常不利，大大降低了上网速率。例如，在同等情况下，使用双绞线下行速率可达到 852 kb/s，而使用平行线下行速率只有 633 kb/s。

8.4 混合光纤同轴接入网

混合光纤同轴接入网（HFC）是 1994 年由 AT&T 公司提出的一种宽带接入方式。这种方式将光纤用于干线部分来传输高质量的信号，配线网部分基本保留原有的树状分支型模拟同轴电缆网。HFC 接入技术是宽带接入技术中最先成熟也是最先进入市场的，且有带宽宽、经济性较好等优点，在同轴电缆网络完善的国家和地区有着广阔的应用前景。

8.4.1 HFC 的系统结构

HFC 接入网是一种以模拟频分复用技术为基础，综合应用模拟和数字传输技术、光纤和同轴电缆技术、射频技术以及高度分布式智能技术的宽带接入网络，是 CATV 网和电信网结合的产物，也是将光纤逐渐推向用户的一种新的经济的演进策略。

HFC 实际上是将现有光纤/同轴电缆混合组成的单向模拟 CATV 网改为双向网络，除了提供原有的模拟广播电视业务外，还利用频分复用技术和专用电缆调制解调技术（Cable Modem）实现语音、数据和交互式视频等宽带双向业务的接入和应用。

HFC 的系统结构如图 8.18 所示。它由馈线网、配线网和用户引入线 3 部分组成。

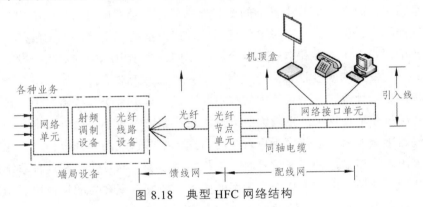

图 8.18 典型 HFC 网络结构

与传统 CATV 网相比，HFC 网络结构无论从物理上还是逻辑拓扑上都有重要变化。现代 HFC 网大多采用星状或总线状结构。

馈线网是指前端机至服务区光纤节点之间的部分，大致相当于 CATV 的干线段。由光缆线路组成，多采用星状结构。

配线网是指服务区光纤节点与分支节点之间的部分，类似于 CATV 网中的树型同轴电缆网。在一般光纤网络中服务区越小，各个用户可用的双向通信带宽越宽，通信质量也越好。但是，服务区小意味着光纤靠近用户，即成本上升。HFC 采用的是光纤和同轴电缆的混合接入方式，因此要选择一个最佳点。

引入线是指分支点至用户之间的部分，因而与传统的 CATV 网相同。目前较为适宜的是在配线部分和引入线部分采用同轴电缆，光纤主要用于干线段。

HFC 采用副载波调制进行传输，以频分复用方式实现语音、数据、视频、图像的一体化传输，其最大的特点是技术上比较成熟，价格比较低廉，同时可实现宽带传输，能适应今后一段时间内的业务需求而逐步向 FTTH（光纤到用户）过渡。无论是数字信号还是模拟信号，只要经过适当的调制和解调，都可以在该透明通道中传输，有很好的兼容性。

8.4.2　HFC 工作原理

HFC 系统综合采用调制技术和模拟传输技术，实现多种业务信息，如语音、视频、数据等的接入，如图 8.19 所示。当传输数字视频信号时，可用 QAM 正交幅度调制或 QPDM 正交频分复用；当传输语音或数据时，可用 QPSK 正交相移键控；当传送模拟电视信号时，可用 AMVSB 方式。调制复用后的信号经电/光转换形成调幅光信号，经光纤传送到光节点，在光节点进行光/电变换后，形成射频电信号，由同轴电缆送至分支点，利用用户终端设备中的解调器将射频信号恢复成基群信号，最后解出相应的语音、模拟视频信号或数字视频信号。

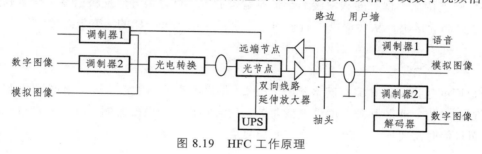

图 8.19　HFC 工作原理

HFC 采用副载波频分复用方式，将各种信号通过调制后同时在线路上传输，对其频谱必须有合理的安排。各类信号调制后的频谱安排如图 8.20 所示。从图中看出，低端的 5 ~ 42 MHz 的频带安排为上行通道，主要用于传送电话信号；45 ~ 750 MHz 频段为下行通道，用来传输现有的模拟有线电视信号，每一通路带宽为 6 ~ 8 MHz，因而总共可以传 60 ~ 80 路电视信号；582 ~ 750 MHz 频段允许用来传输附加的模拟或数字 CATV 信号，支持 VOD 业务和数据业务。高端的 750 ~ 1 000 MHz 频段仅用于各种双向通信业务，如个人通信业务。

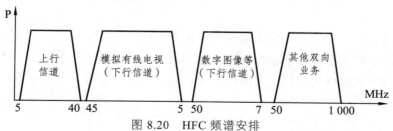

图 8.20　HFC 频谱安排

8.4.3　HFC 入网的特点

HFC 接入网可传输多种业务，具有较为广阔的应用领域，尤其是目前，绝大多数用户终端均为模拟设备（如电视机），与 HFC 的传输方式能够较好地兼容。

1. 传输频带较宽

HFC 具有双绞铜线对无法比拟的传输带宽，它的分配网络的主干部分采用光纤，其间可以用光分路器将光信号分配到各个服务区，在光节点处完成光/电变换，再用同轴电缆将信号分送到各用户家中，这种方式兼顾到提供宽带业务所需带宽及节省建立网络开支两个方面。

2. 与目前的用户设备兼容

HFC 网的最后一段是同轴网，它本身就是一个 CATV 网，因而视频信号可以直接进入用户的电视机，以保证现在大量的模拟终端可以使用。

3. 支持宽带业务

HFC 网支持全部现有的和发展的窄带及宽带业务，可以很方便地将语音、高速数据及视频信号经调制后送出，从而提供了简单的、能直接过渡到 FTTH 的演变方式。

4. 成本较低

HFC 网的建设可以在原有网络基础上改造，根据各类业务的需求逐渐将网络升级。例如，若想在原有 CATV 业务基础上增设电话业务，只需安装一个设备前端，以分离 CATV 和电话信号，而且何时需要何时安装，十分方便与简洁。

5. 全业务网

HFC 网的目标是能够提供各种类型的模拟和数字通信业务，包括有线和无线、数据和语音、多媒体业务等，即全业务网。

8.5 光纤接入技术

光纤接入是指局端与用户之间完全以光纤作为传输媒质，来实现用户信息传送的应用形式。光纤接入网或称光接入网（Optical Access Network，OAN），就是采用光纤传输技术的接入网，泛指本地交换机或远端模块与用户之间采用光纤通信或部分采用光纤通信的系统。

8.5.1 光纤接入系统的基本配置

光纤接入网系统的基本配置如图 8.21 所示。光纤最重要的特点是：它可以传输很高速率的数字信号，容量很大，并可以采用波分复用（WDM）、频分复用（FDM）、时分复用（TDM）、空分复用（SDM）和副载波复用（SCM）等各种光的复用技术来进一步提高光纤的利用率。

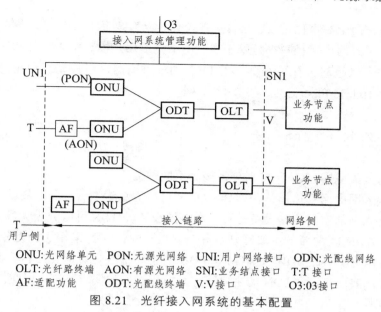

ONU:光网络单元　PON:无源光网络　UNI:用户网络接口　ODN:光配线网络
OLT:光纤路终端　AON:有源光网络　SNI:业务结点接口　T:T 接口
AF:适配功能　　　ODT:光配线终端　V:V接口　　　　O3:03接口

图 8.21　光纤接入网系统的基本配置

从图 8.21 中可以看出，从给定网络接口（V 接口）到单个用户接口（T 接口）之间的传输手段的总和称为接入链路。利用这一概念，可以方便地进行功能和规程的描述以及规定网络需求。通常，接入链路的用户侧和网络侧是不一样的，因而是非对称的。光接入传输系统可以看作是一种使用光纤的具体实现手段，用以支持接入链路。因此，光接入网可以定义为：共享同样网络侧接口且由光接入传输系统支持的一系列接入链路，由光线路终端（Optical Line Terminal，OLT）、光配线网络/光配线终端（Optical Distributing Network/Optical Distributing Terminal，ODN/ODT）、光网络单元（Optical Network Unit，ONU）及相关适配功能（Adaptation Function，OF）设备组成，还可能包含若干个与同一 OLT 相连的 ODN。

OLT 的作用是为光接入网提供网络侧与本地交换机之间的接口，并经一个或多个 ODN 与用户侧的 ONU 通信。OLT 与 ONU 的关系为主从通信关系，OLT 可以分离交换和非交换业务，管理来自 ONU 的信令和监控信息，为 ONU 和本身提供维护和指配功能。OLT 可以直接设置在本地交换机接口处，也可以设置在远端，与远端集中器或复用器进行接口。OLT 在物理上可以是独立设备，也可以与其他功能集成在一个设备内。

ODN 为 OLT 与 ONU 之间提供光传输手段，其主要功能是完成光信号功率的分配任务。ODN 是由无源光元件（如光纤光缆、光连接器和光分路器等）组成的纯无源的光配线网，呈树状分支结构。ODT 的作用与 ODN 相同，主要区别在于 ODT 是由光有源设备组成的。

ONU 的作用是为光接入网提供直接的或远端的用户侧接口，处于 ODN 的用户侧。ONU 的主要功能是终结来自 ODN 的光纤，处理光信号，并为多个小企业用户和居民用户提供业务接口。ONU 的网络侧是光接口，而用户侧是电接口。因此，ONU 需要有光/电和电/光转换功能，还要完成对语音信号的数/模和模/数转换、复用信令处理和维护管理功能。AF 为 ONU 和用户设备提供适配功能，具体物理实现既可以包含在 ONU 内，也可以完全独立。当 ONU 与 AF 独立时，则 AF 还要提供在最后一段引入线上的业务传送功能。

随着信息传输向全数字化过渡，光接入方式必然成为宽带接入网的最终解决方法。目前，用户网光纤化主要有两个途径：一是基于现有电话铜缆用户网，引入光纤和光接入传输系统改造成光接入网；二是基于有线电视（CATV）同轴电缆网，引入光纤和光传输系统改造成光纤/同轴混合（Hybrid Fiber Coaxial，HFC）网。

8.5.2 光纤接入网的种类

根据不同的分类原则，OAN 可划分为多个不同种类。

（1）按照接入网的网络拓扑结构划分，OAN 可分为总线型、环状、树状和星状等。

（2）按照接入网的室外传输设备是否含有有源设备，OAN 可以分为无源光网络（PON）和有源光网络（AON）。两者的主要区别是分路方式不同，PON 采用无源光分路器，AON 采用电复用器（可以为 PDH，SDH 或 ATM）。PON 的主要特点是易于展开和扩容，维护费用较低，但对光器件的要求较高。AON 的主要特点是对光器件的要求不高，但在供电及远端电器件的运行维护和操作上有一些困难，并且网络的初期投资较大。

（3）按照接入网能够承载的业务带宽来划分，OAN 可分为窄带 OAN 和宽带 OAN 两类。窄带和宽带的划分以 2.048 Mb/s 速率为界线，速率低于 2.048 Mb/s 的业务称为窄带业务，速率高于 2.048 Mb/s 的业务为宽带业务。

（4）按照光网络单元（ONU）在光接入网中所处的具体位置不同，OAN 可分为光纤到路边（FTTC）、光纤到大楼（FTTB）、光纤到家（FTTH）三种应用类型，如图 8.22 所示。

① 光纤到路边（FTTC）：在 FTTC 结构中，ONU 设置在路边的人孔或电线杆上的分线盒处，有时也可能设置在交接箱处。此时从 ONU 到各个用户之间的部分仍为双绞线铜缆。若要传送宽带图像业务，则除了距离很短的情况外，这一部分可能会需要同轴电缆。这样 FTTC 将比传统的数字环路载波（DLC）系统的光纤化程度更靠近用户，增加了更多的光缆共享部分。

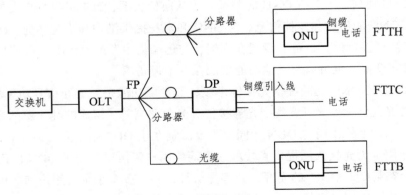

图 8.22 光纤接入网的应用类型

② 光纤到大楼（FTTB）：FTTB 也可以看作是 FTTC 的一种变形，不同之处在于将 ONU 直接放到楼内（通常为居民住宅公寓或小企业办公楼），再经多对双绞线将业务分送给各个用户。FTTB 是一种点到多点结构，通常不用于点到点结构。FTTB 的光纤化程度比 FTTC 更进

一步，光纤已铺设到楼，因而更适用于高密度区，也更接近于长远发展目标。

③ 光纤到家（FTTH）和光纤到办公室（FTTO）：在原来的 FTTC 结构中，如果将设置在路边的 ONU 换成无源光分路器，然后将 ONU 移到用户房间内即为 FTTH 结构。如果将 ONU 放在办公大楼的终端设备处并能提供一定范围的灵活的业务，则构成光纤到办公室（FTTO）结构。FTTO 主要用于企事业单位的用户，业务量需求大，因而适用于点到点或环状结构。

而 FTTH 用于居民住宅用户，业务量较小，因而经济的结构必须是点到多点方式。总的看来，FTTH 结构是一种全光纤网，即从本地交换机到用户全部为光连接，中间没有任何铜缆，也没有有源电子设备，是真正完全透明的网络。

8.5.3　无源光网络接入技术

在 PON 中采用 ATM 技术，就成为 ATM 无源光网络（ATM-PON，APON）。APON 是实现宽带接入的一种常用网络形式，电信骨干网绝大部分采用 ATM 技术进行传输和交换，显然，无源光网络的 ATM 化是一种自然的做法。APON 将 ATM 的多业务、多比特速率能力和统计复用功能与无源光网络的透明宽带传送能力结合起来，从长远来看，这是解决电信接入"瓶颈"的较佳方案。

APON 实现用户与 N 个主要类型业务节点之间的连接，即 PSTN/ISDN 窄带业务、B-ISDN 宽带业务、非 ATM 业务（数字视频付费业务）和 Internet 的 IP 业务。

APON 的模型结构如图 8.23 所示。其中，UNI 为用户网络接口，SNI 为业务节点接口，ONU 为光网络单元，OLT 为光线路终端。

PON 是一种双向交互式业务传输系统，它可以在业务节点（SNI）和用户网络节点（UNI）之间以透明方式灵活地传送用户的各种不同业务。基于 ATM 的 PON 接入网主要由光线路终端 OLT（局端设备）、光分路器（Splitter）、光网络单元 ONU（用户端设备），以及光纤传输介质组成。

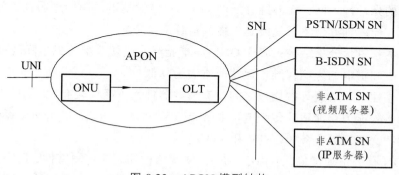

图 8.23　APON 模型结构

其中，ODN 内没有有源器件。局端到用户端的下行方向，由 OLT 通过分路器以广播方式发送 ATM 信元给各个 ONU。各个 ONU 则遵循一定的上行接入规则将上行信息同样以信元方式发送给 OLT，其关键技术是突发模式的光收发机、快速比特同步和上行的接入协议（媒质访问控制）。ITU-T 于 1998 年 10 月通过了有关 APON 的 G.983.1 建议。该建议提出下行和上行通信分别采用 TDM 和 TDMA 方式来实现用户对同一光纤带宽的共享。同时，主要规定标准线路速率、光网络要求、网络分层结构、物理媒质层要求、会聚层要求、测距方法和传输性能要求等。G.983.1 对 MAC 协议并没有详细说明，只定义了上下行的帧结构，对 MAC 协议做了简要说明。

1999 年 ITU-T 又推出了 G.983.2 建议，即 APON 的光网络终端（Optical Network Terminal，ONT）管理和控制接口规范，目标是实现不同 OLT 和 ONU 之间的多厂商互通，规定了与协议无关的管理信息库被管实体、OLT 和 ONU 之间信息交互模型，ONU 管理和控制通道以及协议和消息定义等。该建议主要从网络管理和信息模型上对 APON 系统进行定义，以使不同厂商的设备实现互操作。该建议在 2000 年 4 月份正式通过。

在宽带光纤接入技术中，电信运营者和设备供应商普遍认为 APON 是最有效的，它构成了既提供传统业务又提供先进多媒体业务的宽带平台。

APON 主要特点有：采用点到多点式的无源网络结构，在光分配网络中没有有源器件，比有源的光网络和铜线网络简单，更加可靠，更加易于维护；如果大量使用 FTTH（光纤到家），有源器件和电源备份系统从室外转移到了室内，对器件和设备的环境要求降低，使维护周期加长；维护成本的降低使运营者和用户双方受益；由于它的标准化程度很高，可以大规模生产，从而降低了成本。另外，ATM 统计复用的特点使 APON 能比 TDM 方式的 PON 服务于更多用户，ATM 的 QoS 优势也得以继承。

根据 G.983.1 规范的 ATM 无源光网络，OLT 最多可寻址 64 个 ONU，PON 所支持的虚通路（VP）数为 4 096，PON 寻址使用 ATM 信元头中的 12 位 VP 域。由于 OLT 具有 VP 交叉互联功能，所以局端 VB5 接口的 VPI 和 PON 上的 VPI（OLT 到 ONU）是不同的。限制 VP 数为 4 096 使 ONU 的地址表不会很大，同时又保证了高效地利用 PON 资源。

以 ATM 技术为基础的 APON，综合了 PON 系统的透明宽带传送能力和 ATM 技术的多业务多比特率支持能力的优点，代表了接入网发展的方向。APON 系统主要有以下优点：

（1）理想的光纤接入网：无源纯介质的 OAN 对传输技术体制的透明性，使 APON 成为未来光纤到家、光纤到办公室、光纤到大楼的最佳解决方案。

（2）低成本：树状分支结构，多个 ONU 共享光纤介质使系统总成本降低；纯介质网络，彻底避免了电磁和雷电的影响，维护运营成本大为降低。

（3）高可靠性：局端至远端用户之间没有有源器件，可靠性较有源 OAN 大大提高。

（4）综合接入能力：能适应传统电信业务 PSTN/ISDN；可进行 Internet Web 浏览；同时具有分配视频和交互视频业务（CATV 和 VOD）能力。

虽然 APON 有一系列优势，但由于 APON 树状结构和高速传输特性，还需要解决诸如测距、上行突发同步、上行突发光接收和带宽动态分配等一系列技术及理论问题，这给 APON 系统的研制带来一定的困难。目前这些问题已基本得到解决，我国的 APON 产品已经问世，APON 系统正逐步走向实用阶段。

8.6　无线接入技术

无线接入技术是指从业务节点接口到用户终端部分全部或部分采用无线方式，即利用卫星、微波等传输手段向用户提供各种业务的一种接入技术。由于其开通方便，使用灵活，因此得到广泛的应用。另外，未来个人通信的目标是实现任何人在任何时候、任何地方能够以任何方式与任何人通信，而无线接入技术是实现这一目标的关键技术之一，因此越来越受到人们的重视。

无线接入技术经历了从模拟到数字，从低频到高频，从窄带到宽带的发展过程，其种类很多，应用形式多种多样。但总的来说，可大致分为固定无线接入和移动接入两大类。

8.6.1　固定无线接入技术

固定无线接入（Fixed Wireless Access，FWA）主要是为固定位置的用户（如住宅用户、企业用户）或仅在小范围区域内移动（如大楼内、小区内，无须越区切换的区域）的用户提供通信服务，其用户终端包括电话机、传真机或计算机等。目前，FWA 连接的骨干网络主要是 PSTN，因此，也可以说 FWA 是 PSTN 的无线延伸，其目的是为用户提供透明的 PSTN 业务。

1. 固定无线接入技术的应用方式

按照无线传输技术在接入网中的应用位置，FWA 主要有以下 3 种应用方式：

（1）全无线本地环路。从本地交换机到用户端全部采用无线传输方式，即用无线代替了铜缆的馈线、配线和引入线。

（2）无线配引线/用入线本地环路。从本地交换机到灵活点或分配点采用有线传输方式，再采用无线方式连接至用户，即用无线替代了配线和引入线。

（3）无线馈线/馈配线本地环路。从本地交换机到灵活点或分配点采用无线传输方式，从灵活点到各用户使用光缆、铜缆等有线方式。

目前，我国规定固定无线接入系统可以工作在 450 MHz、1.8/1.9 GHz 和 3 GHz 几个频段。

2. 固定无线接入的实现方式

按照向用户提供的传输速率来划分，固定无线接入技术的实现方式可分为窄带无线接入（小于 64 kb/s）、中宽带无线接入（64～2 048 kb/s）和宽带无线接入（大于 2 048 kb/s）。

（1）窄带固定无线接入技术。窄带固定无线接入以低速电路交换业务为特征，其数据传送速率一般小于或等于 64 kb/s。使用较多的窄带固定无线接入技术系统如下：

① 微波点对点系统。采用地面微波视距传输系统实现接入网中点到点的信号传送。这种方式主要用于将远端集中器或用户复用器与交换机相连。

② 微波点对多点系统。以微波方式作为连接用户终端和交换机的传输手段。目前大多数实用系统采用 TDMA 多址技术实现一点到多点的连接。

③ 固定蜂窝系统。由移动蜂窝系统改造而成，去掉了移动蜂窝系统中的移动交换机和用户手机，保留其中的基站设备，并增加固定用户终端。这类系统的用户多采用 TDMA 或 CDMN 以及它们的混合方式接入基站上，适用于在紧急情况下迅速开通的无线接入业务。

④ 固定无绳系统。由移动无绳系统改造而成，只需将全向天线改为高增益扇形天线即可。

（2）中宽带固定无线接入技术。中宽带固定无线系统可以为用户提供 64～2 048 kb/s 的无线接入速率，开通 ISDN 等接入业务。

其系统结构与窄带系统类似，由基站控制器、基站和用户单元组成，基站控制器和交换机的接口一般是 V5 接口，控制器与基站之间通常使用光纤或无线连接。这类系统的用户多采用 TDMA 接入方式，工作在 3.5 GHz 或 10 GHz 的频段上。

（3）宽带固定无线接入技术。窄带和中宽带无线接入基于电路交换技术，其系统结构类似，但宽带固定无线接入系统是基于分组交换的，主要提供视频业务，目前已经从最初的提供单向广播式业务发展到提供双向视频业务，如视频点播（VOD）等。其采用的技术主要有直播卫星（DBS）系统、多路多点分配业务（MMDS）和本地多点分配业务（LWDS）3 种。

① 直播卫星系统。是一种单向传送系统，即目前通常使用的同步卫星广播系统，主要传送单向模拟电视广播业务。

② 多路多点分配业务。是一种单向传送技术，需要通过另一条分离的通道（如电话线路）实现与前端的通信。

③ 本地多点分配业务。是一种双向传送技术，支持广播电视、VOD、数据和语音等业务。

8.6.2　无线接入技术

无线接入技术在本地网中的重要性与日俱增，越来越多的通信厂商和电信运营部门积极地提出和使用各种各样的无线接入方案，无线通信市场上的各种蜂窝移动通信、无绳电话、移动卫星技术等，也纷纷被用于无线接入网。

目前，无线接入技术正开始走向宽带化、综合化与智能化，以下介绍正在开发的一些无线接入新技术。

1. 本地多点分布业务技术

本地多点分布业务（Local Multipoint Distribution Service，LMDS）系统是一种宽带固定无线接入系统。它工作在微波频率的高端（20～40 GHz 频段），以点对多点的广播信号传送方式为电信运营商提供高速率、大容量、高可靠性、全双工的宽带接入手段，为运营商在"最后一千米"宽带接入和交互式多媒体应用提供了经济、简便的解决方案。

LMDS 首先由美国开发，其不支持移动业务。LMDS 采用小区制技术，根据各国使用频率的不同，其服务范围约为 1.6～4.8 km。运营商利用这种技术只需购买所需的网元就可以向用户提供无线宽带服务。LMDS 是面对用户服务的系统，具有高带宽和双向数据传输的特点，可以提供多种宽带交互式数据业务及语音和图像业务，特别适用于突发性数据业务和高速 Internet 接入。

　　LMDS 是结合高速率的无线通信和广播的交互性系统。LMDS 网络主要由网络运行中心（Network Operating Center，NOC）、光纤基础设施、基站和用户站设备组成。NOC 包括网络管理系统设备，它管理着用户网的大部分领域，多个 NOC 可以互联；光纤基础设施一般包括 SONET OC-3 和 DS-3 链路、中心局（CO）设备、ATM 和 IP 交换机系统，可与 Internet 及 PSTN 互联；基站用于进行光纤基础设施向无线基础设施的转换，基站设备包括与光纤终端的网络接口、调制解调器和微波传输与接收设备，可不含本地交换机。基站结构主要有两种：一种是含有本地交换机的基站结构，则连到基站的用户无须进入光纤基础设施即可与另一个用户通信，计费、信道接入管理、登记和认证等是在基站内进行的；另一种基站结构是只提供与光纤基础设施的简单连接，此时所有业务都接向光纤基础设施中的 ATM 交换机或 CO 设备。如果连接到同一基站的两个用户希望建立通信，那么通信以及计费、认证、登记和业务管理功能都在中心地点完成；用户站设备因供货厂商不同而相差甚远，但一般都包括安装在户外的微波设备和安装在室内的提供调制解调、控制、用户站接口功能的数字设备。用户站设备可以通过 TDMA、FDMA 及 CDMA 方式接入网络。不同用户站要求不同的设备结构。

　　如图 8.24 所示为目前被广泛接受的 LMDS 系统。用户站由一个安装在屋顶的天线及室外收发信机和一个用户接口单元组成，而中心站是由一个安装在室外的天线及收发信机以及一个室内控制器组成，此控制器连接到一个 ATM 交换机的光纤环路中。此系统目前仍是以 4 个扇区进行匹配的，今后可能发展到 24 个扇区。

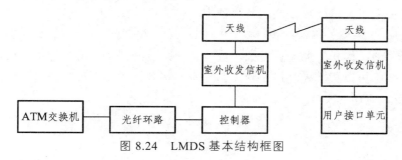

图 8.24　LMDS 基本结构框图

　　LMDS 技术的主要特点如下：

　　（1）可提供极高的通信带宽。LMDS 工作在 28 GHz 微波波段附近，是微波波段的高端部分，属于开放频率，可用频带为 1 GHz 以上。

　　（2）蜂窝式的结构配置可覆盖整个城域范围。LMDS 属无线访问的一种新形式，典型的 LMDS 系统为分散的类似蜂窝的结构配置。它由多个枢纽发射机（或称为基地站）管理一定范围内的用户群，每个发射机经点对多点无线链路与服务区内的固定用户通信。每个蜂窝站的覆盖区为 2～10 km，覆盖区可相互重叠。每个覆盖区又可以划分多个扇区，可根据用户远端的地理分布及容量要求而定，不同公司的单个基站的接入容量可达 200 Mb/s。LMDS 天线的极化特性用来降低同一个地点不同扇区以及不同地点相邻扇区的干扰，即假如一个扇区利用垂直极化方式，那么相邻扇区便使用水平极化方式，这样理论上能保证在同一地区使用同一频率。

（3）LMDS 可提供多种业务。LMDS 在理论上可以支持现有的各种语音和数据通信业务。LMDS 系统可提供高质量的语音服务，而且没有时延，用户和系统之间的接口通常是 RJ.11 电话标准，与所有常用的电话接口是兼容的。LMDS 还可以提供低速、中速和高速数据业务。低速数据业务的速率为 1.2 ~ 9.6 kb/s，能处理开放协议的数据，网络允许本地接入点接到增值业务网并可以在标准语音电路上提供低速数据。中速数据业务速率为 9.6 kb/s ~ 2 Mb/s，这样的数据通常是增值网络本地接入点。在提供高速数据业务（2 ~ 55 Mb/s）时，要用 100 Mb/s 的快速以太网和光纤分布的数据接口（Fiber Distributed Data Interface，FDDI），另外还要支持物理层、数据链路层和网络层的相关协议。除此之外，LMDS 还能支持高达 1 Gb/s 速率的数据通信业务。

（4）LMDS 能提供模拟和数字视频业务，如远程医疗、高速会议电视、远程教育、商业及用户电视等。

此外，LMDS 有完善的网管系统支持，发展较成熟的 LMDS 设备都具有自动功率控制、本地和远端软件下载、自动故障汇报、远程管理及自动性能测试等功能。这些功能可方便用户对网络的本地和远程进行监控，并可降低系统维护费用。

与传统的光纤接入、以太网接入和无线点对点接入方式相比，LMDS 有许多优势。比如 LMDS 的用户能根据自身的市场需求和建网条件等对系统设计进行选择，并且 LMDS 有多种调制方式和频段设备可选，上行链路可选择 TDMA 或 FDMA 方式，因此，LMDS 的网络配置非常灵活。

另外，这种无线宽带接入方式配备多种中心站接口（如 NE1，E3，155 Mb/s 等）和外围站接口（如 E1、帧中继、ISDN、ATM、10 MHz 以太网等）。LMDS 的高速率和高可靠性，以及它便于安装的小体积、低功耗外围站设备，使得这种技术极适合于市区使用。在具体应用方面，LMDS 除可以代替光纤迅速建立起宽带连接外，利用该技术还可建立无线局域网以及 IP 宽带无线本地环。

2. 蓝牙技术

蓝牙技术是由爱立信公司在 1994 年提出的一种最新的无线技术规范。其最初的目的是希望采用短距离无线技术将各种数字设备（如移动电话、计算机及 PDA 等）连接起来，以消除繁杂的电缆连线。

随着研究的进一步发展，蓝牙技术可能的应用领域得到扩展。如蓝牙技术应用于汽车工业、无线网络接入、信息家电及其他所有不便于进行有线连接的地方。最典型的应用是在无线个人域网（Wireless Personal Area Network，WPAN），它可用于建立一个便于移动、方便连接、传输可靠的数字设备群，其目的是使特定的移动电话、便携式计算机以及各种便携式通信设备的主机之间在近距离内实现无缝的资源共享。蓝牙协议能使包括蜂窝电话、平板式计算机、笔记本式计算机、相关外设和家庭 Hub 等包括家庭 RF 的众多设备之间进行信息交换。

蓝牙技术定位在现代通信网络的"最后 10 m"，是涉及网络末端的无线互联技术，是一种无线数据与语音通信的开放性全球规范。

　　它以低成本的近距离无线连接为基础，为固定设备与移动设备通信环境建立一个特别连接。从总体上看，蓝牙技术有如下一些特点：

　　（1）蓝牙工作频段为全球通用的 2.4 GHz 工业、科学和医学（Industry Science and Medicine，ISM）频段，由于 ISM 频段是对所有无线电系统都开放的频带，因此，使用其中的某个频段都会遇到不可预测的干扰源。为此，蓝牙技术特别设计了快速确认和调频方案以确保链路稳定，并结合了极高跳频速率（1 600 跳/s）和调频技术，这使它比工作在相同频段而跳频速率均为 50 跳/s 的 802.11 FHSS 和 HomeRF 无线电更具抗干扰性。

　　（2）蓝牙的数据传输速率为 1 Mb/s。采用时分双工方案来实现全双工传输，支持物理信道中的最大带宽，其调制方式为 BT=0.5 的 GFSK。

　　（3）蓝牙基带协议是电路交换与分组交换的结合。信道上信息以数据包的形式发送，即在保留的时隙中可传输同步数据包，每个数据包以不同的频率发送。蓝牙支持多个异步数据信道或多达三个并发的同步语音信道，还可以用一个信道同时传送异步数据和同步语音。每个语音信道支持 64 kb/s 同步语音链路。异步信道可支持一端最大速率为 721 kb/s 而另一端速率为 57.6 kb/s 的不对称连接，也可以支持 432.6 kb/s 的对称连接。

　　一个蓝牙网络由一台主设备和多个辅设备组成，它们之间保持时间和跳频模式同步，每个独立的同步蓝牙网络可称为一个微微网。由于蓝牙网络面向小功率、便携式的应用场合，在一般情况下，一个典型的微微网的有效范围大约在 10 m 之内。微微网结构如图 8.25 所示。当有多个辅设备时，通信拓扑即为点到多点的网络结构。在这种情况下，微微网中的所有设备共享信道及带宽。一个微微网中包含一个主设备单元和可多达七个激活的辅设备单元。多个微微网交叠覆盖形成一个分散网。事实上，一个微微网中的设备可以作为主设备或辅设备加入另一个微微网中，并通过时分复用技术来完成。

图 8.25　微微网的网络结构

　　从理论上讲，蓝牙技术可以被植入所有的数字设备中，用于短距离无线数据传输。目前可以预计的应用场所主要是计算机、移动电话、工业控制及无线个人域网（WPAN）的连接。蓝牙接口可以直接集成到计算机主板或者通过 PC 卡或 USB 接口连接，实现计算机之间及计算机与外设之间的无线连接。这种无线连接对于便携式计算机可能更有意义。通过在便携式计算机中植入蓝牙技术，便携式计算机就可以通过蓝牙移动电话或蓝牙接入点连接远端网络，方便地进行数据交换。从目前来看，移动电话是蓝牙技术的最大应用领域。在移动电话中植入蓝牙技术，可以实现无线耳机、车载电话等功能，还能实现与便携式计算机和其他手持设备的无电缆连接，组成一个方便灵活的无线个人域网（WPAN）。无线个人域网（WPAN）将会是全球个人通信世界中的重要环节之一，所以蓝牙技术的战略含义不言而喻。蓝牙技术普及后，蓝牙移动电话还能作为一个工具，实现所有的商用卡交易。

至今已有 250 种以上各种已认证通过的蓝牙产品，而且目前蓝牙设备一般由 2 ~ 3 个芯片（9 mm）组成，价格较低。可以说借助蓝牙技术才可能实现"手机电话遥控一切"，而其他应用模式还可以进一步开发。

虽然蓝牙在多向性传输方面具有较大的优势，但也需防止信息的误传和被截取。如果用户带一台蓝牙的设备来到一个装备 IEEE 802.11 无线网卡的局域网的环境，将会引起相互干扰；蓝牙具有全方位的特性，若是设备众多，识别方法和速度会出现问题；蓝牙具有一对多点的数据交换能力，故它需要安全系统来防止未经授权的访问；蓝牙的通信速度为 750 kb/s，而现在带 4 Mb/s 的 IR 端口的产品比比皆是，16 Mb/s 的扩展也已经被批准。尽管如此，蓝牙应用产品的市场前景仍被看好，蓝牙为语音、文字及影像的无线传输大开方便之门。蓝牙技术可视为一种最接近用户的短距离、微功率、微微小区型无线接入手段，将在构筑全球个人通信网络及无线连接方面发挥其独特的作用。

8.7 网络接口层协议

在 Internet 接入方式中，用户通过操作系统中的拨号网络，使用调制解调器，采用拨打电话到 ISP 的方法建立一个物理连接，然后在 ISP 和用户之间建立一个 PPP（Point-to-Point Protocol）的会话，通过 PPP 对用户进行认证、分配 IP 地址以及协商其他通信的细节问题，之后用户才可以接入 Internet。宽带的接入过程也与之相似，它使用 PPPoE 实现宽带接入。

PPPoE（Point-to-Point Over Ethernet）是基于局域网的点对点通信协议，它继承了以太网的快速和 PPP 拨号的简捷、用户验证、IP 分配等优势。PPPoE 协议使用户操作更加简单，终端用户无须了解局域网技术，只需采用普通拨号上网方式，ISP 也不需要对现有局域网做大面积改造。这使得在宽带接入服务中 PPPoE 比其他协议更具有优势，因此逐渐成为宽带上网的最佳选择。

在实际应用中，PPPoE 利用以太网的工作原理，将 ADSL Modem 的 10Base-T 接口与内部以太网互联，在 ADSL Modem 中采用 RFC1483 标准的桥接封装方式对终端发出的 PPP 包进行封装后，通过永久性虚电路 PVC 连接 ADSL Modem，建立连接实现 PPP 的动态接入，实现以太网上多用户的共同接入。基于 PPPoE 的宽带接入如图 8.26 所示。

PPPoE 提供了一种理想的接入方案：通过一个简单的共享接入设备（如 ADSL Modem、Cable Modem、交换机或路由器等）将多个客户网段接入宽带骨干网。多个客户端可以使用 PPPoE 协议建立对多个目的端的 PPP 会话。在这个模型中，每个客户网段使用各自的 PPP 协议栈，用户接口相同。访问控制、计费管理和提供的服务类型等级都是以用户为单位统计，而不是以网络为单位统计。

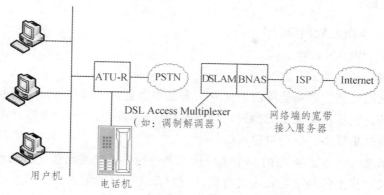

图 8.26　基于 PPPoE 的宽带接入

　　为了在以太网上提供这样一个点到点的连接，每一个 PPP 会话都必须知道目的端的以太网地址，以便建立一个唯一的会话标记，PPPoE 通过一个发现协议来实现这种功能。PPPoE 的基本帧结构如表 8.2 所示。

表 8.2　PPPoE 的基本帧结构

目的地址 （6 字节）	源地址 （6 字节）	以太网类型 （2 字节）	信息	校验和

　　PPPoE 的运行包含发现和 PPP 会话两个阶段。在发现阶段用户主机以广播方式寻找可以连接的接入集线器，并获得其以太网 MAC 地址，然后选择需要连接的主机并确定所要建立的 PPP 会话标识。在会话阶段用户主机与接入集线器运用 PPP 会话连接参数进行 PPP 会话。一旦一个 PPP 会话建立，客户端和接入集线器都必须为一个 PPP 虚拟接口分配资源，建立起数据的传输链路。

8.8　实训项目　ADSL 与 WLAN

8.8.1　项目目的

掌握家庭/小型企业所用多功能路由器的配置与管理。

8.8.2　项目情境

　　假如你是某公司新入职的网络管理员，公司使用 ADSL 接入上网，要求你熟练掌握所使用的多功能路由器各项功能设置，其中包括 ADSL 联网设置和 WLAN 设置。

8.8.3　项目方案

1. 任务分解

（1）任务1：ADSL 联网设置。

（2）任务2：WLAN 设置。

2. 知识准备

（1）多功能路由器。多功能路由器是专为满足小型企业、办公室和家庭办公室的无线上网需要而设计的，它往往集成了交换机、路由器和 AP 的功能。与企业级路由器相比其配置过程更简单，价格更低廉，应用也更广泛。

（2）WLAN 安全。无线网络的一个主要优点是连接设备非常简便，信息通过空间传输。但是同时其也具有天生的缺陷：攻击者可以从用户无线信号能覆盖的任何地点访问其网络。一般要保证无线网络的安全可以从两方面入手：访问控制和数据加密。具体安全设置措施有：禁用 SSID 广播功能；配置 MAC 地址过滤；PSK 身份验证（预共享密钥）；WPA 数据加密。

8.8.4　项目实施

任务1　ADSL 联网设置

1. 任务描述

掌握家庭/小型企业所用多功能路由器的 ADSL 联网设置。

2. 操作步骤

（1）建立物理连接。

用网线将计算机直接连接到路由器 LAN 口，并连接好路由器电源，如图 8.27 所示。

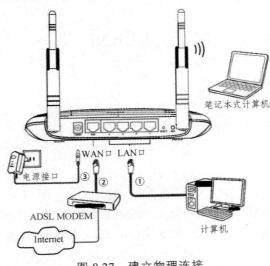

图 8.27　建立物理连接

（2）建立正确的网络设置。

① 右键点击桌面上的"网上邻居"图标，选择"属性"，在打开的"网络连接"页面中，右键点击"本地连接"，选择状态，打开"本地连接 状态"页面。

② 使用 Ping 命令检查计算机和路由器之间是否连通。在 Windows XP 环境中，点击"开始"→"运行"，在随后出现的运行窗口输入"cmd"命令，回车或点击确定进入图 8.28 所示界面。

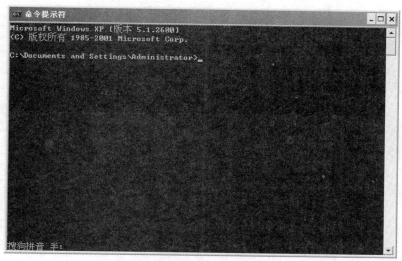

图 8.28　进入控制台界面

③ 输入命令"ping 192.168.1.1"，回车，如图 8.29 所示。

```
Pinging 192.168.1.1 with 32 bytes of data:

Reply from 192.168.1.1: bytes=32 time=6ms TTL=64
Reply from 192.168.1.1: bytes=32 time=1ms TTL=64
Reply from 192.168.1.1: bytes=32 time<1ms TTL=64
Reply from 192.168.1.1: bytes=32 time<1ms TTL=64

Ping statistics for 192.168.1.1:
    Packets: Sent = 4, Received = 4, Lost = 0 <0% loss>,
Approximate round trip times in milli-seconds:
    Minimum = 0ms, Maximum = 6ms, Average = 1ms
```

图 8.29　输入 Ping 命令

计算机已与路由器成功建立连接。

（3）进行快速设置。

打开网页浏览器，在浏览器的地址栏中输入路由器的 IP 地址"192.168.1.1"，将会看到图 8.30 所示登录界面，输入用户名和密码（用户名和密码的出厂默认值均为 admin），点击"确定"按钮。

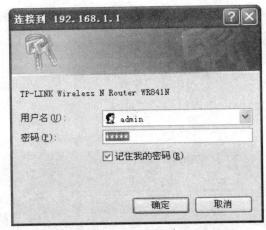

图 8.30　登录界面

浏览器会弹出如图 8.31 所示的设置向导页面。如果没有自动弹出此页面，可以点击页面左侧的设置向导菜单将它激活。

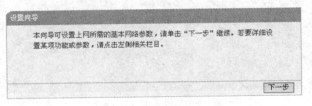

图 8.31　设置向导页面

点击"下一步"，进入如图 8.32 所示的上网方式选择页面。

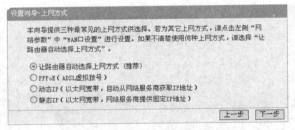

图 8.32　上网方式选择页面

如果上网方式为 PPPoE，即 ADSL 虚拟拨号方式，ISP 会提供上网账号和口令，在图 8.33 所示页面中填写。

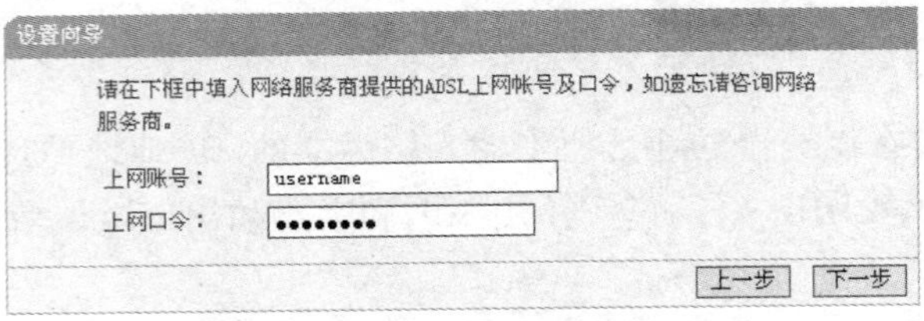

图 8.33　填写上网账号与口令

设置完成后，点击"下一步"，将看到图 8.34 所示的基本无线网络参数设置页面。

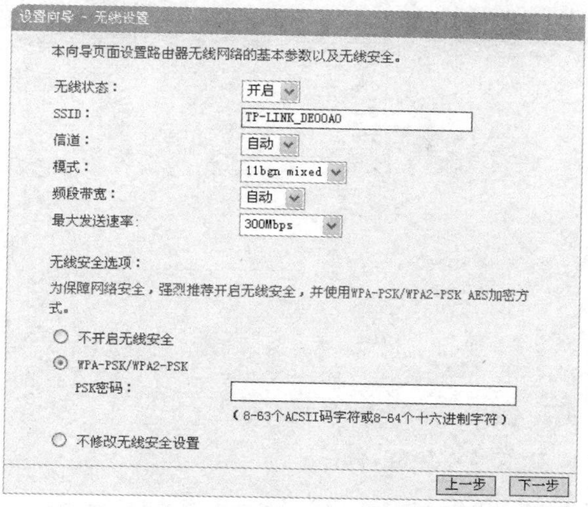

图 8.34　基本无线网络参数设置页面

无线状态：开启或者关闭路由器的无线功能。

SSID：设置任意一个字符串来标识无线网络。

信道：设置路由器的无线信号频段，推荐选择自动。

模式：设置路由器的无线工作模式，推荐使用 11bgn mixed 模式。

频段带宽：设置无线数据传输时所占用的信道宽度，可选项有：20M、40M 和自动。

最大发送速率：设置路由器无线网络的最大发送速率。

关闭无线安全：关闭无线安全功能，即不对路由器的无线网络进行加密，此时其他人均可以加入该无线网络。

设置完成后，单击"下一步"，将弹出设置向导完成界面，单击重启使无线设置生效。

任务 2　WLAN 设置

1. 任务描述

掌握家庭/小型企业多功能路由器的 WLAN 设置。

2. 操作步骤

（1）无线网络基本设置。通过进行基本设置可以开启并使用路由器的无线功能，组建内部无线网络。组建网络时，内网主机需要无线网卡来连接到无线网络，但是此时的无线网络并不是安全的，建议完成基本设置后进行相应的无线安全设置。单击"基本设置"，可以在图 8.35 中进行无线网络的基本设置。其中的 SSID 号和信道是路由器无线功能必须设置的参数。

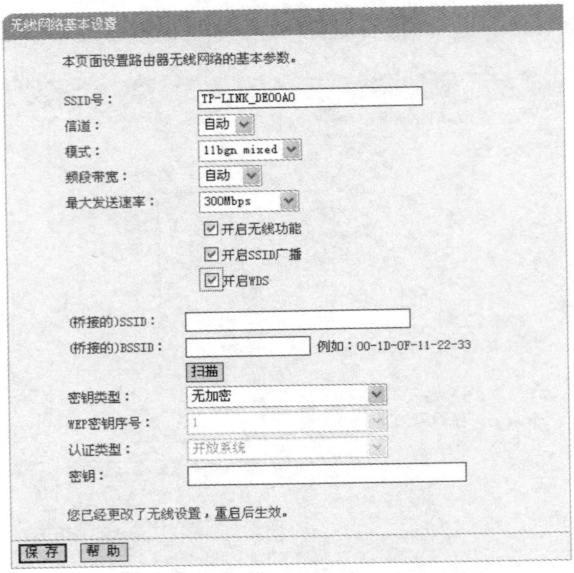

图 8.35　无线网络的基本设置

SSID：即 Service Set Identification，用于标识无线网络的网络名称。在此输入一个名称，它将显示在无线网卡能搜索到的无线网络列表中。

信道：以无线信号作为传输媒体的数据信号传送的通道，选择范围从 1 到 13。如果选择自动，则 AP 会自动根据周围的环境选择一个最好的信道。

模式：该项用于设置路由器的无线工作模式，推荐使用 11bgn mixed 模式。

频段带宽：设置无线数据传输时所占用的信道宽度，可选项为：20MHz、40MHz。

最大发送速率：该项用于设置无线网络的最大发送速率。

开启无线功能：若要采用路由器的无线功能，必须选择该项，这样，计算机局域网中的计算机才能通过无线方式访问路由器。

开启 SSID 广播：该项功能用于将路由器的 SSID 号向周围环境的无线网络内广播，只有开启了 SSID 广播，计算机才能扫描到路由器的无线信号，并可以加入该无线网络。

开启 WDS：可以选择这一项开启 WDS 功能，这个功能用来桥接多个无线局域网。注意：如果开启了这个功能，最好要确保以下的信息输入正确：

桥接的 SSID：需要桥接的 AP 的 SSID。

桥接的 BSSID：需要桥接的 AP 的 BSSID。

扫描：可以通过这个按钮扫描路由器周围的无线局域网。

密钥类型：这个选项需要根据桥接的 AP 的加密类型来设定，必须保证加密方式和加密密钥与要桥接的 AP 加密设定完全相同，才能桥接成功。

WEP 密钥序列号：如果是 WEP 加密的情况，这个选项需要根据桥接的 AP 的 WEP 密钥的序号来设定。

加密类型：如果是 WEP 加密的情况，这个选项需要根据桥接的 AP 的认证类型来设定。

密钥：根据桥接的 AP 的密钥设置来设置该项。

完成更改后，点击保存按钮并重启路由器使现在的设置生效。

（2）无线安全设置。在无线安全设置页面，可以选择是否关闭无线安全功能。如果无须开启无线安全功能，请勾选关闭无线安全选项以关闭无线安全功能。如果需要开启无线安全功能，则请选择页面中三种安全类型中的一种进行无线安全设置。如图 8.36 所示。

路由器一般提供三种无线安全类型：WEP、WPA/WPA2 以及 WPA-PSK/WPA2-PSK。不同的安全类型下，安全设置项不同。

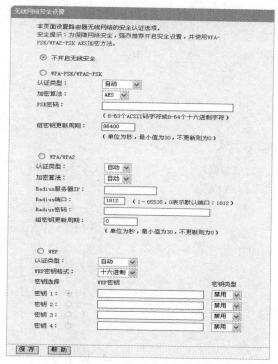

图 8.36　无线网络安全设置

习题与思考题

一、填空题

1. 电信网按网络功能分为_____网、_____网和_____网。

2. 对于以太网接入通常可采用两种用户接入管理协议，分别是_____和_____。

3. ISDN 定了 3 种信道类型，其中 D 信道的功能是_____；H 信道的功能是_____。

4. ADSL 和话带 Modem 接入技术都是基于_____介质的。ADSL 接入能进行数话同传的原因是_____。

5. ISDN 中由 D 信号传送的信令是_____。

6. 接入网是将_____连接到核心网的网络。接入网可以只连接一台具体的用户设备，也可以连接由多台用户设备组成的_____。

7. OAN 是采用_____传输技术的接入网，包括_____、_____、_____。

8. ADSL 接入结构中位于用户侧的 ADSL 设备是_____和_____。

9. LMDS 下行信道采用_____通信，各用户站接收符合自己地址的信息。上行信道为_____，必须遵守一定的协议实现对信道的访问。

10. WLAN 的拓扑结构有_____和_____两种。其中，适合作为接入网的拓扑结构是_____。

二、选择题

1. 无线局域网的 MAC 协议是（   ）。

A. CSMA/CD   B. TDMA   C. CSMA/CA   D. CSMA/CS

2. 无线局域网使用的工作频段为 （   ）。

A. 10 ~ 66 GHz   B. 5 ~ 42 MHz

C. 2.4 GHz 和 5 GHz   D. 5 MHz 和 10 GHz

3. 属于 Cable Modem 使用的工作频段为（   ）。

A. 10 ~ 66 GHz   B. 5 ~ 42 MHz

C. 2.4 GHz   D. 550 ~ 750 MHz

4. CMTS 的功能包括（   ）。

A. 信号的调制与解调   B. 分配上行带宽

C. 提供与用户终端的接口   D. 提供与交换机的接口

5. 电信接入网具有用户接口功能（UPF）、业务接口功能（SPF）、（   ）、传送功能（TF）和接入网系统管理 5 项功能。

A. MAC 功能   B. 分组交换功能   C. CSMA/CD 功能   D. 核心功能（CF）

6. Cable Modem 业务是一种在（   ）上利用光纤和同轴电缆作为传输介质为用户提供高速数据传输的宽带接入业务。

A. 光纤   B. 同轴电缆   C. 普通电话线   D. HFC

7. DSL 业务是一种利用（   ）作为传输介质，为用户提供高速数据传输的宽带接入业务。

A. 光纤   B. 同轴电缆   C. 普通电话线   D. RJ11

8. 数字用户环路（DSL）技术是一种利用（   ）线路，实现高速数据传输的技术。

A. 普通铜质电话线路   B. 同轴电缆   C. 光纤   D. 微波

9. LMDS 业务是一种以（   ）方式提供的宽带接入业务。

A. 点到点   B. 网状型   C. 广播   D. 总线型

10. IP 接入网位于 IP 核心网和用户驻地网之间，它是由（　　　）来定界的。

A. RP　　　　　　　　B. Q3　　　　　　　C. UNI　　　　　　　　D. SNI

三、思考题

1. 电信接入网的 3 种主要接口的含义是什么？
2. 请对话带 Modem 接入技术和 ADSL 接入技术进行比较，并说明各自的优缺点。
3. 简述接入网及接入网的功能结构。
4. 从速率、上下行速率的对称性等方面简述 ADSL、VDSL 的特点。
5. 简述光接入网的基本组成结构，以及各自功能。

第9章 网络管理与网络安全

【能力目标】

了解网络管理的基本概念；了解网络安全的基本概念、影响网络安全的因素；了解数据加密的基本概念、常用的加密方法；了解网络防火墙的概念及应用；了解黑客的攻击及其防范；了解常见网络病毒的危害及其预防；熟练使用一些网络维护软件以达到防护目的。

9.1 网络管理

随着网络技术的发展，网络的组成日益复杂，多厂商、异构网、跨技术领域的复杂的网络环境，对网络管理的要求也愈来愈高。但由于网络应用环境、管理制度和文化背景的不同，造成管理需求的差异很大。任何供应厂商都难以提供一个完整的解决方案，尤其是对于各种新的网络技术，仍需要有自己的专家进行管理和维护。20 世纪 80 年代以来，网络的增长速度很快，不同类型的网络设备骤增，因此能够管理各类异构网络，并能在不同的环境中自动进行网络管理与规划，成为一种新的迫切需求。

9.1.1 网络管理概述

1. 网络管理任务

网络管理，简单地说就是为了保证网络系统能够持续、稳定、高效和可靠地运行，对组成网络的各种软硬件设施和人员进行的综合管理。网络管理的任务就是收集、分析和检测监控网络中各种设备的工作参数和工作状态信息，并将结果显示给网络管理员，进行处理，从而控制网络中的设备、设施的工作参数和工作状态，以实现对网络的管理。

2. 网络管理的基本内容

（1）数据通信网的流量控制。网络的吞吐量是有限的，当在网络中传输的数据量超过网络容量时，网络就会发生阻塞，严重时会导致网络系统瘫痪。因此，流量控制是网络管理的重要内容。

（2）路由选择策略管理。网络的路由选择方法不仅应具有正确、稳定、最佳和简捷等特点，还应能够适应网络规模、网络拓扑结构和网络中数据流量的变化。因为在网络系统中，数据流量总是不断变化的，网络拓扑结构也可能发生变化，为此，系统应始终保持所采用的路由选择方法最佳。所以，网络管理必须要有一套管理方法，并提供路由管理机制。

（3）网络安全保护。计算机网络系统给人们带来的最大方便是用户之间可以非常容易地实现网络资源共享，但网络系统中共享的资源具有完全开放、部分开放和不开放等区别，从而出现系统资源的共享与保护之间的矛盾。为了解决这个矛盾，在网络中要引入安全机制，其目的就是用来保护网络用户信息不被侵犯、网络资源不被破坏和网络不被非法侵入等。

（4）网络的故障诊断。由于网络系统在运行过程中不可避免地会发生故障，而准确及时地确定故障位置和产生原因是解决故障的关键。对网络系统实施强有力的故障诊断是及时发现系统隐患、保证系统正常运行所必不可少的。此外，网络管理的内容还有用户管理、网络状态检测、设备维护和管理、网络规划、网络资产管理等。

3. 网络管理系统构成

计算机网络是一个开放式系统，每个网络都可以与遵循同一体系结构的不同软、硬件设备连接。因此，这要求网络管理系统一是要遵守被管理网络的体系结构，二是要能够管理同厂商的软、硬件计算机产品。要做到这样，就既要有一个在网络管理系统和被管对象之间进行通信的、并基于同一体系结构的网络管理协议，又要有记录被管理对象和状态的数据信息。除此之外，运行一个大的网络还要有相应的管理机构。

网络管理系统是用于对网络进行全面有效的管理而实现网络管理目标的系统。在一个网络的运行管理中，网络管理人员通过网络管理系统对整个网络进行管理。一个网络管理系统从逻辑上包括管理对象、管理进程、管理信息库和管理协议四部分。

（1）管理对象。管理对象是网络中具体可以操作的数据。如记录设备或设施工作状态的变量、设备内部的工作参数、设备内部用来表示性能的统计参数，需要进行控制的外部工作状态和工作参数，为网络管理系统设置的和为管理系统本身服务的工作参数等。

（2）管理进程。管理进程是用于对网络中的设备和设施进行全面管理和控制的软件。

（3）管理信息库。管理信息库用于记录网络中管理对象的信息。如状态类对象的状态代码、参数类管理对象的参数值等。管理信息库中的数据要与网络设备中的实际状态和参数保持一致，达到能够真实地、全面地反映网络设备和设施情况的目的。

（4）管理协议。管理协议用于在管理系统和管理对象之间传输操作命令，负责解释管理操作命令。通过管理协议来保证管理信息库中的数据与具体设备中的实际状态、工作参数保持一致。

4. 网络管理功能

网络管理功能是为网络管理员进行监视、控制和维护网络而设计的。在 OSI 管理标准中，将网络系统管理功能分为配置管理、故障管理、性能管理、安全管理和计费管理。这5种管理功能只是网络管理的基本功能，诸如网络规划、数据库管理、操作人员管理等均未包括在内。

（1）配置管理。随着用户数的增减、设备的故障与维修等，计算机网络的配置经常发生变化，这些变化无论是暂时性的还是永久性的，网络管理系统必须有足够的技术支持这些变化。配置管理就是用来定义、鉴别、初始化、控制和检测通信网中的被管理对象的功能集合。具体内容包括如下：

鉴别所有被管理对象，给每个被管理对象分配名字。

定义新的被管理对象，删除不需要的被管理对象。

设置被管理对象的初始值。

处理被管理对象之间的关系。

改变被管理对象的操作特性。

报告被管理对象的状态变化。

（2）故障管理。故障管理是指对故障的检测、诊断、恢复或排除等操作进行管理，其目的是保证网络提供连续、可靠的服务。故障管理接收故障报告，发起纠正动作，但纠正动作一般是通过配置管理设施或操作员干预来实现的。故障管理的内容包括如下：

检测被管理对象的差错，接收差错通知。

利用空余设备或迂回路由，提供新的网络资源用于服务。

差错日志库的创建与维护。

对差错日志进行分析。

检测到差错后应采取的动作。

进行诊断、测试，以便跟踪和识别故障。

（3）性能管理。性能管理是收集网络性能数据，分析、调整管理对象，其目的是在使用最少网络资源和具有最小时延的条件下，为网络提供可靠、连续的通信能力。具体内容包括：

从被管理对象中收集网络性能数据，记录和维护历史数据。

对当前数据进行统计分析，检测性能故障，产生性能警告和报告性能事件。

将当前数据统计分析结果与历史模型进行比较，做趋势预测。

形成和改进网络性能评价准则和门限，以性能管理为目标，改进网络操作模式。

（4）安全管理。网络安全管理的目标是防止用户对网络资源的非法访问和入侵，确保网络资源和网络用户的安全。其主要内容包括如下：

制订网络安全策略，确定保护网络安全的有效措施。

分发与安全措施有关的信息，如密钥的分发、访问优先权的设置等。

发出与安全有关事件的通知，如网络非法侵入，无权用户企图访问特定信息等。

创建、控制和删除与安全有关的服务和设施。

记录、维护和查阅安全日志，以便对安全进行追查等事后分析。

（5）计费管理。计费管理是自动记录用户使用网络的资源和时间，提供收取费用的原始数据。用户使用网络资源的计费办法有多种，如主动付费或被叫付费，或主叫和被叫分担费用。不同的资源收费标准也不一样，不同的用户对服务的要求也不同。要让用户根据自己的需要和费用选择适当的服务，这要有自动化管理系统的支持。

9.1.2　简单网络管理协议

由于历史和现实的原因，国际标准化组织 ISO 很早就制定了网络管理标准，如公共管理信息服务协议 CMIS 和公共管理信息协议 CMIP，但它们与 ISO 的 OSI 参考模型标准一样，通常在电信网（如 SDH）中得到应用，而在局域网中始终未得到用户（厂商）的广泛支持。相反，广泛应用于 TCP/IP 网络的简单网络管理协议（Simple Network Management Protocol，SNMP）却得到绝大部分网络厂商的一致支持。

1. SNMP 模型

SNMP 是 TCP/IP 协议集中的一个应用层协议，该协议设计的主要目的是为网络设备之间提供管理信息交换的设施。采用 SNMP 协议访问网络管理信息，网络管理人员可以更加容易地管理网络，发现和解决网络问题。

SNMP 模型如图 9.1 所示。该模型组成的 4 个要素：网络管理站（管理进程）、被管理者（管理代理）、管理信息库（MIB）和网络管理协议（SNMP）。

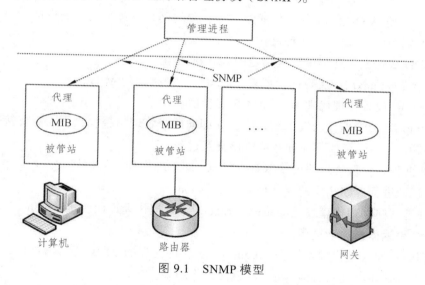

图 9.1　SNMP 模型

（1）网络管理站（管理进程，Manager）。网络管理站是指运行网络管理协议 SNMP、网络管理支持工具及网络管理应用软件的主机。网络中至少有一台这样的主机，它运行特殊的网络管理软件（管理进程）。管理进程完成各种网络管理功能，通过各设备中的管理代理对网络中的各种设备、设施和资源实施检测和控制。另外，操作人员通过管理进程对全网进行管理。有时管理进程也会对各管理代理中的数据集中存档，以备事后分析。

（2）被管理站（管理代理，Agent）。被管理站包括主机、网关、服务器、路由器、交换机等网络设备。管理代理是驻留在被管理站上的一套软件，它负责执行管理进程的管理操作。管理代理直接操作本地信息库 MIB，如果管理进程需要，它可根据要求改变本地 MIB 或提取数据，传回到管理进程。每个管理代理都有自己的本地 MIB。一个代理管理的本地 MIB 不一定具有 Internet 定义的 MIB 的全部内容，而只需要包括与本地设备或设施有关的管理对象。管理代理可从 MIB 中读取各种变量值，也可以在 MIB 中修改各种变量值，并与管理进程进行通信，以响应其管理请求。

（3）管理信息库 MIB。MIB 是一个概念上的数据库，由管理对象组成。每个管理代理管理 MIB 中属于本地的管理对象，各管理代理控制的管理对象共同构成全网的管理信息库。MIB 的管理对象包括报文分组计数、出错计数、用户访问计数、路由器中的 IP 路由选择表等。MIB 分为 MIB Ⅰ（通用管理信息库）和 MIB Ⅱ（专用管理信息库）两类，后者由各厂商自行定义。

2. SNMP 协议及其发展过程

SNMP 的发展主要包括 SNMPv1，SNMPv2 和 SNMPv3 三个版本。

（1）SNMPv1。SNMPv1 协议最重要的特性就是简捷易用，从而使系统的负载可以减至最低限度。SNMPv1 中没有一大堆命令，而只有存（存储数据到变量集）和取（从变量集中取数据）两种操作。在 SNMPv1 中，所有操作都可以看成是由这两种操作派生而来的。正是由于这些特性，使得 SNMPv1 的开发非常方便，成为网络管理事实上的标准。

在 SNMPv1 中，只定义了 4 种操作：

取（get）：从管理代理那里取得指定的 MIB 变量值。

取下一个（get next）：从管理代理表中取得下一个指定的 MIB 值。

设置（set）：设置管理代理指定的 MIB 变量值。

报警（trap）：当管理代理发生错误时，立即向网络管理站报警，不需等待接收方响应。

相应地，SNMPv1 协议有如下 4 种基本协议交互过程：

① 管理进程从管理代理那里获取管理信息，即管理进程向管理代理发送 get-request 后，管理代理向管理进程返回相应的管理信息 get-response。

② 管理进程向管理代理发送 get-next-request，管理代理返回 get-response，将遍历的部分管理对象结果返回给管理进程。

③ 管理进程向管理代理发送 set-request，对管理代理的 MIB 进行写操作，由管理代理完成 set 操作，管理代理用 set-response 返回操作结果。

④ 管理代理使用 trap 向管理进程报告事件，无须响应。

（2）SNMPv2。SNMPv1 的优点是简单、便捷，因此得到了广泛应用。但它还存在着诸如不能有效地传输大块数据，不能将网络管理功能分散化，安全性能不够理想等缺点。1996 年推出的 SNMPv2 能够克服上述缺点，但在安全性方面也过于复杂。SNMPv2 增加了一个叫作 get-bulk-request 的命令，可一次从路由器的路由表中读取许多行信息，而不像 SNMPv1 那样一次只读一行信息。SNMPv2 的另一个特点是改进了原来的 get 命令。SNMPv1 在使用 get 命令读取多个变量的信息时，只要有一个变量值不能返回，整个的 get 命令就被拒绝，因此管理进程就减少了变量数目，要重新发送 get 命令。SNMPv2 的 get 命令允许返回部分变量值，这就可提高效率，减少网上通信量。

当网络规模扩大时，使用一个网络管理站对全网集中管理是不合适的。SNMPv2 采用了较好的分散化管理方法。在一个网络中可以有多个顶级管理站（管理服务器），每个这样的管理服务器管理网络的一部分代理进程，并指派若干个代理进程使之具有管理其他代理进程的功能。这种结构分散了处理功能，使得网络总的通信量明显降低。为了支持这种配置，SNMPv2 增加了 inform 命令和一个管理进程到管理进程的 MIB。使用这种 inform 命令可以使管理进程之间互相传输有关的信息而无须经过请求。这样的信息则定义在管理进程到管理进程的 MIB 中。

（3）SNMPv3。SNMPv1 和 SNMPv2 版本对用户权力的唯一限制是访问口令，而没有用户和权限分级的概念，只要提供相应的口令，就可以对设备进行 read 或 read/write 操作，安全性相对较薄弱。虽然 SNMPv2 使用了复杂的加密技术，但并没有实现提高安全性能的预期目标，尤其是在身份验证（如用户初始接入时的身份验证、信息完整性分析等）、加密、授权和访问控制、适当的远程安全配置和管理能力等方面。

SNMPv3 是在 SNMPv2 基础上增加、完善了安全和管理机制，采用了新的 SNMP 扩展框架，安全性和管理（安全性、认证和隐私、授权和访问控制、管理框架、用户名及密钥管理、SNMP 中的远程配置等）上有很大的提高。RFC 2271 定义的 SNMPv3 体系结构体现了模块化的设计思想，使管理者可以简单地实现功能的增加和修改，其主要特点在于适应性强，可适用于多种操作环境，不仅可以管理最简单的网络，实现基本的管理功能，还能够提供强大的网络管理功能，满足复杂网络的管理需求。

SNMPv3 除了提供全新的模块化体系结构和安全管理特性之外，还支持对管理流量进行加密，使用户在网络中配置设备时也可以使用 SNMP。该版本也可以向下兼容早期的协议版本，即可以使用它来管理基于 SNMPv1/v2 的设备。从市场应用来看，大多数厂商普遍支持的版本是 SNMPv1/v2，市场上的网络设备尚停留在 SNMPv1/v2 阶段，但 SNMPv3 的应用推广势在必行。在当前的网络设备市场中，D-Link 已经率先推出了支持 SNMPv3 的网络产品，如 DES-3226S、DES-3250TG 交换机等，在安全功能和管理功能上都有良好的表现。

9.2 网络安全概述

随着计算机和网络技术的飞速发展，信息和网络已经涉及国家、政府、军事、文教等诸多领域，在人们的生活中已经占有非常重要的地位，网络的安全问题伴随着信息化步伐的加快而变得越来越重要。

计算机犯罪、黑客、有害程序和后门问题等严重威胁着网络的安全。目前，网络安全问题成为当今网络技术的一个重要研究课题。同时，网络的规模也越来越大，越来越复杂，所有这一切也都要求有一种端到端的网络管理措施，使得系统和网络故障时间减到最小，管理员可以通过网管工具检测系统和网络的运行状况，进行网络流量分析与统计，从而为网络安全策略的制定提供有力的依据。

9.2.1 网络安全概念

计算机网络安全是指计算机及其网络资源不受自然和人为有害因素的威胁和危害，即是指计算机、网络系统的硬件、软件及其系统中的数据受到保护，不因偶然或者恶意的原因而受到破坏、更改和泄露，确保系统能连续可靠而又正常地运行，使网络提供的服务不中断。网络安全包括 5 个基本要素：完整性、机密性、可用性、可控性与不可否认性，如表 9.1 所示。

表 9.1 网络安全 5 要素

完整性	通过一定的机制，确保信息在存储和传输时不被恶意用户篡改、破坏，不会出现信息的丢失、乱序等
机密性	通过信息加密、身份识别等方式确保网络信息的内容不会被未授权的第三方所获知
可用性	防止非法用户进入系统使用资源及防止合法用户对系统资源的非法使用，只允许得到授权的用户在需要时访问数据
可控性	可以控制授权范围内的信息流向及行为方式
不可否认性	用户在系统进行某种操作后，若事后能提出证明，而用户无法加以否认，便具备不可否认性

9.2.2 网络安全的内容

计算机网络的安全工作主要集中在以下方面：

（1）保密。保密指信息系统防止信息非法泄露的特性，信息只限于授权用户使用，保密性主要通过信息加密、身份认证、访问控制、安全通信协议等技术实现，信息加密是防止信息非法泄露的最基本手段。

（2）鉴别。鉴别允许数字信息的接收者确认发送人的身份和信息的完整性。鉴别是授权的基础，用于识别是否是合法的用户以及是否具有相应的访问权限，口令认证和数字签名是最常用的鉴别技术。

（3）访问控制。访问控制是网络安全防范和保护的主要策略，它的主要任务是保证网络资源不被非法使用和非法访问。它也是维护网络系统安全、保护网络资源的重要手段。

（4）病毒防范。病毒是一种具有自我繁殖能力的破坏性程序，影响计算机的正常运行甚至导致网络瘫痪，利用杀毒软件和建立相应的管理制度可以有效地防范病毒。

9.2.3 网络安全的意义

迅速发展的互联网给人们的生活、工作带来了巨大的方便，人们可以坐在家里通过互联网收发电子邮件、打电话、网上购物、银行转账等。但是，在网络给人们带来巨大便利的同时，也带来了一些不容忽视的问题，网络信息安全问题就是其中之一。

网络的开放性和黑客攻击是造成网络不安全的主要原因。科学家在设计互联网之初就缺乏对安全性的总体构想和设计，所用的 TCP/IP 是建立在可信的环境之上，主要考虑的是网络互联，在安全方面则缺乏考虑。这种基于地址的 TCP/IP 本身就会泄露口令，而且该协议是公开的，远程访问使许多攻击者无须到现场就能够实施攻击，连接的主机是基于互相信任的原则等性质使网络更加不安全。

伴随着计算机与通信技术的迅猛发展，网络攻击与防御技术的对峙局面越来越复杂，网络的开放互联性使信息的安全问题变得越来越棘手，只要是接入因特网中的主机都有可能成为被攻击或入侵的对象。

没有安全保障的信息资产是无法实现自身价值的。作为信息的载体，网络亦然。互联网不仅是金融证券、贸易商务运作的平台，也成为交流、学习、办公、娱乐的新场所，更是国家基础设施建设的重要组成部分。信息网络安全体系建设在当代网络经济生活中具有重要的战略意义。

从用户的角度来说，他们希望涉及个人隐私和商业利益的信息在网络上传输时受到机密性、完整性和真实性的保护，避免其他人或对手利用窃听、冒充、篡改和抵赖等手段对用户的利益和隐私造成损害和侵犯，同时也希望当用户的信息保存在某个计算机系统上时，不受其他非法用户的非授权访问和破坏。

对网络运行和管理者来说，他们希望对本地网络信息的访问受到保护和控制，避免出现病毒、非法存取、拒绝服务和网络资源的非法占用及非法控制等威胁，制止和防御网络黑客的攻击。

对安全保密部门来说，对非法的、有害的或涉及国家机密的信息必须进行过滤和防堵，避免其通过网络泄露，对社会产生危害并造成损失甚至威胁国家安全。

从社会教育和意识形态角度来讲，网络上不健康的内容，会对社会的稳定和人类的发展造成阻碍，必须对其进行控制。

总之，网络安全的本质是在信息的安全期内保证其在网络上流动时和静态存放时不被非授权用户非法访问，但必须保证授权用户的合法访问。

9.2.4　网络安全的发展前景

随着计算机网络技术的迅速发展和进步，计算机网络已经成为社会发展的重要基石。信息与网络涉及国家的政治、军事、文化等诸多领域，在计算机网络中存储、传输和处理的信息有各种政府宏观调控决策、商业经济信息、银行资金转账数据、股票证券、能源资源数据、科研数据等重要信息，甚至涉及国家机密，所以难免会吸引来自世界各地的各种网络黑客的攻击（例如，信息窃取、信息泄漏、数据删除和篡改、计算机病毒等）。因此计算机网络安全是关系到国家安全、社会的稳定、民族文化的继承和发扬的重要问题。

网络黑客攻击方式的不断增加和攻击手段的不断简单化，意味着对计算机网络系统安全的威胁也不断增加。由于计算机网络系统应用范围的不断扩大，人们对网络系统依赖的程度增大，对网络系统的破坏造成的损失和混乱就会比以往任何时候都要严重。这样，对计算机网络系统信息的安全保护就要提出更高的要求，计算机网络系统安全学科的地位也显得更加重要，网络安全技术必然随着计算机网络系统应用的发展而不断发展。

9.3　网络安全的威胁与策略

9.3.1　网络所面临的安全威胁

1. 网络安全威胁

所谓的网络安全威胁，是指某个实体（人、事件、程序等）对某一资源的机密性、完整性、可用性、真实性在合法使用时可能造成的危害。这些可能出现的危害，是某些别有用心的人通过一定的攻击手段来实现的。

网络安全威胁可分成故意的（如系统入侵）和偶然的（如将信息发到错误地址）两类。故意威胁又可进一步分成被动威胁和主动威胁两类。

被动威胁即被动攻击，是指在传输中偷听/监视，目的是从传输中获取信息，只对信息进行监听，而不对其修改和破坏。当截获了信息后，如果信息未进行加密则可以直接得到消息的内容（即析出消息内容），但如果加密了则要通过对信息的通信量和数据报的特性信息进行分析，得到相关信息，最后析出消息的内容，如图9.2所示。

图 9.2　被动威胁图解

主动威胁即主动攻击，是指对信息进行故意篡改和破坏，使合法用户得不到可用信息，有3种方式，中断是对信息的可用性进行攻击，使其不能到达目的地；篡改是针对信息的完整性，使其被修改后失去本来的含义；伪造是针对信息的真实性，假冒他人制造一个虚假的信息流以达到个人目的，如图9.3所示。

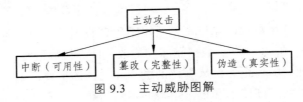

图 9.3　主动威胁图解

2. 攻击方式

（1）窃取机密攻击。是指未经授权的攻击者非法访问网络、窃取信息的情况，一般可以通过在不安全的传输通道上截取正在传输的信息或利用协议和网络的弱点来实现。

（2）电子欺骗。伪造源于一个可信任的地址的数据包使机器信任另一台机器的电子攻击手段，包含 IP 地址欺骗、ARP 欺骗、DNS 欺骗等方式。

（3）拒绝服务攻击。目的是拒绝服务访问，破坏组织的正常运行，最终使系统的部分 Internet 连接和网络系统失效。

（4）社会工程。是利用说服或欺骗的方式，让网络内部的人员提供必要的信息从而获得对系统的访问。攻击对象一般是安全意识薄弱的公司职员。

（5）恶意代码攻击。恶意代码攻击是对信息系统威胁最大的攻击，包括计算机病毒、蠕虫、特洛伊木马、移动代码及间谍软件等。

3. 攻击类型

通常情况下信息能够很顺利地到达目的地，如图 9.4 所示。但有时会遭到黑客的攻击，下面介绍具体的攻击类型。

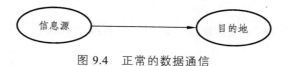

图 9.4 正常的数据通信

（1）中断：是对信息可用性的攻击，使用各种方法使信息不能到达目的地，如图 9.5 所示。

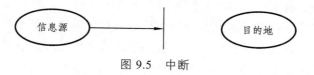

图 9.5 中断

（2）截获：是对信息机密性的攻击，在信息的发送者和接收者都不知道的情况下，通过非法手段获得不应该获得的信息。这对信息的发送者和接收者将带来巨大的损失，如图 9.6 所示。

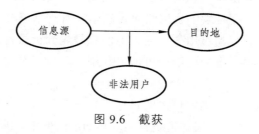

图 9.6 截获

（3）篡改：是对信息完整性的攻击，非法用户首先截获其他用户的信息，然后对信息进行修改以达到自己目的，再发送给该信息的接收者。该信息的发送者和接收者都不知道该信息已经被修改，所以该种攻击的危害是巨大的，如图 9.7 所示。

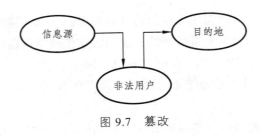

图 9.7   篡改

（4）伪造：是对信息的真实性的攻击，非法用户伪造他人向目标用户发送信息达到欺骗目标用户的目的，如图 9.8 所示。

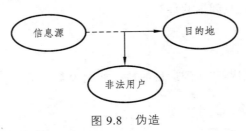

图 9.8   伪造

这 4 种威胁中，截获属于被动攻击，而中断、篡改和伪造属于主动攻击。

9.3.2   黑客攻击与防范

从严格意义上讲，黑客（hacker）和入侵者是有区别的。一般来说，黑客的行为没有恶意，是热衷于计算机程序的设计者，是对任何计算机操作系统的奥秘都有强烈兴趣的人。而入侵者的行为具有恶意，是指那些强行闯入远端系统或者以某种恶意的目的干扰远端系统完整性的人。他们利用非法获得的访问权，破坏重要数据，拒绝合法用户的服务请求，或为了达到自己的目的而制造一些麻烦。

黑客攻击的主要目的是窃取信息、获取口令、控制中间站点、获取超级用户权限等。由于网络的互联共享，来自企业内部和全世界各个地方的人都有可能实施攻击。黑客自己开发或利用已有的工具寻找计算机系统和网络的缺陷及漏洞，并利用这些缺陷实施攻击。这里所说的缺陷，包括软件缺陷、硬件缺陷、网络协议缺陷、管理缺陷和人为的失误。

黑客最常用的手段是获得超级用户口令，他们总是先分析目标系统正在运行哪些应用程序，目前可以获得哪些权限，有哪些漏洞可加以利用，并最终利用这些漏洞获取超级用户权限，再达到他们的目的。黑客攻击系统一般有 3 个阶段：

（1）确定目标。黑客首先要确定攻击的目标，如某个站点、某个 ISP 或某个主页等。黑客也可能通过 DNS（域名系统）表知道机器名、Internet 地址、机器类型，甚至机器的宿主和单位。

（2）搜集与攻击目标有关的信息，并找出系统漏洞和攻击方法。这里主要有两种方法，一种是通过发现目标计算机的漏洞进入系统或用口令猜测进入系统，另一种方法是发现计算机上的漏洞直接进入。发现漏洞的方法有缓冲区溢出法、网络安全列表法等，其他的入侵方法包括采用向 IP 地址使用欺骗手段等。

（3）实施攻击。黑客可以选择多种攻击方式，其后果也大不相同。黑客可能毁掉入侵痕迹，并在受损系统上建立新的安全漏洞，以便以后继续访问该系统；也可能在受损系统上安装探测器软件，以收集所感兴趣的信息；或者发现系统在网络中的信任等级，根据这个信任级进行攻击；或者获取系统上的特许访问权，从而读取系统上的邮件，搜索和盗取私人文件，毁坏重要数据等。

要想有效地防范黑客的攻击，必须有相应的发现黑客和对付黑客的方法。

1. 了解黑客入侵后特征

黑客入侵用户的计算机后总会有某种动作，这样就会留下蛛丝马迹，用户就可以发现其存在。

一般来说，计算机上网时出现以下特征，就表示被入侵了。

（1）计算机有时突然死机，然后又重新启动（黑客控制了用户程序）。

（2）在没有执行操作时，计算机仍在读写硬盘（黑客在读写硬盘和查找信息）。

（3）没有运行程序时，计算机速度却非常慢，或者在"我的电脑"中看到"属性"的"系统资源"低于 6000。

（4）发现有非法的端口打开，并有人连接。

（5）关闭所有的上网软件，发现调制解调器仍闪烁不停（说明数据仍在传递）。

（6）系统发生了一些不正常的改变。

（7）一个用户大量地进行网络活动或者其他一些不正常的网络操作。

（8）计算机上的某个用户在极短的时间内多次登录。

2. 寻找防范黑客对策

面对黑客的袭击，应该先考虑这将对网络或用户产生什么影响，再考虑如何阻止黑客进一步入侵。

（1）当证实遭到入侵时，要正确估计形势，尽可能估计入侵造成的破坏程度。

（2）一旦了解形势，切断内部网与 Internet 的连接是一个短期措施。

（3）仔细分析问题，制订修补安全漏洞的合理计划和时间安排。

（4）修复安全漏洞并恢复系统，记录整个事件的发生，从中汲取经验并记录。

9.3.3　计算机病毒

"计算机病毒"一词最早是由美国计算机病毒研究专家 F. Cohen 博士提出的，是借用生物学中的病毒，因为它与生物病毒有着相似之处，计算机病毒是指编制或者在计算机程序中插入的破坏计算机功能或数据并影响计算机使用，能够自我复制的一组计算机指令或者程序代码。

计算机病毒在结构上有共同性，一般包括引导部分、传染部分和表现部分：

（1）引导部分。引导部分是病毒的初始化部分，它随着宿主程序的执行而进入内存，为传染做准备。

（2）传染部分。传染部分的作用是将病毒代码复制到目标上。一般病毒在对目标进行传染前，要先判断传染条件是否满足，判断病毒是否已经感染过该目标等。

（3）表现部分。表现部分是病毒间差异最大的部分，前两部分是为这部分服务的。它破坏被传染系统或者在被传染系统的设备上表现出特定的现象。大部分病毒都是在一定条件下才会触发其表现部分的。

1. 病毒的基本特性

（1）传染性。对于绝大多数病毒来讲，传染是它的一个重要特性。病毒可以通过各种渠道从已被感染的计算机扩散到未被感染的计算机，病毒一旦进入计算机并得以执行，便会搜寻符合其传染条件的程序和存储介质，它通过修改其他程序，并将自己全部代码复制在外壳中，从而达到扩散的目的。

（2）隐蔽性。有些病毒是编程技巧极高的短小精悍的程序，一般只有几百个字节或 1~2 KB，并巧妙地隐藏在正常程序或磁盘的隐蔽部位，若不经过代码分析，病毒程序与正常程序无法区分开来。

（3）破坏性。凡是软件手段能触及计算机资源的地方均可能受到病毒的破坏。任何病毒只要侵入计算机，一旦发作，都会对系统及应用程序产生不同程度的破坏。轻者降低计算机性能，重者可导致系统崩溃，破坏数据，造成无法挽回的损失。其表现包括：占用 CPU 时间和内存开销，从而造成进程堵塞；对数据或文件进行破坏；打乱屏幕的显示等。

（4）潜伏性。很多病毒在感染计算机后，一般不会马上发作，需要等一段时间，它可长期隐藏在计算机中，当满足其发挥条件时才发挥其破坏作用。

2. 病毒的分类

（1）引导型病毒。引导型病毒是一种在 ROM BIOS 之后，系统引导时出现的病毒。它先于操作系统运行，依托的环境是 BIOS 中断服务程序。引导型病毒利用操作系统的引导模块放在某个固定的位置，并且控制权的传递方式是以物理地址为依据，而不是以操作系统引导区的内容为依据的，因而病毒占据该物理位置即可获得控制权，而将真正的引导区内容转移或替换，待病毒程序被执行后，将控制权交给真正的引导区内容，使得这个带病毒的系统看似正常运转，而病毒已隐藏在系统中伺机传染、发作。

引导型病毒按其所在的引导区不同又可分为 MBR（主引导区）病毒和 BR（引导区）病毒两类。MBR 病毒将病毒寄生在硬盘分区主引导程序所占据的硬盘，头柱面第 1 个扇区中。典型的病毒有大麻（stoned），2708 等；BR 病毒是将病毒寄生在硬盘逻辑 0 扇区或软盘逻辑 0 扇区（即 0 面 0 道第 1 个扇区）。典型的病毒有 Brain、小球病毒等。

引导型病毒几乎都会常驻在内存中，差别只在于内存中的位置。所谓"常驻"，是指应用程序把要执行的部分在内存中驻留一份。这样就可不必在每次要执行它时都到硬盘中搜索，以提高效率。

引导区感染了病毒，用格式化程序（format）可清除病毒。如果主引导区感染了病毒，用格式化程序（format）是不能清除该病毒的，可以用 FDISK / MBR 清除该病毒。

（2）文件型病毒。文件型病毒主要以感染文件扩展名为".com"".exe"和".bat"等可执行程序为主。

在用户调用感染病毒的可执行文件时，病毒首先被运行，然后驻留内存伺机传染其他文件或直接传染其他文件。

文件型病毒的特点是附着于正常的程序文件，成为程序文件的一个外壳或部件。它的安装必须借助于病毒的载体程序，即要运行病毒的载体程序，方能把文件型病毒引入内存，像"黑色星期五""1575"等就是文件型病毒。

大多数的文件型病毒都会把自己的代码复制到其宿主的开头或结尾处。这会造成已感染病毒文件的长度变长，但用户不一定能用 dir 命令列出其感染病毒前的长度。也有部分病毒是直接改写"受害文件"的程序码，因此感染病毒后文件的长度仍然不变。

感染病毒的文件被执行后，病毒通常会趁机再对下一个文件进行传染。有的病毒会在每次进行传染时，针对其新宿主的状况而编写新的病毒码，然后才进行感染。因此，这种病毒没有固定的病毒码，以扫除病毒码的方式来检测病毒的杀毒软件对这类病毒不起作用。但是随着反病毒技术的发展，针对这种病毒现在也有了有效手段。

（3）混合型病毒。既感染主引导区或引导区，又感染文件的病毒称为混合型病毒。当感染了此种病毒的磁盘用于引导系统或调用执行染毒文件时，病毒都会被激活。因此在检测、清除复合型病毒时，必须全面彻底清除，如果只发现该病毒的一个特性，把它只当作引导型或文件型病毒进行清除，虽然好像是清除了，但还留有隐患，这种经过杀毒后的"洁净"系统更赋有攻击性。如 1997 年国内流行较广的 TPVO-3783（SPY）、Flip 病毒、新世纪病毒、One-Half 病毒等都属于混合型病毒。

3. 病毒的技术防范

病毒的技术预防措施一般包括如下几个方面：

（1）新购置的计算机硬件和软件系统都要经过测试。

（2）计算机系统尽量使用硬盘启动。

（3）对重点保护的计算机系统应做到专机、专盘、专人、专用，封闭的使用环境中是不会自然产生计算机病毒的。

（4）重要数据文件定期备份。

（5）不要随便直接运行或直接打开电子邮件中夹带的附件文件，不要随意下载软件，尤其是一些可执行文件和 Office 文档。即使下载了，也要先用最新的杀毒软件来检查。

（6）安装正版杀毒软件，并经常进行升级。

（7）安装病毒防火墙，从网络出入口保护整个网络不受计算机病毒的侵害。

说明：杀毒软件与防火墙不同，防火墙将攻击抵挡在本地网之外，而对进入系统的攻击无能为力；杀毒软件则专门针对潜入内部的攻击进行追捕。杀毒软件防内，防火墙防外，两者相互配合，使网络的安全性能更好。

9.3.4　蠕虫和特洛伊木马

蠕虫（worm）和特洛伊木马（trojan horse）都是网络环境下出现的恶意程序。它们利用网络传播，可能使 Internet 速度变慢，甚至可以传播给中毒机器用户的朋友、家人、同事以及 Web 的其他地方，是特殊形式的病毒。

1. 蠕　虫

与病毒相似，蠕虫也是设计用来将自己从一台计算机复制到另一台计算机，但它是自动进行的。它控制计算机上可以传输文件或信息的功能，一旦系统感染蠕虫，蠕虫即可独自传播。最危险的是，蠕虫可大量复制。

例如，蠕虫可向电子邮件地址簿中的所有联系人发送自己的副本，那些联系人的计算机也将执行同样的操作，结果造成多米诺效应（网络通信负担沉重），使商业网络和整个 Internet 的速度减慢。当新的蠕虫爆发时，它们传播的速度非常快，堵塞网络并可能导致等待很长的时间才能查看 Internet 上的网页。

2. 特洛伊木马

特洛伊木马是指表面上是有用的软件，实际却是危害计算机安全并导致严重破坏的程序。特洛伊木马常常以电子邮件附件的形式出现，附件往往是一个很小的文本文件或者可执行文件，而且带有一些很具诱惑力的标题。一旦用户打开了以为是来自合法来源的程序，特洛伊木马便植入了机器，并很快发作。

3. 蠕虫和木马的传播

许多蠕虫和木马是无法传播的，除非打开或运行受感染的程序。主要通过电子邮件附件（随电子邮件一起发送的文件）传播，也可能通过从 Internet 下载的程序进行传播，或通过带病毒的光盘、磁盘、U 盘进行传播。

防范蠕虫和木马的方法是：安装杀毒软件或者防火墙，不要轻易从不可靠的来源下载软件，经常从 Microsoft 公司的升级站点上下载更新或修补程序。

9.3.5　系统的修复

一旦遇到计算机病毒破坏了系统也不必惊慌失措，采取一些简单的办法可以杀除大多数的计算机病毒，恢复被计算机病毒破坏的系统。一般修复处理方法如下：

（1）必须对系统破坏程度有一个全面的了解，并根据破坏的程度来决定采用何种有效的计算机病毒清除方法和对策。

（2）修复前，尽可能再次备份重要的数据文件。

（3）启动杀毒软件，并对整个硬盘进行扫描。

（4）发现计算机病毒后，一般应利用杀毒软件清除文件中的计算机病毒，如果可执行文件中的计算机病毒不能被清除，一般应将其删除，然后重新安装相应的应用程序。

（5）杀毒完成后，重启计算机，再次用杀毒软件检查系统中是否还存在计算机病毒，并确定被感染破坏的数据确实被完全恢复。

恢复数据遵循的原则如下：

（1）先备份重要文件和数据。

（2）优先抢救最关键的数据。

（3）先做好准备，不要忙中出错，修复系统常用的工具是启动盘、操作系统安装盘、各种板卡的驱动程序盘、杀毒软件安装盘、应用软件的安装盘以及数据备份恢复盘。

安全立法对保护网络系统有不可替代的重要作用，但依靠法律也阻止不了攻击者对网络数据的各种威胁。加强行政管理、人事管理、采取物理保护措施等都是保护系统安全所不可缺少的有效措施，但有时也会受到各种环境、费用、技术以及系统工作人员素质等条件的限制。采用访问控制、系统软硬件保护等方法保护网络系统资源，简单易行，但也存在诸如系统内部某些职员可以轻松越过这些障碍而进行计算机犯罪等不易解决的问题。采用密码技术保护网络中存储和传输中的数据，是一种非常实用、经济、有效的方法，对信息进行加密保护可以防止攻击者窃取网络机密信息，也可以检测出他们对数据的插入、删除、修改及滥用有效数据的各种行为。

对网络数据进行加密要用到密码学方面的知识。密码学有着悠久的历史。在计算机发明之前，很早就有人利用加密的方法传递信息，像军事人员、外交使者和情侣们等都曾利用加密方法来传递机密的、隐私的信息。其中，军事人员对密码学的发展贡献最大，而且还扩展了该领域。

数据加密的目的是确保通信双方相互交换的数据是保密的，即使这些数据在半路上被第三方截获，也会由于不知道密码而无法了解该信息的真实含义。如果一个加密算法或加密机制能够满足这种条件，我们就可以认为该算法是安全的，这是衡量一个加密算法好坏的主要依据。

9.4　防火墙

目前保护网络安全最主要的手段之一是构筑防火墙，防火墙（Firewall）是一种特殊编程的路由器，实施访问控制策略来保护内部的网络不受来自外界的侵害，是近年来日趋成熟的保护计算机网络安全的重要措施。防火墙是一种隔离控制技术，它的作用是在某个机构的网络和不安全的网络（如 Internet）之间设置屏障，阻止对信息资源的非法访问，防火墙也可以被用来阻止保密信息从企业的网络上被非法传出。

9.4.1　防火墙的作用

防火墙主要用于实现网络路由的安全性。网络路由的安全性包括两方面：

（1）限制外部网对内部网的访问，从而保护内部网特定资源免受非法侵犯。

（2）限制内部网对外部网的访问，主要是针对一些不健康信息及敏感信息的访问。

防火墙在内部网与外部网之间的界面上构造了一个保护层，并强制所有的连接都必须经过此保护层，在此进行检查和连接。只有被授权的通信才能通过此保护层，从而保护内部网及外部网的访问。防火墙技术已成为实现网络安全策略的最有效的工具之一，并被广泛地应用到网络安全管理上。

9.4.2　防火墙的安全控制管理

为网络建立防火墙，需要决定它将采取何种安全控制模型。通常有两种模型可供选择：

（1）没有被列为允许访问的服务都是被禁止的。

（2）没有被列为禁止访问的服务都是被允许的。

如果防火墙采取第一种安全控制模型，那么需要确定所有可以被提供的服务以及它们的安全特性，然后开放这些服务，并将所有其他未被列入的服务排除在外，禁止访问。如果防火墙采取第二种模型，则正好相反，需要确定哪些被认为是不安全的服务，禁止其访问；而其他服务则被认为是安全的，允许访问。

从安全性角度考虑，第一种模型更可靠一些。因为很难找出网络所有的漏洞，从而也就很难排除所有的非法服务。而从灵活性和使用方便性的角度考虑则第二种模型更合适。

9.4.3　防火墙的主要技术

1. 包过滤

包过滤（Packet Filtering）在网络层依据系统的过滤规则，对数据包进行选择和过滤，这种规则又称为访问控制表（ACL）。该技术通过检查数据流中的每个数据包的源地址、目标地址、源端口、目的端口及协议状态或它们的组合来确定是否允许该数据包通过。这种防火墙通常安装在路由器上。

一般而言，包过滤包括两种基本类型：无状态检查的包过滤和有状态检查的包过滤，其区别在于后者通过记住防火墙的所有通信状态，并根据状态信息来过滤整个通信流，而不仅仅是包。另外，两者均被配置为只过滤最有用的数据域，包括协议类型，IP 地址、TCP/UDP 端口、分段口和源路由信息，但还是有许多方法可绕过包过滤器进入 Internet，原因在于：

（1）TCP 只能在第 0 个分段中被过滤。

（2）特洛伊木马可以使用 NAT 使包过滤器失效。

（3）许多包过滤器允许 1 024 以上的端口通过。

因此，"纯"包过滤器的防火墙不能完全保证内部网的安全，必须与代理服务器和网络地址翻译结合起来才能解决问题。

2. 代理型

代理服务技术（应用层网关防火墙）是防火墙技术中使用得较多的技术，也是一种安全性能较高的技术，它的安全性要高于包过滤技术，并已经开始向应用层发展。代理服务器位于客户机与服务器之间，完全阻挡了二者间的数据交流。从客户机来看，代理服务器相当于一台真正的服务器；而从服务器来看，代理服务器又是一台真正的客户机。当客户机需要使用服务器上的数据时，先将数据请求发给代理服务器，代理服务器再根据这一请求向服务器索取数据，然后再由代理服务器将数据传输给客户机。由于外部系统与内部服务器之间没有直接的数据通道，外部的恶意侵害也就很难伤害到企业内部网络系统。

（1）代理服务技术的优点：安全性较高；能有效对付基于应用层的侵入和病毒；可将内部网络的结构屏蔽起来；能针对协议实现其特有的安全特性；具有数据流监控、过滤、记录、报警等功能。

（2）代理服务技术的缺点：必须为每一个网络应用服务都专门开发相应的应用代理服务软件；系统管理复杂；需要专用的服务器来承担。

3. 监测型

监测型（状态检测防火墙）防火墙是新一代产品，能够对各层的数据进行主动的、实时的监测，在对这些数据加以分析的基础上，监测型防火墙能够有效地判断出各层中的非法侵入。同时，这种监测型防火墙产品一般还带有分布式探测器，这些探测器安置在各种应用服务器和其他网络的节点之中，不仅能够检测来自网络外部的攻击，同时对来自内部的恶意破坏也有极强的防范作用。据权威机构统计，在针对网络系统的攻击中，有相当比例的攻击来自网络内部。因此，监测型防火墙不仅超越了传统防火墙的定义，而且在安全性上也超越了前两代产品。各类防火墙的对比如表 9.2 所示。

表 9.2　防火墙对比

类型	特点	优点	缺点
包过滤	根据定义的过滤规则审查，根据是否匹配来决定是否通过	透明、成本低、速度快、效率高	对 IP 包伪造难以防范、不具备身份认证功能、不能监测高层攻击、顾虑多效率下降快
代理型	阻断内外网之间的通信，只能够通过"代理"实现	有很高的安全性	速度慢，对用户不透明，协议不同就需要不同的代理，不利于网络新业务
状态监测	通过状态监测技术动态记录、维护各个链接的协议状态	效率很高、动态修改规则可以提高安全性	

9.4.4 常见的防火墙设计方案

最简单的防火墙配置，就是直接在内部网和外部网之间加装一个包过滤路由器或者应用网关。为更好地实现网络安全，有时还要将几种防火墙技术组合起来构建防火墙系统。目前，比较流行的有以下三种防火墙配置方案。

1. 双重宿主主机体系结构

双重宿主主机体系结构是围绕具有双重宿主的主机计算机而构筑的，该计算机至少有两个网络接口。这样主机可以充当与这些接口相连的网络之间的路由器，它能够从一个网络到另一个网络发送 IP 数据包。然而，实现双重宿主主机的防火墙体系结构禁止这种发送功能。因而，IP 数据包从一个网络（例如，因特网）并不是直接发送到其他网络（例如，内部的被保护的网络）。防火墙内部的系统能与双重宿主主机通信，但是这些系统不能直接互相通信，它们之间的 IP 通信被完全阻止。

双重宿主主机的防火墙体系结构是相当简单的：双重宿主主机位于两者之间，并且被连接到因特网和内部的网络，这种体系结构如图 9.9 所示。

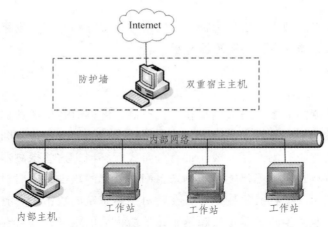

图 9.9　双重宿主主机结构

2. 屏蔽主机体系结构

双重宿主主机体系结构提供来自与多个网络相连的主机的服务（但是路由关闭），而屏蔽主机体系结构使用一个单独的路由器提供来自仅仅与内部的网络相连的主机的服务。在这种体系结构中，主要的安全由数据包负责，其结构如图 9.10 所示。

在图 9.10 中堡垒主机位于内部的网络上。从图中可以看出，在屏蔽的路由器上的数据包过滤是按这样一种方法设置的，即堡垒主机是因特网上的主机连接到内部网络上的系统的桥梁（例如，传送进来的电子邮件）。即使这样，也仅有某些确定类型的连接被允许。任何外部的系统试图访问内部的系统或者服务将必须连接到这台堡垒主机上。因此，堡垒主机需要拥有高等级的安全。

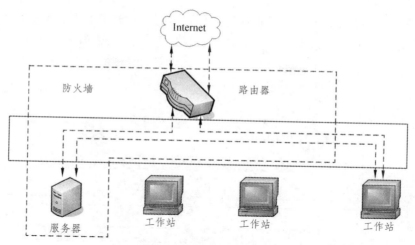

图 9.10　屏蔽主机结构

　　数据包过滤也允许堡垒主机开放可允许的连接（"可允许"由用户站点的安全策略决定）到外部世界。

　　屏蔽的路由器数据包过滤配置可以按如下执行：

　　（1）允许其他的内部主机为了某些服务与因特网上的主机连接（即允许那些已经由数据包过滤的服务）。

　　（2）不允许来自内部主机的所有连接（强迫那些主机经由堡垒主机使用代理服务）。用户可以针对不同的服务混合使用这些手段，某些服务可以被允许直接经由数据包过滤，而其他服务可以被允许仅仅间接地经过代理，这完全取决于用户实行的安全策略。

3. 屏蔽子网体系结构

　　屏蔽子网体系结构添加额外的安全层到屏蔽主机体系结构，即通过添加周边网络更进一步地把内部网络与因特网隔离开。

　　堡垒主机是用户网络上最容易受侵袭的计算机。任凭用户尽最大的力气去保护它，它仍然最有可能被侵袭，这是因为它的结构决定的。如果在屏蔽主机体系结构中，用户的内部网络对来自用户的堡垒主机的侵袭门户洞开，那么用户的堡垒主机是非常诱人的攻击目标。在它与用户的其他内部计算机之间没有其他的防御手段时（除了它们可能有的主机安全之外，这通常是非常少的），如果有人成功地侵入屏蔽主机体系结构中的堡垒主机，那就可以毫无阻挡地进入内部系统了。

　　通过在周边网络上隔离堡垒主机，能减少在堡垒主机上侵入的影响。可以说，它只给入侵者一些访问的机会，但不是全部。

　　屏蔽子网体系结构的最简单的形式为两个屏蔽路由器，每一个都连接到周边网，一个位于周边网与内部的网络之间，另一个位于周边网与外部网络之间（通常为因特网），其结构如图 9.11 所示。

　　为了侵入用这种类型的体系结构构筑的内部网络，侵袭者必须要通过两个路由器。即使侵袭者设法侵入堡垒主机，他仍然必须通过内部路由器，在此情况下，整个系统中不存在损害内部网络的单一的易受侵袭点。作为入侵者，只是进行了一次访问。

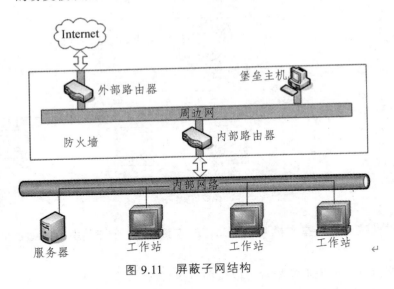

图 9.11 屏蔽子网结构

9.4.5 典型的 Internet 防火墙

现在已经了解了防火墙的基本概念，通常情况下，包过滤防火墙与应用网关常常一起配合使用，这样既为内部的主机访问外部信息提供了一个安全的数据通道，同时又能有效地防止外部主机对内部网络的非法访问。一个典型的防火墙的示意图如图 9.12 所示。

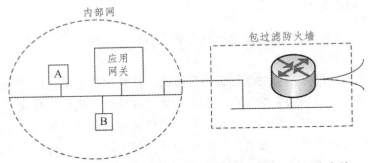

图 9.12 由包过滤路由器和应用网关构成的 Internet 防火墙

由图 9.12 可知，包过滤防火墙不仅实现了对外的屏障，而且实现了对内部主机的屏障，将公司内部的主机与外部网络隔离起来。它阻拦所有的数据报，除非数据报来自代理主机。

当然，整个防火墙系统的安全性取决于代理主机的安全。如果一个入侵者能够访问代理主机，他也可以访问内部网络上的其他主机。

可以说，防火墙与家里的防盗门很相似，它们对普通人来说是一层安全防护，但是没有任何一种防火墙能提供绝对的保护。这就是为什么许多公司建立多层防火墙的原因，当黑客闯过一层防火墙后他只能获取一部分数据，其他的数据仍然被安全地保护在内部防火墙之后。总之，防火墙是增加计算机网络安全的手段之一，只要网络应用存在，防火墙就有其存在的价值。

9.4.6　分布式防火墙

传统的防火墙如包过滤型和代理型，它们都有各自的缺点与局限性。随着计算机安全技术的发展和用户对防火墙功能要求的提高，目前出现了一种新型防火墙，那就是"分布式防火墙"，英文名为 Distributed Firewalls，它是在传统的边界式防火墙基础上开发的。由于其优越的安全防护体系符合未来的发展趋势，所以这一技术一出现便得到许多用户的认可和接受。下面重点介绍这种新型的防火墙技术。

1. 分布式防火墙的产生

因为传统的防火墙设置在网络边界，处于内、外部计算机网络之间，所以也称为"边界防火墙"。随着人们对网络安全防护要求的提高，边界防火墙明显已不能满足需求，因为给网络带来安全威胁的不仅是外部网络，更多的是内部网络。但边界防火墙无法对内部网络实现有效的保护，除非对每一台主机都安装防火墙，这是不可能的。基于这种需求，一种新型的防火墙技术即分布式防火墙技术产生了。它可以很好地解决边界防火墙的不足，不用为每台主机安装防火墙而能够把防火墙的安全防护系统延伸到网络中的每台主机。一方面有效地保证了用户的投资不会很高，另一方面给网络带来了非常全面的安全防护。

分布式防火墙负责对网络边界、各子网和网络内部各节点之间的安全防护，所以"分布式防火墙"是一个完整的系统，而不是单一的产品。根据其所需完成的功能，新的防火墙体系结构包含如下部分：

（1）网络防火墙（Network Firewall）。网络防火墙是用于内部网与外部网之间，以及内部网各子网之间的防护产品。与传统边界防火墙相比，它多了一种用于对内部子网之间的安全防护层，这样整个网络间的安全防护体系就显得更加安全可靠。

（2）主机防火墙（Host Firewall）。主机防火墙驻留在主机中，负责策略的实施。它对网络中的服务器和桌面机进行防护，这些主机的物理位置可能在内部网中，也可能在内部网外。这样防火墙的作用不仅是用于内部与外部网之间的防护，还可应用于内部网各子网之间、同一子网内部工作站与服务器之间的防护。可以说达到了应用层的安全防护，比起网络层更加彻底。

（3）中心管理（Central Management）。中心管理服务器负责安全策略的制定、管理、分发及日志的汇总，中心策略是分布式防火墙系统的核心和重要特征之一。这是一个防火墙服务器管理软件，负责总体安全策略的策划、管理、分发及日志的汇总，是以前传统边界防火墙所不具有的新的防火墙的管理功能。这样防火墙就可进行智能管理，提高了防火墙的安全防护灵活性，使其具备可管理性。

2. 分布式防火墙的主要特点

综合起来这种新的防火墙技术具有以下几个主要特点：

（1）保护全面性。分布式防火墙把互联网和内部网络均视为"不友好的"，它们对个人计算机进行保护的方式如同边界防火墙对整个网络进行保护一样。对于 Web 服务器来说，分布式防火墙进行配置后能够阻止一些非必要的协议（如 HTTP 和 HTTPS 之外的协议）通过，从而阻止了非法入侵的发生，同时还具有入侵检测及防护功能。

（2）适用于服务器托管。不同的托管用户有不同数量的服务器在数据中心托管，服务器上也有不同的应用。对于安装了中心管理系统的管理终端，数据中心安全服务部门的技术人员可以对所有在数据中心委托安全服务的服务器的安全状况进行监控，并提供有关的安全日志记录。对于这类用户，他们通常所采用的防火墙方案是采用虚拟防火墙方案，但这种配置相当复杂，非一般网管人员能胜任。而针对服务器的主机防火墙解决方案则是其一个典型应用。对于纯软件式的分布式防火墙，用户只需在该服务器上安装上主机防火墙软件，并根据该服务器的应用设置安全策略即可，还可以利用中心管理软件对该服务器进行远程监控，不需租用额外的空间放置边界防火墙。对于硬件式的分布式防火墙因其通常采用 PCI 卡式的，通常兼顾网卡作用，所以可以直接插在服务器机箱里面，也就无须单独的空间托管费了，对于企业来说更加实惠。

在新的安全体系结构下，分布式防火墙代表新一代防火墙技术的潮流，它可以在计算机网络的任何交界和节点处设置屏障，从而形成了一个多层次、多协议、内外皆防的全方位安全体系，在增强系统安全性、提高系统性能和系统扩展性等方面都有着很好的优势。因为分布式防火墙采用了软件形式（有的采用了软件+硬件形式），所以功能配置更加灵活，具备充分的智能管理能力，总的来说可以体现在以下 6 个方面：

（1）Internet 访问控制：依据工作站名称、设备指纹等属性，使用"Internet 访问规则"，控制该工作站或工作站组在指定的时间段内是否允许/禁止访问模板或网址列表中所规定的 Internet Web 服务器，某个用户可否基于某工作站访问 WWW 服务器，同时当某个工作站/用户达到规定流量后是否断网。

（2）应用访问控制：通过对网络通信从链路层、网络层、传输层、应用层基于源地址、目标地址、端口、协议的逐层包过滤与入侵监测，控制来自局域网/Internet 的应用服务请求，如 SQL 数据库访问、IPX 协议访问等。

（3）网络状态监控：实时动态报告当前网络中所有的用户登录、Internet 访问、内部网访问、网络入侵事件等信息。

（4）黑客攻击的防御：抵御包括 Smurf 的拒绝服务攻击、ARP 欺骗式攻击、Ping 攻击、Trojan 木马攻击等近百种来自网络内部以及来自 Internet 的黑客攻击手段。

（5）日志管理：管理对工作站协议规则日志、用户登录事件日志、用户 Internet 访问日志、指纹验证规则日志、入侵检测规则日志的记录与查询分析。

（6）系统工具：包括系统层参数的设定、规则等配置信息的备份与恢复、流量统计、模板设置、工作站管理等。

9.5　其他安全技术

9.5.1　数据加密技术

与防火墙配合使用的安全技术还有数据加密技术，它是对存储或者传输的信息采取秘密的交换以防止第三者对信息的窃取。被交换的信息被称为明文（Plain Text），变换过后的形式被称为密文（Cipher Text），从明文到密文的变换过程被称为加密（Encryption），从密文到明文的变换过程被称为解密（Decryption）。对明文进行加密时采用的一组规则称为加密算法，对密文解密时采用的一组规则称为解密算法。加密算法和解密算法通常都是在一组密钥控制下进行的，密钥决定了从明文到密文的映射，加密算法所使用的密钥称为加密密钥，解密算法所使用的密钥称为解密密钥。

加密技术的要点是加密算法，加密算法可以分为对称加密、非对称加密和不可逆加密　3 类算法。

1. 对称加密算法

对称加密算法是应用较早的加密算法，技术成熟。在对称加密算法中，数据发信方将明文（原始数据）和加密密钥一起经过特殊加密算法处理后，使其变成复杂的加密密文发送出去。收信方收到密文后，若想解读原文，则需要使用加密用过的密钥及相同算法的逆算法对密文进行解密，才能使其恢复成可读明文。对称加密算法的示意图如图 9.13 所示。

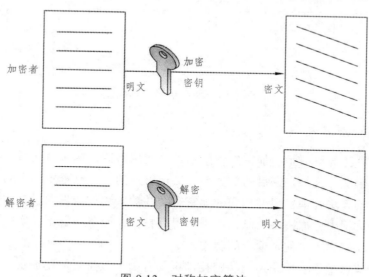

图 9.13　对称加密算法

对称加密算法的特点有算法公开、计算量小、加密速度快、加密效率高等，不足之处是交易双方都使用同样的密钥，安全性得不到保证。每对用户每次使用对称加密算法时，都需要使用其他人不知道的唯一密钥，这会使得收发信双方所拥有的密钥数量成几何级数增长，密钥管理成为用户的负担。

2. 非对称加密算法

非对称加密算法使用两把完全不同但又完全匹配的一对钥匙——公钥和私钥。在使用非对称加密算法加密文件时，只有使用匹配的一对公钥和私钥，才能完成对明文的加密和解密过程。加密明文时采用公钥加密，解密密文时使用私钥才能完成，而且发信方（加密者）知道收信方的公钥，只有收信方（解密者）才是唯一知道自己私钥的人。其示意图如图9.14所示。

如果发信方想发送只有收信方才能解读的加密信息，发信方必须首先知道收信方的公钥，然后利用收信方的公钥来加密原文。收信方收到加密密文后，使用自己的私钥才能解密密文。

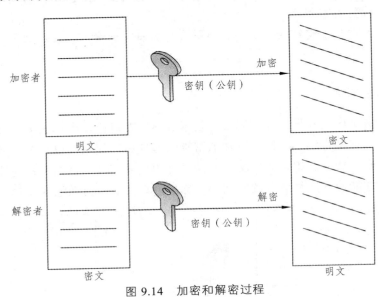

图 9.14 加密和解密过程

3. 不可逆加密算法

不可逆加密算法的特征是：加密过程中不需要使用密钥，输入明文后，由系统直接经过加密算法处理成密文，这种加密后的数据是无法被解密的，只有重新输入明文，并再次经过同样不可逆的加密算法处理，得到相同的加密密文并被系统重新识别后，才能真正解密。显然，在这类加密过程中，加密是自己，解密还得是自己，而所谓解密，实际上就是重新加一次密，所应用的"密码"也就是输入的明文。

在网络传输信息过程中所采用的加密技术主要有以下三类：链路加密方式、节点到节点加密方式和端到端加密方式。

（1）链路加密方式。该方式对网络上传输的数据报文进行加密。不但对数据报文进行加密，而且把路由信息、校验码等控制信息全部加密。

（2）节点到节点加密方式。该方式是为了解决节点中数据是明文的缺点。在网络中间结点里装有加、解密的保护装置，由这个装置来完成一个密钥向另一个密钥的变换。

（3）端到端加密方式。由发送方加密的数据在没有到达最终目的节点之前是不被解密的。加、解密只在源、宿节点进行。

9.5.2　入侵检测技术

入侵检测是对防火墙的合理补充，帮助系统对付网络攻击，扩展了系统管理员的安全管理能力（包括安全审计、监视、进攻识别和响应），提高了信息安全基础结构的完整性。它从计算机网络系统中的若干关键点收集信息，并分析这些信息，看看网络中是否有违反安全策略的行为和遭到袭击的迹象。

入侵检测系统（Intrusion Detection System，IDS）主要通过以下几种活动来完成任务：监视、分析用户及系统活动；对系统配置和弱点进行审计；识别与已知的攻击模式匹配的活动；对异常活动模式进行统计分析；评估重要系统和数据文件的完整性；对操作系统进行审计跟踪管理并识别用户违反安全策略的行为。入侵检测技术可分为 4 种：

（1）基于应用的监控技术。主要使用监控传感器在应用层收集信息。

（2）基于主机的监控技术。主要使用主机传感器监控本系统的信息。

（3）基于目标的监控技术。主要针对专有系统属性、文件属性、敏感数据等进行监控。

（4）基于网络的监控技术。主要利用网络监控传感器监控收集的信息。

综合以上 4 种方法进行监控，其特点是提高了侦测性能，但会产生非常复杂的网络安全方案。

入侵检测作为一种积极主动的安全防护技术，提供了对内部攻击、外部攻击和误操作的实时保护，在网络系统受到危害之前拦截和响应入侵。从网络安全立体纵深、多层次防御的角度出发，入侵检测理应受到人们的高度重视，这从入侵检测产品市场的蓬勃发展上就可以看出。

9.5.3　报文摘要

用于差错控制的报文检验是根据冗余位检查报文是否受到信道干扰的影响，与之类似的报文摘要方案是计算密码检验和，即固定长度的认证码，附加在消息后面发送，根据认证码检验报文是否被篡改。设 M 是可变长的报文，K 是发送者和接收者共享的密钥，报文摘要为 $MD = C_K(M)$。由于报文摘要是原报文唯一的压缩表示，代表了原报文的特征，所以也叫作数字指纹。

散列（Hash）算法将任意长度的二进制串映射为固定长度的二进制串，这个长度较小的二进制串称为散列值。散列值是一段数据唯一的、紧凑的表示形式。如果对一段明文只更改其中一个字母，随后的散列变换都将产生不同的散列值。要找到散列值相同的两个不同的输入在计算上是不可能的，所以数据的散列值可以检验数据的完整性。通常的实现方案是对任

意长的明文 M 进行单向散列变换，计算固定长度的比特串，作为报文摘要。对 Hash 函数 $h = H(M)$ 的要求如下：

（1）可用于任意大小的数据块。

（2）能产生固定大小的输出。

（3）软/硬件容易实现。

（4）对于任意 m，找出 x，满足 $H(x) = m$，是不可计算的。

（5）对于任意 x，找出 $y \neq x$，使得 $H(x) = H(y)$，是不可计算的。

（6）找出 (x, y)，使得 $H(x) = H(y)$，是不可计算的。

显而易见，前 3 项要求是实际应用和实现的需要。第 4 项要求是所谓的单向性，这个条件使得攻击者不能由窃听到的 m 得到原来 x。第 5 项要求是为了防止伪造攻击，使得攻击者不能用自己制造的假消息 y 冒充原来的消息 x。

如图 9.15 所示为报文摘要使用的过程。在发送端，明文 M 通过报文摘要算法 H，得到报文摘要 MD，报文摘要 MD 经过共享密钥 K 进行加密，附在明文 M 的后面发送。在接收端，首先将明文 M 和报文摘要 MD 分离，将加密过的报文摘要进行解密，得出原始 MD。后将明文 M 通过报文摘要算法 H 得到报文摘要，与原始 MD 进行比较，如果一致，说明明文 M 没有被篡改，反之，明文 M 被篡改。

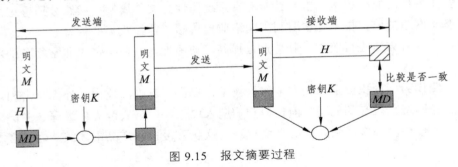

图 9.15　报文摘要过程

当前使用最广泛的报文摘要算法是 MDT。安全散列算法（Secure Hash Algorithm，SHA）是另一个众所周知的报文摘要函数。所有这些函数做的工作几乎一样，即由任意长度的输入消息计算出固定长度的加密检验和。

9.5.4　访问控制技术

1. 访问控制技术介绍

抵御入侵的最重要防线之一是访问控制。一般来说，访问控制的作用是对想访问系统及其数据的用户进行识别，并检验其身份。这里包括两个主要的问题：

（1）用户是谁？

（2）身份是否真实？

对一个系统进行访问控制的常用方法是对没有合法用户名及口令并企图进入的任何人进

行限制。例如，如果用户的用户名和口令是正确的，则系统允许该用户对系统进行访问。如果不正确，就不能进入。有些系统只要求用户输入口令，而其他的系统则要求同时输入用户名（或登录号）和口令。

更一般地说，访问控制可以被描述为控制对计算机系统或网络访问的方法。如果没有访问控制，任何用户只要愿意都可以获得允许进入计算机系统并做任何事情，访问控制在大多数个人计算机上表现很弱。

有 3 种主要方法可以实现访问控制：① 使用密码，要求用户输入一些保密信息，如前面提到的用户名和口令。② 采用一些物理识别设备，如访问卡、钥匙或令牌。③ 还可以用生物统计学系统，可以基于某种特殊的物理特征对用户进行唯一性识别。

由于后两种方法更为复杂和昂贵，所以最常见的访问控制方法是密码。密码是一种容易实现并有效地只让授权用户进入系统的方法。

1）基于密码的访问控制技术

密码是只有系统管理员和用户自己才知道的简单字符串。它是实现访问控制的一种最简单和有效的方法。没有一个正确的密码，入侵者就很难闯入计算机系统。所以，只要保证密码机密，非授权用户一般就无法使用该账户。但密码只是一个字符串，一旦被别人获取，就不能提供任何安全保护了。因此，尽可能选择较安全的密码是非常必要的。系统管理员和系统用户都有保护密码的职责。管理员为每个账户建立一个用户名和密码，而用户必须建立"有效"的密码并对其进行保护。管理员可以告诉用户什么样的密码是最有效的。另外，依靠系统中的安全系统，使管理员能对用户的密码进行强制性修改。设置密码的最短长度限制以及使用时限，可以防止用户采用太容易被猜测的密码或一直使用同一个密码。

（1）密码的选用。设置一个有效的密码时应遵循下列规则：

① 选择长密码。由于密码越长，要猜出它就越困难。大多数系统接受 5~8 个字符串长度的密码，还有许多系统允许更长的密码，长密码有助于增强系统的安全性。

② 不要简单地使用个人名字，特别是用户的实际姓名、家庭成员的姓名或生日等，这样太容易被猜测。

③ 采用字母和数字字符的组合。将字母和数字组合在一起可以提高密码的安全性。

④ 在用户访问的各种系统上不要使用相同的密码。如果其中的一个系统安全出了问题，就等于所有系统都不安全了。

⑤ 不要使用有明确意义的英语单词。用户可以将自己所熟悉的一些单词的首字母组合在一起，或者使用汉语拼音的首字母。对于该用户来说，应该很容易记住这个密码，但对其他人来说却很难想得到。

⑥ 不要选择不容易记住的密码。若密码太复杂或太容易混淆，就会促使用户将它写下来以帮助记忆，从而引起不安全问题。

（2）密码安全性。在有些系统中，可以使用一些面向系统的控制方式，以减小由于非法入侵造成的对系统的改变。这些特性被称为登录/密码控制，这对增强用户密码的安全性很有效，其特性如下：

① 最短长度。密码越长就越难猜测，而且使用随机字符组合的方式猜测密码所需的时间也随着字符个数的增加而加倍增长。系统管理员能指定密码的最短长度。

② 系统生成密码。可以使用计算机自动为用户生成密码。这种方法的主要缺点是自动生成的密码难以记住。

③ 密码更换。用户可以在任何时候更换密码。密码的不断变化可以防止有人用偷来的密码继续对系统进行访问。

④ 系统要求密码更换。系统要求用户定期改变密码，例如一个月换一次。这就可以防止用户一直使用同一个密码。如果该密码被非法得到就会引起安全问题。在有些系统中，密码使用超过一定时间（密码时限）后，系统自动提醒用户更新密码，用户再次进入系统时就必须将其更改。另外，在有些系统中，设有密码历史记录特性能将以前的密码记录下来，并且不允许重新使用原来的密码而必须输入一个新的密码，这样就会增强系统的安全性。

（3）其他方法。除了以上方法之外，还可以采用其他方法对系统的访问进行严格控制。例如：

① 登录时间限制。用户只能在某段特定的时间（如工作时间内）才能登录到系统。

② 限制登录次数。为了防止非法用户对某个账户进行多次输入密码尝试，系统可以限制登录尝试的次数。例如，如果用户连续 3 次登录都没有成功，终端与系统的连接就自动断开。这样可以防止有人不断地尝试不同的密码和用户名。

③ 最后一次登录。该方法可以报告出用户最后一次登录系统的日期和时间，以及最后一次登录后发生过多少次未成功的登录尝试。这样可以提供追踪线索，查看是否有人非法访问过用户的账户。

（4）注意事项。为了确保密码的保密性和安全性，用户应该注意以下事项：

① 不要将密码随意告诉别人。

② 不要将密码写在其他人可以接触的地方。

③ 不要采用系统指定的密码（如 root、demo 或 test 等）。

④ 在第一次进入账户时修改密码，不要沿用许多系统给新用户的默认密码，如"1234"或"password"等。

⑤ 经常改变密码，可以防止有人获取密码并企图使用它而出现问题。

2）选择性访问控制技术

选择性访问控制的思想在于明确规定了对文件和数据的操作权限。对于进入系统的授权用户，需要限制该用户在计算机系统中所能访问的内容和访问的权限，也就是说，规定用户可以做什么或不能做什么，比如能否运行某个特别的程序、能否阅读某个文件、能否修改存放在计算机上的信息或删除其他人创建的文件等。

从安全性的角度考虑，很多操作系统都内置了选择性访问控制功能。通过操作系统，可以规定用户或组（group）的权限以及对某个文件和程序的访问权限。此外，用户对自己创建的文件具有所有的操作权限，而且还可以规定其他用户访问这些文件的权限。系统通常采用以下 3 种不同种类的访问权限控制。

（1）读（R）：允许读一个文件。

（2）写（W）：允许创建和修改一个文件。

（3）执行（E）：允许运行程序。如果拥有执行权，就可以运行该程序。

使用这 3 种访问权，就可以确定谁可以读文件、修改文件和执行程序。用户可能会决定只有某个人才可以创建或修改自己的文件，但其他人都可以读它，即具有只读的权限。

例如，在大多数 UNIX 系统中，有三级用户权限：超级用户（root）、用户集合组（group），以及系统的普通用户（aser）。超级用户账户在系统上拥有所有的权限，而且其中的很多权限和功能是不提供给其他用户的。由于 root 账户几乎拥有操作系统的所有安全控制手段，因此保护该账户及其密码是非常重要的。从系统安全角度讲，超级用户被认为是 UNIX 系统上最大的"安全隐患"，因为赋予了超级用户对系统无限的访问权。

组是将一批用户集合起来构成的，通过继承原则可以很方便地为组中的所有用户设置权限、特权和访问限制。例如，对于特定的应用程序开发系统，可以限制只有经过培训使用它的人才可以访问。对于某些敏感的文件，可以规定只有被选择的组用户才有权读这些信息。在 UNIX 系统中，一个用户可以属于一个或多个组。

最后，普通用户在 UNIX 系统中也具有自己的账户。尽管所有的用户都有用户名和密码，但每个用户在系统中能做些什么取决于该用户在 UNIX 文件系统中拥有的权限。

2. 设备安全

1）通信介质的物理安全

网络各部分之间的通信介质的安全连接非常重要，因为信息有可能从这些地方泄露。

通信介质分为有线介质和无线介质，而不同的介质又有各自的弱点，因此，通信介质的选择对网络安全性也有很大的影响。

对于有线的通信介质，双绞线很容易受到外界干扰信号的影响，同轴电缆在某种程度上受干扰的影响比较小，而光纤则不会受到电磁和其他形式的干扰。当然，对于所有的物理线路，攻击者可以将这些线路切断或摧毁，或通过这些介质对其中的数据进行窃听。

对于无线通信链路，如微波、无线电波以及红外线传输，也存在一些问题。由于其造价昂贵，这些通信方式常用于广域网和电信主干网上。尽管这些技术不使用物理线路，但它们不但容易受天气和大气层变化的影响，而且对外部干扰也十分敏感，还容易被窃听以及受带宽的限制等。如果传输的信息是高度机密的，那么采用无线链路虽然没有像物理线路所受到的那些环境限制，但也会出现许多安全问题。

2）网络设备的物理安全

计算机安全的另一方面是计算机与网络设备的安全，也包括通信连接、计算机和存储介质的安全。让各种计算机及其相关设备保持安全也是计算机网络安全所面对的另一个重要方面。

如果攻击者可以轻易地进入机房并毁坏计算机系统的 CPU、磁盘驱动器和其他的外围设备，那么使用密码和其他方法对系统进行保护也就失去意义了。攻击者可能会窃取磁带和磁盘删除文件或者彻底毁坏计算机设备等。因此，需要有备份和意外备份系统，以防止出现这种情况而造成损失。

保证设备物理安全的关键就是只能让经过授权的人员接触、操作和使用设备。防止对计算机设备非法接触的方法包括：使用系统安全锁，有钥匙和密码的用户才允许访问计算机终端。进入机房时要求有访问卡，使用钥匙、令牌或智能卡等设备来限制对设备的直接接触。

3）调制解调器的安全

调制解调器安全的主要目的是防止对网络拨号设备的非授权访问，并限制只有授权用户才可以访问系统。有许多实用技术可以增强调制解调器的安全性，并使非法用户很难获得对系统的访问。

任何人要通过调制解调器访问系统时，必须先与网络上的调制解调器建立一个连接。从逻辑上来说，第一道防线是使非授权用户无法得到电话号码。因此，不要公开电话号码或将它记录在系统上。为了给系统增加安全性，可以加上一个密码，从而有效杜绝不具备有效的调制解调器密码的人访问。调制解调器密码与系统登录密码应该分开，并且各自独立。

有些带有"回拨"功能的调制解调器在接到拨号访问后，并不是马上建立一个连接，而是要求对方回答登录信息，如果信息不正确的话，调制解调器就会断开连接，然后使用保存在系统中的该授权用户的电话号码，并进行自动回拨。

有些特殊的调制解调器会对发出和收到的信息进行加密，即便信息在传输过程中被截获，也不会以信息原始的格式泄密。

还有一种方法，就是限制尝试连接到系统上的次数。例如，如果来访者想登录到系统上，但尝试了3次都失败了，此时，系统就会自动断开连接，使其只能通过再次拨号进行访问。

9.5.5 网络安全认证技术

1. 网络安全认证技术的概况

网络安全认证技术是网络安全技术的重要组成部分之一。认证指的是证实被认证对象是否属实和是否有效的一个过程，其基本思想是通过验证被认证对象的属性，来达到确认被认证对象是否真实有效的目的。被认证对象的属性可以是口令、数字签名或指纹、声音、视网膜这样的生理特征。

认证常常用于通信双方相互确认身份，以保证通信的安全。认证一般可以分为下列两种。

（1）身份认证：用于鉴别用户身份。

（2）消息认证：用于保证信息的完整性和抗否认性。在很多情况下，用户要确认网上信息的真假，信息是否被第三方修改或伪造，这就需要消息认证。

2. 身份认证技术

随着网络技术的发展，如何辨识网络另一端的用户身份成为一个很迫切的问题。

在许多情况下都有对身份识别认证的要求，例如使用6位密码在自动柜员机（ATM）上取钱，通过计算机网络登录远程计算机，保密通信双方交换密钥时需要确保对方的身份等。

身份认证（Identification and Authentication）可以定义为：为了使某些授予许可权限的权威机构、组织和个人满意，而提供所要求的证明自己身份的过程。

3. 消息认证技术

在计算机网络中，用户 A 将消息送给用户 B，用户 B 需要确定收到的消息是否来自 A，而且还要确定来自 A 的消息有没有被别人修改过，有时用户 A 也要知道发送出去的消息是否正确地到达了目的地。消息认证就是使消息的接收者能够检验收到的消息是否正确的方法。

4. 数字证书

数字证书由权威公正的第三方机构（即 CA 中心）签发，以数字证书为核心的加密技术可以对网络上传输的信息进行加密和解密、数字签名和签名验证，确保网上传递信息的机密性、完整性，以及交易实体身份的真实性、签名信息的不可否认性，从而保障网络应用的安全性。

数字证书可用于发送安全电子邮件、访问安全站点、网上证券、网上招标采购、网上签约、网上办公、网上缴费、网上税务等网上安全电子事务处理和安全电子交易活动。以数字证书为核心的身份认证、数字签名、数字信封等数字加密技术是目前通用可行的安全问题解决方案。

5. 数字签名

数字签名机制提供了一种身份鉴别方法，以解决伪造、抵赖、冒充和篡改等问题。数字签名一般采用非对称加密技术（如 RSA），通过对整个明文进行某种变换，得到一个值作为核实签名。

接收者使用发送者提供的公开密钥对签名进行解密运算，如能正确解密，则签名有效，证明对方的身份是真实的。在实际应用中，一般是对传送的数据包中的一个 IP 包进行一次签名验证，以提高网络的运行效率。当然签名也可以采用多种方式，例如，将签名附在明文之后。数字签名普遍用于银行、电子贸易中。

数字签名采用一定的数据交换协议，使双方能够满足两个条件：

（1）接收方能够鉴别发送方所宣称的身份。

（2）发送方以后不能否认它发送的数据这一事实。

数字签名不同于手写签字，数字签名随文本的变化而变化，手写签字反映某个人的个性特征，是不变的。手写签名与数字签名的另外一个区别是一个数字签名的备份是与原来的签名相同的，而签名的纸质文件的备份通常与原来的签名文件作用不同。

这个特点意味着必须防止签名的数字信息被再一次使用，例如在签名中包含一些时间信息等，可以防止签名的再次使用。下面举例说明数字签名的应用。

若 A 向 B 发送消息，其创建数字签名的过程如图 9.16（a）所示。

（1）利用散列函数计算原消息的摘要。

（2）用自己的私钥加密摘要，并将摘要附在原消息的后面。

B 收到消息，对数字签名进行验证的过程如图 9.16（b）所示。

（1）将消息中的原消息及其加密后的摘要分离出来。

（2）使用 A 的公钥将加密后的摘要解密。

（3）利用散列函数重新计算原消息的摘要。

（4）将解密后的摘要与自己用相同散列算法生成的摘要进行比较。若两者相等，则说明消息在传递过程中没有被篡改；否则，消息不可信。

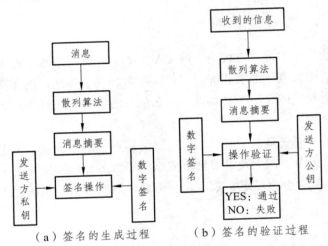

（a）签名的生成过程　　　（b）签名的验证过程

图 9.16　数字签名

了解数字签名及其验证过程后可以发现，这一技术带来了以下三个方面的安全性：

（1）信息的完整性：由散列函数的特性可知，如果信息在传输过程中遭到篡改，B 重新计算出的摘要必然不同于用 A 的公钥解密出的摘要，因此 B 就确信信息不可信。

（2）信源确认：因为公钥和私钥之间存在对应关系，既然 B 能用 A 的公钥解开加密的摘要，并且其值与 B 重新计算出的摘要一致，那么该消息是 A 发出的。

（3）不可抵赖性：这一点实际上是数字签名满足条件（2）的理由阐述。因为只有 A 持有自己的私钥，其他人不可能冒充他的身份，所以 A 无法否认他发过这一则消息。

9.5.6　数据备份与恢复

在现代社会里，计算机的应用范围不断扩展，对计算机系统中的数据依赖性也在大大加强。但是，由于计算机固有的脆弱性，数据很容易在病毒、误操作、自然灾害等的侵扰下遭到破坏，从而影响系统使用，给人们造成巨大损失。数据备份是通过制作和保存关键数据的副本来防止数据灾难发生的一种方法。

数据备份是保障数据安全的一种重要手段。与保证系统连续运行的热备份不同，它通过脱机保管历史数据，对数据逻辑错误和物理损坏进行补救。

大量信息技术的使用是现代社会的标志之一，从家用 PC 到办公室桌面系统、商场 POS 机、银行 ATM 机、移动通信终端及联络世界各地的互联网，可以说信息技术的应用无处不在。一方面，计算机系统为社会提供了比以往任何时候更多的信息服务；另一方面，社会也越来越多地依赖于计算机系统。人们花费巨资购置计算机软硬件来建设信息系统，但实际上最宝贵的财产并不是软硬件，而是系统所处理的数据。

对于企业来说，数据关系着生产经营、收入利润和生存发展。一旦发生数据失效，企业就会陷入困境，客户资料、技术文件、财务账目等数据可能被破坏得面目全非，如果系统无法顺利恢复，最终结局将不堪设想。

对于计算机的个人用户来说，数据同样也是宝贵的财富。某些作家、软件工程师由于硬盘染毒，分区和文件结构信息被破坏，又没有进行过数据备份，在硬盘因意外而报废时，数万字的作品、数十万行的程序代码化为乌有。这些惨痛的教训提醒了人们，在享受计算机带来的便利的同时，千万不要忽视潜伏在便利后面的危害—— 数据失效。

1. 数据失效

数据失效可分为两种情况。一种是失效后的数据彻底无法使用，这种失效称为物理损坏（Physical Damage）；另一种是失效的数据仍可以部分使用，但从整体上看，数据之间的关系是错误的，这种失效称为逻辑损坏（Logical Damage）。逻辑损坏比物理损坏更为严重，因为逻辑损坏不易被发现，潜伏期长，当发现数据有错误时造成的损失可能已经无法挽回。

1）物理损坏

常见的物理损坏包括以下几种情况：

（1）电源故障。由于电源故障造成设备无法使用。

（2）存储设备故障。安装时的无意磕碰、掉电、电流突然波动、机械自然老化等原因都有可能造成存储设备故障。

（3）网络设备故障。传输距离过长、设备的添加与移动、传输介质的质量问题和老化都有可能造成故障。

（4）自然灾害。因水灾、火灾、地震等造成设备损坏，无法使用。

（5）操作系统故障。非法指令造成的系统崩溃，系统文件被破坏，导致无法启动操作系统等。

（6）数据丢失。缺少文件或程序本身不完善导致程序无法运行。

物理损坏造成的后果比较明显，容易发现，相对来说较容易检查和排除。但是，如果不能及时排除故障，则易造成极大的损失。

2）逻辑损坏

常见的逻辑损坏包括以下几种情况：

（1）数据不完整。系统缺少完成业务所必需的数据。

（2）数据不一致。系统数据是完全的，但不符合逻辑关系。

（3）数据错误。系统数据是完全的，也符合逻辑关系，但数据是错误的，与实际不符。

逻辑损坏的隐蔽性强，往往带有巨大的破坏性，这些是造成损失的主要原因。如果发生逻辑损坏，损失将无法估算，因为输入计算机中的都是很重要的数据。根据统计，恢复 10 MB（约 2 500 页）的数据最少也要花费近 20 天时间，成本在数万元以上。

3）数据失效的原因

曾有一位计算机专家说过，系统灾难的发生不是是否会发生而是迟早会发生的问题。造成系统数据失效的原因很多，有些还往往容易被人们忽视。正确分析威胁数据安全的各种原因，才能使系统的安全防护更有针对性。一般说来，造成数据失效的原因大致可以分为以下4类：

（1）自然灾害。由于地震、海啸、雷击等原因导致计算机硬件设施损坏，从而造成数据失效。

（2）硬件故障。系统设备的运行耗损，存储介质失效，运行环境（温度、湿度、灰尘等）对计算机硬件设备的影响会造成数据失效，也包括人为对硬件设备的破坏。

（3）软件故障。软件设计上的缺陷也会造成对数据错误地读/写，从而使数据失效。此外，计算机病毒对数据的破坏也可以归为软件故障。

（4）人为原因。由于操作不慎或蓄意而为。系统使用者可能会对数据进行非法修改，从而使数据失效。

在上述的 4 类原因中，软件故障和人为原因是数据失效的主要原因。据有关统计资料表明，这两项原因造成的数据损失约占总数的80%以上。

2. 数据备份

要防止数据失效的发生，有多种途径，如加强建筑物安全措施、提高员工操作水平、购买品质优良的设备等。但最根本的方法还是建立完善的数据备份制度。

与备份对应的概念是恢复，恢复是备份的逆过程。在原系统由于某些原因无法使用时，由于保存了一套备份系统，利用恢复措施就能够很快地将损坏的系统重新建立起来，从而防止了灾难的发生。

备份按照用途可以划分为热备份和数据备份两种：

1）热备份及其应用

热备份其实是计算机容错技术的一个概念，是实现计算机系统高可用性的主要方式。热备份用冗余的硬件来保证系统的连续运行。当主计算机系统的某一部分，如硬盘等发生故障时，系统会自动切换到备份的硬件设备上，以保持系统的连续运转，从而实现计算机系统的高可用性。典型的热备份技术包括磁盘阵列、双机热备份等。

（1）磁盘阵列（Redundant Arrays of Independent Disks，RAID）技术。磁盘阵列技术是指把多个磁盘按一定规则组合起来，当用作单一磁盘使用时，它能够将数据以分段的方式存储在不同的磁盘中。

存取数据时，阵列中的相关磁盘一起动作，大幅减少数据的存取时间，获得更佳的空间利用率。磁盘阵列突出的优点还在于它可以不停机工作和高容错能力。不停机是指在工作时如发生磁盘故障，系统能持续工作而不停顿，仍然可以进行磁盘的存取和正常的读写数据；而容错则是指即使磁盘发生故障，数据仍然保持完整并可以让系统存取正确的数据。SCSI 的磁盘阵列可在工作中抽换磁盘，并可自动重建故障磁盘的数据。磁盘阵列之所以能做到容错及不停机，是因为它有冗余的磁盘空间可被利用。

（2）双机热备份。所谓双机热备份，是指同时有两套相同的系统在工作。一套为主机，另一套为备份机。当系统工作正常时，备份机为主机提供信息备份。

当主机发生故障时，备份机立即接替主机的工作，使系统运行不间断。最新发展的技术是采用多机热备份，即集群系统（cluster）的概念。多机相互镜像，负载均衡，并能自动诊断系统故障，进行失效切换。

热备份技术使一些对实时性要求很高的业务得以保障。它对于银行、电信等柜台业务系统，大数据量连续处理系统来说是必不可少的，这对提高运行效率、提高客户的满意度和保证客户的忠诚度也是非常关键的，因此这项技术在全球得到了广泛应用。

热备份只是备份的第一个环节，它保证了系统运行的有效性，但并不能保证数据的安全性。首先，热备份无法防止逻辑上的错误，如人为误操作、病毒、软件故障等。当逻辑错误发生时，热备份措施只会将错误复制一遍，这样在恢复时也无法得到正确的数据。

热备份只有在满足设计条件的情况下才能保证数据的安全。例如，磁盘阵列中一台磁盘坏了可以恢复，但如果所有的磁盘都坏了就恢复不了了。在发生天灾人祸的情况下，某个工作现场的主计算机系统和备份系统可能全体瘫痪，对这种数据灾难，双机热备份或磁盘阵列技术都是无可奈何的。最典型的例子莫过于美国"9.11"恐怖袭击事件，随着纽约世贸中心大楼的倒塌，楼内所有企业的业务数据都被损坏。由于关键数据丢失，许多企业无法开展业务，甚至倒闭。但是摩根士丹利（Morgan Stanley）等公司在热备份之外，还另有远程的数据备份措施，这些存储在几十千米外的历史数据很快地被重新启用，帮助这些公司在几天内就重新开始正常运营。这一事件使人们认识到，数据备份在防止数据灾难方面更具有决定性的意义。

2）数据备份

数据备份主要用于防止数据丢失、系统灾难和进行历史数据保存/查询等。它将计算机系统硬盘中的数据，通过适当的方式，保存到其他磁盘等存储介质上，并脱机保存在另一个安全的场所，从而为硬盘中的数据保留一个后援，以期在硬盘数据遭到破坏或需要用到已经从硬盘中删除了的数据时，对数据进行恢复，甚至可以保持历史记录跟踪。

与热备份相比，数据备份具有如下特点：

（1）数据备份并不复制整个运行系统，而是选择所关注的数据进行备份。一般而言，备份的数据对象有如下几种：

① 系统数据。通常包括软硬件系统的参数配置和用户设置等信息，以及系统运行的日志。对系统数据的备份，可以用于系统崩溃后的快速恢复和故障分析。

② 应用程序数据的备份。应用程序，例如数据库系统，通常会生成并使用大量数据。其中的一些数据对于企业或个人是非常有价值的，甚至是关键数据，这些数据也因此是数据备

份的重点对象。

③ 整个分区或整个硬盘的备份。当独立数据（立即可用的数据，区别于需要用专用工具从软件系统中导出的数据）比较集中时，可以考虑备份这些数据所在的硬盘空间，这可以减少备份的复杂性。

（2）数据备份后，通常脱机保存在磁带、磁盘、光盘等存储介质上并保管在安全的地方，这样，当运行系统遭到破坏时，不会影响原先保存的数据。

（3）热备可以将整个运行系统重建起来，但数据备份只能重建数据。操作步骤如下：

① 安装好系统的硬件设备。

② 安装好系统的操作系统。

③ 安装好系统的应用程序。

④ 使用新安装的系统载入备份数据。

（4）数据备份能够防止数据的逻辑损坏。由于数据被脱机保存，备份介质和计算机系统是分开的，因此误操作等逻辑错误不会被复制到存储介质上。当错误出现时，可以启用备份历史数据将系统恢复到备份时的状态。这样，只要保存足够长时间的历史数据，就能够比较好地解决数据的逻辑损坏问题。

9.6　实训项目　网络隔离

9.6.1　项目目的

掌握在单交换机上进行 VLAN 划分的方法；掌握在多交换机上进行 VLAN 划分的方法；掌握同一交换机上，同一 VLAN 中端口隔离的配置方法。

9.6.2　项目情境

某企业有两个主要部门：销售部和技术部，其中销售部门的个人计算机系统连接在不同的交换机上，他们之间需要相互进行通信，但为了数据安全起见，销售部和技术部需要相互隔离；技术部的个人计算机系统虽然连接在一个交换机上，但由于研发项目的不同也要求研发小组之间相互隔离；同一研发小组的计算机之间能够通信，但不同研发小组的两台计算机之间要求隔离。

9.6.3　项目方案

1. 任务分解

（1）任务 1：单交换机创建 VLAN。

（2）任务 2：多个 VLAN 的隔离。

（3）任务 3：交换机 VLAN 配置。

（4）任务 4：查看 VLAN 配置信息。

（5）任务 5：同一 VLAN 两台 PC 的隔离。

（6）任务 6：删除 VLAN。

2. 知识准备

1）VLAN Tag

为使交换机能够分辨不同 VLAN 的报文，需要在报文中添加标识 VLAN 的字段。由于交换机工作在 OSI 模型的数据链路层，只能对报文的数据链路层封装进行识别。因此，识别字段需要添加到数据链路层封装中。

传统的以太网数据帧在目的 MAC 地址和源 MAC 地址之后封装上层协议的类型字段。如图 9.17 所示。

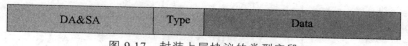

图 9.17　封装上层协议的类型字段

其中 DA 表示目的 MAC 地址，SA 表示源 MAC 地址，Type 表示报上层协议的类型字段。IEEE 802.1Q 协议规定，在目的 MAC 地址和源 MAC 地址之后封装 4 个字节的 VLAN Tag，用以标识 VLAN 的相关信息。

如图 9.18 所示，VLAN Tag 包含 4 个字段，分别是 TPID（Tag Protocol Identifier，标签协议标识符）、Priority、CFI（Canonical Format Indicator，标准格式指示位）和 VLAN ID。

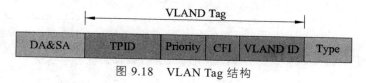

图 9.18　VLAN Tag 结构

TPID：用来标识本数据帧是带有 VLAN Tag 的数据帧。该字段长度为 16bit，在 Quidway 系列以太网交换机上缺省取值为协议规定的 0x8100。

Priority：用来表示 802.1Q 的优先级，该字段长度为 3 bit。

CFI：用来标识 MAC 地址是否以标准格式进行封装。该字段长度为 1 bit，取值为 0 表示 MAC 地址以标准格式进行封装，为 1 表示以非标准格式封装，缺省取值为 0。

VLAN ID：用来标识该报文所属 VLAN 的编号。该字段长度为 12 bit，取值范围为 0 ~ 4 095。由于 0 和 4 095 通常不使用，所以 VLAN ID 的取值范围一般为 1 ~ 4 094。

2）三类端口的区别

三类端口的区别如表 9.3 ~ 9.5 所示。

表 9.3 Access 端口收发报文的处理

接收报文时的处理		发送报文时的处理
当接收到的报文不带 Tag 时	当接收到的报文带有 Tag 时	
接收该报文，并为报文添加缺省 VLAN 的 Tag	当 VLAN ID 与缺省 VLAN ID 相同时，接收该报文 当 VLAN ID 与缺省 VLAN ID 不同时，丢弃该报文	由于 VLAN ID 就是缺省 VLAN ID，不用设置，去掉 Tag 后发送

表 9.4 Trunk 端口收发报文的处理

接收报文时的处理		发送报文时的处理
当接收到的报文不带 Tag 时	当接收到的报文带有 Tag 时	
当端口已经加入缺省 VLAN 时，为报文封装缺省 VLAN 的 Tag 并转发 当端口没有加入缺省 VLAN 时，丢弃该报文	当 VLAN ID 是该端口允许通过的 VLAN ID 时，接收该报文 当 VLAN ID 不是该端口允许通过的 VLAN ID 时，丢弃该报文	当 VLAN ID 与缺省 VLAN ID 相同时，去掉 Tag，发送该报文 当 VLAN ID 与缺省 VLAN ID 不同时，保持原有 Tag，发送该报文

表 9.5 Hybrid 端口收发报文的处理

接收报文时的处理		发送报文时的处理
当接收到的报文不带 Tag 时	当接收到的报文带有 Tag 时	
当端口已经加入缺省 VLAN 时，为报文封装缺省 VLAN 的 Tag 并转发 当端口没有加入缺省 VLAN 时，丢弃该报文	当 VLAN ID 是该端口允许通过的 VLAN ID 时，接收该报文 当 VLAN ID 不是该端口允许通过的 VLAN ID 时，丢弃该报文	当报文中携带的 VLAN ID 是该端口允许通过的 VLAN ID 时，发送该报文，并可以通过 port hybrid vlan 命令配置端口在发送该 VLAN（包括缺省 VLAN）的报文时是否携带 Tag

3. 拓扑结构

网络拓扑结构如图 9.19 所示。

要求：Switch0 更名为 SwitchA，创建 2 个 VLAN，分别为 VLAN10、VLAN20，将 1 号端口划分到 VLAN10，将 10～12 号端口划分到 VLAN20。

Switch1 更名为 SwitchB，创建 2 个 VLAN，分别为 VLAN10，VLAN30，将 1 号与 10 号端口划分到 VLAN10，将 11、12 号端口划分到 VLAN30。

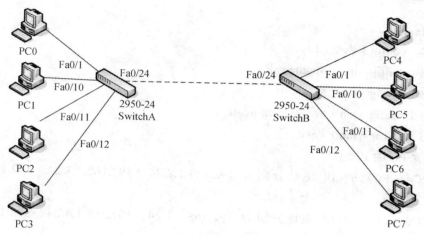

图 9.19 拓扑结构

9.6.4 项目实施

任务 1 单交换和创建 VLAN

操作步骤如下：

（1）配置两台交换机的主机名为 SwitchA 和 SwitchB。

Switch>en

Switch#conf t

Switch（config）#hostname SwitchA

SwitchA（config）#

Switch>en

Switch#conf t

Switch（config）#hostname SwitchB

SwitchB（config）#

（2）在 SwitchA 上创建 vlan 10 和 vlan 20。

SwitchA>en

SwitchA#config terminal

SwitchA（config）#vlan 10

SwitchA（config-vlan）#name sales

SwitchA（config-vlan）#exit

SwitchA（config）#vlan 20

SwitchA（config-vlan）#name technical

SwitchA（config-vlan）#exit

SwitchA（config）#

（3）在 SwitchB 上创建 vlan 10 和 vlan 30。

SwitchB>en

SwitchB#config t

SwitchB（config）#vlan 10

SwitchB（config-vlan）#name sales

SwitchB（config-vlan）#vlan 30

SwitchB（config-vlan）#name technical2

SwitchB（config-vlan）#exit

（4）配置 PC 的 IP 地址。

配置 PC4～PC7 的 IP 地址分别为 192.168.1.2/24，192.168.1.3/24，192.168.1.7/24，192.168.1.8/24。

配置 PC0～PC3 的 IP 地址分别为 192.168.1.1/24，192.168.1.4/24，192.168.1.5/24，192.168.1.6/24。

任务2　多个 VLAN 隔离

操作步骤如下：

（1）在 SwitchA 上将 fa0/1 划入 vlan 10。

SwitchA（config）#int f0/1

SwitchA（config-if）#switchport mode access

SwitchA（config-if）#switchport access vlan 10

SwitchA（config-if）#exit

（2）将 fa0/10、fa0/11、fa0/12 划入 vlan 20。

SwitchA（config）#int range f0/10-12

SwitchA（config-if-range）#switchport mode access

SwitchA（config-if-range）#switchport access vlan 20

SwitchA（config-if-range）#exit

（3）在 SwitchB 上将 fa0/1、fa0/10 划入 vlan 10，fa0/11、fa0/12 划入 vlan 30。

SwitchB（config）#int range f0/1-2

SwitchB（config-if-range）#switchport mode access

SwitchB（config-if-range）#switchport access vlan 10

SwitchB（config-if-range）#exit

SwitchB（config）#int range f0/11-12

SwitchB（config-if-range）#switchport mode access

SwitchB（config-if-range）#switchport access vlan 30

SwitchB（config-if-range）#exit

（4）测试连通性（以 PC4 为例）。

PC>ping 192.168.1.3

Pinging 192.168.1.3 with 32 bytes of data:

Reply from 192.168.1.3：bytes=32 time=109ms TTL=128

Reply from 192.168.1.3：bytes=32 time=47ms TTL=128

Reply from 192.168.1.3：bytes=32 time=63ms TTL=128

Reply from 192.168.1.3：bytes=32 time=63ms TTL=128

Ping statistics for 192.168.1.3：

  Packets：Sent = 4，Received = 4，Lost = 0（0% loss），

Approximate round trip times in milli-seconds：

  Minimum = 47ms，Maximum = 109ms，Average = 70ms

PC>ping 192.168.1.7

Pinging 192.168.1.7 with 32 bytes of data：

Request timed out.

Request timed out.

Request timed out.

Request timed out.

Ping statistics for 192.168.1.7：

  Packets：Sent = 4，Received = 0，Lost = 4（100% loss），

任务 3 交换机 VLAN 配置

操作步骤如下：

（1）在 SwitchA 和 SwitchB 上分别配置 fa0/24 口为中继口。

SwitchA（config）#int fa0/24

SwitchA（config-if）#switchport mode trunk

SwitchB（config）#int fa0/24

SwitchB（config-if）#switchport mode trunk

（2）测试连通性。

PC0 与 PC4、PC5 均能连通，说明跨交换机能实现同一 VLAN 的通信

PC>ping 192.168.1.2

Pinging 192.168.1.2 with 32 bytes of data：

Reply from 192.168.1.2： bytes=32 time=94ms TTL=128

Reply from 192.168.1.2： bytes=32 time=94ms TTL=128

Reply from 192.168.1.2： bytes=32 time=80ms TTL=128

Reply from 192.168.1.2： bytes=32 time=94ms TTL=128

Ping statistics for 192.168.1.2：

  Packets： Sent = 4，Received = 4，Lost = 0 （0% loss），

Approximate round trip times in milli-seconds：

  Minimum = 80ms，Maximum = 94ms，Average = 90ms

注意:

① 交换机所有的端口在默认情况下属于 ACCESS 端口,可直接将端口加入某一 VLAN。利用 switchport mode access/trunk 命令可以更改端口的 VLAN 模式。

② VLAN1 属于系统的默认 VLAN,不可以被删除。

③ Trunk 接口在默认情况下支持所有 VLAN 的传输。

任务 4　查看 VLAN 配置信息

操作步骤如下:

(1)查看交换机设备运行配置。

Switch#show run

hostname SwitchA

interface FastEthernet0/1

  switchport access vlan 10

  switchport mode access

interface FastEthernet0/10

  switchport access vlan 20

  switchport mode access

interface FastEthernet0/11

  switchport access vlan 20

  switchport mode access

interface FastEthernet0/24

  switchport mode trunk

(2)查看交换机 Vlan 配置。

Switch#show vlan

VLAN	Name	Status	Ports
1	default	active	Fa0/2,Fa0/3,Fa0/4,Fa0/5
			Fa0/6,Fa0/7,Fa0/8,Fa0/9
			Fa0/13,Fa0/14,Fa0/15,Fa0/16
			Fa0/17,Fa0/18,Fa0/19,Fa0/20
			Fa0/21,Fa0/22,Fa0/23
10	sales	active	Fa0/1
20	technical	active	Fa0/10,Fa0/11,Fa0/12
1002	fddi-default	act/unsup	
1003	token-ring-default	act/unsup	
1004	fddinet-default	act/unsup	
1005	trnet-default	act/unsup	

任务 5　同一 VLAN 两台 PC 隔离

操作步骤如下：

（1）交换机上做基本配置。

Switch（config）#hostname SwitchA

SwitchA（config）#vlan 2

SwitchA（config-vlan）#name sale

SwitchA（config-vlan）#exit

SwitchA（config）#interface range fastethernet 0/1-3

SwitchA（config-if-range）#switchport access vlan 2

SwitchA（config-if-range）#no shut

（2）配置三台 PC 的 IP 地址，验证连通性。

配置三台 PC 的 IP 地址分别为 192.168.1.1/24，192.168.1.2/24，192.168.1.3/24，三台 PC 之间进行 ping 操作验证三者之间的连通性，正常情况下，三台 PC 可以正常通信。

（3）隔离 PC1 与 PC2 端口。

SwitchA（config）#interface f0/1

SwitchA（config-if）#switchport protected

SwitchA（config-if）#exit

SwitchA（config）#interface f0/10

SwitchA（config-if）#switchport protected

SwitchA（config）#interface range fastethernet 0/1-3

SwitchA（config-if-range）#switchport access vlan 2

SwitchA（config-if-range）#no shut

（4）用 ping 命令在三台 PC 之间进行验证。在三台 PC 之间验证后，PC1 与 PC2 之间不能通信，PC3 与 PC1，PC2 之间可以通信。

注意：

① 若要隔离两个端口，两个端口都要设置成 protected port。

② 要保护的端口都要设置成 protected port，在 protected port 与非 protected port 之间可以正常通信。

任务 6　删除 VLAN

操作步骤如下：

（1）删除配置的接口（以 vlan 20 为例）。

Switch（config）#int range f0/10-12

Switch（config-if-range）#no sw

Switch（config-if-range）#no switchport access vlan 20

Switch（config-if-range）#exit

（2）删除配置过的 vlan 接口。

switch（config）#no int vlan 20

（3）删除配置的 VLAN。

switch（config）#no vlan 20

注意：删除当前某个 VLAN 时，注意先将属于该 VLAN 的端口加入别的 VLAN，再删除该 VLAN。

习题与思考题

一、选择题

1. 网络攻击的发展趋势是（   ）。

A. 黑客技术与网络病毒日益融合   B. 攻击工具日益先进

C. 病毒攻击   D. 黑客攻击

2. 拒绝服务攻击（   ）。

A. 用超出被攻击目标处理能力的海量数据包消耗可用系统、带宽资源等方法的攻击

B. 全称是 Distributed Denial Of Service

C. 拒绝来自一个服务器所发送回应请求的指令

D. 入侵控制一个服务器后远程关机

3. 防火墙能够（   ）。

A. 防范通过它的恶意连接

B. 防范恶意的知情者

C. 防备新的网络安全问题

D. 完全防止传送已被病毒感染的软件和文件

4. 网络监听是（   ）。

A. 远程观察一个用户的计算机   B. 监视网络的状态、传输的数据流

C. 监视 PC 系统的运行情况   D. 监视一个网站的发展方向

5. 下面不采用对称加密算法的是（   ）。

A. DES   B. AES   C. IDEA   D. RSA

6. 在公开密钥体制中，加密密钥即（   ）。

A. 解密密钥   B. 私密密钥   C. 私有密钥   D. 公开密钥

7. 计算机网络的安全是指（   ）。

A. 网络中设备设置环境的安全   B. 网络中信息的安全

C. 网络中使用者的安全   D. 网络中财产的安全

8. 安全套接层协议是（　　　）。

A. SET　　　　　　　　B. SSL　　　　　　　　C. HTTP　　　　　　　　D. S-HTTP

9.（　　　）是网络通信中标志通信各方身份信息的一系列数据，提供一种在 Internet 上验证身份的方式。

A. 数字认证　　　　　　B. 数字证书　　　　　C. 电子证书　　　　　　D. 电子认证

10. 数字签名功能不包括（　　　）。

A 防止发送方的抵赖行为　　　　　　　　B 接收方身份确认

C. 发送方身份确认　　　　　　　　　　　D. 保证数据的完整性

二、填空题

1. 保证计算机网络的安全，就是要保护网络信息在存储和传输过程中的＿＿＿＿＿＿＿、＿＿＿＿＿＿＿、＿＿＿＿＿＿＿、＿＿＿＿＿＿＿和＿＿＿＿＿＿＿。

2. 信息安全的大致内容包括＿＿＿＿＿＿＿、＿＿＿＿＿＿＿、＿＿＿＿＿＿＿。

3. 网络攻击的步骤是：＿＿＿＿＿＿＿、信息收集、控制或破坏目标系统、种植后门和在网络中隐身。

4. 防火墙一般部署在＿＿＿＿＿＿＿络和＿＿＿＿＿＿＿之间。

5. 入侵检测系统一般由＿＿＿＿＿＿＿、＿＿＿＿＿＿＿、＿＿＿＿＿＿＿和＿＿＿＿＿＿＿组成。

6. 密码按密钥方式划分，可分为＿＿＿＿＿＿＿式密码和＿＿＿＿＿＿＿式密码。

7. 网络安全具有＿＿＿＿＿＿＿、＿＿＿＿＿＿＿和＿＿＿＿＿＿＿。

8. 网络安全机密性的主要防范措施是＿＿＿＿＿＿＿。

9. 网络安全完整性的主要防范措施是＿＿＿＿＿＿＿。

10. 网络安全可用性的主要防范措施是＿＿＿＿＿＿＿＿＿＿＿＿＿＿＿＿＿。

三、思考题

1. 什么是网络安全？它包括哪几部分？

2. 什么是病毒？列举出常见的杀毒软件。

3. 对称加密与非对称加密有何不同点？

4. 简述物理安全包括哪些内容？

5. 结合自己的理解和经历，谈谈如何实现网络的安全。

参考文献

[1] 刘远生. 计算机网络基础与应用[M]. 北京：北京大学出版社，2009.

[2] 吴立勇. 计算机网络技术[M]. 北京：北京理工大学出版社，2009.

[3] 旭日. 计算机网络技术基础实训教程[M]. 北京：北京理工大学出版社，2012.

[4] 王路群. 计算机网络基础及应用[M]. 北京：电子工业出版社，2012.

[5] 付建民. 计算机网络技术[M]. 北京：水利水电出版社，2012.

[6] 王群. 计算机网络技术[M]. 北京：清华大学出版社，2012.

[7] 谢希仁. 计算机网络[M]. 北京：电子工业出版社，2013.

[8] 施晓秋. 计算机网络技术[M]. 北京：高等教育出版社，2013.

[9] 田庚林. 计算机网络技术基础[M]. 北京：清华大学出版社，2013.

[10] 孙二华. 计算机网络基础教程[M]. 四川：西南交通大学出版社，2015.

[11] 杨云. 计算机网络技术与 Internet 应用[M]. 北京：清华大学出版社，2016.

[12] 徐立新. 计算机网络技术[M]. 北京：人民邮电出版社，2016.

[13] 裴有柱. 计算机网络技术[M]. 北京：电子工业出版社，2016.

[14] 郑化浦. 计算机网络技术实用宝典[M]. 北京：中国铁道出版社，2016.

[15] 张伟. 计算机网络技术[M]. 北京：清华大学出版社，2017.

[16] 方洁. 计算机网络技术及应用[M]. 北京：机械工业出版社，2017.

[17] 刘建友. 计算机网络基础[M]. 北京：清华大学出版社，2018.

[18] 宋一兵. 计算机网络基础及应用[M]. 北京：人民邮电出版社，2019.